高 等 学 校 教 材

中国石油和化学工业优秀教材奖

金属腐蚀理论及腐蚀控制

龚 敏 主 编

余祖孝 陈 琳 副主编

 化学工业出版社

·北京·

本书选择结构材料中应用最多的金属材料为主要对象，重点介绍金属腐蚀的原理、规律、影响因素等。在腐蚀控制部分选择了石油化工行业中防腐蚀工程的一些典型案例和防腐蚀措施，突出理论与实践的结合。

本书可供材料及相关专业本科及研究生教学使用，也可作工程技术人员和施工人员的参考用书。

图书在版编目（CIP）数据

金属腐蚀理论及腐蚀控制/龚敏主编. —北京：化学工业出版社，2009.1（2022.9重印）
高等学校教材
中国石油和化学工业优秀教材奖
ISBN 978-7-122-04510-2

Ⅰ. 金⋯　Ⅱ. 龚⋯　Ⅲ. ①腐蚀-高等学校-教材②金属-防腐-高等学校-教材　Ⅳ. TG17

中国版本图书馆 CIP 数据核字（2009）第 004736 号

责任编辑：杨　菁　　金　杰　　　　　文字编辑：李　玥
责任校对：凌亚男　　　　　　　　　　装帧设计：周　遥

出版发行：化学工业出版社（北京市东城区青年湖南街 13 号　邮政编码 100011）
印　　装：北京印刷集团有限责任公司
787mm×1092mm　1/16　印张 16¼　字数 425 千字　2022 年 9 月北京第 1 版第 13 次印刷

购书咨询：010-64518888　　　　　售后服务：010-64518899
网　　址：http://www.cip.com.cn
凡购买本书，如有缺损质量问题，本社销售中心负责调换。

定　　价：49.00 元　　　　　　　　　　　　　　　　版权所有　违者必究

前　言

　　随着现代工业的建立和蓬勃发展，金属作为机器设备的结构材料得到大量而广泛的应用，同时金属材料的腐蚀问题也日益突出，这就对解决设备腐蚀问题提出了迫切的要求。可以这样说，人类从开始利用金属材料制造工具和武器时起，就面临着金属腐蚀的问题，并不断地和腐蚀作斗争。经过电化学、电极过程动力学、金属学等学科科学家的辛勤努力，奠定了现代腐蚀科学的理论基础。特别是 Evans 的腐蚀电池理论、Wagner 的混合电位理论，是电化学腐蚀理论最重要的成果。20 世纪 50 年代后，Pourbaix 在发展电位-pH 平衡图中的贡献，Stern 提出的线性极化技术，以及其他腐蚀科学家的卓越工作，再加上先进的仪器设备和实验手段的大量采用，其他相关学科理论发展的推动，使腐蚀科学技术进一步得到完善、充实和提高。

　　在腐蚀工程方面取得的成果也是十分显著的。有些腐蚀问题在尚未从理论上彻底明了之前，在防护技术上就已经提出了许多有效的解决方法。比如不锈钢的发明以及在硝酸和尿素工业上的应用，阴极保护在舰船和输油输气管道上的应用，不锈钢晶间腐蚀问题的解决等。所以有人说，如果没有腐蚀科学技术的发展，现代交通（特别是航空、航海）、现代石油工业、现代能源工业要发展到今天这样的水平和规模是难以想象的。

　　腐蚀科学技术可以分为腐蚀科学和腐蚀工程学两大部分，或者称为腐蚀科学与腐蚀控制学。国内习惯称为腐蚀与防护。腐蚀科学研究金属腐蚀的普遍规律，特别是电化学腐蚀过程以及各种腐蚀形态的基本特征及其影响因素，为控制金属设备的腐蚀指明途径，为各种防腐蚀技术提供坚实的理论基础。腐蚀工程学则涉及如何应用腐蚀理论来解决金属设备材料的实际腐蚀问题，以及控制设备腐蚀的各种途径、措施和方法。

　　本书同样按照该划分来安排内容。第一篇为金属腐蚀原理，首先介绍腐蚀电池基本概念和腐蚀电池的工作过程，使读者可对金属电化学腐蚀有一个初步的定性认识。然后分别从热力学角度讨论电化学腐蚀的可能性及腐蚀倾向，从动力学角度讨论电化学腐蚀的速度。在此基础上对两种最常见的腐蚀类型——析氢腐蚀和吸氧腐蚀进行了综合评述。金属的钝化是一个很重要的课题，单独列为一章。这样，水溶液中的电化学腐蚀的基本规律就全部完成。考虑到现代观点认为金属高温氧化历程也具有电化学的特征，故将这部分内容作为单独一章，放在水溶液电化学腐蚀理论之后，以便于比较。第一篇最后一章是局部腐蚀形态，局部腐蚀是非常重要的内容，各种局部腐蚀既有电化学腐蚀的普遍规律，又有各自的特征，涉及内容很多，只能择要进行介绍。

　　第二篇是腐蚀控制。按照全面腐蚀控制的含义，分别叙述了材料选择、结构和强度的设计、加工制造、维护管理、防护技术等腐蚀控制环节。重点是各种防护技术的原理和应用。在学习了腐蚀基本理论和腐蚀控制方法以后，再以几种自然环境（大气、海水、土壤）和工业生产环境（高温气体、工业冷却水、建筑物）下的腐蚀作为对象，将一般的腐蚀理论和腐蚀控制知识应用于这些体系，进行了具体的分析。最后一章是关于腐蚀经济学的简单介绍。

　　腐蚀科学技术是一门理论与实践联系很紧密的学科，本书在腐蚀控制部分提供了较多防护技术的应用案例和腐蚀控制的措施及对策，以供读者参考。同时各章附有习题、思考题以及部分例题，以便使读者在使用中加深对书本内容的理解和知识的巩固。

本书第 1～7 章由余祖孝编写，第 8～14 章由陈琳编写，全书由龚敏统稿审阅。

本书是在张远声教授编写的《金属腐蚀理论及腐蚀控制》讲义的基础上完成的，并自始至终得到了张远声教授的大力支持和指导，在此表示衷心地感谢！本书还参考了同行专家、学者的专著、研究成果及论文文献，在此一并致谢！

由于作者的水平有限，不当之处恳请批评指正。

编者

2008 年 11 月

目 录

第一篇 金属腐蚀原理

第1章 绪 论

1.1 腐蚀

1.1.1 腐蚀的定义

在近几十年中，腐蚀科学有了很大的发展，在腐蚀理论和解决实际腐蚀问题等方面都取得了许多重大的成果。同时，关于"腐蚀"这个专业术语定义的讨论也一直没有停止过。

下面引用两个定义进行说明。

· 美国全国腐蚀工程协会（NACE）在 1985 年公布的"腐蚀术语汇编"中对腐蚀的定义如下。

腐蚀：材料（通常是金属）由于和周围环境的作用而造成的破坏。

· 国际标准化组织（ISO）在 1986 年公布的"金属与合金的腐蚀——术语及定义"（ISO 8044）中对腐蚀的定义如下。

腐蚀：金属和环境之间的物理化学作用。这种作用引起金属性能的变化，常常导致金属、环境或其构成的技术体系发生功能损害。

对于腐蚀的对象，过去长期以来都局限在金属材料，人们对金属的腐蚀及其防护进行了大量的深入研究。因为金属材料一直是机器设备主要的结构材料，而非金属材料的应用仅仅作为对金属腐蚀的防护手段。但是，从 20 世纪 60 年代以来，随着无机材料和高分子材料的迅速发展，非金属材料的应用越来越多，不仅作为覆层材料，而且作为整体结构材料，进入结构材料的行列。非金属材料在环境作用下同样存在腐蚀问题。不少腐蚀学研究者指出，非金属材料的腐蚀与金属材料的腐蚀有着许多相同的地方，因此建议将腐蚀的定义扩大到非金属材料。NACE 的定义反映了这一个认识。当然，就目前而言，金属材料仍然是机器设备主要的结构材料，特别是钢铁，可以说没有钢铁就没有现代工业、现代农业、现代国防和现代交通运输，而且非金属材料与环境的作用和金属的腐蚀有着本质的差别，这可能就是 ISO 的定义中将腐蚀局限在金属材料的原因。

关于金属材料与环境相互作用的性质，ISO 定义中规定为物理化学作用，这包括化学作用和电化学反应。绝大多数金属腐蚀过程都是金属与环境发生化学反应或（和）电化学反应，特别是电化学反应更为普遍。后文我们会看到，金属在水溶液中（包括表面有一层水膜的情况）的腐蚀都具有电化学反应性质。不过，也有不少学者提出应将腐蚀的定义扩大到一切相互作用，比如物理溶解、辐照等。金属在液态金属、某些熔碱、熔盐中会由于发生物理溶解而减少，也应属于腐蚀作用。当然，这种性质的相互作用的实例是比较少的。

NACE 定义腐蚀的后果为"破坏"（deterioration），ISO 定义腐蚀的后果为"引起功能损害的性质改变"（changes in the properties of the metal which may often lead to the impairment of the function），说法虽不同，但含义基本一样，可能 ISO 定义的覆盖面更广泛一些。

就机器设备的实际腐蚀问题来说，其后果可分为两大类：一类是金属的"重量损失"，即腐蚀使金属的重量减少，机器设备的尺寸就会发生变化，比如管道、容器的壁厚减薄；另一类是金属材料性质劣化，如强度下降、脆性增大、失去光泽等。这些当然都会导致"功能损害"。不过，本书为行文简洁，仍然沿用"腐蚀破坏"的说法。

腐蚀破坏总是从金属与环境的接触面（暴露表面）上开始，再向金属内部深入发展，因此金属表面状态与腐蚀有密切关系。金属材料抵抗环境腐蚀的能力叫做耐蚀性，环境对金属材料腐蚀的强弱程度叫做环境的腐蚀性。必须注意，耐蚀性并非金属的固有性质，不能离开环境条件来谈论金属材料的耐蚀性，可以说没有任何一种金属材料能够在一切环境中都耐蚀。

1.1.2　腐蚀过程的本性

大多数情况下（发生化学反应或电化学反应的腐蚀体系），金属腐蚀以后转变为化合物，比如铁腐蚀后转变为铁的化合物（氧化物、硫化物、盐类等）；而冶金过程则是将铁的化合物（矿石）转变为金属铁。上述过程如图 1-1 所示。

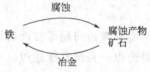

图 1-1　腐蚀与冶金的关系

自然界中大多数金属以化合物形式存在，而冶金过程需要输入能量，故金属处于化合物状态比单质状态具有较低的能量。

所以从能量观点看，金属和周围的环境组成了热力学不稳定体系，腐蚀反应使能量降低，因而是自发进行的过程（$\Delta G < 0$），这就是金属腐蚀之所以十分普遍的原因。对于这个问题将在第 3 章中详细讨论。

1.1.3　腐蚀的分类

1.1.3.1　按腐蚀环境分类

大气腐蚀、土壤腐蚀、海水腐蚀、高温气体腐蚀、化工介质腐蚀（又可以分为酸腐蚀、碱腐蚀、有机介质腐蚀、工业冷水腐蚀等）。其中，前三种都属于自然环境中的腐蚀。

1.1.3.2　按腐蚀破坏形态分类

（1）全面腐蚀　腐蚀破坏发生在金属整个暴露表面上，结果主要是重量减少（失重）、壁厚减薄。如果整个暴露表面上腐蚀破坏程度是均匀的，则称为均匀腐蚀。显然，所谓均匀是相对的，即各部位腐蚀程度的差异比起整个暴露表面的平均腐蚀程度要小得多。

（2）局部腐蚀　腐蚀的破坏集中在局部狭小区域，而大部分表面腐蚀轻微。局部腐蚀的危害比全面腐蚀大得多，特别对于具有良好耐全面腐蚀性能的金属材料，局部腐蚀是主要的破坏形态。局部腐蚀种类很多，我们将在第 8 章中专门论述。

1.1.3.3　按腐蚀作用的性质分类

（1）电化学腐蚀　金属和环境的相互作用是电化学反应。金属在电解质溶液（酸、碱、盐溶液）中的腐蚀就属于电化学腐蚀。腐蚀过程通过金属暴露表面上形成腐蚀电池来进行。

（2）化学腐蚀　金属与环境的作用是化学反应，如金属在非电解质溶液中的腐蚀。金属表面原子直接和腐蚀介质发生化学反应。

（3）物理腐蚀　金属和环境相互作用是金属单纯的物理溶解。如金属在高温熔盐、熔碱和液态金属中的腐蚀。

在以上几种腐蚀中，电化学腐蚀最为普遍，对金属材料的危害也最严重。因此本课程主要讨论金属的电化学腐蚀。

1.1.4 均匀腐蚀速度的表示方法

1.1.4.1 失重腐蚀速度——腐蚀速度的质量指标

$$V^- = \frac{\Delta W^-}{St} = \frac{W_0 - W_1}{St}$$

式中，W_0 是腐蚀前金属试样的质量，单位 g；W_1 是腐蚀以后经除去腐蚀产物处理的试样质量，单位 g；ΔW^- 是腐蚀造成的金属质量损失；S 是试样暴露表面积，单位 m^2；t 是腐蚀的时间，单位 h。

失重腐蚀速度表示金属单位暴露表面积上在单位时间内的腐蚀失重，国内常用单位是 $g/(m^2 \cdot h)$。国外文献中有的用 mdd，即失重的单位用 mg，面积单位用 dm^2，时间单位用 d。

在某些情况下，不除去腐蚀产物而测量增重腐蚀速度 V^+ 更为方便，如在金属的高温氧化中（见第 7 章），其计算式为：

$$V^+ = \frac{\Delta W^+}{St} = \frac{W_1' - W_0}{St}$$

式中，W_1' 是腐蚀以后金属试样与腐蚀产物的总质量。只要知道腐蚀产物的组成，V^+ 和 V^- 很容易换算。

1.1.4.2 年腐蚀深度——腐蚀速度的深度指标

$$V_p = \frac{\Delta h}{t}$$

式中，Δh 是试样腐蚀后厚度的减少量，单位 mm；t 是腐蚀时间，单位 a，故 V_p 的单位是 mm/a，即一年内金属因腐蚀而造成的壁厚减少量。国外文献中常用 mpy 作为单位，意指 mil/a（$1mil = 25.4 \times 10^{-6} m = 10^{-3} in$）；类似地还有 ipy，即 in/a（$1in = 0.0254m$）。

1.1.4.3 V^- 与 V_p 的换算

因为 ΔW^- 和 Δh 有如下关系：

$$\Delta W^- = S \Delta h d$$

式中，d 是金属材料的密度。可得出：

$$V^- = \frac{\Delta W^-}{St} = \frac{\Delta h d}{t} = V_p d$$

$$V_p = \frac{V^-}{d}$$

考虑到 V^- 和 V_p 的常用单位分别是 $g/(m^2 \cdot h)$、mm/a；d 的单位 g/cm^3，则有：

$$V_p = 8.76 \frac{V^-}{d}$$

注意：在使用这个换算公式时，V^-、V_p 和 d 的单位必须符合规定。

在工程上 V_p 比 V^- 用得普遍，因为 V_p 直接反映了设备壁厚的变化。在设计壁厚时，由 V_p 可计算需要的腐蚀裕量：

$$腐蚀裕量(mm) = V_p(mm/a) \times 设计寿命(a)$$

另一方面，在实验室测量腐蚀速度时，一般都是测量 V^-，因为由质量损失计算 V^- 较简便，精度也较高，求出 V^- 后很容易换算 V_p。

不论 V^- 还是 V_p 都适用于均匀腐蚀，即腐蚀破坏在整个暴露表面上是均匀的。如果腐蚀破坏不均匀，V^- 和 V_p 只能表示平均的破坏程度。同时，腐蚀速度应是恒定量，即腐蚀破坏在整个试验时间内是均匀的。如果腐蚀在时间上不均匀，那么 V^- 和 V_p 只能表示试验时间内的平均腐蚀速度。

1.2 腐蚀的危害

腐蚀造成的危害可归纳为以下 4 个方面。

1.2.1 腐蚀造成巨大的经济损失

材料腐蚀给国民经济带来巨大损失。以金属材料为例，每年由于腐蚀造成的经济损失约占国民生产总值的 2%～4%。美国 1975 年因腐蚀造成的经济损失约为 700 亿美元，约占国民经济生产总值的 4.2%，1982 年高达 1260 亿美元，而 2002 年更高达 5520 亿美元；英国 1969 年腐蚀损失为 13.65 英镑，约占国民生产总值的 3.5%；德国 1974 年腐蚀损失为 60 亿美元，约占国民生产总值的 3%。据我国 1995 年统计，腐蚀损失达 1500 亿人民币，约占国民生产总值的 4%，而 2002 年高达 4979 亿人民币，占国民生产总值的 5%。以上数据表明，因腐蚀而造成的经济损失是十分惊人的。

腐蚀损失可分为直接损失和间接损失。

(1) 直接损失 包括更换已损坏设备的费用、采取防护措施（如更耐蚀的材料、电化学保护、缓蚀剂、表面覆盖层等）的费用以及腐蚀试验与研究经费。

(2) 间接损失 包括停工减少生产、产品污染、降级或报废、物料流失、设备效率降低、设计保守（腐蚀裕量取得过大，增加材料费用）等。

间接损失很难计算，但肯定比直接损失大得多。例如，1975 年美国芝加哥一个大的炼油厂一根 15cm 的不锈钢弯管破裂引起爆炸和火灾，停产 6 周，这次腐蚀事故总维修费为 50 万美元，停产造成的税收损失高达 500 万美元。

1.2.2 腐蚀造成金属资源和能源的大量浪费

据估计，全世界每年生产的钢铁中约 1/3 因腐蚀而被破坏，按其中的 2/3 可以重新冶炼计算，也有大约 10% 的钢铁转变成了难以回收利用的腐蚀产物（如铁锈、氧化物）。生产金属材料不仅需要消耗大量金属矿石，而且需要消耗大量能源。所以，腐蚀造成的金属资源和能源的浪费是十分巨大的。另外，设备发生腐蚀会造成效率降低，也会增加能源的消耗。

1.2.3 腐蚀造成设备破坏事故和环境污染问题

在化工类型工厂中腐蚀造成的设备破坏事故在总的设备破坏中占很大的比例，由于设备穿孔、断裂等突发性事故带来的失火、爆炸、毒气弥散，往往导致灾难性后果。至于飞机、舰船、桥梁等因腐蚀而发生坠毁、沉没、倒塌，其损失更不是单用金钱就可以计算的。

设备腐蚀引起物料流失，跑冒滴漏，有毒物料逸散，污染大气、土壤、水源。腐蚀是造成环境污染的一个重要原因。

有人说腐蚀问题首先是一个经济问题。不过现在人们日益认识到，地球上的金属资源和能源是有限的，生态环境对人类的生存和发展是至关重要的，可持续发展的观念正在不断深入人心。这个方面的共识已经并将继续为腐蚀科学技术的发展提供巨大的推动力。

1.2.4 腐蚀阻碍新技术的发展

新工艺、新技术必须要有新的设备材料才能实现工业化生产，如果设备的腐蚀问题不能解决，就会成为巨大的障碍。从另一方面看，新的耐蚀材料的开发、新的防腐蚀技术的采用，又会大力推动工业生产的发展。比如不锈钢的发明对硝酸工业和尿素工业的作用，阴极保护技术在解决石油天然气输送管道腐蚀中的作用就是突出的例子。不仅工业生产是这样，科学研究、国防建设、交通运输也是这样。

所以，腐蚀对国民经济和社会发展的影响是巨大的，腐蚀科学技术的重要性是不言而喻的。

思 考 题

1. 举例说明腐蚀的定义，腐蚀定义中的三个基本要素是什么，耐蚀性与腐蚀性概念的区别。
2. 金属腐蚀的本质是什么，均匀腐蚀速度的表示方法有哪些?

习 题

1. 根据表 1-1 中所列数据分别计算碳钢和铝两种材料在试验介质中的失重腐蚀速度 V^- 和年腐蚀深度 V_p，并进行比较，说明两种腐蚀速度表示方法的差别。

表 1-1 碳钢和铝在硝酸中的腐蚀试验数据

试 验 介 质	30% HNO₃(25℃)	
试样材料	碳 钢	铝
矩形薄板试样尺寸/mm	20×40×3	30×40×5
腐蚀前质量 M_0/g	18.7153	16.1820
浸泡时间 t/h	45	45
腐蚀后质量 W_1/g	18.6739	16.1347

2. 奥氏体不锈钢和铝是硝酸工业中使用较多的材料。根据表 1-2 中的数据，分别计算不锈钢和铝在两种硝酸溶液中的腐蚀速度 V_p，并分析所得结果，比较两种材料的耐蚀性能。

表 1-2 不锈钢和铝在硝酸中的腐蚀试验数据

试 验 介 质	20%HNO₃(25℃)		98%HNO₃(85℃)	
试样材料	不锈钢	铝	不锈钢	铝
圆形薄板试样尺寸/mm	φ30×4	φ40×5	φ30×4	φ40×5
腐蚀前质量 W_0/g	22.3367	16.9646	22.3367	16.9646
浸泡时间 t/h	400	20	2	40
腐蚀后质量 W_1/g	22.2743	16.9151	22.2906	16.9250

3. 镁在 0.5mol/L 的 NaCl 溶液中浸泡 100h，共放出氢气 330cm³。试验温度 25℃，压力 760mmHg（760mmHg＝1atm＝101325Pa）；试样尺寸为 20mm×20mm×0.5mm 的薄板。计算镁试样的失重腐蚀速度 V_p。（在 25℃ 时水的饱和蒸汽压为 23.8mmHg）

4. 表面积 4cm² 的铁试样，浸泡在 5% 盐酸溶液中，测出腐蚀电流 I_{cor} 为 0.55mA。计算铁试样的腐蚀速度 V^- 和 V_p。

第2章　腐蚀电池

2.1　腐蚀电池的工作过程

2.1.1　什么是腐蚀电池

金属材料在电解质溶液中发生的腐蚀属于电化学腐蚀，这种腐蚀是通过在金属暴露表面上形成的原电池来进行的，这种原电池叫做腐蚀电池。腐蚀电池的阳极上发生金属的氧化反应，从而导致金属的破坏；腐蚀电池的阴极上发生某些物质的还原反应。

例如，将含杂质铜的锌块浸于盐酸溶液中，锌发生溶解而减少，同时有氢气析出。按腐蚀的定义，锌发生了腐蚀，锌表面上形成原电池，锌作为原电池的阳极，发生金属的氧化反应：

$$Zn = Zn^{2+} + 2e$$

生成的 Zn^{2+} 进入溶液。铜作为原电池的阴极，其表面上发生 H^+ 的还原反应，析出氢气：

$$2H^+ + 2e = H_2 \uparrow$$

因为锌的电位比铜的电位低，阳极锌氧化反应中放出的电子通过金属内部跑到阴极铜上，为 H^+ 还原反应消耗。总的腐蚀反应为：

$$Zn + 2H^+ = Zn^{2+} + H_2 \uparrow$$

在电化学腐蚀中，发生氧化反应的电极叫做阳极，氧化反应又叫阳极反应；发生还原反应的电极叫做阴极，还原反应又叫阴极反应。在腐蚀电池中，阳极电位比阴极电位低，故在金属中电流是从阴极流向阳极。

图 2-1 可以帮助我们理解腐蚀电池的概念。图 2-1(a) 是一般的化学原电池构型，Zn 是阳极，Cu 是阴极。当电键 K 闭合后，阳极上发生 Zn 的氧化反应，阴极上发生 H^+ 的还原反应。电流从阴极经导线流向阳极，此电流可使电流表 A 的指针偏转（对外做功）。

图 2-1(b) 和 (a) 的差别仅在于 Zn 和 Cu 直接接触，即阳极 Zn 和阴极 Cu 是短路的。因此电流不是通过负载，而是在金属内部从阴极流向阳极。这样，电流就不能对外做功。

将 Cu 作为杂质分布在 Zn 表面就得到图 2-1(c) 的构型，这就是一般金属材料在电解质

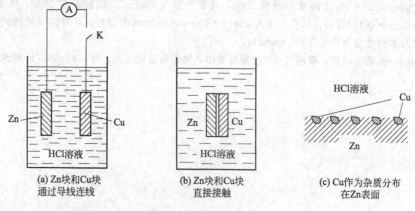

(a) Zn块和Cu块　　　　(b) Zn块和Cu块　　　　(c) Cu作为杂质分布
　　通过导线连线　　　　　　直接接触　　　　　　　在Zn表面

图 2-1　腐蚀电池的构成

阳极 Zn：$Zn = Zn^{2+} + 2e$；阴极 Cu：$2H^+ + 2e = H_2$

6

溶液中发生电化学腐蚀的典型情况，显然，图 2-1(c) 和 (b) 比较，仅阴极和阳极配置不同，电池工作过程应是相同的。

图 2-1(b) 和 (c) 都是腐蚀电池，与作为化学电源的原电池相比，腐蚀电池有以下特点：

① 腐蚀电池的阳极反应是金属的氧化反应（也可能还有其他物质的氧化反应，但金属氧化反应是必不可少的），结果造成金属材料的破坏；

② 腐蚀电池的阳极和阴极是短路的，电池工作中产生的电流完全消耗在电池内部，转变为热，不能对外做功；

③ 腐蚀电池中的反应是以最大限度的不可逆方式进行。

2.1.2　腐蚀电池的工作环节

任何工作着的腐蚀电池，都包括以下三个必不可少的环节。

(1) 阳极反应　金属的氧化反应。当氧化反应产物是可溶性离子时，一般形式可以写成：

$$Me \longrightarrow Me^{n+} + ne$$

在水溶液中，Me^{n+} 以水合离子 $Me^{n+} \cdot mH_2O$ 的形式存在。可溶性离子也可能是金属的酸根离子，如 Fe 氧化生成 $HFeO_2^-$：

$$Fe + 2H_2O \longrightarrow HFeO_2^- + 3H^+ + 2e$$

氧化反应产物也可以是不溶性固体，如金属的氧化物、氢氧化物等，对 Fe，有如下反应：

$$2Fe + 3H_2O \longrightarrow Fe_2O_3 + 6H^+ + 6e$$

$$Fe + 2OH^- \longrightarrow Fe(OH)_2 + 2e$$

(2) 阴极反应　溶液中某些物质 D 的还原反应，一般形式可写为：

$$D + me \longrightarrow [D \cdot me]$$

D 称为去极化剂。去极化剂种类很多，包括离子（如 H^+、Fe^{3+}、Cu^{2+}、$Cr_2O_7^{2-}$ 等）、气体分子（如 O_2、Cl_2 等）、固体物质（如 Fe_2O_3 等）、有机物质。水溶液中最常见的极化剂是 H^+ 和 O_2，其还原反应分别为：

$$2H^+ + 2e \longrightarrow H_2$$

$$O_2 + 4H^+ + 4e \longrightarrow 2H_2O\text{（酸性溶液）}$$

或
$$O_2 + 2H_2O + 4e \longrightarrow 4OH^-\text{（中性和碱性溶液）}$$

前者造成的腐蚀称为析氢腐蚀（或氢去极化腐蚀），后者造成的腐蚀称为吸氧腐蚀（或氧去极化剂腐蚀、耗氧腐蚀）。

(3) 电流回路

金属部分：电子的定向运动（电子由阳极流到阴极）。

溶液部分：离子的定向运动（阳离子由阳极向阴极迁移，阴离子由阴极向阳极迁移）。

在金属内部电流从阴极到阳极，在溶液内部电流从阳极到阴极，形成闭合回路。

以上三个环节中任何一个受到抑制，都会使腐蚀电池的工作强度减小。

2.1.3　腐蚀电流-腐蚀速度的指标

法拉第定律确定了电化学反应中转移的电量和变化的物质的量之间的关系。在腐蚀电池中，如果阳极反应仅仅是金属的氧化反应，造成金属的腐蚀破坏，那么阳极反应产生的电流（阳极电流）I_a 也就是金属的腐蚀电流，即：

$$I_{cor} = I_a$$

由法拉第定律可以得出腐蚀电流密度 $i_{cor}=\dfrac{I_{cor}}{S}$ 与失重腐蚀速度 V^- 的关系式。

设在时间 t 内从阳极区转移出的电量为 Q，金属腐蚀失重为 ΔW^-，对阳极反应 $Me \Longrightarrow Me^{n+}+ne$，有 1mol 金属发生氧化反应而损失，转移的电量应为 nF，由此得：

$$Q=\frac{\Delta W^-}{A}nF$$

式中，A 为金属原子量，所以：

$$i_{cor}=i_a=\frac{\Delta W^-}{St}\times\frac{nF}{A}=\frac{nF}{A}V^- \tag{2-1}$$

式中，i_{cor} 和 i_a 的单位 A/m²；V^- 的单位 g/(m²·h)；F 为法拉第常数，$1F=96500C=26.8A\cdot h$；A 的单位 g。

只要测出腐蚀电流密度 i_{cor}（这个问题由电化学腐蚀试验技术解决），就可以计算出失重腐蚀速度 V^-：

$$V^-=\frac{A}{nF}i_{cor} \tag{2-2}$$

对于一定的腐蚀反应，A 和 n 是定数，故可以用腐蚀电流密度 i_{cor} 来表示金属的腐蚀速度。

如果腐蚀电池的阳极反应中除造成金属损失的金属氧化反应外，还有其他物质的氧化反应，那么阳极电流密度 i_a 大于腐蚀电流密度 i_{cor}。在用 i_a 计算失重腐蚀速度必须注意这个问题。

2.1.4　腐蚀过程的产物

腐蚀过程的产物即腐蚀产物可分为初生产物和次生产物。初生产物指阳极反应和阴极反应的生成物。在水溶液中阳极反应产物是金属离子或不溶性固体，阴极反应产物一般是 H_2（析氢反应）或 OH^-（氧分子还原反应），也可以是其他物质。次生产物指初生产物迁移相遇发生反应形成的产物。

锌在中性含氧溶液中发生吸氧腐蚀，阳极反应的初生产物为 Zn^{2+}，阴极反应初生产物为 OH^-。阳极表面附近 Zn^{2+} 浓度增大，阴极表面附近 OH^- 浓度增大，pH 值升高。Zn^{2+} 和 OH^- 向溶液内部迁移，相遇发生反应：

$$Zn^{2+}+2OH^- \Longrightarrow Zn(OH)_2 \downarrow$$

生成氢氧化锌沉淀。

在直立电极情况，沉淀主要落于容器底部。在直接接触的水平电极情况（图 2-2），氢氧化锌在阳极和阴极的结合处形成沉积物。如果铜以杂质形式分布于锌的表面，构成腐蚀电池 [图 2-1(c)]，则氢氧化锌沉积物可将整个金属暴露表面覆盖起来。

其他一些金属在中性范围的溶液中也能生成氢氧化物，对于铁来说，生成的氢氧化亚铁可以进一步氧化成氢氧化铁，最终生成复杂的铁锈。

腐蚀产物的性质对金属的腐蚀过程有极为重要的影响，当腐蚀产物是可溶性物质时，腐蚀将持续进行，速度一般也比较大。当腐蚀产物是不溶性固体时，随腐蚀产物膜的性质、结构和覆盖程度，既可能加速金属的腐蚀破坏，或造成膜下局部腐蚀；也可能抑制腐蚀的继续进行，对金属产生保

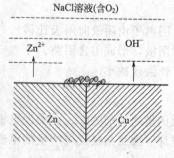

图 2-2　腐蚀电池的初生产物和次生产物

护作用。显然，这要求腐蚀产物膜致密无孔，而且覆盖完全。后文可知，当阳极反应的初生产物是金属氧化物或氢氧化物时，保护作用可以很大，使金属腐蚀速度降至很低。

2.2　腐蚀电池的形成原因

2.2.1　腐蚀电池的形成原因

当金属设备和电解质溶液接触时，为什么金属设备表面会形成腐蚀电池？这是因为金属方面和溶液方面存在着电化学不均一性，从而导致金属和溶液界面不同部位出现电位差异。

2.2.1.1　金属方面的不均一性

(1) 金属材料的成分不均匀　如异种金属部件的接触，金属材料中含有杂质，图 2-1 (b) 是异金属接触的示意，图 2-1(c) 表示锌中含有杂质铜形成腐蚀电池。另外，如铸铁中的石墨，碳钢中的碳化物、硫化物，由于具有电子导电性，也能成为腐蚀电池的阴极。

(2) 金属表面状态不均匀　如无膜和有膜的表面，膜表面的电位一般高于裸金属表面，有膜表面成为阴极，裸金属表面成为阳极，组成腐蚀电池。同样，膜的孔隙和损伤、腐蚀产物分布不均匀，也会形成腐蚀电池。

(3) 金属组织结构不均匀　如晶粒和晶界。在许多情况下，晶界的电位比晶粒的电位低，因而晶界成为腐蚀电池的阳极，发生腐蚀破坏。其他如金属材料中的不同相、合金偏析等也是。

(4) 应力和形变的不均匀　在设备制造过程中，不同部位受到不同的加工（如拉伸、弯曲、焊接等），不同部件受到不同的热处理，或设备承受不均匀的载荷，都会产生不均匀的形变和应力。形变大和应力集中部位往往成为腐蚀电池的阳板。

(5) "亚微观"不均匀性　除了上述宏观和微观的不均匀性外，还有所谓"亚微观"不均匀性，如金属结晶点阵中位错的存在、金属中原子能量状态不同、原子分布差别等。

2.2.1.2　环境方面的不均匀性

(1) 金属离子浓度差异　当溶液各部分存在盐浓度差异时，由于金属离子浓度不同，与这些溶液部位接触的金属表面的电位亦不相同。

(2) 溶解氧浓度差异　水溶液中一般都有溶解氧，而溶解氧的浓度则随溶液深度的增加而减小，也随溶液浓度及其他一些因素而变化。缝隙、凹坑内由于氧消耗后难以补充，往往成为贫氧区。

(3) 温度差异　温度差异在有传热设备（如换热器、冷却器、反应器等）中是普遍存在的。

2.2.2　腐蚀电池的种类

根据阳极区和阴极区的分布及相对大小，可以将腐蚀电池分为两大类。

2.2.2.1　大电池（宏观腐蚀电池）

阳极区和阴极区尺寸较大，区分明显，重要的有以下几类。

(1) 电偶腐蚀电池　由于异种金属部件组合所形成的腐蚀电池，叫做电偶腐蚀电池。在化工设备中，异金属部件组合是很多的，如石墨冷却器管束和碳钢壳体、不锈钢叶轮和铸铁泵壳等。

(2) 氧浓差电池　由于溶解氧浓度差异形成的腐蚀电池，叫做氧浓差电池，又叫供氧差异电池。化工容器的水线腐蚀就是一种典型的氧浓差电池腐蚀。通过黏土地段和砂土地段的地下钢管，由于氧浓差电池的形成而造成黏土地段的埋地管道发生腐蚀破坏。

（3）活态-钝态腐蚀电池　由于金属大部分表面处于钝态，局部表面处于活态而形成的腐蚀电池，叫做活态-钝态腐蚀电池。其结果是造成严重的局部腐蚀，如孔蚀、缝隙腐蚀（关于"钝态"见第6章）。

大电池腐蚀的破坏形态是局部腐蚀。腐蚀破坏主要发生在阳极区，阳极区面积越小，破坏越严重。

2.2.2.2　微电池（微观腐蚀电池）

阳极区和阴极区的尺寸很小，很难区分（称为微阳极和微阴极）。如金属材料中的杂质，组织结构差异所形成的腐蚀电池就属于微电池。显然，亚微观不均匀性形成的腐蚀电池也是微电池。

如果微阳极的位置是固定的，则腐蚀形态是局部腐蚀，微阳极区发生腐蚀破坏，如晶间腐蚀的情况，腐蚀破坏发生在晶界。如果微阳极区和微阴极区位置不断变化，比如金属材料中含有弥散分布的阴极性杂质微粒，当杂质微粒脱落后阴极位置就改变了。在这种情况下腐蚀形态是全面腐蚀。需要说明的是，晶间腐蚀这种微观不均匀性造成的局部腐蚀，在宏观上仍可归于全面腐蚀范畴。当微观不均匀性在整个金属暴露表面上"均匀"分布（即微阳极区和微阴极区均匀分布），则腐蚀破坏在宏观上是均匀的。

由于金属材料表面总是存在微观不均匀性，大电池和微电池往往同时存在。

2.2.3　腐蚀电池的观察

使用电极反应产物指示剂进行观察，可以证明腐蚀电池的存在及其工作过程。盐水滴试验是一个著名的简单而有效的例子。

在磨光、洗净的铁板表面上滴一滴加入了指示剂铁氰化钾和酚酞的 NaCl 或 Na_2SO_4 溶液，观察液滴下的铁表面会看到图 2-3 所示的蓝色区和红色区分布图形。蓝色区表明有 Fe^{2+} 产生，因为铁氰化钾是 Fe^{2+} 指示剂，其反应为：

$$3Fe^{2+} + 2[Fe(CN)_6]^{3-} \longrightarrow Fe_3[Fe(CN)_6]_2 \downarrow （普鲁士蓝沉淀）$$

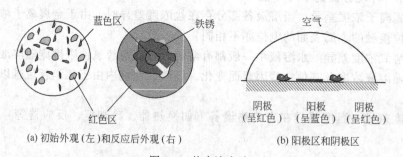

图 2-3　盐水滴实验

(a) 初始外观(左)和反应后外观(右)　　　(b) 阳极区和阴极区

红色区表明有 OH^- 生成，使溶液呈碱性，酚酞显红色。

所以，蓝色区和红色区分别对应于腐蚀电池的阳极区和阴极区。在开始阶段，液滴中的氧分布均匀，而铁板表面却存在不均匀性，研磨时产生的划痕就是重要的一种。所以，液滴下的铁表面的初始外观（一次分布）是阳极区和阴极区的混乱分布，但阳极区主要沿划痕。经过一段时间以后，液滴中的氧被消耗，需要气相中的氧进入液滴进行补充。液滴中心氧的补充困难，边缘补充容易，因此中心成为贫氧区，边缘成为富氧区，构成氧浓差腐蚀电池，并占了主要地位，使液滴下铁表面的图形变为中心呈蓝色，边缘呈红色状。说明贫氧区是阳极，生成 Fe^{2+}；边缘富氧区是阴极，生成 OH^-。时间稍长，在红色和蓝色区之间出现棕色环，表明 Fe^{2+} 和 OH^- 相遇反应生成次生产物，进一步转变为铁锈。

为了验证上述说法，有人对实验条件做了如下改变。

① 使用脱氧溶液，由于开始阶段溶液中不含氧，故不出现初始分布的阳极区的阴极区。

② 将铁板放入充氮气的罩内并向液滴中心通入氧，则铁板上的图形就反过来了：中心呈红色而边缘呈蓝色。

③ 将铁板放在磁场中（磁力线与贴边垂直），由于阳极区和阴极区之间的电流沿径向，电流在磁场中受到沿圆周方向的作用力，可以观察到液滴发生旋转。

这些结果进一步肯定了腐蚀电池的形成和工作过程。

2.3　腐蚀电池的极化

2.3.1　极化现象

2.3.1.1　原电池的极化

在 2.1 中曾说明了腐蚀电池的工作环节、腐蚀电流与失重腐蚀速度的关系。那么，腐蚀电流取决于什么因素呢？

在图 2-1(a) 的装置中加入变阻器 r 和测量 Zn 电极、Cu 电极电位的电路，就得到图 2-4 的装置（关于电位的概念和测量方法将在 3.1 节作简要介绍）。

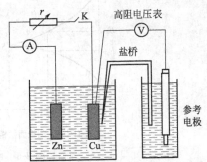

图 2-4　测量电偶腐蚀电池的极化曲线的实验装置
（测 Zn 电极电位的电路未画出）

在电键 K 未接通时，测出 Zn 电极和 Cu 电极的电位分别为 E_{0a} 和 E_{0c}，如果电流回路的欧姆电阻为 R，那么电键 K 合上以后，通过 Zn 电极和 Cu 电极的电流是否等于 $(E_{0c}-E_{0a})/R$ 呢？

实验发现，电键 K 接通，有电流通过时，Zn 电极和 Cu 电极的电位都迅速变化，电流则迅速减小。稳态的电流比初始电流小得多。这种现象叫做原电池的极化（图 2-5），腐蚀电池的极化是电化学腐蚀动力学中的基本概念。

极化使腐蚀电流减小，极化性能越强，腐蚀电流减小越厉害。极化现象对金属的腐蚀控制有利，而对于化学电源，极化现象则是有害的，需要采取措施。

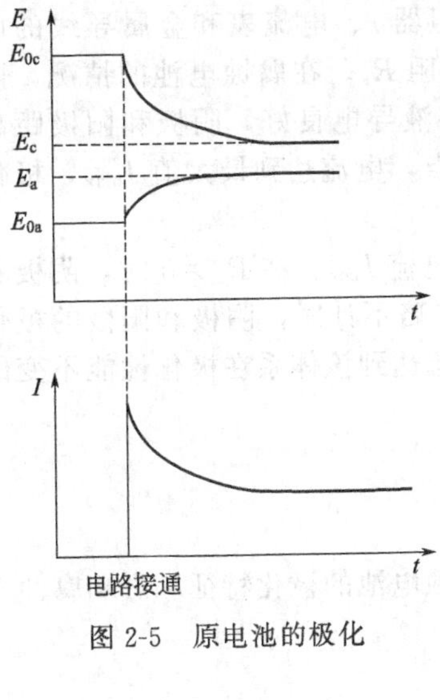

2.3.1.2　阳极极化和阴极极化

实验表明，有电流通过电池时，阳极电位升高（正移），阴极电位降低（负移），阴极和阳极的电位差（电池的电动势）减小。电位偏离初始电位 E_0 正移称为阳极极化，电位偏离初始电位 E_0 负移称为阴极极化。因此，腐蚀电池的极化包括阳极的阳极极化和阴极的阴极极化，只不过两者的极化程度不相同。

2.3.1.3　极化值

极化后的电位 E 和未极化时的电位 E_0 之差叫做极化值，记为 ΔE，即：

$$\Delta E = E - E_0$$

如果 E_0 是电极反应的平衡电位 E_e（见 3.1 节），则这个极化值常称为过电位（或超电压），记为 η，即：

$$\eta = E - E_e$$

图 2-5　原电池的极化

式中，ΔE 和 η 表示电极极化的程度。

2.3.2　极化曲线

实验表明，电极极化程度取决于通过电极的电流密度，即极化后的电位 E 是电流密度 i 的函数：$E=f(i)$，其图形叫做极化曲线。阳极极化曲线表示阳极极化电位 E_a 与阳极电流密度 i_a 的关系，阴极极化曲线表示阴极极化电位 E_c 与阴极电流密度 i_c 的关系。利用图 2-4 所示的实验装置可以测量电偶腐蚀电池的极化曲线。将电阻 r 由最大逐渐减小到零，可以使通过电池的电流逐渐增大。测量流过阳极 Zn 和阴极 Cu 的电流密度和对应的电位，就可以作出阳极极化曲线和阴极极化曲线。

将腐蚀电池的阳极极化曲线和阴极极化曲线画在一张图上，便得到腐蚀电池的极化图。如果阳极和阴极的工作面积相等，那么在任何时刻流过阳极和阴极的电流密度都相等，画出的极化图如图 2-6(a) 所示。极化曲线的形状与电极面积无关，只取决于阳极反应和阴极反应的特征。

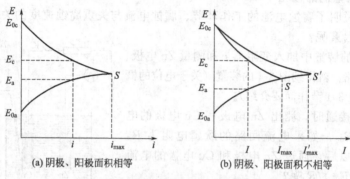

图 2-6　由图 2-4 的装置测量的极化曲线

如果阳极和阴极工作面积不相等（实际腐蚀电池一般都如此），那么在任何时刻通过阳极和阴极的电流强度相等，电流密度并不相等。在 E-i 坐标系中，阳极极化曲线和阴极极化曲线并无明显的关系，故经常使用电流强度。在 E-I 坐标系中画极化图，如图2-6(b) 所示，此时极化曲线的形状与电极工作表面积有关；面积改变时，极化曲线亦发生变化。

在图 2-6(b) 中，极化以后的阴极电位 E_c 和阳极电位 E_a 之差取决于电路的欧姆电阻 R：

$$E_c-E_a=IR$$

R 包括金属部分（外电路）的电阻 R_1（如图 2-4 中变阻器 r、电流表和金属导线的电阻）和溶液部分（内电路，即阳极和阴极之间的溶液）的电阻 R_s。在腐蚀电池的情况，阴极和阳极是短路的，金属是电的良导体，故 $R_1\approx 0$；如果溶液导电良好，阴极和阳极距离近，则 $R_s\approx 0$。此时阴极极化曲线和阳极极化曲线相交于 S 点，电流达到最大值 I_{max}，极化以后阴极和阳极的电位相等。

在腐蚀电池情况，阴极和阳极之间流过的电流 I 即腐蚀电流 I_{cor}。在 $R_s\neq 0$ 时，阴极和阳极的极化电位不相等，并有 $E_c-E_a=I_{cor}R_s$；当 R_s 可以忽略不计时，阴极和阳极的极化电位相等，其共同的电位叫做腐蚀电位，记为 E_{cor}，腐蚀电流达到该体系在极化性能不变的条件下所能达到的最大值。

2.3.3　Evans 极化图及其应用

2.3.3.1　Evans 极化图

极化图形象地描述了腐蚀电池的工作情况，用来分析腐蚀电池的极化特征和影响腐蚀电流的因素十分方便。

如果忽略极化曲线的具体形状而用直线表示，便得到 Evans 极化图，如图 2-7 所示。

和图 2-6(b) 相比，Evans 极化图保留了极化图的内涵和功能，但作图简化了。因此 Evans 极化图成为对腐蚀电池工作情况进行定性分析的有用工具。

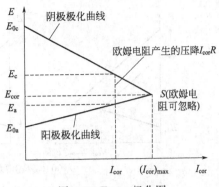

图 2-7　Evans 极化图

由图 2-7 可以写出：

$$E_{0c} - E_{0a} = I_{cor}\left(\frac{E_{0c}-E_c}{I_{cor}} + \frac{E_c-E_a}{I_{cor}} + \frac{E_a-E_{0a}}{I_{cor}}\right)$$

式中，$\frac{E_{0c}-E_c}{I_{cor}}$ 是阴极极化曲线的斜率的绝对

值，叫做阴极极化率，记为 P_c，表示阴极反应的阻力；$\frac{E_a-E_{0a}}{I_{cor}}$ 是阳极极化曲线的斜率，叫做阳极极化率，记为 P_a，表示阳极反应的阻力；$\frac{E_c-E_a}{I_{cor}}$ 是电路的欧姆电阻 R，在腐蚀电池中，主要是阴极和阳极之间溶液的电阻 R_s。

引入 P_c、P_a 和 R，可得出描述腐蚀电池工作的基本公式：

$$I_{cor} = \frac{E_{0c}-E_{0a}}{P_c + P_a + R} \tag{2-3}$$

式中，分子是阴极和阳极的起始电位差，表示腐蚀电池工作的推动力；分母是腐蚀电池工作的总阻力，包括阴极反应、阳极反应的阻力和欧姆电阻。式(2-3) 表明，腐蚀电池工作的强度（腐蚀电流）和推动力成正比，和总阻力成反比，这是符合一般动力学规律的。

描述腐蚀电池工作的这个基本公式和 Evans 极化图完全等价，可以说公式(2-3) 是 Evans 极化图的解析表示式，Evans 极化图是公式(2-3) 的图形表示。

2.3.3.2　用 Evans 极化图表示影响腐蚀电流的因素

由基本公式(2-3) 可知，当起始电位差（$E_{0c}-E_{0a}$）增大，腐蚀电流增大；当腐蚀电池工作的阻力增大（阴极极化率 P_c，阳极极化率 P_a，欧姆电阻 R 分别或同时增大），则腐蚀电流减小。这些影响用 Evans 极化图表示十分清楚。在分析实际腐蚀体系的工作时，往往用 Evans 极化图进行说明（图 2-8）。

2.3.3.3　用 Evans 极化图表示腐蚀电池的控制类型

在腐蚀电池总的阻力中，每一项阻力所占的百分比称为该项阻力的控制程度。因此，阴极极化、阳极极化和欧姆电阻的控制程度分别为：

$$C_c = \frac{P_c}{P_c+P_a+R} \quad C_a = \frac{P_a}{P_c+P_a+R} \quad C_R = \frac{R}{P_c+P_a+R}$$

根据控制程度的大小，腐蚀电池可以分为以下三种类型。

(1) 阴极极化控制　$P_c \gg P_a$，R 可以忽略，即阴极反应的阻力在总阻力中占控制地位，C_c 比 C_a 和 C_R 大得多。

(2) 阳极极化控制　$P_a \gg P_c$，R 可以忽略，即总阻力中阳极反应的阻力占控制地位，C_a 比 C_c 和 C_R 大得多。

(3) 欧姆电阻控制　$R \gg P_c$、P_a，总阻力中以欧姆电阻为主，C_R 比 C_c 和 C_a 大得多。

还有混合控制的情况，如阴极极化和阳极极化混合控制、阴极极化和欧姆电阻混合控制等。控制因素对腐蚀电流起主要作用。为了减小腐蚀电流，应采取措施影响控制因素，才能取得好的效果。

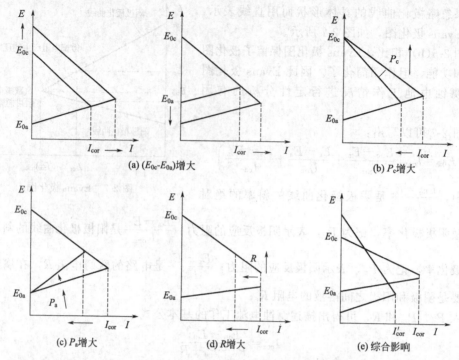

图 2-8　用 Evans 极化图表示腐蚀电流的影响因素

用 Evans 极化图可以清楚地表示腐蚀电池不同的控制类型，见图 2-9。

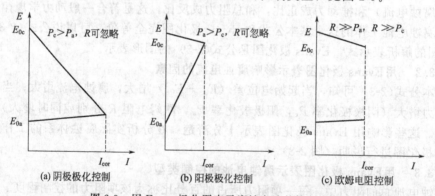

图 2-9　用 Evans 极化图表示腐蚀电池的控制类型

思　考　题

1. 腐蚀电池的概念和特点以及形成腐蚀电池的原因，与作为化学电源的原电池的区别在哪里？为什么说干电池本身不是腐蚀电池，而锌壳内表面上形成的原电池是腐蚀电池？

2. 举例说明腐蚀电池的工作环节。

3. 推导金属腐蚀电流密度和失重腐蚀速度的换算公式。

4. 说明极化、去极化、过电位 η、极化值 ΔE 的基本概念，画出测量极化曲线的基本装置图，指出各部分所起的作用。

5. Evans 极化图的意义和作法，用 Evans 极化图表示腐蚀电流的影响因素。请用 Evans 极化图说明：锌和铁在同样的酸溶液中，虽然锌的平衡电位比铁的平衡电位更负，但由于析氢反应在锌上更难进行，因而锌的腐蚀电流比铁的腐蚀电流小（画图说明）。

习　题

1. 将铜片和锌片插在 3% NaCl 溶液中，测得铜片和锌片未接通时的电位分别为 $+0.05\text{V}$ 和 -0.83V。当用导线通过电流表把铜片和锌片接通，原电池开始工作，电流表指示的稳定电流为 0.15mA。已知电路的欧姆电阻为 200Ω。

求：① 原电池工作后阳极和阴极的电位差 E_c-E_a 是多少？

② 阳极极化值 ΔE_a 与阴极极化值 ΔE_c 的绝对值之和 $\Delta E_a + |\Delta E_c|$ 等于多少？

③ 如果阳极和阴极都不极化，电流表指示应为多少？

④ 如果使用零电阻电流表，且溶液电阻可以忽略不计，那么电流达到稳态后，阳极与阴极的电位差 E_c-E_a、阳极极化值与阴极极化值的绝对值之和 $\Delta E_a + |\Delta E_c|$ 等于多少？电流表的指示又为多少？

2. 某腐蚀体系的参数为：$E_{0a}=-0.4\text{V}$，$E_{0c}=0.8\text{V}$，$E_{cor}=-0.2\text{V}$。当 $R=0$ 时，$I_{cor}=10\text{mA}$，该腐蚀电池属于什么控制类型？如果欧姆电阻 $R=90Ω$，那么 I'_{cor} 为多少？腐蚀电池又属于什么控制类型？

第3章 电化学腐蚀的倾向（腐蚀热力学问题）

3.1 电极电位

在第 2 章中我们已经对金属材料在电解质水溶液中发生的电化学腐蚀过程有了一般了解，知道了腐蚀电池工作的基本情况。不过还有许多问题没有解决，比如：

- 在图 2-1 中锌为什么是阳极，发生锌的氧化反应；而铜是阴极，表面只发生 H^+ 还原反应？铜为什么不发生氧化反应？
- 阳极和阴极的电位是如何形成的？为什么阳极的电位比阴极的电位低？
- 既然阳极电位低于阴极，为什么溶液中阳离子从阳极向阴极迁移？
- 腐蚀电池是不是金属发生电化学腐蚀的原因？

这些问题属于腐蚀热力学范畴。通过热力学分析，我们就可以回答诸如金属在某种环境中能否发生腐蚀，以及如何判断其腐蚀倾向大小的一些课题。

3.1.1 电极系统和电极反应

3.1.1.1 电极系统

金属浸于电解质溶液中所组成的系统叫做电极系统，简称电极。故电极系统包括金属和溶液两个相，不过在很多情况下"电极"这个术语仅指系统中的金属材料。

因为一个原电池是由两个电极系统组成，故有的文献中将电极系统称为"半电池"。

3.1.1.2 电极反应

在电极系统金属和溶液界面上发生的化学反应叫做电极反应，伴随着物质变化的同时在两相之间发生电荷的转移。

下面介绍与电化学腐蚀有关的几类电极反应。

（1）第一类金属电极反应

$$\underset{(M.)}{Zn} \Longrightarrow \underset{(Sol.)}{Zn^{2+}} + \underset{(M.)}{2e}$$

式中，M. 表示金属相，Sol. 表示溶液相。这个电极反应中正方向为金属 Zn 的氧化反应，Zn 原子失去电子转变为 Zn^{2+} 进入溶液，电子留在金属中；逆反应为 Zn^{2+} 的还原反应，溶液中的 Zn^{2+} 在金属表面得到电子，还原为金属 Zn 原子。

反应的物质的量与转移的电量之间的关系由法拉第定律确定。在上面的电极反应中，当有 1mol 的 Zn 发生氧化反应，生成 Zn^{2+} 进入溶液，同时就有 $2F$ 的电量从金属相转入溶液相；反之亦然。

（2）第二类金属电极反应

$$\underset{(M.)}{Ag^+} + \underset{(Sol.)}{Cl^-} \Longrightarrow \underset{(S.)}{AgCl} + \underset{(M.)}{e}$$

式中，S. 表示固体化合物。这个反应中正方向为金属 Ag 的氧化反应，Ag 原子失去电子成为 Ag^+，并和溶液中的 Cl^- 结合为难溶的固体产物 AgCl。逆方向为 AgCl 的还原反应。

上式也可以分解为两步反应：

$$Ag \Longrightarrow Ag^+ + e$$
$$Ag^+ + Cl^- \Longrightarrow AgCl$$

第一步为电极反应，第二步为化学反应。

（3）气体电极反应

$$(Pt) \quad H_2 \Longrightarrow 2H^+ + 2e$$
$$(M.) \quad (G.) \quad (Sol.) \quad (M.)$$

式中，G. 表示气体。这个反应的正方向为吸附在电极材料（如 Pt）表面上的 H_2 的氧化反应，H_2 失去电子转变为溶液中的 H^+；逆方向为溶液中的 H^+ 的还原反应，H^+ 得到电子转变为 H_2。反应的一方为气体，又如：

$$2H_2O \Longrightarrow O_2 (Pt) + 4H^+ + 4e$$
$$(L.) \quad (G.)(M.) \quad (Sol.) \quad (M.)$$

式中，L. 表示液体。这个反应的一方也是气体，正方向为水的氧化反应，生成 O_2 吸附在电极材料（如 Pt）表面，逆方向为 O_2 在电极材料表面获得电子发生还原反应。

（4）氧化还原电极反应

$$Fe^{2+} \Longrightarrow Fe^{3+} + e$$
$$(Sol.) \quad (Sol.) \quad (M.)$$

正方向为 Fe^{2+} 的氧化反应，逆方向为 Fe^{3+} 的还原反应。反应双方都在溶液中，但电子交换在电极表面上进行。

金属电极反应的特点是，电极的金属材料不仅是电极反应进行的场所，而且是电极反应的参与者。气体电极反应和氧化还原电极反应中，虽然金属材料不参与反应，仅作为反应场所和电子载体，但金属材料对电极反应仍可能有很大影响。

金属电极反应十分重要，因为它是腐蚀电池的阳极反应。上述第一类金属电极反应，即金属失去电子转变为可溶性离子的反应是最基本的阳极反应。在 2.1 节曾写出其一般式：

$$Me \longrightarrow Me^{n+} + ne$$

这里只写了正方向反应，因为在腐蚀电池中阳极反应是按氧化方向进行的。对于最常见的金属材料 Fe，按第一类金属电极反应，应为：

$$Fe \Longrightarrow Fe^{2+} + 2e$$

第二类金属电极反应也是腐蚀电池中常见的一类阳极反应，比如 Fe 转变为 $Fe(OH)_2$ 的电极反应：

$$Fe + 2OH^- \Longrightarrow Fe(OH)_2$$

同样，此式也可写成两步：

$$Fe \Longrightarrow Fe^{2+}$$
$$Fe^{2+} + 2OH^- \Longrightarrow Fe(OH)_2$$

第二类金属电极反应又是一些常用参考电极的电极反应。前面所举例子为氯化银电极的电极反应。再如甘汞电极的电极反应：

$$2Hg + 2Cl^- \Longrightarrow Hg_2Cl_2 + 2e$$

气体电极反应和氧化还原电极反应都可能作为腐蚀电池的阴极反应，其中以氢电极反应和氧电极反应最为普遍。在 2.1 节中已做了说明。

后面会看到，氢电极反应构成了最基本的参考电极：标准氢电极。

3.1.2　电极电位

3.1.2.1　双电层
由于金属和溶液的内电位不同，在电极系统的金属相和溶液相之间存在电位差，因此，两相之间有一个相界区，叫做双电层。

电极系统中发生电极反应，两相之间有电荷转移，是形成双电层的一个重要原因。比如将锌浸于电解质溶液中，由于锌离子处于金属晶格中比处于水溶液中的位能较高，故锌离子脱离金属相转入溶液，即锌发生氧化反应。这样，金属和溶液相界区两侧出现异号的过剩电荷：金属侧带负电荷，溶液侧带正电荷。双电层内金属侧电位低于溶液侧电位。相反，如果金属离子处于金属晶格中比处于溶液中位能较低，比如铜板浸于含铜离子溶液（如硫酸铜溶液）中，则溶液中的金属离子将沉积到金属表面，即铜离子发生还原反应。这样，形成金属侧带过剩正电荷，溶液侧带过剩负电荷的双电层。双电层内金属侧的电位高于溶液侧电位。

随着反应的进行，双电层两侧过剩电荷增多，正方向反应速度逐渐降低，逆方向反应速度逐渐增大，最后达到动态平衡。

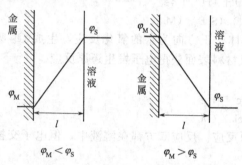

图 3-1　双电层中的电位分布
（紧密双电层模型，且双电层中电场均匀）

形成双电层的另一个原因是表面吸附，如水分子、OH^-、氢原子、氧原子等吸附在金属电极表面。因此，在电极系统中金属相和溶液相之间不发生电荷转移的情况下也能在相界区形成双电层。

在最简单的情况下，只考虑带异号电荷的金属表面和溶液之间的静电引力，那么异号过剩电荷将紧密排列在相界区两侧，可以看作一个平板电容器，这就是所谓的紧密双电层模型。

实际上，考虑到粒子热运动和离子浓度差造成的扩散，在紧密层外侧还有一个分散层，即双电层由紧密层和分散层两个部分组成。电解质溶液浓度越高，过剩电荷密度越大，则双电层结构越接近紧密双电层。

由于双电层厚度很小（大致等于金属表面与水化离子中心的距离），故双电层内电场强度是很大的，因而对电极反应必然产生很大的影响。

就本课程内容深度而言，我们采用紧密双电层结构模型就可以了，即以后将把双电层看作平板电容器，其厚度为 l，而且双电层中电场强度是均匀的，如果用 φ_M 和 φ_S 表示金属相和溶液相的电位，那么双电层的电场强度为 $\dfrac{|\varphi_M - \varphi_S|}{l}$。图 3-1 为双电层中的电位分布。

3.1.2.2　电极电位

金属和溶液两相之间的电位差叫做电极系统的电极电位，简称电位。准确地说，是电极电位的绝对值，记为 φ。

电位的绝对值 φ 是无法测量的。因为 φ 是两相的内电位之差，而内电位是不能测量的。从实验上看，我们无法将溶液和电位测量仪器的接线柱连接起来。

但是电极电位的相对值是可以进行测量的。选取一定结构的电极系统，要求其电位恒定作为测量电位时的比较标准，就可以测量一个电极系统相对于选定电极系统的电位。这种选作比较标准的电极系统叫做参考电极。

将参考电极和待测电极组成原电池，测量其电位差（图 3-2）。

$$V = \varphi_{待测} - \varphi_{参考}$$

式中，V 即为待测电极的电位对所用参考电极的相对值。电极电位的相对值记为 E。

所以，电极系统的电位绝对值虽然是不能测量的，但使用参考电极可以测量电极电位的相对值，因而可以测量电位的变化量。后文会介绍，正是电位的变化量决定了电极反应的方向和速度。

3.1.2.3　标准氢电极（SHE）

将镀铂黑的铂片浸于 $a_{H^+}=1$ 的盐酸溶液中，通入 1atm 的氢气，就构成了标准氢电极（图 3-2 中右侧的参考电极即为标准氢电极的结构）。

标准氢电极的电极反应为：

$$(Pt)H_2 \Longrightarrow 2H^+ + 2e$$

规定标准氢电极的电位为零，因此用标准氢电极作参考电极所测量的电位差，就是待测电极相对于标准氢电极的电位值（二者数值相等）。以标准氢电极为参考电极测出的电位值称为氢标电位，记为 $E(SHE)$，括号中的 SHE 可省略不写。

SHE 是最基准的参考电极，但使用不方便。实验室中常用的参考电极有：饱和甘汞电极（记为 SCE）、银-氯化银电极等。它们的电极反应在前面已给出。它们相对于 SHE 的电位值已经精确测定，也可以从理论上进行计算。

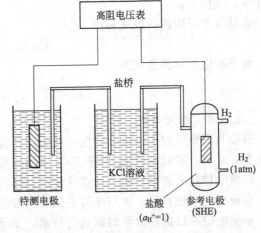

图 3-2　测量电极电位的原理电路

说明：使用高阻电压表的目的是保证测量回路中电流极小，不造成参考电极和待测电极的电位变化；盐桥的作用是消除液接电位差和防止参考电极与待测电极溶液相互污染；异金属接触电位差可以忽略

使用这些参考电极测量的电位值可以注明所用参考电极，也可以换算为氢标电位。比如使用 SCE 为参考电极，测出电位差为 $-0.215V$，可记为：$E=-0.215V(SCE)=-0.027V$（SHE）。显然，用不同参考电极测量的电位相对值是不同的，故需注明所用参考电极。如不注明，则表示参考电极是 SHE。

有必要指出，使用相对电位（如氢标电位）时，电位值为零并不表示双电层两侧无剩余电荷。反之，当双电层两侧无剩余电荷时电位值并不等于零。后一电位值称为零电荷电位。当电极系统的电位高于零电荷电位，表明双电层金属侧带过剩正电荷。

3.1.3　平衡电位和能斯特公式

3.1.3.1　平衡电位

当电极反应达到平衡时，电极系统的电位称为平衡电位，又称可逆电位。因此，平衡电位总是和电极反应联系在一起。当电极系统处于平衡电位时，电极反应的正方向速度和逆方向速度相等，净反应速度为零。在两相之间物质的迁移和电荷的迁移都是平衡的。

平衡电位记为 E_e，在某些情况下也可将电极反应中的氧化态物质和还原态物质注明。如 $Fe \Longrightarrow Fe^{2+} + 2e$ 的平衡电位，记为 $E_e(Fe/Fe^{2+})$。

3.1.3.2　能斯特公式

平衡电位可用能斯特公式计算。能斯特公式是由平衡时两相的电化学位相等导出的，它将电极反应的平衡电位和参与电极反应的各组分的活度（或分压）联系起来。

如将电极反应一般式写成：

$$aR \Longrightarrow bO + ne \tag{3-1}$$

R 和 O 表示反应中的还原态物质（又称还原体）和氧化态物质（又称氧化体），a 和 b 是化学计量系数，则平衡电位的计算公式是：

$$E_e(R/O) = E^\ominus + \frac{RT}{nF}\ln\frac{[O]^b}{[R]^a} \tag{3-2}$$

式中，R 是气体常数；T 为绝对温标；符号 [ ] 对溶液表示活度，单位 mol，对气体表示分压，单位 atm。

如果电极反应的一般式写成：

$$\sum \nu_i M_i + ne = 0 \tag{3-3}$$

则平衡电位计算公式为：

$$E_e = E^\ominus + \frac{RT}{nF} \sum \ln [M_i]^{\nu_i} \tag{3-4}$$

3.1.3.3　标准电位

当参与电极反应的各组分活度（或分压）都等于 1，温度规定为 25℃，这种状态称为标准状态，此时，平衡电位 E_e 等于 $E^\ominus$，故 $E^\ominus$ 称为标准电位。

标准电位是平衡电位的一种特殊情况，标准电位只取决于电极反应的本性，而平衡电位既与电极反应本性有关，又与参与电极反应各组分的活度（或分压）以及温度有关。

标准电位可以由热力学数据进行计算。如果电极反应的一般式写为式(3-3)，则标准电位计算公式为：

$$E^\ominus = \frac{\sum \nu_i \mu_i^\ominus}{nF} \tag{3-5}$$

式中，$\mu_i^\ominus$ 是第 i 种组分的标准化学位。当电极系统中只有一个电极反应且能够达到平衡时，亦可由实验测量标准电位。

表 3-1 是某些金属电位反应（第一类金属电极反应，即金属及其简单离子之间的电极反应）的标准电位数值。

表 3-1　某些金属电极反应的标准电位（25℃，SHE）

电极反应	$E^\ominus$/V	电极反应	$E^\ominus$/V
Li ——Li$^+$+e	−3.045	Ni ——Ni^{2+}+2e	−0.250
K ——K$^+$+e	−2.925	Sn ——Sn^{2+}+2e	−0.136
Mg ——Mg^{2+}+2e	−2.37	Pb ——Pb^{2+}+2e	−0.126
Al ——Al^{3+}+3e	−1.66	Fe ——Fe^{3+}+3e	−0.036
Ti ——Ti^{2+}+2e	−1.63	H$_2$ ——2H$^+$+2e	0.000
Mn ——Mn^{2+}+2e	−1.18	Cu ——Cu^{2+}+2e	+0.337
Zn ——Zn^{2+}+2e	−0.762	Cu ——Cu$^+$+e	+0.521
Cr ——Cr^{3+}+3e	−0.74	Ag ——Ag$^+$+e	+0.799
Fe ——Fe^{2+}+2e	−0.44	Hg ——Hg^{2+}+2e	+0.854
Cd ——Cd^{2+}+2e	−0.402	Pt ——Pt^{2+}+2e	+1.19
Co ——Co^{2+}+2e	−0.277	Au ——Au^{3+}+3e	+1.50

表 3-2 是电化学腐蚀中常见的一些电极反应的标准电位数值（一些是第二类金属电极反应，一些是氧化还原电极反应和气体电极反应，其中许多常见于腐蚀电池的阴极反应）。

3.1.3.4　电动序

第一类金属电极反应 Me ——Me^{n+}+ne 的标准电位 $E^\ominus$(Me/Me^{n+}) 表示金属发生氧化反应转变为金属离子 Me^{n+} 的倾向。$E^\ominus$ 负值越大，则金属越容易发生氧化反应。

将各种金属的标准电位 $E^\ominus$(Me/Me^{n+}) 的数值从小到大排列起来，就得到所谓"电动序"(electromotive force series)，可以清楚地表明各种金属转变为氧化状态的倾向（活泼顺序）。因为氢电极反应的 $E^\ominus$ 规定为零，故在氢之前的金属的 $E^\ominus$ 为负值，称负电性金属；在氢之后的金属的 $E^\ominus$ 为正值，称正电性金属（表 3-1）。

电动序可以用来粗略地判断金属的腐蚀倾向，以进行比较。由表 3-1 可知，Mg 的腐蚀倾向比 Fe 大，Fe 的腐蚀倾向比 Cu 大。虽然 $E^\ominus$ 对应于标准状态，即 $a_{Me^{n+}} = 1$mol/L，但从能斯特公式很容易算出，在 25℃，$a_{Me^{n+}}$ 改变一个数量级，E_e 仅变化（$0.059/n$）V，影响并不大。不过，在使用电动序分析金属倾向时需要注意：$E^{\ominus}$ 不仅与金属有关，而且与金属氧化反应产物有关。比如 Fe 氧化生成 Fe^{2+}、Fe^{3+}、$HFeO_2^-$、Fe_3O_4 等的标准电位是不同的，而产物的种类则离不开环境条件。从表 3-1 可知，Au 生成 Au^{3+} 的 $E^{\ominus}=+1.5V$，是很正的数值，但在含 Cl^- 的溶液中，生成 $[Au(Cl^-)_4]^-$ 的 $E^{\ominus}=+1.0V$，即负移 0.5V。类似地，Ag 生成 Ag^+ 的 $E^{\ominus}=+0.799V$，在含 CN^- 的溶液中生成 $[Ag(CN)_2]^-$ 的 $E^{\ominus}=-0.38V$。这说明了环境中络合剂的影响。

表 3-2　电化学腐蚀中一些常见电极反应的标准电位（25℃）

电极反应	$E^{\ominus}/V$	电极反应	$E^{\ominus}/V$
$Fe+2OH^-\longrightarrow Fe(OH)_2+2e$	-0.876	$2Hg+2Cl^-\longrightarrow Hg_2Cl_2+2e$	$+0.27$
$Cd+2OH^-\longrightarrow Cd(OH)_2+2e$	-0.809	$4OH^-\longrightarrow O_2+2H_2O+4e$	$+0.401$
$H_2\longrightarrow 2H^++2e$	0.000	$CuCl\longrightarrow Cu^{2+}+Cl^-$	$+0.566$
$Cu+Cl^-\longrightarrow CuCl+e$	$+0.124$	$Fe^{2+}\longrightarrow Fe^{3+}+e$	$+0.771$
$Cu^+\longrightarrow Cu^{2+}+e$	$+0.167$	$HNO_2+H_2O\longrightarrow NO_3^-+3H^++2e$	$+0.94$
$Ag+Cl^-\longrightarrow AgCl+e$	$+0.224$	$2H_2O\longrightarrow O_2+4H^++4e$	$+1.229$

【**例 3-1**】　铅试样浸入 pH＝4、温度 40℃、已除氧的酸溶液中，计算 Pb^{2+} 能达到的最大浓度。并说明铅试样是否发生了腐蚀。

解　腐蚀电池的阴极反应：

$$2H^++2e\longrightarrow H_2$$

$$E_{ec}=-0.0591\times\frac{313}{298}\times pH=-0.248(V)$$

阳极反应：

$$Pb\longrightarrow Pb^{2+}+2e$$

$$E_{ea}=E^{\ominus}+0.02955\times\frac{313}{298}\lg a_{Pb^{2+}}=-0.126+0.031\lg a_{Pb^{2+}}$$

当 $E_{ea}=E_{ec}$，Pb^{2+} 的活度达到最大，所以：

$$-0.248=-0.126+0.031\lg(a_{Pb^{2+}})_{max}$$

得出：$(a_{Pb^{2+}})_{max}=1.16\times10^{-4}(mol/L)$

因为此值大于 $10^{-6}mol/L$，所以铅试样发生了腐蚀，但腐蚀不能继续下去。溶液中 Pb^{2+} 的最大活度为 $1.16\times10^{-4}mol/L$。

查 $PbCl_2$ 的活度系数，当浓度为 10^{-4} 时，$a=0.964$，因此得 Pb^{2+} 的最大浓度约为 $1.2\times10^{-4}mol/L$。

【**例 3-2**】　计算甘汞电极的平衡电位（25℃）。

解　甘汞电极的电极反应：

$$2Hg+2Cl^-\longrightarrow Hg_2Cl_2+2e$$

可分解为两个反应：

$$2Hg\longrightarrow Hg_2^{2+}+2e \tag{1}$$

$$Hg_2^{2+}+2Cl^-\longrightarrow Hg_2Cl_2 \tag{2}$$

（1）式的平衡电位由能斯特公式计算：

$$E_e=E^{\ominus}+0.02955\lg a_{Hg_2^{2+}}$$

其标准电位：

$$E^{\ominus} = \frac{\mu^{\ominus}_{Hg_2^{2+}} - 2\mu^{\ominus}_{Hg}}{2F} = \frac{152190}{2 \times 96500} = 0.789 \text{ (V)}$$

由 (2) 式得反应平衡常数：

$$lgk = \frac{-(\mu^{\ominus}_{Hg_2Cl_2} - \mu^{\ominus}_{Hg_2^{2+}} - 2\mu^{\ominus}_{Cl^-})}{2.303RT} = \frac{100483}{5703} = 17.62$$

所以，Hg_2^{2+} 的活度与 Cl^- 的活度关系为：

$$lga_{Hg_2^{2+}} = -17.62 - 2lga_{Cl^-}$$

对于 0.1mol/L 的甘汞电极，$lga_{Cl^-} = -1$，$lga_{Hg_2^{2+}} = -15.62$，其平衡电位为：

$$E_e = 0.789 + 0.02955 \times (-15.62) = 0.327(V)$$

对于当量甘汞电极，$lga_{Cl^-} = 0$，$lga_{Hg_2^{2+}} = -17.62$，其平衡电位为：

$$E_e = 0.789 + 0.02955 \times (-17.62) = 0.268(V)$$

对饱和甘汞电极，其电离反应：

$$KCl \Longrightarrow K^+ + Cl^-$$

平衡常数：

$$lgk = \frac{-(\mu^{\ominus}_{K^+} + \mu^-_{Cl} - \mu^{\ominus}_{KCl})}{2.303RT} = \frac{5100}{5703} = 0.894$$

用纯 KCl 溶于纯水得到的溶液，$a_{K^+} = a_{Cl^-}$，即 $lga_{Cl^-} = 0.447$，于是得出：

$$lga_{Hg_2^{2+}} = -17.62 - 0.894 = -18.51$$

饱和甘汞电极的平衡电位为：

$$E_e = 0.789 + 0.02955 \times (-18.51) = 0.242(V)$$

3.1.4 非平衡电位

当电极反应不处于平衡状态，电极系统的电位称为非平衡电位。偏离平衡的原因有以下几点。

① 电极界面虽只有一个电极反应，但有外电流流入或流出，使平衡状态被打破。当有外电流流入 (电子由电极流出)，氧化方向的反应速度大于还原方向的反应速度，电位向正方向偏移。反之，当有电流从电极流出时，氧化方向的反应速度小于还原方向的反应速度，电位向负方向偏移。这样，电极反应不再处于平衡电位，电极反应净速度不再为零。

② 电极表面不止一个电极反应，它们的电位都将偏离平衡电位。一些电极反应主要按氧化方向进行，另一些电极反应主要按还原方向进行。在稳态条件下，电荷的迁移是平衡的，电位是稳定的 (称为稳定电位)，但物质的迁移是不平衡的。

一些研究者曾提出，有的金属在自己离子的溶液中能够建立起平衡电位，如 Zn 在 $ZnSO_4$ 溶液中，实测电位与按热力学数据计算的平衡电位很接近；而有的金属 (如 Fe) 即使在自己离子的溶液中，实测电位与计算的平衡电位相差仍很远，认为不能建立起平衡电位。对这个问题不可能仅仅由热力学来说明。

因为金属腐蚀要进行，电极反应必然偏离平衡，故非平衡电位的讨论十分重要，将在第 4 章进行。

3.2 电化学腐蚀倾向的判断

3.2.1 自由焓准则

3.2.1.1 用自由焓变化 ΔG 判断电化学腐蚀倾向

腐蚀反应是在恒温恒压下发生的化学反应。根据热力学第二定律可以判断电化学腐蚀的倾向大小。

当腐蚀反应使体系的自由焓减小，$\Delta G < 0$，则腐蚀反应能自发进行。$|\Delta G|$ 越大，则腐蚀倾向越大。当 $\Delta G = 0$，腐蚀反应达到平衡。当 $\Delta G > 0$，腐蚀反应不能自发进行。

3.2.1.2　ΔG 的计算公式

如将腐蚀反应写成：

$$\sum \nu_i M_i = 0 \quad （产物的 \nu_i 为正，反应物的 \nu_i 为负）$$

则有：

$$\Delta G = \sum \nu_i \mu_i \tag{3-6}$$

μ_i 是第 i 种组分的化学位：

$$\mu_i = \mu_i^{\ominus} + RT\ln[M]_i \tag{3-7}$$

3.2.1.3　示例

(1) 在酸溶液中（$pH = 0$，$T = 25℃$，$P_{O_2} = 0.21atm$，$P_{H_2} = 1atm$）

① 金属析氢腐蚀

阳极反应　$Me \longrightarrow Me^{n+} + ne$

阴极反应　$2H^+ + 2e \longrightarrow H_2$

腐蚀反应　$Me + nH^+ =\!=\!= Me^{n+} + \dfrac{n}{2}H_2$

按式(3-6) 和式(3-7)，可写出：

$$\Delta G = \mu_{Me^{n+}} = \mu_{Me^{n+}}^{\ominus} + RT\ln a_{Me^{n+}}$$

取 $a_{Me^{n+}} = 10^{-6} mol/L$ 作为发生腐蚀的界限（这样做虽有一定的随意性，但因 $10^{-6} mol/L$ 是一个很小的量，所以已被广泛接受），得出：

$$\Delta G = \mu_{Me^{n+}} + 8.314 \times (25 + 273)\ln 10^{-6} = \mu_{Me^{n+}} - 34.22 (kJ)$$

查表知，Fe^{2+}、Zn^{2+}、Cu^{2+}、Au^{3+} 的标准化学位 $\mu^{\ominus}$ 分别等于 $-84.94kJ$、$-147.21kJ$、$+64.98kJ$、$+433.46kJ$，所以在所给酸溶液中，Fe 和 Zn 能发生析氢腐蚀，生成 Fe^{2+} 和 Zn^{2+}，且 Zn 的腐蚀倾向大于 Fe；Cu 和 Au 不能发生析氢腐蚀，生成 Cu^{2+} 和 Au^{3+}。

② 金属吸氧腐蚀

阳极反应　$Me \longrightarrow Me^{n+} + ne$

阴极反应　$O_2 + 4H^+ + 4e \longrightarrow 2H_2O$

腐蚀反应　$Me + \dfrac{n}{4}O_2 + nH^+ =\!=\!= Me^{n+} + \dfrac{n}{2}H_2O$

按照式(3-6) 和式(3-7)，有：

$$\Delta G = \mu_{Me^{n+}} + \dfrac{n}{2}\mu_{H_2O} - \dfrac{n}{4}\mu_{O_2} = \mu_{Me^{n+}} + (-237.18)/2n - 0 (kJ)$$

引入 $\mu^{\ominus}$ 的数据，对 Fe、Zn、Cu、Au 四种金属，ΔG 分别等于 $-356.36kJ$、$-418.63kJ$、$-206.44kJ$、$+43.44kJ$。可知，Fe、Zn、Cu 在所给酸溶液中能发生吸氧腐蚀，生成 Fe^{2+}、Zn^{2+}、Cu^{2+}；Au 不能发生吸氧腐蚀生成 Au^{3+}。对同一种金属，发生吸氧腐蚀的倾向比发生析氢腐蚀的倾向大得多。

(2) pH 值对 Fe 的析氢腐蚀倾向的影响

① pH = 0 的酸溶液（25℃）

前面已得出　$\Delta G = \mu_{Me^{n+}}^{\ominus} - 34.22(kJ) = -84.94 - 34.22 = -119.16kJ$

② pH = 7 的中性溶液（25℃）

$$\Delta G = \mu_{Fe^{2+}} - 2\mu_{H^+}$$

$$\mu_{Fe^{2+}} + 2 \times 2.3 \times RT \times pH = -119.16 + 2 \times 39.92 = -39.32(kJ)$$

③ pH=14 的碱溶液（25℃）

腐蚀产物为 Fe^{2+} 时，按 $a_{Fe^{2+}} = 10^{-6} mol/L$ 计算：

$$\Delta G = \mu_{Fe^{2+}} + 2 \times 2.3 \times RT \times pH = -119.16 + 2 \times 79.84 = 40.52(kJ)$$

腐蚀产物是 $HFeO_2^-$ 时，则腐蚀反应为：

$$Fe + 2H_2O \Longrightarrow HFeO_2^- + H_2 + H^+$$

按 $a_{HFeO_2^-} = 10^{-6}$ 计算，得：

$$\Delta G = \mu_{HFeO_2^-} + \mu_{H^+} - 2\mu_{H_2O} = \mu_{HFeO_2^-} - 394.54 = -18.87(kJ)$$

以上计算表明，随着溶液 pH 值升高，Fe 发生析氢腐蚀的倾向减小。在 pH=14 的碱溶液中，Fe 不可能发生析氢腐蚀生成 Fe^{2+}，但发生析氢腐蚀生成 $HFeO_2^-$ 在热力学上是可能的。

3.2.1.4　小结

（1）金属在电解质水溶液中发生电化学腐蚀的原因是：金属和电解质溶液构成了热力学不稳定体系，发生腐蚀反应，使体系的自由焓减小（$\Delta G < 0$）。自由焓减小越多，体系的腐蚀倾向越大。

（2）自由焓的变化不仅与金属有关，而且与溶液中参与反应的各组分的活度（或分压）及溶液温度有关。金属氧化反应的产物不同，自由焓变化 ΔG 也不同。

3.2.2　电位比较准则

对于水溶液中的电化学腐蚀，是通过腐蚀电池的工作来进行的，可以由自由焓准则导出电位比较准则，应用更为方便。

3.2.2.1　电位比较准则原理

对于可逆电池反应，有熟知的公式：

$$\Delta G = -nF\varepsilon = -nF(E_{ec} - E_{ea}) \tag{3-8}$$

式中，E_e 是平衡电位，a 和 c 分别表示阳极反应和阴极反应；ε 为电池反应的电动势。

由腐蚀反应发生的条件 $\Delta G < 0$，可得：

$$E_{ec} - E_{ea} > 0 \text{ 或 } E_{ec} > E_{ea}$$

从而得出判断电化学腐蚀倾向的电位比较准则：如果金属发生氧化反应的平衡电位 E_{ea} 低于溶液中某种氧化剂（即去极化剂）发生还原反应的平衡电位 E_{ec}，则电化学腐蚀能够发生。二者的差值（$E_{ec} - E_{ea}$）越大，腐蚀的倾向越大。

这既是电化学腐蚀发生的原因，也是电化学腐蚀发生的能量条件（热力学条件）。研究者认为，形成腐蚀电池是发生电化学腐蚀的原因，在热力学上是不正确的。腐蚀电池的作用在于影响腐蚀进行的速度和腐蚀破坏的形态。比如图 2-1 中含杂质 Cu 的 Zn（或 Zn 和 Cu 偶接）在盐酸中发生腐蚀的原因是 Zn 发生氧化反应的平衡电位 E_{ea} 低于溶液中 H^+ 发生还原反应的平衡电位 E_{ec}，故 Zn 作为腐蚀电池的阳极发生氧化反应，Cu 作为腐蚀电池的阴极，发生 H^+ 的还原反应。Cu 之所以不发生腐蚀，是因为 Cu 发生氧化反应的平衡电位高于 H^+ 还原反应的平衡电位，故 Cu 只是作为 H^+ 还原反应的场所和提供电子的载体。即使 Zn 不含杂质，表面完全均匀（或不与 Cu 偶接），在盐酸溶液中也会发生析氢腐蚀。此时阳极反应和阴极反应都在 Zn 表面进行。由此可知，在图 2-1(a) 和（b）中，严格地说，在 Zn 表面上除发生 Zn 的阳极氧化反应外，仍然有 H^+ 还原反应，只不过其速度很小可以忽略，这在学习第 4 章后就可以很好的理解。含杂质 Cu 的 Zn 的腐蚀速度比纯 Zn 大，Zn 与 Cu 偶接造成的腐蚀破坏形态与含杂质 Cu 的 Zn 的腐蚀破坏形态不相同，这就是腐蚀电池所起的作用。

3.2.2.2　应用举例

（1）常见的去极化剂还原反应

H^+ 还原反应　　$2H^+ + 2e \Longrightarrow H_2$

$$E_e(H_2/H^+) = \frac{RT}{2F}\ln\frac{a_{H^+}^2}{P_{H_2}}$$

O_2 还原反应　　$O_2 + 4H^+ + 4e \Longrightarrow 2H_2O$

$$E_e(H_2O/O_2) = E^{\ominus}(H_2O/O_2) + \frac{RT}{F}\ln a_{H^+} + \frac{RT}{4F}\ln P_{O_2}$$

在 25℃，$P_{H_2} = 1atm$，$P_{O_2} = 1atm$ 的条件下：

$$E_e(H_2/H^+) = -0.0591pH(V) \tag{3-9}$$

$$E_e(H_2O/O_2) = 1.229 - 0.0591pH(V) \tag{3-10}$$

可见，H^+ 还原反应和 O_2 还原反应的平衡电位与溶液 pH 值都成线性关系。将此关系表示在电位-pH 图上，得两条直线，其斜率为 -0.0591（见图 3-3）。

（2）金属氧化反应　以金属离子活度 $a_{Me^{n+}} = 10^{-6} mol/L$ 作为腐蚀发生的界限。对 Mg、Zn、Fe、Cu、Au 几种金属，计算氧化反应平衡电位：

$$Mg \Longrightarrow Mg^{2+} + 2e \qquad E_e = -2.54V$$
$$Zn \Longrightarrow Zn^{2+} + 2e \qquad E_e = -0.937V$$
$$Fe \Longrightarrow Fe^{2+} + 2e \qquad E_e = -0.617V$$
$$Cu \Longrightarrow Cu^{2+} + 2e \qquad E_e = +0.16V$$
$$Au \Longrightarrow Au^{3+} + 3e \qquad E_e = +1.382V$$

将上述平衡电位值表示在 E-pH 图上，得到几条水平线。另外，对 Fe 氧化生成 $HFeO_2^-$ 的反应，在 pH＝14 的平衡电位为：

$$Fe + 2H_2O \Longrightarrow HFeO_2^- + 3H^+ + 2e$$

$$E_e = -0.925V \text{（pH＝14）}$$

将此电位值也表示在 E-pH 图上，得一个点，这样便得到图 3-3。

（3）应用电位比较准则进行判断（图 3-3）

① 在 0～14 的整个 pH 值范围内，Mg 和 Zn 都能发生析氢腐蚀和吸氧腐蚀，生成 Mg^{2+} 和 Zn^{2+}，Au 既不能发生析氢腐蚀，也不能发生吸氧腐蚀，生成 Au^{3+}。

② 在整个 pH 值范围内，Fe 和 Cu 都能发生吸氧腐蚀，生成 Fe^{2+} 和 Cu^{2+}。Cu 不能发生析氢腐蚀，生成 Cu^{2+}；在 pH＜10.4 的溶液中，Fe 能发生析氢腐蚀，生成 Fe^{2+}。

③ 在 pH＝14 的碱溶液中，Fe 不能发生析氢腐蚀，生成 Fe^{2+}，但能发生析氢腐蚀，生成 $HFeO_2^-$。

④ 随着溶液 pH 值下降，析氢腐蚀和吸氧腐蚀的倾向都增大。

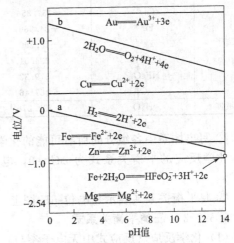

图 3-3　由电位比较准则判断电化学
腐蚀的可能性和倾向

（金属离子活度按 $10^{-6}mol/L$，
气体压力按 1atm 计算）

⑤ 在同一 pH 值溶液中，吸氧腐蚀倾向比析氢腐蚀倾向大得多。

上述判断和前述的自由焓准则得出的判断是一致的，但更为简便。

3.3　电位-pH 平衡图

3.3.1　电位-pH 平衡图的定义

在上一节中，我们用电位比较准则分析了金属发生析氢腐蚀和吸氧腐蚀的倾向，并表示在电位-pH 图上（图 3-3）。但对金属阳极氧化反应只考虑了反应产物是简单金属离子 Me^{n+}，显然这是很不全面的。为了了解金属-水溶液体系中腐蚀倾向的总体情况，可以利用电位-pH 平衡图（又称为 Pourbaix 图）。

以电位 E 为纵坐标，pH 为横坐标，对金属-水体系（也可包含其他组分）中每一种可能的化学反应或电化学反应，在取定溶液中金属离子活度（或活度比）的条件下，将其平衡关系表示在图上，得到一条直线；对于几个离子活度值便得到一组曲线。这样，金属-水体系中大量而复杂的均相和非均相化学反应与电化学反应的平衡关系，便简单明了地反映在一个很小的平面上，使我们能一目了然地对体系中的各种平衡关系得到一个总的轮廓。这种图叫做电位-pH 平衡图，亦称为理论电位-pH 图。

电位-pH 平衡图是电化学体系的相图。各条平衡线将平衡图分为许多区域，每个区域分别表示体系中各种组分处于热力学稳定状态的电位和 pH 范围，而这些平衡线则表示两种组分之间转变的电位-pH 条件。

3.3.2　电位-pH 平衡图的绘制

以 Fe-水体系为例，说明电位-pH 平衡图的绘制方法。

3.3.2.1　步骤

① 写出体系中各种组分（气体、液体、固体、离子）及其标准化学位 $\mu^{\ominus}$，见表 3-3。

表 3-3　Fe-H$_2$O 体系中各重要组分的标准化学位 $\mu^{\ominus}$

项目	组分	$\mu^{\ominus}/kJ$	项目	组分	$\mu^{\ominus}/kJ$
离子	H^+	0	固体	Fe	0
	OH^-	−157.354		$Fe(OH)_2$	−483.718
	Fe^{2+}	−84.966		$Fe(OH)_3$	−694.790
	Fe^{3+}	−10.590		Fe_3O_4	−1014.565
	$FeOH^{2+}$	−234.01		Fe_2O_3	−741.25
	$HFeO_2^-$	−379.32	气体	H_2	0
	FeO_4^{2-}	−467.46		O_2	0
液体	H_2O	−237.276			

② 写出体系中各组分间所有可能的化学反应和电极反应，以及它们的平衡关系式。

化学反应的平衡关系式为 $\Delta G=0$，电极反应的平衡关系式为计算平衡电位的能斯特公式。

③ 将平衡关系式表示在电位-pH 图上。

3.3.2.2　三类平衡关系式

（1）化学反应（反应式中无电子参与）

例：
$$2Fe^{3+}+3H_2O \rightleftharpoons Fe_2O_3+6H^+$$
$$\Delta G = \mu_{Fe_2O_3}+6\mu_{H^+}-2\mu_{Fe^{3+}}-3\mu_{H_2O} = \Delta G^{\ominus}+6RT\ln a_{H^+}-2RT\ln a_{Fe^{3+}}$$
$$= \Delta G^{\ominus}-2.3\times 6RT\times pH-2.3\times 2RT\lg a_{Fe^{3+}}=0$$

$$\lg a_{Fe^{3+}} = \frac{\Delta G^{\ominus}}{4.6RT} - 3pH$$

式中，$\Delta G^{\ominus} = \mu_{Fe_2O_3}^{\ominus} - 2\mu_{Fe^{3+}}^{\ominus} - 3\mu_{H_2O}^{\ominus} = -8.242kJ$。代入上式，得出该化学反应的平衡关系式：

$$\lg a_{Fe^{3+}} = -0.723 - 3pH$$

这类平衡关系式与电位无关。对每一个取定的离子活度（如上式中的 $a_{Fe^{3+}}$），在电位-pH 图上对应于一条垂直线。

（2）无 H^+ 参与的电极反应

例：
$$Fe \Longrightarrow Fe^{2+} + 2e$$

$$E_e = E^{\ominus} + \frac{RT}{2F}\ln a_{Fe^{2+}} = -0.44 + 0.02955\lg a_{Fe^{2+}}$$

这类平衡关系式与 pH 无关。对于每一个取定的离子活度（如上式中的 $a_{Fe^{2+}}$），在电位-pH图上对应于一条水平线。

（3）有 H^+ 参与的电极反应

例：
$$2Fe^{2+} + 3H_2O \Longrightarrow Fe_2O_3 + 6H^+ + 2e$$

$$E_e = E^{\ominus} + \frac{3RT}{F}\ln a_{H^+} - \frac{RT}{F}\ln a_{Fe^{2+}} = 0.728 - 0.1773pH - 0.0591\lg a_{Fe^{2+}}$$

这类平衡关系式与电位和 pH 都有关系。对于每一个取定的离子活度（如上式中的 $a_{Fe^{2+}}$），在电位-pH 图上对应于一条斜线，其斜率等于 pH 值前所带的系数。

3.3.2.3　Fe-H_2O 体系的电位-pH 平衡图

Fe-H_2O 体系的一些重要的平衡关系式列于表 3-4，其中 a 和 b 分别是氢电极反应和氧电极反应的平衡线。g 是化学反应，其余为电极反应。

表 3-4　Fe-H_2O 体系中一些重要的化学反应和电化学反应及其平衡关系式（25℃）

1. 均相反应	3. 有一种固相参与的复相反应
a. $H_2 \Longrightarrow 2H^+ + 2e$ $E_e = 0 - 0.0591pH - 0.0296\lg P_{H_2}$	g. $2Fe^{3+} + 3H_2O \Longrightarrow Fe_2O_3 + 6H^+$ $\lg a_{Fe^{3+}} = -0.723 - 3pH$
b. $2H_2O \Longrightarrow O_2 + 4H^+ + 4e$ $E_e = 1.229 - 0.0591pH + 0.0148\lg P_{O_2}$	h. $Fe \Longrightarrow Fe^{2+} + 2e$ $E_e = -0.440 + 0.02955\lg a_{Fe^{2+}}$
c. $Fe^{2+} \Longrightarrow Fe^{3+} + e$ $E_e = 0.771 + 0.0591\lg \frac{a_{Fe^{3+}}}{a_{Fe^{2+}}}$	i. $Fe + 2H_2O \Longrightarrow HFeO_2^- + 3H^+ + 2e$ $E_e = 0.493 - 0.0886pH + 0.0296\lg a_{HFeO_2^-}$
d. $Fe^{3+} + 4H_2O \Longrightarrow FeO_4^{2-} + 8H^+ + 3e$ $E_e = 1.700 - 0.158pH + 0.0197\lg \frac{a_{FeO_4^{2-}}}{a_{Fe^{3+}}}$	j. $2Fe^{2+} + 3H_2O \Longrightarrow Fe_2O_3 + 6H^+ + 2e$ $E_e = 0.728 - 0.1773pH - 0.0591\lg a_{Fe^{2+}}$
2. 有两种固体参与的复相反应	k. $Fe_2O_3 + 5H_2O \Longrightarrow 2FeO_4^{2-} + 10H^+ + 6e$ $E_e = 1.714 - 0.0985pH + 0.0197\lg a_{FeO_4^{2-}}$
e. $3Fe + 4H_2O \Longrightarrow Fe_3O_4 + 8H^+ + 8e$ $E_e = -0.085 - 0.0591pH$	l. $3Fe^{2+} + 4H_2O \Longrightarrow Fe_3O_4 + 8H^+ + 2e$ $E_e = 0.980 - 0.2364pH - 0.0886\lg a_{Fe^{2+}}$
f. $2Fe_3O_4 + H_2O \Longrightarrow 3Fe_2O_3 + 2H^+ + 2e$ $E_e = 0.221 - 0.0591pH$	m. $3HFeO_2^- + H^+ \Longrightarrow Fe_3O_4 + 2H_2O + 2e$ $E_e = -1.819 + 0.0296pH - 0.0887\lg a_{HFeO_2^-}$

将表 3-4 的平衡关系式表示在电位-pH 图上，便得到图 3-4 所示的 Fe-H_2O 体系电位-pH 平衡图。图中离子活度取 1、10^{-2}、10^{-4}、10^{-6} 四种，故每一个平衡关系式对应于四条平衡线（与金属离子无关的平衡线除外）。

图 3-4 中的固相产物为 Fe_2O_3 和 Fe_3O_4，也可以绘制以 $Fe(OH)_2$ 和 $Fe(OH)_3$ 为固相产物的电位-pH 平衡图。

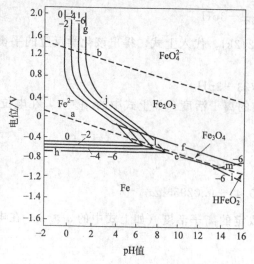

图 3-4 Fe-H$_2$O 体系的电位-pH 平衡图（25℃）

（平衡固相为 Fe、Fe$_2$O$_3$、Fe$_3$O$_4$）

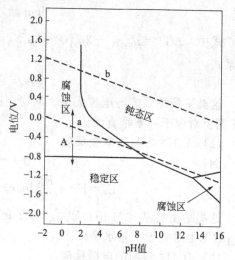

图 3-5 电位-pH 平衡图上的三种区域

（Fe-H$_2$O 体系）

3.3.3 电位-pH 图上的区域

以离子活度等于 10^{-6} mol/L（如前所述，这作为金属发生腐蚀的界限）的平衡线为边界线，电位-pH 平衡图被划分为三种区域（图 3-5）。

（1）稳定区（免蚀区）　在该区域内，金属处于热力学稳定状态。电位和 pH 值处于这个区域内的金属不可能发生腐蚀。

（2）腐蚀区　在该区域内，金属的可溶性离子处于热力学稳定状态。离子活度大于 10^{-6} mol/L，即金属能够发生腐蚀，转变为可溶性离子。

（3）钝化区　在该区域中，金属的固态氧化物（或氢氧化物）处于热力学稳定状态。由于固体产物的保护作用，金属的腐蚀速度可能很小。

由图 3-5 可看出，腐蚀区和稳定区的边界表明金属发生腐蚀转变为可溶性离子的电位和 pH 值条件；腐蚀区和钝化区的边界表明金属氧化物（或氢氧化物）发生溶解、转变为金属离子的电化学条件。

3.3.4 电位-pH 平衡图的应用

电位-pH 平衡图是电化学腐蚀热力学的主要内容，被看做电化学腐蚀理论的重大成果之一。其主要应用范围如下。

3.3.4.1 预测腐蚀的可能性及其类型

电位-pH 平衡图清楚地显示出金属在水溶液中不发生腐蚀和可能钝化的电位-pH 范围，以及各个腐蚀区内可溶性金属离子的种类。

测量体系的电位和溶液 pH 值，标记在图中，根据代表体系的点所处的区域可以判明金属能否发生腐蚀，腐蚀的类型（如析氢腐蚀、吸氧腐蚀），以及腐蚀倾向的大小。

对于 Fe-H$_2$O 体系来说：

① 当代表体系的点位于稳定区内，Fe 不会发生腐蚀（不满足电化学腐蚀的能量条件）；

② 当代表体系的点位于右侧的腐蚀区内，并处于 a 线以下，则 Fe 既能发生析氢腐蚀，也能发生吸氧腐蚀，腐蚀产物为 Fe^{2+}；

③ 当代表体系的点位于左侧的腐蚀区内，并处于 a 线以下，则 Fe 在这种强碱性溶液中能够发生析氢腐蚀（自然也能发生吸氧腐蚀），腐蚀产物为 HFeO$_2^-$；

④ 当代表体系的点位于钝化区内，Fe 能够发生腐蚀，但腐蚀产物是 Fe$_2$O$_3$ 或 Fe$_3$O$_4$，

28

这是因为固体氧化物形成表面膜，可能产生保护作用，而使腐蚀速度很低。

3.3.4.2　指示腐蚀控制的途径

对于图 3-5 中处于腐蚀区 A 点所代表的体系，减小金属腐蚀的途径有（图中箭头所示）：

① 降低电位到稳定区（阴极保护）；

② 升高电位到钝化区；

③ 增加溶液 pH 值使体系进入钝化区（处理介质方法）。

关于这些腐蚀控制方法的原理和应用，第二篇还要详细介绍。

近年来还将电位-pH 图应用于一些局部腐蚀问题的分析，并已成功地做出了理论解释，提出了防护措施建议。

3.3.5　电位-pH 平衡图的局限和发展

① 电位-pH 平衡图是用热力学数据绘制的相图，只能分析体系的腐蚀倾向，不能指示腐蚀速度。比如钝化区只说明固体产物处于热力学稳定状态，这些固体产物可能有保护性，而能否产生保护作用，主要取决于固体产物的结构和性能。

将实验测得的一些电位参数引入电位-pH 图，可以作出实验电位-pH 图，对钝化区内金属的腐蚀行为表现更为充分（见第 8 章）。也有人将腐蚀电流密度引入电位-pH 图，做出等腐蚀线，用以分析不同的电位-pH 值范围内腐蚀的动力学特征。

② 类似于图 3-4 的电位-pH 平衡图仅适用于分析金属-水简单体系在室温下的腐蚀行为，因为图中没有包含其他组分。特别是除 OH^- 以外的其他阴离子（如 Cl^-、SO_4^{2-} 等），而且该图是用 25℃的热力学数据绘制的。

这方面的发展包括绘制三元及多元电位-pH 平衡图（如金属-Cl-H_2O 体系）、高温电位-pH 平衡图、金属-熔盐体系电位-pH 平衡图。

③ 电位-pH 平衡图只涉及纯金属，而工程上多使用合金。

④ 电位-pH 平衡图中的 pH 值是指处于平衡状态的溶液 pH 值，而金属表面附近溶液的 pH 值与主体溶液 pH 值是有差别的。

思　考　题

1. 请说明：电位的表示方法、平衡电位的意义、能斯特公式的应用、非平衡电位的概念。

2. 如何进行电化学腐蚀倾向的判断，以及电位比较准则的应用。

3. 在 Fe-水体系中用电位-pH 平衡图说明金属铁的腐蚀倾向和腐蚀控制的途径。

4. 含杂质铜的锌在酸中的腐蚀速度比纯锌在酸中的腐蚀速度大，这是因为前者形成了腐蚀电池。因此有人认为形成腐蚀电池是发生电化学腐蚀的原因，这种观点是否正确？为什么？

习　题

1. 在下列情况下，氧电极反应的平衡电位如何变化：

(1) 温度升高 10℃（取 $P_{O_2}=1atm$，pH=7）；

(2) 氧压力增大到原来的 10 倍（温度 25℃）；

(3) 溶液 pH 值下降 1（温度 25℃）。

2. 将铁置于饱和空气的碱溶液（pH=10）中，按阳极反应为：(1) $Fe \longrightarrow Fe^{2+}+2e$；(2) $Fe+2OH^- \longrightarrow Fe(OH)_2+2e$。试计算腐蚀倾向，二者是否相同？为什么？

3. 将两根铜棒分别浸于 0.01mol/L $CuSO_4$ 溶液和 0.5mol/L $CuSO_4$ 溶液，组成一个金属离子浓差电池。问：

(1) 哪一根铜棒是阳极，哪一根铜棒是阴极？

(2) 写出阳极反应和阴极反应，计算其平衡电位。

(3) 该金属离子浓差电池的腐蚀倾向是多少伏？

4. 已知电极反应：$O_2+2H_2O+4e \longrightarrow 4OH^-$，其标准电位等于 $+0.401V$。请计算电极反应 $O_2+4H^++4e \longrightarrow 2H_2O$ 的标准电位。（提示：利用 25℃时水的电离常数为 10^{-14}，取 $P_{O_2}=1atm$）

第4章　电化学腐蚀的速度（腐蚀动力学问题）

4.1　单一电极反应的速度

为了求得腐蚀电流，必须对腐蚀电池的极化进行定量分析，即需要知道极化曲线的具体形式。腐蚀电池既有阳极反应，又有阴极反应。本节讨论单一电极反应的速度，下节再分析两个电极反应组成腐蚀电池的情况。

4.1.1　过电位和电极反应速度

4.1.1.1　电极反应速度

设电极表面上只有一个电极反应，简写为：

$$R \rightleftharpoons O + ne$$

根据法拉第定律，电极反应速度和流过电极的电流密度之间的关系为：

$$i = nFv$$

电流密度 i 的单位为 A/m^2；电极反应速度 v 的单位为 $mol/m^2 \cdot s$，而法拉第常数 $F = 96500C/mol = 26.8A \cdot h/mol$。

对一定的电极反应，i 和 v 有确定的关系（即 n 是定数），所以，我们都用 i 表示电极反应速度。在 i 头上加上箭头则分别表示上述电极反应中两个方向的反应速度。

$\overrightarrow{i}$：正方向反应（氧化反应）的速度，称为阳极电流密度，在电极界面上其方向由金属指向溶液。

$\overleftarrow{i}$：逆方向反应（还原反应）的速度，称为阴极电流密度，在电极界面上其方向由溶液指向金属。

4.1.1.2　平衡状态

当电极反应处于平衡状态时，其电位为平衡电位 E_e（热力学参数）。

氧化方向和还原方向的反应速度相等，其大小称为交换电流密度，记为 i^0，即：

$$i^0 = \overrightarrow{i} \mid_{E=E_e} = \overleftarrow{i} \mid_{E=E_e} \qquad \text{（动力学参数）}$$

因此，净反应速度 $i = \overrightarrow{i} - \overleftarrow{i} = 0$。

处于平衡状态的电极反应既不表现为氧化反应，也不表现为还原反应。

4.1.1.3　极化状态

对电极系统通入外电流，电极反应的平衡状态被打破，电位偏离平衡电位 E_e 达到极化电位 E。外电流又叫极化电流。

过电位 $\eta = E - E_e$，描述电位偏离 E_e 的程度，即极化的程度。

极化电流密度 i 则等于电极反应的净速度：

$$i = \overrightarrow{i} - \overleftarrow{i}$$

（1）阳极极化　电位正移，$\eta > 0$；氧化方向反应速度大于还原方向反应速度，$i > 0$，电极反应表现为氧化反应。

（2）阴极极化　电位负移，$\eta < 0$；还原方向反应速度大于氧化方向反应速度，$i < 0$，电

极反应表现为还原反应。

总体得到下式：

$$\eta i \geqslant 0$$

表示过电位（电极反应推动力）和电极反应速度的方向之间的关系，其中等号对应于平衡状态。图 4-1 列出了电极反应速度与电位关系。

4.1.1.4　动力学基本方程式

表示过电位 η（或极化电位 E）和电极反应速度 i 之间的关系式：

$$\eta = f(i)$$

或者

$$E = E_e + f(i)$$

称为电极反应的动力学基本方程式，其图形表示即其极化曲线，也叫做过电位曲线。

下面将针对不同极化类型的电极反应，求出动力学基本方程式的数学表示式。

（正）电位（负）

$\eta > 0$
氧化方向反应速度>还原方向反应速度
净反应为氧化反应

平衡电位 E_e
氧化方向反应速度=还原方向反应速度
净反应速度=0

$\eta < 0$
氧化方向反应速度<还原方向反应速度
净反应为还原反应

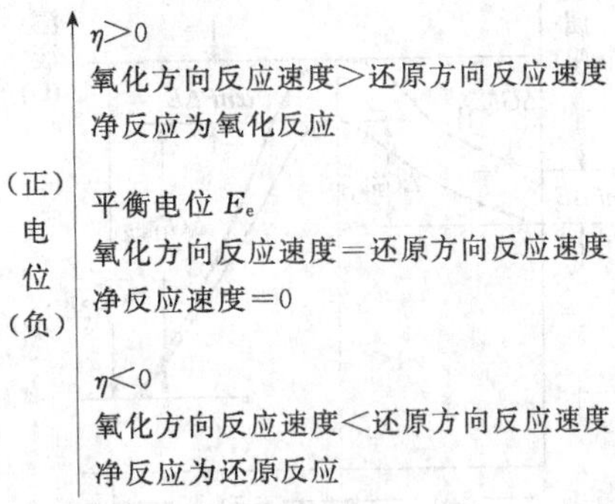

图 4-1　电极反应速度与电位关系

4.1.2　电极反应的速度控制步骤

4.1.2.1　电极反应的步骤

一个电极反应至少需包括以下连续步骤。

（1）液相传质　溶液中的反应物向电极界面迁移。

（2）电子转移（放电）　反应物在电极界面上发生电化学反应，放出电子（氧化）或得到电子（还原），转变为产物。

（3）液相传质或新相生成　产物如果是离子，向溶液内部迁移；如果是固体或气体，则有新相生成。

4.1.2.2　速度控制步骤

在稳态条件下，各步骤的速度应相等，其中阻力最大的步骤决定了整个电极反应的速度，称为速度控制步骤，简记为 RDS。

4.1.2.3　活化极化和浓度极化

极化的原因就在于电极反应的各个步骤都存在阻力，电极反应要达到一定的（净）速度，就需要一定的推动力，过电位就表现为推动力。电位偏离平衡电位越远，推动力越大，因而电极反应速度越大。

电子转移步骤的阻力所造成的极化叫做活化极化，或电化学极化；液相传质步骤的阻力所造成的极化叫做浓度极化，或浓差极化。

4.1.3　活化极化

设电极反应的阻力主要来自电子转移步骤，液相传质容易进行，这种电极反应称为受活化极化控制的电极反应。

4.1.3.1　电极电位对电极反应速度的影响

（1）电位变化对电极反应活化能的影响　电极反应 $R \rightleftharpoons O + ne$ 是在电极界面上进行的，因为电极反应中带电粒子要穿越界面双电层，故反应活化能中应包括克服电场力所做的功。

当电位改变 ΔE，则带电荷 nF 的粒子穿越双电层所做的功增加 $nF\Delta E$。这样，氧化方向反应的活化能改变量为 $-(1-\alpha)nF\Delta E$，即活化能改变量与 ΔE 异号，在图 4-2 中活化能减小。还原方向反应的活化能改变量为 $\alpha nF\Delta E$，即活化能改变量与 ΔE 同号，在图 4-2 中活化能增大。

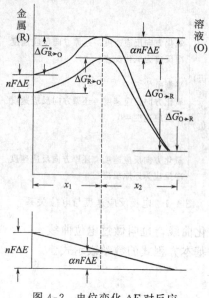

图 4-2　电位变化 ΔE 对反应
活化能的影响

（1−α）和 α 分别是电位对氧化方向和还原方向
反应活化能影响的分数，称为传递系数或对称系数。

（2）电极反应速度与电位的关系　设在电位的零
点，氧化方向反应和还原方向反应的速度常数分别为
k_a^0 和 k_c^0，则在平衡电位 E_e，氧化方向反应和还原方
向反应的速度分别为：

$$\vec{i}\,|_{E=E_e}=nFk_a^0C_R\exp\left[\frac{(1-\alpha)nF}{RT}E_e\right] \tag{4-1a}$$

$$\overleftarrow{i}\,|_{E=E_e}=nFk_c^0C_O\exp\left[-\frac{\alpha nF}{RT}E_e\right] \tag{4-1b}$$

式中，C_R 和 C_O 是反应物的浓度（R 和 O 与电
极反应式中的含义相同）。式(4-1) 为电极反应的交
换电流密度 i^0 的表示式。可见，i^0 与反应物浓度成
正比（假定反应级数等于 1），与平衡电位 E_e 是指数
函数关系。

在极化电位 E，类似式(4-1) 并考虑过电位 η 与
E 的关系，可得：

$$\vec{i}=nFk_a^0C_R\exp\left[\frac{(1-\alpha)nF}{RT}E\right]=i^0\exp\left[\frac{(1-\alpha)nF}{RT}\eta\right] \tag{4-2a}$$

$$\overleftarrow{i}=nFk_c^0C_O\exp\left[-\frac{\alpha nF}{RT}E\right]=i^0\exp\left[-\frac{\alpha nF}{RT}\eta\right] \tag{4-2b}$$

令

$$\vec{\beta}=\frac{RT}{(1-\alpha)nF},\quad \overleftarrow{\beta}=\frac{RT}{\alpha nF} \tag{4-3}$$

上两式可改写为：

$$\vec{i}=i^0\exp\left(\frac{\eta}{\vec{\beta}}\right) \tag{4-4a}$$

$$\overleftarrow{i}=i^0\exp\left(-\frac{\eta}{\overleftarrow{\beta}}\right) \tag{4-4b}$$

这说明，在阳极极化时，$\eta>0$，氧化方向反应速度 $\vec{i}$ 增大，还原方向反应速度 $\overleftarrow{i}$ 减
小。在阴极极化时，$\eta<0$，变化则相反，这和之前的分析是一致的。

4.1.3.2　动力学基本方程式

将 $\vec{i}$ 和 $\overleftarrow{i}$ 的表示式结合起来，便得到单一电极反应的动力学基本方程式：

$$i=\vec{i}-\overleftarrow{i}=i^0\left[\exp\left(\frac{\eta}{\vec{\beta}}\right)-\exp\left(-\frac{\eta}{\overleftarrow{\beta}}\right)\right] \tag{4-5}$$

阳极极化时，$\eta_a>0$，电极反应表现为氧化反应，电流为正，记为 i_a：

$$i_a=\vec{i}-\overleftarrow{i}=i^0\left[\exp\left(\frac{\eta_a}{\vec{\beta}}\right)-\exp\left(-\frac{\eta_a}{\overleftarrow{\beta}}\right)\right]$$

阴极极化时，过电位 $\eta_c<0$，电极反应表现为还原反应，电流为负，记为 i_c：

$$|i_c|=\overleftarrow{i}-\vec{i}=i^0\left[\exp\left(\frac{|\eta_c|}{\overleftarrow{\beta}}\right)-\exp\left(-\frac{|\eta_c|}{\vec{\beta}}\right)\right]$$

在分析动力学基本方程式(4-5) 时，我们看到，对于过电位比较大和很微小两种特别

情况，式(4-5) 可以简化。

(1) 强极化　当过电位 η 比较大（即电极反应极化程度大，电位偏离平衡电位很远），式(4-5) 中的负指数项可以忽略。

阳极极化，η_a 比较大，则有：

$$i_a \approx \vec{i} = i^0 \exp\left(\frac{\eta_a}{\vec{\beta}}\right) \tag{4-6a}$$

阴极极化，$|\eta_c|$ 比较大，则有：

$$|i_c| \approx \overleftarrow{i} = i^0 \exp\left(\frac{|\eta_c|}{\overleftarrow{\beta}}\right) \tag{4-6b}$$

上面两式可以写成对数形式：

阳极极化　$\eta_a = \vec{\beta} \ln \dfrac{i_a}{i^0} = \vec{b} \lg \dfrac{i_a}{i^0} = \vec{a} + \vec{b} \lg i_a$ \hfill (4-7a)

阴极极化　$\eta_c = -\overleftarrow{\beta} \ln \dfrac{|i_c|}{i^0} = -\overleftarrow{b} \lg \dfrac{|i_c|}{i^0} = \overleftarrow{a} - \overleftarrow{b} \lg |i_c|$ \hfill (4-7b)

式中，$b = \beta \ln 10 = 2.3\beta$。

式(4-7) 说明，在强极化（η_a 或 $|\eta_c|$ 比较大）时，过电位与电流密度（即电极反应速度）的对数成线性关系。这个关系式称为塔费尔（Tafel）公式，是 Tafel 总结析氢反应实验数据得出的。β 和 b 称为 Tafel 斜率，或 Tafel 常数，它们分别对应于自然对数系统和常用对数系统。

式(4-6) 和式(4-7) 完全等价。可以说式(4-6) 是 Tafel 公式的指数函数形式；式(4-7) 是 Tafel 公式的对数函数形式。

(2) 微极化　将式(4-5) 对 η 求导数，并取 $\eta=0$ 的值：

$$\left(\frac{\mathrm{d}i}{\mathrm{d}\eta}\right)_{\eta=0} = i^0 \left(\frac{1}{\vec{\beta}} + \frac{1}{\overleftarrow{\beta}}\right) = \frac{i^0 nF}{RT} \tag{4-8}$$

$\left(\dfrac{\mathrm{d}\eta}{\mathrm{d}i}\right)_{\eta=0}$ 是极化曲线 $\eta = f(i)$ 在 $\eta=0$ 点（即平衡电位 E_e）处的切线的斜率，称为法拉第电阻，记为 R_f。由式(4-8) 得：

$$R_f = \left(\frac{\mathrm{d}\eta}{\mathrm{d}i}\right)_{\eta=0} = \frac{RT}{i^0 nF} \tag{4-9}$$

如果将动力学方程式(4-5) 中的指数函数展开为幂级数，并只取线性项（因为 η 很小），则可得出：

$$i = i^0 \left(\frac{\eta}{\vec{\beta}} + \frac{\eta}{\overleftarrow{\beta}}\right) = \frac{i^0 nF}{RT}\eta = \frac{\eta}{R_f}$$

$$\eta = R_f i \tag{4-10}$$

这说明，平衡电位 E_e（$\eta=0$）附近的极化曲线可以看作直线，用直线斜率 η/i 代替切线斜率 $\left(\dfrac{\mathrm{d}\eta}{\mathrm{d}i}\right)_{\eta=0}$ 来确定 R_f。

4.1.3.3　极化曲线

在 η-i 坐标系 η-$\lg|i|$ 坐标系中画出的极化曲线如图4-3所示。虚线表示 $\vec{i}$ 和 $\overleftarrow{i}$，实线表示 i_a 和 i_c。在 η-i 坐标系中，η 和 $\vec{i}$、$\overleftarrow{i}$ 之间都是对数函数关系，它们在电流坐标轴上的截距都等于 i^0。在取定 η 时，由 $\vec{i}$ 和 $\overleftarrow{i}$ 相减可得出 i_a 和 i_c。E_e（$\eta=0$）附近极化曲线有明

显的线性区。在 $\eta\text{-lg}|i|$ 坐标系中，η 与 $\overrightarrow{i}$、$\overleftarrow{i}$ 之间都是直线关系，它们在电流坐标轴上的交点对应于 i^0。当取定 η 时，由 $\overrightarrow{i}$ 和 $\overleftarrow{i}$ 求 i_a 和 i_c 必须通过对数变换。在强极化区，i_a 与 $\overrightarrow{i}$ 重合，$|i_c|$ 与 $\overleftarrow{i}$ 重合。即极化曲线符合 Tafel 公式，此直线段称为 Tafel 区，其斜率为 Tafel 斜率 $\overrightarrow{b}$ 和 $\overleftarrow{b}$（如果横坐标为自然对数 $\ln i$，则 Tafel 区的斜率为 $\overrightarrow{\beta}$ 和 $\overleftarrow{\beta}$）。

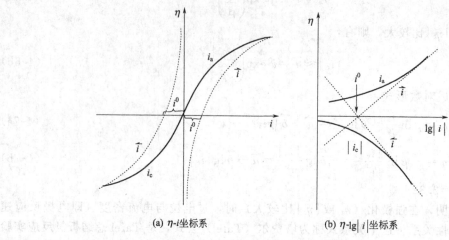

(a) $\eta\text{-}i$ 坐标系　　　(b) $\eta\text{-lg}|i|$ 坐标系

图 4-3　活化极化控制电极反应的极化曲线

注意：Tafel 斜率 b_a、b_c 都取正值，因此，阴极极化曲线的 Tafel 区应取斜率的绝对值。

4.1.3.4　动力学参数

（1）传递系数 α（或 Tafel 斜率为 β）　表示双电层中电场强度对电极反应的影响。α 一般相差不大，多为 0.5 左右。当 $\alpha=0.5$，对 $n=1$ 的电极反应，$\overrightarrow{\beta}=\overleftarrow{\beta}=51.3\text{mV}$，$\overrightarrow{b}=\overleftarrow{b}=118\text{mV}$。$\alpha=0.5$ 的电极反应，阳极极化曲线和阴极极化曲线是对称的。

（2）交换电流密度 i^0　i^0 反映电极反应进行的难易程度，也反映电极反应的极化性能的强弱。

在过电位 η 相同时，i^0 越大，则 $|i|$ 越大，即电极反应速度越大。这说明 i^0 越大，电极反应越容易进行。

在 i 相同时，i^0 越大，则过电位 $|\eta|$ 越小，极化电位越靠近平衡电位。这表明 i^0 越大，电极反应的可逆性越大，电极反应越不容易极化（极化性能弱）。

因为参考电极的电位必须稳定，极化性能必须很弱，故用作参考电极的电极反应的交换电流密度 i^0 必须很大，如 SHE。

i^0 既与电极反应的本性有关，又和电极材料、溶液浓度及温度有关。

i^0 的测量方法，一是利用强极化数据，在 $\eta\text{-lg}|i|$ 坐标系中作极化曲线，将 Tafel 直线段延长到平衡电位 $E_e(\eta=0)$，便可得出 i^0；二是利用微极化数据，在 $\eta\text{-}i$ 坐标系中作极化曲线。在平衡电位 $E_e(\eta=0)$ 处作极化曲线的切线，确定法拉第电阻 R_f。也可将极化曲线按直线处理，由 η/i 确定 R_f，得出 R_f 后再由式（4-9）求 i^0。

4.1.4　浓度极化

当电极反应的阻力主要来自液相传质步骤，电子转移步骤容易进行时，电极反应受浓度极化控制。

在电化学腐蚀过程中，往往是阴极反应，特别是氧分子还原反应涉及浓度极化。因此，在本节中只就氧分子还原反应讨论浓度极化。但所得结果也适用于其他阴极反应（如 H^+ 还原反应）。

4.1.4.1　液相传质的方式

从空气进入溶液中的氧，先要通过主体溶液层，然后通过金属表面附近的薄液层，才能到达金属表面。氧分子的液相传质方式有对流和扩散两种。在主体液层中总是存在对流（自然对流和强制对流），而对流速度比扩散速度大得多。在金属表面薄液层中，对流速度很小，近似地可认为对流速度为零，只能通过扩散传质。因而这一薄液层叫做扩散层（也有叫做静止层）。

如果反应物是离子（如氢离子），液相传质方式还有电迁移。当存在大量局外电解质时，电迁移在液相传质中的作用可以忽略不计。

4.1.4.2　简化条件

① 只讨论稳态扩散，即反应物的浓度只是位置的函数，而不随时间变化。在一维情况，溶度只随 x 变化：$C = f(x)$。

② 溶液主体层中反应物的浓度 C^b 不随时间变化，且处处均匀，即 C^b 是恒定量。

③ 扩散系数 D 是常数。

4.1.4.3　极限扩散电流密度 i_d

在扩散层中反应物浓度梯度：

$$\frac{dC}{dx} = \frac{C^b - C^s}{\delta}$$

式中，C^s 为金属表面处的反应物浓度；δ 为扩散层厚度。

由菲克（Fick）第一定律，反应物通过扩散层的扩散速度为：

$$\frac{dN}{dt} = -D\frac{dC}{dx} = -D\frac{C^b - C^s}{\delta}$$

负号表示扩散方向与浓度梯度方向相反。

在稳态条件下，扩散速度和电极反应速度相等，扩散方向和电流方向相同。对于阴极还原反应，有：

$$|i_c| = nF\left|\frac{dN}{dt}\right| = nFD\frac{C^b - C^s}{\delta} \tag{4-11}$$

扩散速度增大，则电流密度增大。而扩散速度增大只有通过减小反应物表面浓度 C^s 才能够实现。

当 C^s 减小到零，电极反应速度达到最大可能的值，称为极限扩散电流密度，记为 i_d，即：

$$i_d = \frac{nFDC^b}{\delta} \tag{4-12}$$

由此可得到表面反应物浓度 C^s 与电极反应速度的关系：

$$C^s = C^b\left(1 - \frac{|i_c|}{i_d}\right) \tag{4-13}$$

4.1.4.4　讨论

① 进一步分析指出，扩散层中也存在对流传质（即对流速度 $v \neq 0$），否则不可能建立起稳态扩散过程。因此，把扩散层作为静止层只是一种数学上的简化处理。

② 图 4-4 中的实线表示上一小节中对扩散层内反应物浓度变化的描述。随着 C^s 降低，浓度梯度增大。显然这只是一种理想化的情况。实际上在扩散层内的浓度梯度不是定值，如

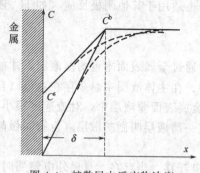

图 4-4　扩散层内反应物浓度
分布和浓度梯度示意

图 4-4 中虚线所示。此时应当用 $\left(\dfrac{\mathrm{d}C}{\mathrm{d}x}\right)_{x=0}$ 来代替以上公式中的浓度梯度。

4.1.4.5　浓度极化过电位

如果电极反应的交换电流密度 i^0 很大，以至于在反应速度不等于零时也可以近似地认为电极反应处于平衡。当反应速度等于零时电极表面反应物浓度为 C^b，反应速度等于 $|i_c|$ 时电极表面反应物浓度为 C_s，由能斯特公式可以得出电位偏移（即过电位）：

$$\eta=\frac{RT}{nF}\ln\frac{C^s}{C^b}$$

将式（4-13）代入，得：

$$\eta=\frac{RT}{nF}\ln\left(1-\frac{|i_c|}{i_d}\right) \tag{4-14}$$

因为 $|i_c|<i_d$，故 η 为负值；随 $|i_c|$ 增大，η 的绝对值亦增大。当 $|i_c|=i_d$ 时，η 趋于 $-\infty$，在这段电位区间，极化曲线与电位坐标轴平行，过电位的变化不能使电极反应速度改变。

4.1.5　活化极化与浓度极化共同存在时的阴极极化曲线

对于电化学腐蚀中的大多数阴极反应来说，交换电流密度不是很大，因此在反应速度不等于零时，不能近似地认为电极反应处于平衡，比如在钢铁表面发生氢离子还原反应和氧分子还原反应就是如此。因此，考虑浓度极化时必须同时考虑活化极化。

4.1.5.1　动力学公式

在讨论活化极化时得出，当过电位 η 较大时，电极反应速度符合 Tafel 公式，对阴极反应，动力学公式为：

$$|i_c|=i^0\exp\left(-\frac{\eta_c}{\beta}\right)$$

如果液相传质中的阻力不能忽略，反应物表面浓度 C^s 将低于主体浓度 C^b，因此阴极反应电流密度应表示为：

$$|i_c|=i^0\frac{C^s}{C^b}\exp\left(-\frac{\eta_c}{\beta}\right)=i^0\left(1-\frac{|i_c|}{i_d}\right)\exp\left(-\frac{\eta}{\beta}\right)$$

由此得出阴极反应的动力学方程式：

$$|i_c|=\frac{i^0\exp\left(-\dfrac{\eta_c}{\beta}\right)}{1+\dfrac{i^0}{i_d}\exp\left(-\dfrac{\eta_c}{\beta}\right)} \tag{4-15}$$

其对数形式为：

$$\eta_c=\beta\ln\left(1-\frac{|i_c|}{i^0}\right)-\beta\ln\frac{|i_c|}{i^0} \tag{4-16}$$

式（4-16）表明，过电位 η_c 包括两个部分：式中第一项取决于 i_d，是浓度极化过电位；第二项取决于 i^0，是活化极化过电位。活化极化过电位的表示式与式（4-7b）相同，而浓度极化过电位的表示式与式（4-14）有差别。这是因为式（4-14）是在电极反应处于平衡的前提条件下用能斯特公式导出的。由于式（4-14）的条件在电化学腐蚀问题中一般不能满足，故在计算浓度极化过电位时应当使用公式：

$$\eta_{c,浓} = \overleftarrow{\beta} \ln\left(1 - \frac{|i_c|}{i_d}\right) = \overleftarrow{b} \lg\left(1 - \frac{|i_c|}{i_d}\right)$$

4.1.5.2　活化极化和浓度极化作为控制因素的条件

① 在电化学腐蚀问题中，一般情况是 $i^0 \ll i_d$。这个条件对氢离子还原反应和氧分子还原反应都成立。

当 $i^0 \ll |i_c| \ll i_d$ 时，式（4-16）中第一项可以忽略，于是过电位 η_c 仅取决于 i^0：

$$\eta_c = \eta_{c,活} = -\overleftarrow{\beta} \ln\frac{|i_c|}{i^0}$$

即电极反应动力学符合 Tafel 公式。

所以，电极反应受活化极化控制，浓度极化可以忽略不计的条件是：$|i_c|$ 比 i_d 小得多。由于扩散速度远大于阴极反应速度，就可以忽略表面反应物浓度 C^s 与主体溶液浓度 C^b 的差别。

随着 $|i_c|$ 增大，浓度极化电位 $|\eta_c|$ 增大，当 $|i_c| = \frac{1}{2}i_d$ 时，浓度极化过电位大约为 Tafel 斜率 $\overleftarrow{b}$ 的 30%。

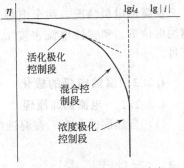

图 4-5　包括活化极化和浓度极化的阴极极化曲线

当 $|i_c|$ 趋近于 i_d，浓度极化过电位迅速增大，在过电位中占了主要地位。当 $|i_c|$ 达到 i_d 以后，阴极反应速度与过电位无关，极化曲线与电位坐标轴平行。

因此，电极反应受浓度极化控制，活化极化可以忽略不计的条件是：$|i_c| = i_d$，此时 $|i_c|$ 比 i^0 大得多，电子转移步骤受到很大极化，其阻力与扩散阻力相比可以忽略，只要反应物到达电极表面，立即就可以发生反应。

根据以上分析，可以画出阴极反应的完整极化曲线（图 4-5）。

② 如果在达到扩散控制电位区间之前已发生新的阴极反应，极化曲线上就不会出现平行于电位坐标轴的区段。

4.2　均相腐蚀电极的极化

4.2.1　腐蚀电位和腐蚀电流密度

4.2.1.1　均相腐蚀电极

所谓均相，是指金属和溶液都是均匀的。

所谓腐蚀电极，其界面上至少同时进行两个电极反应：一个是金属的氧化反应，一个是去极化剂的还原反应，且后者的平衡电位高于前者的平衡电位，因而电化学腐蚀能够进行。因为金属和溶液都是均匀的，故两个电极反应发生在整个金属暴露表面上。

4.2.1.2　混合电位

两个电极反应都发生在金属和溶液界面，且平衡电位不同。由于金属是电的良导体，表面只能有一个电位，因此两个电极反应必定彼此极化。金属氧化反应受到阳极极化，电位正移，作为腐蚀电极的阳极反应，主要按氧化方向进行，去极化剂还原反应受到阴极极化，电位负移，作为腐蚀电极的阴极反应，主要按还原方向进行。这样，金属表面达到某个共同电

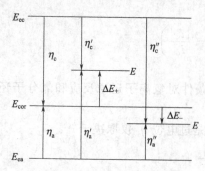

图 4-6 均相腐蚀电极的电位关系

位 E，显然：

$$E_{ea} < E < E_{ec}$$

E_{ea} 和 E_{ec} 分别是阳极反应和阴极反应的平衡电位。E 是这一对电极反应的共同极化电位，称为混合电位。在腐蚀电极情况，E 即为金属的腐蚀电位，记为 E_{cor}。所以，E_{cor} 介于阳极反应和阴极反应的平衡电位之间。在腐蚀电位，阳极反应的极化过电位 $\eta_a > 0$，阴极反应的极化过电位 $\eta_c < 0$（图 4-6 左侧）。当阴极反应不止一个，上述的分析仍然正确。此时腐蚀电位应介于阳极反应平衡电位和最低一个阴极反应平衡电位之间。

4.2.1.3 电极反应的耦合

在混合电位 E，一个电极反应按阳极反应方向进行，一个电极反应按阴极反应方向进行，其速度相等，称为电极反应的耦合。这一对电极反应称为共轭反应。这样，在电极表面不会出现电荷的积累，电位是稳定的（故腐蚀电位又叫做稳定电位），但物质的变化是不平衡的。

在腐蚀电极情况，两个电极反应的共同反应速度即为金属的腐蚀电流密度，记为 i_{cor}。腐蚀电位 E_{cor} 和腐蚀电流密度 i_{cor} 是描述金属自然腐蚀状态（无外加电流通过）的两个特征量。

4.2.2 腐蚀电极的极化

4.2.2.1 电流加和原理

（1）自然腐蚀状态 在腐蚀电位 E_{cor}，阳极反应速度和阴极反应速度相等。

$$i_a\big|_{E=E_{cor}} = |i_c|\big|_{E=E_{cor}} = i_{cor}$$

根据 $i_a = \vec{i}_a - \overleftarrow{i}_a$，$|i_c| = \overleftarrow{i}_c - \vec{i}_c$，可得：

$$\vec{i}_a + \vec{i}_c = \overleftarrow{i}_a + \overleftarrow{i}_c$$

即总的氧化反应速度等于总的还原反应速度，这是金属表面无电荷积累这一要求的必然结果。

（2）极化状态 通入外加电流，腐蚀电极受到极化，极化值 $\Delta E = E - E_{cor}$ 表示电位偏离腐蚀电位的程度。

在阳极极化时（外加电流从导线进入金属，在电极界面电流从金属进入溶液，规定极化电流为正），电位正移，$\Delta E_+ > 0$。在极化电位 E，阳极反应过电位增大，$\eta'_a > \eta_a$；阴极反应过电位减小，$|\eta'_c| < |\eta_c|$。在阴极极化时（外加电流从金属经导线流出，在电极界面电流从溶液进入金属，规定极化电流为负），电位负移，$\Delta E_- < 0$。在极化电位 E，阳极反应过电位减小，$\eta''_a < \eta_a$；阴极反应过电位增大 $|\eta''_c| > |\eta_c|$（图 4-6 右侧）。

在极化状态，阳极反应速度和阴极反应速度不再相等，其差值等于外加极化电流密度，即：

$$i = i_a - |i_c|$$

阳极极化时，外加极化电流密度 i_+ 为正值：

$$i_+ = i_a - |i_c| = (\vec{i}_a + \vec{i}_c) - (\overleftarrow{i}_a + \overleftarrow{i}_c)$$

阴极极化时，外加极化电流密度 i_- 为负值：

$$|i_-| = |i_c| - i_a = (\overleftarrow{i}_a + \overleftarrow{i}_c) - (\vec{i}_a + \vec{i}_c)$$

这表明，外加阳极极化电流密度等于总的氧化反应速度减去总的还原反应速度（阳极极化时，总的氧化速度大于总的还原反应速度）；阴极极化电流密度则相反。考虑到外加阳极极化电流对应于电子从金属中流出，阴极极化电流对应于电子流入金属，这个结果是自然的。

上述关系式称为电流加和原理，其依据是电流具有加和性。当电极表面不只两个电极反应时，电流加和原理仍然正确。

4.2.2.2　真实极化曲线和实测极化曲线

真实极化曲线（亦称理论极化曲线）表示腐蚀电极各个电极反应的速度与电位之间的关系。

真实阳极极化曲线：$i_a = f_1(E)$

真实阴极极化曲线：$i_c = f_2(E)$

真实极化曲线的形状和数学表达式（动力学方程）在上一节中已经讨论过了。

实测极化曲线表示外加极化电流密度与电位之间的关系。

实测阳极极化曲线：$i_+ = g_1(E)$

实测阴极极化曲线：$i_- = g_2(E)$

由电流加和原理可得出真实极化曲线与实测极化曲线的关系：

$$i_+ = i_a - |i_c| = f_1(E) - |f_2(E)|$$
$$|i_-| = |i_c| - i_a = |f_2(E)| - f_1(E)$$

因此，如果已知两条真实极化曲线，便可用图解法作出实测极化曲线。但实际问题正好相反，因为实测极化曲线可以通过实验测量得到，而真实极化曲线一般是未知的。由于实测阳极极化曲线与实测阴极极化曲线没有共同的电位区间，所以不可能由两条实测极化曲线用图解法得出真实极化曲线。只有在已知一条真实极化曲线和一条实测极化曲线时，可以求出另一条真实极化曲线。

4.2.2.3　真实极化曲线的求法

腐蚀电极上阳极反应和阴极反应相互极化的结果，决定了金属的腐蚀电位和腐蚀电流密度。因此，如果能作出真实阳极极化曲线和真实阴极极化曲线，由它们的交点便可得出腐蚀电位和腐蚀电流密度。

测量不同电位下金属的失重腐蚀速度（即金属氧化反应速度），从而描绘真实阳极极化曲线 $i_a = f_1(E)$；测量不同电位下去极化剂还原反应速度（如析氢反应速度），从而描绘真实阴极极化曲线。但这种方法只有理论研究意义，在实验测量上即使可行，也是困难而繁琐的。

有实际意义的方法是根据某些腐蚀体系中真实极化曲线和实测极化曲线的特殊关系，由实测极化曲线推出真实极化曲线。

4.2.3　活化极化腐蚀体系

4.2.3.1　自然腐蚀状态

（1）极化图　所谓活化极化腐蚀体系，是指在腐蚀电位附近，阳极反应和阴极反应都受活化极化控制，浓度极化都可以忽略不计。

如果体系的腐蚀电位离阳极反应和阴极反应的平衡电位都足够远，即满足条件：

$$E_{ea} \ll E_{cor} \ll E_{ec}$$

这个条件表明在腐蚀电位附近阳极反应和阴极反应都受到强极化，过电位比较大，因而符合 Tafel 公式。按式(4-6)：

$$i_a = i_a^0 \exp\left(\frac{\eta_a}{\beta_a}\right) = i_a^0 \exp\left(\frac{E - E_{ea}}{\beta_a}\right)$$

$$|i_c| = i_c^0 \exp\left(-\frac{\eta_c}{\beta_c}\right) = i_c^0 \exp\left(-\frac{E - E_{ec}}{\beta_c}\right)$$

注意：上面两式中的 β_a 指 $\vec{\beta}_a$，β_c 指 $\overleftarrow{\beta}_c$。因为离平衡电位足够远，逆反应可以忽略不计，故不会引起混淆。当 E_{cor} 离某一电极反应的平衡电位不是足够远时，其电极反应动力学方程式应当用式(4-5)。

图 4-7 是在 E-i 坐标系和 E-$\lg|i|$ 坐标系中作出的真实极化曲线。实线表示阳极反应的真实阳极极化曲线和阴极反应的真实阴极极化曲线。它们的交点决定腐蚀体系的腐蚀电位 E_{cor} 和腐蚀电流密度 i_{cor}。因为 E_{cor} 离 E_{ea} 和 E_{ec} 都足够远，故两条真实极化曲线的交点位于它们的 Tafel 直线段上。

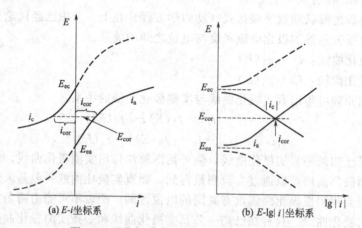

图 4-7 活化极化腐蚀体系的真实极化曲线

（2）腐蚀电流密度和腐蚀电位的表达式 在腐蚀电位 E_{cor}：

$$i_{cor} = i_a|_{E=E_{cor}} = i_a^0 \exp\left(\frac{E_{cor} - E_{ea}}{\beta_a}\right) = |i_c|_{E=E_{cor}} = i_c^0 \exp\left(-\frac{E_{cor} - E_{ec}}{\beta_c}\right)$$

分别消去 i_{cor} 和 E_{cor}，可以得出：

$$E_{cor} = \frac{\beta_a \beta_c}{\beta_a + \beta_c} \ln\frac{i_c^0}{i_a^0} + \frac{\beta_a}{\beta_a + \beta_c} E_{ec} + \frac{\beta_c}{\beta_a + \beta_a} E_{ea} \tag{4-17a}$$

$$\ln i_{cor} = \frac{\beta_a}{\beta_a + \beta_c} \ln i_a^0 + \frac{\beta_c}{\beta_a + \beta_c} \ln i_c^0 + \frac{E_{ec} - E_{ea}}{\beta_a + \beta_c} \tag{4-17b}$$

式(4-17) 表明，腐蚀电位 E_{cor} 和腐蚀电流密度 i_{cor} 取决于腐蚀体系的阳极反应和阴极反应的热力学参数 E_{ea}、E_{ec}；动力学参数 i_a^0、β_a、i_c^0、β_c。这和图 4-7 中腐蚀体系的自然腐蚀状态（E_{cor}-i_{cor}）由真实阳极极化曲线与真实阴极极化曲线的交点所决定是一致的。所以可以说，式(4-17) 是图 4-7 的解析表示式，而图 4-7 则是式(4-17) 的图形表示。

【例 4-1】活化极化控制腐蚀体系的参数如下：$E_{ec} - E_{ea} = 0.5V$，$i_a^0 = 10^{-4} A/m^2$，$i_c^0 = 10^{-2} A/m^2$，$b_a = 0.06V$，$b_c = 0.12V$。

（1）忽略溶液电阻，计算腐蚀电流密度 i_{cor}；

（2）设溶液电阻 $R = 0.1\Omega \cdot m^2$，计算腐蚀电流密度 i_{cor}。

解 （1）因为 $R = 0$，故阴极反应和阳极反应极化后达到混合电位，即腐蚀电位 E_{cor}，设在腐蚀电位 E_{cor} 附近，阴极反应和阳极反应都受到强极化，消去 E_{cor}，得：

$$i_{cor} = i_a^0 \exp\left(\frac{E_{cor} - E_{ea}}{\beta_a}\right) = i_c^0 \exp\left(-\frac{E_{cor} - E_{ec}}{\beta_c}\right)$$

代入数据，算出：

$$\ln i_{cor} = \frac{E_{ec} - E_{ea}}{\beta_a + \beta_c} + \frac{\beta_a}{\beta_a + \beta_c}\ln i_a^0 + \frac{\beta_c}{\beta_a + \beta_c}\ln i_c^0$$

$$\lg i_{cor} = \frac{E_{ec} - E_{ea}}{b_a + b_c} + \frac{b_a}{b_a + b_c}\lg i_a^0 + \frac{b_c}{b_a + b_c}\lg i_c^0$$

$$\lg i_{cor} = 0.111$$

$$i_{cor} = 1.29(A/m^2)$$

前面假设了在腐蚀电位，阴极反应和阳极反应都受到了强极化，现用所得结果进行验证：

$$\eta_a = b_a \lg \frac{i_{cor}}{i_a^0} = 0.06 \times \lg \frac{1.29}{10^{-4}} = 0.247(V)$$

$$\eta_c = b_c \lg \frac{i_{cor}}{i_c^0} = -0.12 \times \lg \frac{1.29}{10^{-2}} = -0.253(V)$$

所以，阴极反应与阳极反应都受到强极化的假定是正确的。

（2）因为 $R \neq 0$，故阴极反应与阳极反应极化后的电位不相同。设它们的极化电位分别为 E_c 和 E_a，则有：

$$\eta_c = E_c - E_{ec} = -b_c \lg \frac{i_{cor}}{i_c^0}$$

$$\eta_a = E_a - E_{ea} = b_a \lg \frac{i_{cor}}{i_a^0}$$

$$E_c - E_a = i_{cor} \times R$$

所以：

$$E_{ec} - E_{ea} = b_a \lg \frac{i_{cor}}{i_a^0} + b_c \lg \frac{i_{cor}}{i_c^0} + i_{cor} \times R$$

$$\lg i_{cor} = \frac{b_a}{b_a + b_c}\lg i_a^0 + \frac{b_c}{b_a + b_c}\lg i_c^0 + \frac{(E_{ec} - E_{ea}) - i_{cor} \times R}{b_a + b_c}$$

代入数据，得到：

$$\lg i_{cor} = 0.111 - 0.556 i_{cor}$$

此方程可用图解法求解，其结果为：

$$i_{cor} \approx 0.6 A/m^2$$

用牛顿迭代公式求方程近似解为：

$$i_{cor} = 0.598 A/m^2$$

和上一步骤一样，对阴极反应与阳极反应的极化情况进行验证：

$$\eta_a = b_a \lg \frac{i_{cor}}{i_a^0} = 0.06 \times \lg \frac{0.598}{10^{-4}} = 0.227(V)$$

$$\eta_c = -b_c \lg \frac{i_{cor}}{i_c^0} = -0.12 \times \lg \frac{0.598}{10^{-2}} = -0.213(V)$$

所以，阴极反应与阳极反应仍符合强极化条件。溶液的欧姆电压降约为 0.06V。

（3）影响腐蚀电流密度的因素　由式（4-17）知，交换电流密度增大，则腐蚀电流密度增大。i_a^0 增大，使 E_{cor} 负移；i_c^0 增大，使 E_{cor} 正移。即阳极反应和阴极反应的交换电流密度对 i_{cor} 的影响是相同的，对 E_{cor} 的影响是相反的。

Tafel 斜率增大，则腐蚀电流密度减小，但 β_a 和 β_c 对腐蚀电位的影响也是相反的。β_a 增大，E_{cor} 正移；β_c 增大，E_{cor} 负移。

平衡电位差 $E_{ec}-E_{ea}$（腐蚀倾向）增大，腐蚀电流密度增大。

用极化曲线图可以清楚地表示出上述影响（图 4-8）。注意图 4-8 与图 2-8 的差别。

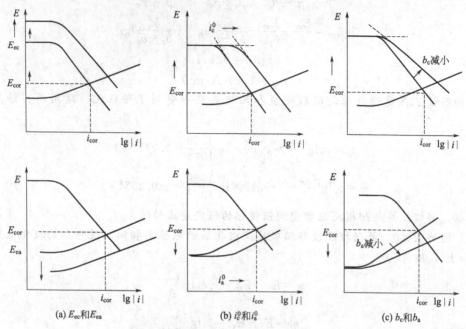

(a) E_{ec} 和 E_{ea}　　　　　(b) i_c^0 和 i_a^0　　　　　(c) b_c 和 b_a

图 4-8　用真实极化曲线说明腐蚀电位和腐蚀
电流密度的影响因素（活化极化体系）

如果条件 $E_{ea}\ll E_{cor}$ 不满足，即 $E_{cor}-E_{ea}$ 比较小，阳极反应不满足强极化要求，那么阳极反应电流密度应写为：

$$i_{cor}=i_a\,|_{E=E_{cor}}=i_a^0\left[\exp\left(\frac{E_{cor}-E_{ea}}{\overrightarrow{\beta}_a}\right)-\exp\left(-\frac{E_{cor}-E_{ea}}{\overrightarrow{\beta}_a}\right)\right]$$

在腐蚀电位附近阳极反应不符合 Tafel 公式。在 $E\text{-lg}\,|i|$ 坐标系中，在腐蚀电位附近真实阳极极化曲线不是直线。图 4-9 是这种腐蚀体系的极化曲线。可见在此情况下真实阴极极化曲线交于真实阳极极化的弯曲部分（弱极化区）。i_{cor} 和 i_a^0 相差不大。

当 $E_{cor}\ll E_{ec}$ 不满足时，可做类似的讨论。

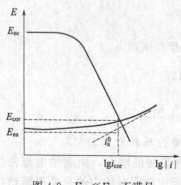

图 4-9　$E_{ea}\ll E_{cor}$ 不满足
时的极化曲线

4.2.3.2　极化状态

由图 4-7 可知，只要能作出真实极化曲线，就可以由它们的交点确定腐蚀体系的 E_{cor} 和 i_{cor}，从而求出失重腐蚀速度。对大多数实际腐蚀体系，都满足条件 $E_{ea}\ll E_{cor}\ll E_{ec}$，只要能作出真实极化曲线的直线部分（在 $E\text{-lg}\,|i|$ 坐标系中）就行了。但是，真实极化曲线难以直接测量，也不可能计算。因此，我们必须研究真实极化曲线与实测极化曲线的关系。

4.2.3.2.1　动力学基本方程式

在通入外加电流时，腐蚀体系受到极化，极化值 $\Delta E=E-E_{cor}$，因为阳极反应和阴极反应的过电位都改变了，故电极反应速度亦发生变化。在极化电位 E，阳极反应速度和阴极反应速度分别等于：

$$i_a = i_a^0 \exp\left(\frac{E - E_{ea}}{\beta_a}\right) = i_a^0 \exp\left(\frac{E_{cor} - E_{ea}}{\beta_a}\right) \exp\left(\frac{E - E_{cor}}{\beta_a}\right)$$

$$= i_{cor} \exp\left(\frac{E - E_{cor}}{\beta_a}\right) = i_{cor} \exp\left(\frac{\Delta E}{\beta_a}\right) \tag{4-18a}$$

$$|i_c| = i_c^0 \exp\left(-\frac{E - E_{ec}}{\beta_c}\right) = i_c^0 \exp\left(-\frac{E_{cor} - E_{ec}}{\beta_c}\right) \exp\left(-\frac{E - E_{cor}}{\beta_c}\right)$$

$$= i_{cor} \exp\left(-\frac{E - E_{cor}}{\beta_c}\right) = i_{cor} \exp\left(-\frac{\Delta E}{\beta_c}\right) \tag{4-18b}$$

由电流加和原理可以写出极化电流密度 i 和极化值 ΔE（或极化电位 E）的关系式，即活化极化腐蚀体系的动力学基本方程式：

$$i = i_a - |i_c| = i_{cor}\left[\exp\left(\frac{\Delta E}{\beta_a}\right) - \exp\left(-\frac{\Delta E}{\beta_c}\right)\right] \tag{4-19}$$

阳极极化时，$\Delta E_+ > 0$，外加极化电流为阳极电流：

$$i_+ = i_a - |i_c| = i_{cor}\left[\exp\left(\frac{\Delta E_+}{\beta_a}\right) - \exp\left(-\frac{\Delta E_+}{\beta_c}\right)\right]$$

阴极极化时，$\Delta E_- < 0$，外加极化电流为阴极电流：

$$|i_-| = |i_c| - i_a = i_{cor}\left[\exp\left(\frac{|\Delta E_-|}{\beta_c}\right) - \exp\left(-\frac{|\Delta E_-|}{\beta_a}\right)\right]$$

动力学方程式(4-19)也是实测极化曲线的数学表示式。

4.2.3.2.2　实测极化曲线

在 E-i 坐标系和 E-$\lg|i|$ 坐标系中的实测极化曲线绘于图4-10。图中同时绘出了真实极化曲线（虚线）。真实极化曲线是按图 4-7 绘制的。由真实极化曲线按电流加和原理就可作出实测极化曲线。

实测极化曲线的形状有以下特点。

(1) 强极化区　极化值 ΔE 比较大，动力学方程式(4-19)中的负指数项可以忽略不计，阳极极化时，阴极反应速度减小到可以忽略，即 $|i_c| = 0$。

$$i_+ \approx i_a = i_{cor} \exp\left(\frac{\Delta E_+}{\beta_a}\right) \tag{4-20a}$$

阴极极化时，阳极反应速度减小到可以忽略，即 $i_a = 0$。

$$|i_-| \approx |i_c| = i_{cor} \exp\left(\frac{|\Delta E_-|}{\beta_c}\right) \tag{4-20b}$$

即在 ΔE 比较大时，实测极化曲线与相应的真实极化曲线重合。这个重合部分是电极反应速度符合 Tafel 公式的区段（强极化区）。在 E-$\lg|i|$ 坐标系中，强极化区极化曲线是直线，称为 Tafel 直线段 [图 4-10(b)]。

(2) 微极化区　极化值 ΔE 很小，将动力学方程式(4-19)中的指数函数展开为幂级数，仅保留一次项，可得：

$$i = i_{cor}\left(\frac{1}{\beta_a} + \frac{1}{\beta_c}\right)\Delta E$$

即在 ΔE 很小时（微极化区），在 E-i 坐标系中所作的实测极化曲线 [图 4-10(a)] 可看做直线，其斜率称为极化电阻，记为 R_p。

$$R_p = \frac{\Delta E}{i} = \frac{1}{\left(\dfrac{1}{\beta_a} + \dfrac{1}{\beta_c}\right)i_{cor}} = \frac{\beta_a \beta_c}{\beta_a + \beta_c} \times \frac{1}{i_{cor}} \tag{4-21}$$

在图 4-10 中可以看出，在腐蚀电位附近的电位区间，极化曲线存在较明显的线性。但在很多实际的活化极化腐蚀体系，即使腐蚀电位附近，极化曲线也无明显的线性区。严格说来，极化电阻应当是极化曲线在 E_{cor} 处所作切线的斜率：

$$R_p = \left(\frac{dE}{di}\right)_{E_{cor}} = \frac{1}{\left(\frac{di}{dE}\right)_{E_{cor}}} = \frac{1}{i_{cor}\left(\frac{1}{\beta_a} + \frac{1}{\beta_c}\right)} = \frac{\beta_a \beta_c}{\beta_a + \beta_a} \times \frac{1}{i_{cor}} \tag{4-22}$$

所以，用 $\Delta E/i$ 表示极化电阻仅仅是一种近似处理。

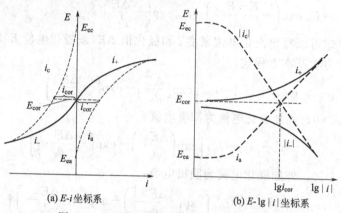

(a) $E\text{-}i$ 坐标系   (b) $E\text{-}\lg|i|$ 坐标系

图 4-10   活化极化腐蚀体系的真实极化曲线
与实测极化曲线的关系

从图 4-10(b) 可看出，对活化极化腐蚀体系，由实测极化曲线 Tafel 直线段延长，可得出相应的一条真实极化曲线的直线部分；利用电流加和原理可以作出另一条真实极化曲线的直线部分。

4.2.3.2.3   由实测极化曲线求腐蚀电流密度

(1) Tafel 直线段外延法   强极化到 Tafel 区，将 Tafel 直线段延长，便得出真实极化曲线的直线部分，其交点决定腐蚀电位 E_{cor} 和腐蚀电流密度 i_{cor}。因为 E_{cor} 可以直接测量，故只需作出一条实测极化曲线就可求和 i_{cor}。

(2) 线性极化法   在 $E\text{-}i$ 坐标系中作微极化区极化曲线，由腐蚀电位 E_{cor} 处的切线斜率确定极化电阻 R_p（或将极化曲线作为直线，由 $\Delta E/i$ 确定 R_p），再计算腐蚀电流密度 i_{cor}。

4.2.3.2.4   活化极化控制电极反应和活化极化腐蚀体系的比较（见表 4-1）

表 4-1   活化极化控制电极反应和活化极化控制腐蚀体系的比较

项 目	活化极化控制 电极反应	活化极化控制 腐蚀体系
未极化时 的参数	平衡电位 E_e 交换电流密度 i^0	腐蚀电位 E_{cor} 腐蚀电流密度 i_{cor}
极化程度	过电位 $\eta = E - E_e$ $\eta > 0$ 阳极极化 $\eta < 0$ 阴极极化	极化值 $\Delta E = E - E_{cor}$ $\Delta E > 0$ 阳极极化 $\Delta E < 0$ 阴极极化
极化电流	$i = \overrightarrow{i} - \overleftarrow{i}$ 阳极极化 $i_a = \overrightarrow{i} - \overleftarrow{i}$ 阴极极化 $\|i_c\| = \overleftarrow{i} - \overrightarrow{i}$	$i = i_a - \|i_c\|$ 阳极极化 $i_+ = i_a - \|i_c\|$ 阴极极化 $\|i_-\| = \|i_c\| - i_a$

项　目	活化极化控制 电极反应	活化极化控制 腐蚀体系
动力学方程式	$i_a = i^0 \left[\exp\left(\dfrac{\eta_a}{\overrightarrow{\beta}} \right) - \exp\left(-\dfrac{\eta_a}{\overleftarrow{\beta}} \right) \right]$ $\|i_c\| = i^0 \left[\exp\left(\dfrac{\|\eta_c\|}{\overleftarrow{\beta}} \right) - \exp\left(-\dfrac{\|\eta_c\|}{\overrightarrow{\beta}} \right) \right]$	$i_+ = i_{cor} \left[\exp\left(\dfrac{\Delta E_+}{\beta_a} \right) - \exp\left(-\dfrac{\Delta E_+}{\beta_c} \right) \right]$ $\|i_-\| = i_{cor} \left[\exp\left(-\dfrac{\|\Delta E_-\|}{\beta_c} \right) - \exp\left(-\dfrac{\|\Delta E_-\|}{\beta_a} \right) \right]$
求 i^0（或 i_{cor}）的方法	（1）强极化　Tafel 直线段外延到 E_e； （2）线性极化　$R_F = \left(\dfrac{\mathrm{d}\eta}{\mathrm{d}i} \right)_{E_e} = \dfrac{RT}{nF} \times \dfrac{1}{i^0}$	（1）强极化　Tafel 直线段外延到 E_{cor}； （2）线性极化　$R_p = \left(\dfrac{\mathrm{d}E}{\mathrm{d}i} \right)_{E_{cor}} = \dfrac{\beta_a \beta_c}{\beta_a + \beta_c} \times \dfrac{1}{i_{cor}}$

4.2.4　阳极反应受活化极化控制，阴极反应包括浓度极化的腐蚀体系

4.2.4.1　一般情况

在腐蚀电位 E_{cor} 附近，阳极反应受活化极化控制：

$$i_a = i_a^0 \exp\left(\frac{\eta_a}{\beta_a} \right)$$

阴极反应既有活化极化又有浓度极化，由式（4-15）：

$$\|i_c\| = \frac{i_c^0 \exp\left(-\dfrac{\eta_c}{\beta_c} \right)}{1 + \dfrac{i_c^0}{i_d} \exp\left(-\dfrac{\eta_c}{\beta_c} \right)}$$

在 E_{cor}，应有 $i_a \|_{E_{cor}} = \|i_c\| _{E_{cor}} = i_{cor}$，得出：

$$i_a = i_{cor} \exp\left(\frac{\Delta E}{\beta_a} \right)$$

$$\|i_c\| = \frac{i_{cor} \exp\left(-\dfrac{\Delta E}{\beta_c} \right)}{1 - \dfrac{i_{cor}}{i_d} \left[1 - \exp\left(-\dfrac{\Delta E}{\beta_c} \right) \right]} \tag{4-23}$$

再代入 $i = i_a - \|i_c\|$，就可写出动力学基本方程式。

4.2.4.2　阴极反应受浓度极化控制的腐蚀体系

在腐蚀电位 E_{cor} 附近，$\|i_c\| = i_d$，因而 $i_{cor} = i_d$，动力学方程式简化为：

$$i = i_{cor} \left[\exp\left(\frac{\Delta E}{\beta_a} \right) - 1 \right] \tag{4-24}$$

形式上，可取式（4-19）中 $\beta_c = \infty$，可得式（4-24）。

阳极反应受活化极化控制、阴极反应受浓度极化控制的腐蚀体系也是一种常见的重要类型，这种腐蚀体系的典型代表是吸氧腐蚀体系，其极化图见图 4-11。图中曲线 1 为阳极反应的真实极化曲线，阳极反应受活化极化控制，真实阳极极化曲线同图 4-10；曲线 2 为阴极反应（氧分子还原反应）的真实极化曲线，在扩散控制电位区间为垂直线，电位继续负移达到析氢反应平衡电位以后，阴极反应

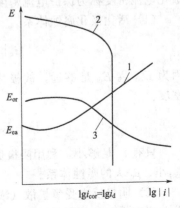

图 4-11　氧扩散控制腐蚀体系的极化曲线图

中包括析氢反应，极化电流再增大；曲线 3 为阴极反应（氧分子还原反应）的实测极化曲线。

4.2.5　差数效应和阴极保护效应

4.2.5.1　差数效应

在腐蚀体系受到阳极极化时，$\Delta E_+ = E - E_{cor} > 0$。阳极反应过电位增大，而阴极反应过电位减小。由 $i_a = i_+ + |i_c|$ 知，与阴极还原反应耦合的那部分 i_a（常称为金属的自腐蚀速度）降低。这种现象称为差数效应。比如将 Zn 块浸在盐酸溶液中，Zn 发生析氢腐蚀，析氢反应速度与 Zn 的腐蚀速度相等。如果在盐酸中浸入一块 Pt 并与 Zn 偶接，就会发现 Zn 块表面的析氢反应速度降低了。

在活化极化腐蚀体系的情况，很容易求出自腐蚀速度的变化与极化值的关系。以 i'_a 为阳极极化后的自腐蚀速度，则有：

$$i'_a = |i_c| = i_{cor} \exp\left(-\frac{\Delta E_+}{\beta_c}\right)$$

由此得出自腐蚀速度的减少量：

$$\Delta i_{cor} = i_{cor} - i'_a = i_{cor}\left[1 - \exp\left(-\frac{\Delta E_+}{\beta_c}\right)\right]$$

差数率 D 定义为自腐蚀速度减小的相对值：

$$D = \frac{\Delta i_{cor}}{i_{cor}} = 1 - \exp\left(-\frac{\Delta E_+}{\beta_c}\right) \tag{4-25}$$

可见阳极极化 ΔE_+ 越大，D 越大。D 的最大值为 1，对应于自腐蚀速度减小到零。此时金属表面不再进行去极化剂阴极还原反应，而只进行金属的阳极氧化反应，氧化反应产生的电子全部从外电路流出。

必须指出，阳极极化时金属总的腐蚀速度是增大的。

4.2.5.2　阴极保护效应

当腐蚀体系受到阴极极化时，$\Delta E_- = E - E_{cor} < 0$，电位负移，阳极反应过电位减小，因而阳极反应速度减小；阴极反应过电位的绝对值增大，因而阴极反应速度增大。阴极极化时金属腐蚀速度减小的现象，称为阴极保护效应。

电位负移越大，金属腐蚀速度减小越多。显然，当电位负移到阳极反应的平衡电位 E_{ea}，阳极反应速度减小到零，金属的腐蚀就停止了。此时称金属得到了完全保护，对应的极化电流密度称为保护电流密度，记为 i_{pr}。

（1）活化极化腐蚀体系

$$|i_c| = i_c^0 \exp\left(-\frac{\eta_c}{\beta_c}\right) = i_{cor} \exp\left(-\frac{\Delta E_-}{\beta_c}\right)$$

因为 E_{cor} 离 E_{ea} 足够远，故极化到 E_{ea} 时，阴极反应必然受到强极化，由此得出保护电流密度：

$$i_{pr} = i_{cor} \exp\left(\frac{E_{cor} - E_{ea}}{\beta_c}\right) = i_c^0 \exp\left(\frac{E_{ec} - E_{ea}}{\beta_c}\right) \tag{4-26}$$

只有 i_{pr} 足够小，利用阴极保护效应控制金属腐蚀才有实际意义，所以阴极保护适宜于 i_{cor} 小、β_c 大的腐蚀体系。

（2）阴极反应受氧扩散（浓度极化）控制腐蚀体系　　因为阴极反应速度不能超过极限扩散电流密度 i_d，只要阴极极化过程中金属表面不发生新的阴极反应，i_{pr} 就近似等于 i_d。对于吸氧腐蚀体系，i_d 一般较小，故适宜采用阴极保护。

【例 4-2】 Fe 试样在 0.5mol/L H_2SO_4 溶液中发生析氢腐蚀，实验测出其腐蚀电位为 $E_{cor} = -0.462V$(vs SCE)。已知阴极反应符合 Tafel 公式：

$$\eta_c = -0.70 - 0.12\lg|i_c|$$

式中，η_c 的单位为 V，i_c 的单位为 A/cm^2。

当阳极极化 $\Delta E = 30mV$，测得极化电流 $i_+ = 0.14A/cm^2$。

求自然腐蚀状态和极化状态下 Fe 试样的腐蚀速度 V_p（单位 mm/a），以及阳极反应的 Tafel 斜率 b_a。

解 （1）自然腐蚀状态

阴极反应 $\qquad\qquad\qquad\qquad 2H^+ + 2e \Longrightarrow H_2$

其平衡电位：

$$E_{ec} = 0.0591\lg a_{H^+} = 0.0591 \times \lg 0.154 = -0.048(V)$$

将腐蚀电位换算为对 SHE 的数值：

$$E_{cor} = -0.462V(\text{vs SCE}) = -0.462 + 0.242 = -0.22V(\text{vs SHE})$$

在腐蚀电位下，阴极反应的过电位：

$$\eta_c = E_{cor} - E_{ec} = -0.22 - (-0.048) = -0.172(V)$$

代入 Tafel 公式：

$$-0.172 = -0.70 - 0.12\lg|i_c|_{E_{cor}}$$

$$\lg|i_c|_{E_{cor}} = \frac{-0.70 + 0.172}{0.12} = -4.4$$

$$|i_c|_{E_{cor}} = 10^{-4.4} = 3.98 \times 10^{-5}(A/cm^2)$$

由此得出：

$$i_{cor} = |i_c|_{E_{cor}} = 3.98 \times 10^{-5}(A/cm^2) = 0.398(A/m^2)$$

$$V_p = 8.76\frac{V^-}{d} = \frac{8.76}{d} \times \frac{A}{nF} \times i_{cor} = 1.17 \times i_{cor} = 1.17 \times 0.398 = 0.47(mm/a)$$

（2）极化状态

极化电位 $\qquad\qquad E = E_{cor} + \Delta E = -0.22 + 0.03 = -0.19(V)$

在极化电位下，阴极反应过电位：

$$\eta_c = E - E_{ec} = -0.19 - (-0.048) = -0.142(V)$$

代入 Tafel 公式：

$$-0.142 = -0.70 - 0.12 \times \lg|i_c|$$

$$\lg|i_c| = -4.65$$

$$|i_c| = 2.24 \times 10^{-5}(A/cm^2) = 0.224(A/m^2)$$

在极化状态下，按电流加和原理：$i_+ = i_a - |i_c|$

已知阳极极化电流： $\qquad i_+ = 0.14(mA/cm^2) = 1.4(A/m^2)$

所以，在极化电位下的阳极反应速度为：

$$i_a = i_+ + |i_c| = 1.4 + 0.224 = 1.624(A/m^2)$$

阳极反应速度即为金属的腐蚀速度。由此得出，在极化状态下金属的腐蚀速度：

$$V_p = 1.17 \times 1.624 = 1.90(mm/a)$$

计算结果表明，当试样受到阳极极化时，与阴极反应速度 $|i_c|$ 耦合的那一部分自腐蚀速度减小，而金属总的腐蚀速度则增大。

（3）图 4-12 是该腐蚀体系的极化图。直线 1 和 2 分别为真实阳极极化曲线和真实阴极极化曲线的直线部分。1 和 2 的交点 C 对应体系的腐蚀电位 E_{cor} 和腐蚀电流 i_{cor}。

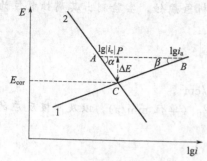

图 4-12　腐蚀体系的极化图

由 Tafel 斜率的定义，有如下的关系：

$$\tan\alpha = b_c \qquad \tan\beta = b_a$$

b_a 和 b_c 分别为阳极反应和阴极反应的 Tafel 斜率。

对 $\triangle ABC$，根据几何关系可得：

$$AB = \lg i_a - \lg |i_c| = AD + DB = \frac{CD}{\tan\alpha} + \frac{CD}{\tan\beta} = \Delta E\left(\frac{1}{b_a} + \frac{1}{b_c}\right)$$

$$\frac{1}{b_a} = \frac{\lg i_a - \lg|i_c|}{\Delta E} - \frac{1}{b_c}$$

代入数据：

$$i_a = 1.624 \text{A/m}^2, \quad |i_c| = 0.224 \text{A/m}^2, \quad b_c = 0.12 \text{V}$$

得出阳极反应 Tafel 斜率：

$$b_a = 0.049(\text{V}) = 49(\text{mV})$$

4.3　复相电极和腐蚀电池

4.3.1　电位和电流关系

由两种不同金属 M_1 和 M_2 相互接触，在电解质溶液中组成的电极系统，叫做复相电极。如 2.1 节中讲到的 Zn 和 Cu 浸于盐酸溶液中的情况。

4.3.1.1　电位关系

使用下列符号：$E_{ea}(M_1)$、$E_{ea}(M_2)$ 表示 M_1 和 M_2 上金属氧化反应的平衡电位；E_{ec} 表示 M_1 和 M_2 上去极化剂还原反应的平衡电位（此处设 M_1 和 M_2 接触的电解质溶液是相同的）；$E_{cor}(M_1)$、$E_{cor}(M_2)$ 表示 M_1 和 M_2 孤立存在时各自的腐蚀电位。

设 $E_{cor}(M_1) > E_{cor}(M_2)$，当 M_1 和 M_2 接触后，因为金属是电的良导体，它们将彼此极化，电位都发生变化。M_1 的腐蚀电位较高，受到阴极极化，电位下降，极化值 $\Delta E(M_1) < 0$；M_2 的腐蚀电位较低，受到阳极极化，电位升高，极化值 $\Delta E(M_2) > 0$。极化以后的混合电位用 E_g 表示，显然 E_g 介于 M_1 和 M_2 的腐蚀电位 $E_{cor}(M_1)$ 和 $E_{cor}(M_2)$ 之间：$E_{cor}(M_2) < E_g < E_{cor}(M_1)$。

因此，在金属 M_1 上，金属氧化反应过电位减小，$\eta'_a(M_1) = \eta_a(M_1) - |\Delta E(M_1)|$；去极化剂还原反应过电位增大，$|\eta'_c(M_1)| = |\eta_c(M_1)| + |\Delta E(M_1)|$。在金属 M_2 上，金属氧化反应过电位增大，$\eta'_a(M_2) = \eta_a(M_2) + \Delta E(M_2)$；去极化剂还原反应过电位减小，$|\eta'_c(M_2)| = |\eta_c(M_2)| - \Delta E(M_2)$。

电位关系表示见图 4-12(a)。

4.3.1.2　电流关系

M_1 和 M_2 的面积一般不相等，故 M_1 和 M_2 之间流过的电流密度不相等，而电流强度则应相等。

M_1 受到阴极极化，阳极反应速度减小，阴极反应速度增大，流出的电流为阴极电流：

$$|I_-(M_1)| = |I_c(M_1)| - I_a(M_1)$$

在 M_1 表面上主要发生阴极反应，称为阴极相。如果受到强极化，则阳极反应速度减小到零，$I_a(M_1) = 0$，M_1 上只发生阴极反应。

M_2 受到阳极极化，阳极反应速度增大，阴极反应速度减小，流入的电流为阳极电流：

$$I_+(M_2) = I_a(M_2) - |I_c(M_2)|$$

M_2 表面上主要发生阳极反应，称为阳极相。如果 M_2 受到强极化，阴极反应速度减小到零，

$I_c(M_2)=0$，则 M_2 表面上只发生阳极反应。

因为 M_1 和 M_2 之间流过的电流强度相等：

$$I_+(M_2)=|I_-(M_1)| \tag{4-27}$$

由此得出：

$$I_a(M_1)+I_a(M_2)=|I_c(M_1)|+|I_c(M_2)| \tag{4-28}$$

这表明复相电极上总的阳极电流等于总的阴极电流，因而不会造成电荷的积累。

图 4-13(b) 表示了在混合电位 E_g 总的阳极电流 $I_a(M_1)+I_a(M_2)$ 等于总的阴极电流 $|I_c(M_1)|+|I_c(M_2)|$ 这个关系（由于横坐标是对数值，故图中不是线段直接相加）。为确定起见，图中极化曲线是按活化极化规律所作。

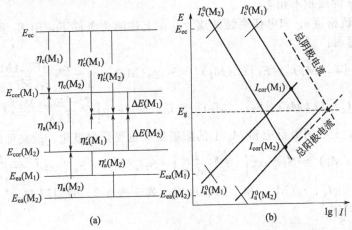

图 4-13　金属 M_1 和 M_2 构成短路电偶腐蚀电池的电位和电流关系

4.3.1.3　说明

① 上述电位和电流关系亦适用于其他不均匀性构成的腐蚀电池。

② 如果 M_1 在与 M_2 接触前不发生腐蚀，表面上只发生去极化剂还原反应，其电位为去极化剂还原反应平衡电位 E_{ec} 而不是 $E_{cor}(M_1)$，如 2.1 节中 Cu-Zn 电偶腐蚀电池中的 Cu。上述讨论和极化图只需作个别修正。

4.3.2　电偶腐蚀电池

4.3.2.1　电偶腐蚀电池的术语

在第 2 章中已指出，两种不同的金属 M_1 和 M_2 在电解质溶液中电接触，便组成电偶腐蚀电池。应用电偶腐蚀电池的概念，上段中的混合电位 E_g 称为电偶腐蚀电位，M_1 和 M_2 之间流过的电流称为电偶电流，记为 I_g。

电偶腐蚀造成阳极性金属 M_2 的加速腐蚀破坏。表示电偶腐蚀对阳极金属 M_2 的影响的量有以下两个。

① 阳极金属 M_2 的电偶电流密度：

$$i_g(M_2)=I_g/S_2$$

② 阳极金属 M_2 的电偶腐蚀效应：

$$\gamma=\frac{i'_{cor}(M_2)}{i_{cor}(M_2)}$$

式中，S_2 为阳极金属 M_2 的面积；$i_{cor}(M_2)$ 和 $i'_{cor}(M_2)$ 是 M_2 在与 M_1 偶接前和偶接后的腐蚀电流密度。

4.3.2.2　活化极化腐蚀体系

设在金属 M_1 和 M_2 上阳极反应和阴极反应都受活化极化控制，浓度极化可以忽略不计。

为简化计算，取如下条件：

① $E_{ea} \ll E_{cor} \ll E_{ec}$ 对 M_1 和 M_2 都成立，因此在 M_1 和 M_2 偶接前处于孤立状态时，它们表面上的阳极反应和阴极反应都符合 Tafel 公式；

② $E_{cor}(M_2) \ll E_g \ll E_{cor}(M_1)$，即 M_1 和 M_2 偶接后都受到强极化，因此在 M_1 上只发生阴极反应，M_2 上只发生阳极反应，而且反应速度都符合 Tafel 公式。与 4.2 节的均相腐蚀体系相比，差别仅仅在于阴极反应和阳极反应在空间上分开了，分别在 M_1 上和 M_2 上进行，而 M_1 和 M_2 的面积不相等。

（1）电偶电流密度 i_g 和电偶腐蚀效应 γ　在上述简化条件下，用 S_1 和 S_2 表示 M_1 和 M_2 的面积，可写出：

$$I_g = |I_-(M_1)| = S_1|i_-(M_1)| = S_1 i_{cor}(M_1) \exp\left[-\frac{E_g - E_{cor}(M_1)}{\beta_c(M_1)}\right]$$

$$I_g = I_+(M_2) = S_2 i_+(M_2) = S_2 i_{cor}(M_2) \exp\left[\frac{E_g - E_{cor}(M_2)}{\beta_a(M_2)}\right]$$

显然，在 M_1 上的阴极反应和 M_2 上的阳极反应也受到强极化，故又可以写出：

$$I_g = S_1|i_c(M_1)| = S_1 i_c^0 \exp\left[-\frac{E_g - E_{ec}}{\beta_c(M_1)}\right] = S_2 i_a(M_2) = S_2 i_a^0 \exp\left[\frac{E_g - E_{ea}(M_2)}{\beta_a(M_2)}\right]$$

消去 E_g，便可得出 I_g、$i_g(M_2)$ 和 γ 的表示式，列于表 4-2。分别用 E_{cor}、i_{cor} 和 E_e、i^0 表示，以便于进行对比。

表 4-2　电偶腐蚀的有关公式（活化极化腐蚀体系）

项目	用 E_{cor} 和 i_{cor} 表示	用 E_e 和 i^0 表示
$\ln I_g$	$\dfrac{E_{cor}(M_1) - E_{cor}(M_2)}{\beta_a(M_2) + \beta_c(M_1)} + \dfrac{\beta_a(M_2)}{\beta_a(M_2) + \beta_c(M_1)}\ln[S_2 i_{cor}(M_2)] + \dfrac{\beta_c(M_1)}{\beta_a(M_2) + \beta_c(M_1)}\ln[S_1 i_{cor}(M_1)]$	$\dfrac{E_{ec}(M_1) - E_{ea}(M_2)}{\beta_a(M_2) + \beta_c(M_1)} + \dfrac{\beta_a(M_2)}{\beta_a(M_2) + \beta_c(M_1)}\ln[S_2 i_a^0(M_2)] + \dfrac{\beta_c(M_1)}{\beta_a(M_2) + \beta_c(M_1)}\ln[S_1 i_c^0(M_1)]$
$\ln i_g(M_2)$	$\dfrac{E_{cor}(M_1) - E_{cor}(M_2)}{\beta_a(M_2) + \beta_c(M_1)} + \dfrac{\beta_a(M_2)}{\beta_a(M_2) + \beta_c(M_1)}\ln i_{cor}(M_2) + \dfrac{\beta_c(M_1)}{\beta_a(M_2) + \beta_c(M_1)}\ln\left[i_{cor}(M_1) + \ln\dfrac{S_1}{S_2}\right]$	$\dfrac{E_{ec}(M_1) - E_{ea}(M_2)}{\beta_a(M_2) + \beta_c(M_1)} + \dfrac{\beta_a(M_2)}{\beta_a(M_2) + \beta_c(M_1)}\ln i_a^0(M_2) + \dfrac{\beta_c(M_1)}{\beta_a(M_2) + \beta_c(M_1)}\ln\left[i_c^0(M_1) + \ln\dfrac{S_1}{S_2}\right]$
$\ln\gamma$	$\dfrac{E_{cor}(M_1) - E_{cor}(M_2)}{\beta_a(M_2) + \beta_c(M_1)} + \dfrac{\beta_c(M_1)}{\beta_a(M_2) + \beta_c(M_1)}\ln\dfrac{i_{cor}(M_1)}{i_{cor}(M_2)} + \dfrac{\beta_c(M_1)}{\beta_a(M_2) + \beta_c(M_1)}\ln\dfrac{S_1}{S_2}$	假定 $\beta_c(M_1) = \beta_c(M_2) = \beta_c$ $\dfrac{\beta_c}{\beta_a(M_2) + \beta_c}\ln\left[\dfrac{i_c^0(M_1)}{i_c^0(M_2)} + \ln\dfrac{S_1}{S_2}\right]$
E_g	$\dfrac{\beta_a(M_2)\beta_c(M_1)}{\beta_a(M_2) + \beta_c(M_1)}\ln\dfrac{i_{cor}(M_1)}{i_{cor}(M_2)} + \dfrac{\beta_a(M_2)}{\beta_a(M_2) + \beta_c(M_1)}E_{cor}(M_1) + \dfrac{\beta_c(M_1)}{\beta_a(M_2) + \beta_c(M_1)}E_{cor}(M_2) + \dfrac{\beta_a(M_2)\beta_c(M_1)}{\beta_a(M_2) + \beta_c(M_1)}\ln\dfrac{S_1}{S_2}$	$\dfrac{\beta_a(M_2)\beta_c(M_1)}{\beta_a(M_2) + \beta_c(M_1)}\ln\dfrac{i_c^0(M_1)}{i_a^0(M_2)} + \dfrac{\beta_a(M_2)}{\beta_a(M_2) + \beta_c(M_1)}E_{ec} + \dfrac{\beta_c(M_1)}{\beta_a(M_2) + \beta_c(M_1)}E_{ea}(M_2) + \dfrac{\beta_a(M_2)\beta_c(M_1)}{\beta_a(M_2) + \beta_c(M_1)}\ln\dfrac{S_1}{S_2}$

表 4-2 中用 E_e 和 i^0 表示的 $\lg i_g(M_2)$、E_g，公式与式（4-17）的差别有：

① i_a^0、β_a、E_{ea} 是在金属 M_2 上阳极反应的参数，i_c^0、β_c 是在金属 M_1 上阴极反应的参数（E_{ec} 与金属无关）。

② 多了一个表示面积影响 S_1/S_2 的项。

这是因为按照我们的简化条件，M_1 上只发生阴极反应，M_2 上只发生阳极反应。M_1 和 M_2 的面积对 i_g（M_2）和 E_g 都有影响。

在一般情况下，阳极相金属 M_2 上还有阴极反应，阴极相金属 M_1 上还有阳极反应（除非 M_1 不满足腐蚀的热力学条件），那么，i_g（M_2）和 E_g 的求解就变得复杂了。

（2）极化图　图 4-14 也是电偶腐蚀电池的极化曲线，表示出在电偶电位 E_g 总的阳极电流 I_a（M_1）＋I_a（M_2）等于总的阴极电流 $|I_c$（M_1）$|＋|I_c$（M_2）$|$ 这个电流加和关系。图 4-14 的极化曲线是按在电位 E_g，金属 M_1 和 M_2 之间流过的电偶电流相等这个原则作出的。在图 4-14 中还假定了在电位 E_g，金属 M_1 和 M_2 都已受到强极化，在 M_1 上只进行阴极反应：$|I_-$（M_1）$|＝|I_c$（M_1）$|$，在 M_2 上只进行阳极反应：I_+（M_2）$＝I_a$（M_2）。

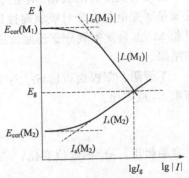

图 4-14　电偶腐蚀电池的极化曲线

与 2.3 节中的 Evans 极化图（图 2-7）相比，二者也十分相似，但 Evans 极化图作为一种定性表示的工具，具有更广泛的适应性。在图 2-7 中，极化曲线的起点是两种金属的起始电位 E_0。当表示均相腐蚀体系时，E_0 即为阴极反应和阳极反应的平衡电位 E_e；当表示复相腐蚀电极（如图 2-1 中的 Cu-Zn 偶接情况）时，E_0 即为两金属未偶接时的腐蚀电位（注意：在图 2-1 中由于 Cu 不发生腐蚀，E_{0c} 应为析氢反应的平衡电位）。而 Evans 极化图中的极化曲线用直线只是一种简化表示。

图 4-14 只适用于活化极化腐蚀体系的电偶腐蚀。横坐标为 $\lg|I|$，故极化曲线的直线段反映出电极反应速度符合 Tafel 公式。在所取简化条件下，金属 M_2 上只发生阳极氧化反应，故 I_g 也是 M_2 在电偶腐蚀电池中的腐蚀电流。如果阳极相 M_2 与阴极相 M_1 之间的欧姆电阻不能忽略，那么腐蚀电池工作时 M_1 和 M_2 的电位不相等，其差值等于电偶电流 I_g 在欧姆电阻 R 上的电压降。

4.3.2.3　阳极反应受活化极化控制、阴极反应受浓度极化控制的腐蚀体系

设金属 M_1 和 M_2 在未偶接时的腐蚀，阴极反应都受浓度极化控制，因此在 M_1 和 M_2 上阴极反应速度都等于去极化剂（如氧）的极限扩散电流密度 $|i_c$（M_1）$|＝|i_c$（M_2）$|＝i_d$ 组成电偶腐蚀电池后，M_1 和 M_2 都受到强极化。在阴极相 M_1 上阳极反应（符合 Tafel 公式）减小到可以忽略不计，即只发生阴极反应；在阳极相 M_2 上阴极反应速度（浓度极化控制）并不受电位正移的影响，即阴极反应速度仍然等于 i_d。

按照复相电极的电流关系：

$$I_g = I_+（M_2）= S_2 [i_a（M_2）- i_d] = |I_-（M_1）| = S_1 i_d$$

或：

$$I_a（M_1）+ I_a（M_2）= S_2 i_a（M_2）= |I_c（M_1）| + |I_c（M_2）| = i_d(S_1 + S_2)$$

都可得出偶合后阳极相 M_2 的阳极反应速度（腐蚀电流密度）：

$$i_a（M_2）= i_d\left(1 + \frac{S_1}{S_2}\right) = i_{cor}（M_2）\left(1 + \frac{S_1}{S_2}\right) \tag{4-29}$$

电偶腐蚀效应为：

$$\gamma = \frac{i_a（M_2）}{i_{cor}（M_2）} = 1 + \frac{S_1}{S_2} \tag{4-30}$$

如果 $S_1/S_2 \gg 1$，则有：

$$i_a(M_2) = i_d \frac{S_1}{S_2} = i_{cor}(M_2) \frac{S_1}{S_2}$$

$$\gamma = \frac{S_1}{S_2}$$

这表明偶接后阳极相 M_2 的腐蚀速度与阴极相 M_1 的面积成正比。在腐蚀文献中这个关系式是研究电偶组合对吸氧腐蚀影响时从实验中总结出的，并称为集氧面积原理。考虑到阴极相 M_1 上只发生氧分子还原反应，阴极电流与 M_1 的面积成正比，集氧面积原理是很自然的结果。

不管阴、阳极面积比 S_1/S_2 数值如何，阴极金属 M_2 的电偶电流密度都与阴极金属 M_1 面积 S_1 成正比：

$$i_g(M_2) = i_d \frac{S_1}{S_2} \tag{4-31}$$

很容易得出，M_2 的电位变化：

$$E_g - E_{cor}(M_2) = \beta_a(M_2) \ln\left(1 + \frac{S_1}{S_2}\right) = b_a(M_2) \lg\left(1 + \frac{S_1}{S_2}\right) \tag{4-32}$$

4.3.2.4　牺牲阳极

在电偶腐蚀中，阴极金属 M_1 发生阴极极化，腐蚀速度减小，即受到阴极保护；金属 M_2 发生阳极极化，腐蚀速度增大。M_2 的腐蚀换取了对 M_1 的保护，故 M_2 常称为牺牲阳极。

显然，作为牺牲阳极的金属 M_2 的电位必须负值很大。如果 M_1 要求的保护电位为 E_{pr}，保护电流密度为 i_{pr}，M_1 和 M_2 之间的溶液电阻为 R，则 M_2 极化以后的电位必须满足以下条件：

$$E(M_2) < E_{pr} - i_{pr} S_1 R$$

因此，M_2 孤立存在时的腐蚀电位 $E_{cor}(M_2)$ 必须低于这个 $E(M_2)$，才可能发挥牺牲阳极的作用。为此，$E_{cor}(M_2)$ 要负值很大。故用作牺牲阳极的都是活泼金属，如锌、铝、镁。另外，M_2 的阳极极化性能要小，特别是不能钝化。

4.3.3　氧浓差电池

氧浓差电池是由于金属暴露的环境中存在氧浓度差异而形成的腐蚀电池。氧浓度大的区域为富氧区，氧的极限扩散电流密度 i_d 较大；氧浓度小的区域为贫氧区，i_d 较小。

4.3.3.1　氧浓差电池的形成

对氧浓差电池的形成和工作过程，不能用氧电极反应平衡电位的差异来说明，而应当用腐蚀动力学极化图来说明。因为在金属发生吸氧腐蚀的情况，金属表面的电位并非氧电极反应平衡电位，而是金属的腐蚀电位。对阳极反应符合 Tafel 公式、阴极反应受氧扩散控制的腐蚀体系，在腐蚀电位 E_{cor}，应有如下关系式：

$$i_a^0 \exp\left(\frac{E_{cor} - E_{ea}}{\beta_a}\right) = i_d$$

由此得出腐蚀电位 E_{cor} 与氧的极限扩散电流密度 i_d 的对数成线性关系：

$$E_{cor} = E_{ea} + \beta_a \ln \frac{i_d}{i_a^0}$$

故 i_d 越大，E_{cor} 越正值越大。

用极化图也可说明这一点。如果金属表面状态是均匀的，富氧区与贫氧区的阳极极化曲线应相同。而富氧区的 i_d 大于贫氧区。在图 4-15 中清楚表明，富氧区的腐蚀电位较贫氧区高。因此，在氧浓差腐蚀电池中，富氧区的金属部位为阴极，贫氧区的金属部位为阳极。

富氧区受到阴极极化，电位负移；贫氧区受到阳极极化，电位正移。从图 4-16 可见，虽然富氧区的金属部位腐蚀电流减小，贫氧区的金属部位腐蚀电流增大，但富氧区金属的腐蚀电流仍比贫氧区大。即使溶液电阻 R_s 可以不计，富氧区和贫氧区达到混合电位 E_g，二者的腐蚀电流也只是相等。

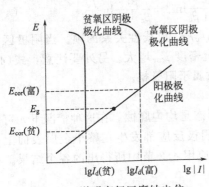
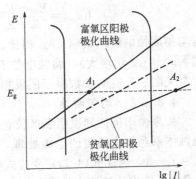

图 4-15　说明富氧区腐蚀电位
比贫氧区高的极化图

图 4-16　说明贫氧区腐蚀速度大于
富氧区的极化图

4.3.3.2　贫氧区腐蚀速度较大的原因

在生产实践中发现，钢铁设备发生浓差电池腐蚀时，富氧区金属部位腐蚀较小，而贫氧区腐蚀较大。这就必须考虑到富氧区和贫氧区阳极极化曲线是不同的。在图 4-16 中，富氧区的阳极极化性能大大增强，极化曲线变陡；贫氧区的阳极极化性能减弱，阳极极化曲线变平（虚线表示原来共同的阳极极化曲线）。在混合电位 E_g，富氧区金属的腐蚀电流由交点 A_1 确定，贫氧区金属的腐蚀电流由交点 A_2 确定。显然后者比前者大得多。

这种阳极极化性能的变化是由于随着腐蚀过程的进行，富氧区和贫氧区金属表面附近的溶液发生变化造成的。富氧区金属表面主要发生阴极反应，在吸氧腐蚀情况，为氧分子还原反应，反应产物 OH^- 使溶液 pH 值升高。在贫氧区金属表面主要发生金属阳极氧化反应，金属离子浓度增大，在中性（常见为氯化物）溶液中，金属离子水解使溶液 pH 值下降，同时造成 Cl^- 富集。这样便导致钢铁表面原有的薄氧化膜发生不同的变化：富氧区金属表面氧化膜增厚，变致密；贫氧区金属表面氧化膜变薄、破坏甚至完全溶解。因此，富氧区金属阳极溶解反应的阻力增大，阳极极化曲线变陡；贫氧区金属阳极溶解反应变得容易，阳极极化曲线变平。

当然，如果讲腐蚀速度，就还要考查贫氧区和富氧区金属部位的相对面积。在第 8 章中我们将看到，当钢铁（包括不锈钢）在中性氯化物溶液中发生缝隙腐蚀时，缝内为贫氧区，缝外为富氧区，而且贫氧区面积比富氧区小得多，这进一步加剧了贫氧区的腐蚀破坏程度。

4.3.4　腐蚀微电池

4.3.4.1　局部腐蚀

如果微阳极区和微阴极区的位置固定，将发生局部腐蚀（阳极区腐蚀）。

假定阳极区只发生金属的氧化反应，阴极区只发生去极化剂还原反应。与均相腐蚀电极相比，差别在于阳极反应和阴极反应在空间上分开了，而且阳极反应和阴极反应发生的面积不相等。与电偶腐蚀电池相比，差别在于阴极和阳极的构型不同［图 2-1 的（b）

和（c）]。

用 f_a 和 f_c 表示阳极区和阴极区所占面积分数，即 $S_c = f_c S$、$S_a = f_a S$。在活化极化腐蚀体系中，利用表 4-2 中的结果，很容易写出金属的腐蚀电位 E_{cor}（即表 4-2 中的 E_g）和腐蚀电流密度 i_{cor} [即表 4-2 中的 $i_g(M_2)$] 的表示式：

$$E_{cor} = \frac{\beta_a \beta_c}{\beta_a + \beta_c} \ln \frac{i_c^0}{i_a^0} + \frac{\beta_a}{\beta_a + \beta_c} E_{ec} + \frac{\beta_c}{\beta_a + \beta_c} E_{ea} + \frac{\beta_a \beta_c}{\beta_a + \beta_c} \ln \frac{f_c}{f_a} \tag{4-33a}$$

$$\ln i_{cor} = \frac{E_{ec} - E_{ea}}{\beta_a + \beta_c} + \frac{\beta_a}{\beta_a + \beta_c} \ln i_a^0 + \frac{\beta_c}{\beta_a + \beta_c} \ln i_c^0 + \frac{\beta_c}{\beta_a + \beta_c} \ln \frac{f_c}{f_a} \tag{4-33b}$$

与均相腐蚀电极的式(4-17) 相比，都多了一个与 $\ln f_c / f_a$ 成线性关系的项。当阴极区面积增大时（f_c / f_a 增大），腐蚀电位 E_{cor} 正移，腐蚀电流密度 i_{cor} 增大。另外要注意，式(4-33) 中有关阴极反应的参数属于阴极相，阳极反应的参数属于阳极相。

4.3.4.2 均匀腐蚀

如果微阳极区和微阴极区位置不断变化，腐蚀形态是均匀腐蚀。在这种情况下，可以把腐蚀体系当作均相腐蚀电极处理，认为阳极反应和阴极反应都发生在整个金属表面上，即 $f_a = f_c = 1$，因此式(4-33) 变为式(4-17)，我们可以使用 4.2 节中所得出的各个结果。在第 5 章关于铁在酸溶液中的析氢腐蚀就是这样做的。

思 考 题

1. 请说明：交换电流密度的概念及意义，与电极反应极化性能的关系；过电位和电极反应速度的关系；动力学方程的一般表达式；Tafel 方程式的数学形式、图形表示以及适用条件；极限扩散电流密度的计算。

2. 请说明：均匀腐蚀的腐蚀电位和腐蚀电流密度的概念；电极反应的耦合、混合电位、电流加和原理的应用（举例）。

3. 微极化和强极化的公式的应用条件是什么？

习 题

1. 表面积为 $20cm^2$ 的铁样品浸泡在 pH=1 的除氧酸溶液中，经过 50h 试验，测定了铁样品的损失质量为 0.1g，已知在铁表面上析氢反应符合 Tafel 公式 $\eta = -0.64 - 0.125 \lg |i|$，其中 η 单位为 V，i 的单位为 A/cm^2，试计算：

(1) 样品厚度的减少 Δh（mm）；

(2) 铁试样的腐蚀电流密度 i_{cor}（A/m^2）；

(3) 铁试样的腐蚀电位 E_{cor}。

（条件：Fe 的原子量为 55.8，Fe 的密度为 $7.8g/cm^3$，法拉第常数 $F = 96500C/mol = 26.8A \cdot h/mol$。）

2. 海水中氧含量为 3.2mg/L，求一年中锌的消耗量？（氧的扩散层厚度为 $\delta = 10^{-2} cm$，扩散系数为 $D = 1.9 \times 10^{-5} cm^2/s$，Zn 的原子量为 65.4）。

3. 对以下两个电极系统：(a) Hg-0.1mol/L HCl，(b) Pt-1mol/L H_2SO_4 分别进行阴极极化，测量数据列于表 1。试求：

表 1 阴极极化实验数据（25℃）

极化电流密度 $|i_c|$ /（A/m^2）	极化电位 E/V(vs SCE)		极化电流密度 $|i_c|$ /（A/m^2）	极化电位 E/V(vs SCE)	
	Hg 电极	Pt 电极		Hg 电极	Pt 电极
5×10^3		-0.5370	10^2	-1.5085	-0.3362
2.5×10^3		-0.4991	10	-1.3815	
10^3	-1.6164	-0.4511	1	-1.2665	
5×10^2	-1.5780	-0.4040			

（1）分别画出在汞电极上和铂电极上析氢反应的阴极极化过电位曲线。

（2）图上求 Tafel 斜率 b_c 和交换电流密度 i^0。

（3）为了使电位偏离平衡电位 $+10mV$，需要通入多大的外加极化电流（取 $n=1$）？

比较两个电极的极化性能。

4. 铂电极在充氧的中性水溶液中进行阴极极化，电极表面发生氧离子化反应。利用氧离子化反应的动力学参数（$b_c = 0.110V$，$i^0 = 1.198 \times 10^{-6}$ $mA/cm^2 = 1.198 \times 10^{-5}$ A/m^2），计算当 $|i_c| = 7 \times 10^{-2}$ mA/cm^2 时，阴极极化过电位 η，其中浓度极化过电位 $\eta_{浓}$ 和活化极化过电位 $\eta_{活}$ 各占多大比例？（扩散层厚度取 $\delta = 10^{-2}cm$，水中溶解氧浓度为 $3.2mg/L$。）

比较氢电极反应和氧电极反应的阴极极化特征。

5. 一个活化极化控制腐蚀体系，阴极反应和阳极反应的交换电流密度为 i_c^0、i_a^0；Tafel 斜率为 b_c、b_a；腐蚀电位满足条件 $E_{ea} \ll E_{cor} \ll E_{ec}$。

设加入阴极缓蚀剂，使阴极反应受到抑制，阴极反应交换电流密度改变为 $(i_c^0)'$。假定其他参数都不改变，此时腐蚀电位负移到 E'_{cor}，腐蚀电流密度下降到 i'_{cor}。试求：

（1）作出加入缓蚀剂前后腐蚀体系的极化曲线图。

（2）用图解法求腐蚀电流密度的变化 $r = i'_{cor}/i_{cor}$ 和腐蚀电位的变化 $\Delta E = E'_{cor} - E_{cor}$。

6. 一个阳极反应受活化极化控制、阴极反应受浓度极化控制的腐蚀体系，阴极反应的极限扩散电流密度为 i_d，腐蚀电位为 E_{cor}。由于搅拌使阴极反应的极限扩散电流密度上升到 i'_d，阳极反应参数不变；腐蚀电位正移到 E'_{cor}。试求：

（1）作出腐蚀体系的极化曲线图。

（2）用图解法求腐蚀电位变化 $\Delta E = E'_{cor} - E_{cor}$。

第 5 章 析氢腐蚀和吸氧腐蚀

5.1 析氢腐蚀

5.1.1 发生析氢腐蚀的体系

5.1.1.1 析氢腐蚀的能量条件

析氢腐蚀的阴极反应是氢离子还原反应。根据电化学腐蚀发生的条件 $E_{ea}(Me/Me^{n+}) < E_{ec}(H_2/H^+)$，可知发生析氢腐蚀的体系包括：

① 标准电位负值很大的活泼金属，如 Mg、Al，在酸性溶液、中性溶液和碱性溶液中；

② 大多数工程上使用的金属，如 Fe，在酸性溶液中；

③ 正电性金属一般不会发生析氢腐蚀，但是当溶液中含有络合剂（如 NH_3、CN^-），使金属离子（如 Cu^{2+}、Ag^+）的活度保持很低时，正电性金属（如 Cu、Ag）也可能发生析氢腐蚀。

注意：当存在金属离子与络合剂的络合反应时，应按游离金属离子 Me^{n+} 的实际活度计算 E_{ea}，而不能取 $a_{Me^{n+}} = 10^{-6} \, mol/L$。

当溶液中含有氧化剂（如氧、氧化性酸根离子）时，阴极反应还包括这些氧化剂的还原反应。因此，析氢腐蚀主要指金属在非氧化性酸（如盐酸、氢氟酸）、弱氧化性酸（如稀硫酸），以及非氧化性酸性盐（如氯化铵、硫酸铵）溶液中发生的腐蚀。

5.1.1.2 析氢腐蚀的典型例子——Fe 在酸溶液中的腐蚀

① 在除氧的酸溶液中，阴极过程是 H^+ 的还原反应。在酸中含溶解氧时，只要酸浓度不是很低，与 H^+ 还原反应相比，O_2 还原反应仍可不计。这是因为氧在水溶液中的溶解度很小（$10^{-4} \, mol/L$ 数量级），而且氧分子的扩散系数低，因此在阴极反应产生的电流中，O_2 还原反应的贡献可以忽略。

在 pH<3 的酸溶液中，H^+ 还原反应的极限扩散电流密度比较大。这是因为在水溶液中，pH<3 时，H^+ 活度大于 $10^{-3} \, mol/L$；H^+ 的扩散系数比 O_2 的扩散系数要大得多；阴极上氢气泡的析出对电极附近溶液产生搅拌作用，使扩散层厚度较小；H^+ 除扩散外还有电迁移。这些因素使 H^+ 发生还原反应消耗后容易得到补充。因此，只要阴极反应速度不是很大（如阴极极化的情况），H^+ 还原反应的浓度极化可以忽略，而认为阴极反应受活化极化控制。

② 阳极过程与腐蚀产物有密切关系。在弱氧化性和非氧化性酸溶液中，Fe 表面不能存在氧化物膜，腐蚀产物是可溶性离子。在反应速度不是很大时，阳极反应亦可以认为受活化极化控制。

③ 在大多数情况下，Fe 在酸溶液中的腐蚀形态是均匀腐蚀。虽然 Fe 的表面经腐蚀后变得粗糙，说明腐蚀深度有差异，但这种差异与整个表面的平均腐蚀深度相比是很小的。

所以，Fe 在酸溶液中的腐蚀可以当作均相腐蚀电极处理，作为活化极化控制腐蚀体系的典型例子。4.2 节关于活化极化控制腐蚀体系动力学规律的分析都适用于析氢腐蚀。式(4-17)用阴极反应和阳极反应的平衡电位、交换电流密度和 Tafel 斜率表示出体系的腐蚀电位和腐蚀电流密度：

$$E_{cor} = \frac{\beta_a \beta_c}{\beta_a + \beta_c} \ln \frac{i_c^0}{i_a^0} + \frac{\beta_a}{\beta_a + \beta_c} E_{ec} + \frac{\beta_c}{\beta_a + \beta_c} E_{ea}$$

$$\ln i_{cor} = \frac{E_{ec} - E_{ea}}{\beta_a + \beta_c} + \frac{\beta_a}{\beta_a + \beta_c} \ln i_a^0 + \frac{\beta_c}{\beta_a + \beta_c} \ln i_c^0$$

阴极析氢反应的平衡电位 E_{ec} 和交换电流密度 i_c^0 都与溶液 pH 值有关，而且其关系是已知的。如果假定阳极反应与溶液 pH 值无关，从上式可以得出：

$$\frac{\partial E_{cor}}{\partial pH} = K_1$$

$$\frac{\partial \ln i_{cor}}{\partial pH} = K_2$$

式中，K_1 和 K_2 是常数。而且可以从理论上计算 K_1、K_2 的数值。很早就有人用实验测出 Fe 在酸性的 SO_4^{2-} 溶液中的腐蚀电位与溶液 pH 值成线性关系，而且 $K_1 = -0.058V$。后来又有作者报道了 K_1 或 K_2 的实测数值。这些数值与假定阳极反应和 pH 值无关得出的理论值不一致，因此必须考虑阳极反应有 H^+ 或 OH^- 参加，即阳极反应交换电流密度 i_a^0 与溶液 pH 值也有关系。这就是说，研究 K_1 和 K_2 可以为分析析氢腐蚀动力学问题提供信息。

在酸性溶液中，Fe 的腐蚀电位随 pH 值升高而下降，这与中性溶液中的影响正好相反，这为分析酸性和中性溶液中缝隙腐蚀原因提供了重要的实验依据。

5.1.2　析氢腐蚀的阴极过程

5.1.2.1　H^+ 还原反应的动力学特征

因为 H^+ 还原反应受活化极化控制。4.1 节关于活化极化控制电极反应的讨论对 H^+ 还原反应都适用。当过电位 $|\eta_c|$ 很小时，$\eta_c = R_f i_c$；当过电位 $|\eta_c|$ 比较大时，$\eta_c = a - b \lg |i_c|$，即析氢反应符合 Tafel 公式。这是 Tafel 在实验数据尚不充分时总结出来的公式，现已证明在很宽广的电流密度范围内都是正确的。

（1）a 值　a 是 $|i_c| = 1$ 单位时的过电位 η_c 值。文献中常称为氢过电位。显然，a 的数值与所取电流密度单位有关。电流密度单位越大（比如 A/cm^2 比 mA/cm^2 大），则 $|a|$ 越大。

实验表明，金属电极材料的种类对析氢反应的 a 值有重大影响。按 $|a|$ 的大小可划分为高氢过电位金属（如 Hg、Pb、Zn、Cd，$|a|$ 的数值很大）、中氢过电位金属（如 Cu、Fe、Ni，$|a|$ 的数值不大）、低氢过电位金属（如 Pt、Pd，$|a|$ 的数值很小）。

a 的数值还随金属材料表面状态（如光亮 Pt 和镀铂黑的 Pt）、溶液的 pH 值、温度而变化。

由 $a = b \lg i^0$ 可知，a 的数值反映了交换电流密度 i^0 的大小。随着 i^0 增大，$|a|$ 减小（因为一般来说 $i^0 < 1$，$a < 0$）。故高氢过电位金属表面析氢反应交换电流密度很小，析氢反应很容易极化；低氢过电位金属表面析氢反应交换电流密度大，析氢反应很容易进行，很难极化。标准氢电极采用 Pt 片电极材料，原因就在于 Pt 是低氢过电位金属。Pt 片表面镀铂黑，使真实表面积大大增加，真实电流密度减小，按表观面积计算的 i^0 更大，从而保证 SHE 作为基本参考电极的性能。

考虑到析氢反应是 H^+ 还原反应，在符合 Tafel 方程式的前提下，很容易理解溶液 pH 值、温度、电极表面状态等因素对 i^0 和 a 值的影响，也可以从理论上推导 i^0、a 与 pH 值之间的关系式。

（2）b 值　b 称为 Tafel 斜率，与金属材料和溶液关系很小，故各种金属表面上析氢反应的 b 值相差不大。由 4.1 节知 Tafel 斜率 b（或 β）反映双电层中电场强度对电极反应的影响。对于阴极反应，Tafel 斜率 b 与传递系数 α 的关系是：

$$b=2.3\beta=\frac{2.3RT}{\alpha nF}$$

对单电子反应 $n=1$，取传递系数 $\alpha=0.5$，在 $25℃$，可以算出 $b=118mV(\beta=51.24mV)$，这是一个典型的数值。

表 5-1 列出了某些金属表面上析氢反应的 a 和 b 的数值。电流密度单位为 A/cm^2，这是较大的单位，故 $|a|$ 亦较大。显然，利用表中的 b 值，很容易得出取其他电流密度单位（如 mA/cm^2）时的 a 值。表中同时列出了由 a 和 b 值计算的交换电流密度 i^0 值。可见在各种金属表面上析氢反应的 i^0 值相差十多个数量级，即析氢反应的难易程度相差很大。

表 5-1　某些金属上析氢反应的动力学参数

金属	溶液	a/V	b/V	$i^0/(A/cm^2)$
Pb	1mol/L H_2SO_4	-1.56	0.110	$10^{-14.2}$
Hg	1mol/L H_2SO_4	-1.415	0.113	$10^{-12.5}$
Cd	1.3mol/L H_2SO_4	-1.4	0.120	$10^{-11.7}$
Zn	1mol/L H_2SO_4	-1.24	0.118	$10^{-10.5}$
Cu	1mol/L H_2SO_4	-0.80	0.115	10^{-7}
Ag	1mol/L HCl	-0.95	0.116	$10^{-8.2}$
Fe	1mol/L HCl	-0.70	0.125	$10^{-5.6}$
Ni	0.11mol/L NaOH	-0.64	0.100	$10^{-6.4}$
Pd	1.1mol/L KOH	-0.53	0.130	$10^{-4.1}$
光亮 Pt	1mol/L HCl	-0.10	0.13	$10^{-0.8}$

5.1.2.2　氢离子还原反应的历程

氢离子还原反应的历程分为下述连续步骤。

（1）液相传质　水化氢离子（$H^+ \cdot H_2O$）移向金属电极表面并在电极表面脱水：
$$H^+ \cdot H_2O \longrightarrow H^+ + H_2O$$

（2）电子转移　分为以下两步。

① H^+ 得到电子，成为氢原子，吸附在电极表面上
$$H^+ + e \longrightarrow H_{ad}（或记为 MH）$$

② 吸附氢原子复合为氢分子，可有以下两条途径。

化学脱附：　　　　$H_{ad} + H_{ad} \longrightarrow H_2$

电化学脱附：　　　$H_{ad} + H^+ + e \longrightarrow H_2$

（3）氢分子结合为气泡，离开电极表面。

所以，析氢反应历程可有以下两条。

历程 Ⅰ：液相传质→电子转移（第①步）→电子转移（第②步：化学脱附）→氢分子结合成气泡，离开电极表面。

历程 Ⅱ：液相传质→电子转移（第①步）→电子转移（第②步：电化学脱附）→氢分子结合成气泡，离开电极表面。

考虑到速度控制步骤（RDS）是电子转移的第①步或第②步，一共有四种可能的动力学机制。

在汞电极表面，实验测出 $b=118mV(25℃)$，按历程 Ⅰ 或历程 Ⅱ 计算，只要 RDS 是步骤电子转移（第①步），所得 b 值都 $118mV$。若按历程 Ⅰ，而 RDS 是化学脱附，则计算出 $b=29.5mV$；按历程 Ⅱ，而 RDS 是电化学脱附，计算出 $b=39mV$。计算值与实测值相比，可见速度控制步骤是电子转移的第①步，即 H^+ 还原为吸附氢原子的步骤，所以 RDS 是单电子反应。

在有些情况下，还需要测定其他参数，如金属表面吸附氢原子的覆盖率随电位的变化，才能确定反应的动力学机构。

5.1.2.3 氢原子在金属中的扩散

吸附在金属表面的氢原子能够渗入金属，并在金属内扩散，就有可能造成氢鼓泡、氢脆等损害，金属表面吸附氢原子浓度越大，则渗入金属的氢原子越多，氢损害的危害性越大。因此，凡是在金属表面发生析氢反应的场合，如金属在酸性溶液中发生析氢腐蚀、金属的酸洗除锈、电镀、阴极保护，都应当注意是否会造成氢损伤问题。在筛选酸洗缓蚀剂、优化电镀液配方和工艺条件、确定阴极保护规范等工作中，测量氢渗透对金属可能的危害是一项重要内容。

5.1.3 阳极过程

5.1.3.1 动力学特征

在非氧化性和弱氧化性酸溶液中，析氢腐蚀的阳极反应的一般形式为：

$$Me \Longrightarrow Me^{n+} + ne$$

在反应速度不是很大、液相传质比较快时，金属表面附近金属离子 Me^{n+} 的浓度与主体溶液中的浓度差别不大，因此浓度极化可以忽略，而认为阳极反应受活化极化控制。

5.1.3.2 历程

多数金属的阳极反应中，$n>1$，但不可能 n 个电子同时参与放电过程。研究表明，阳极反应的历程比阴极析氢反应复杂。下面几点已经得到肯定。

① 与金属表面活性有关。因为金属阳极溶解反应速度取决于离开了金属晶格、可以在金属表面上作二维运动的表面吸附原子的浓度，而吸附原子浓度受表面活性的影响。因此，金属表面晶格的完整情况将影响金属的阳极溶解速度。

② 与溶液中的组分（如水、氯离子）在金属表面上的吸附有关。溶液中的组分优先在金属表面晶格不完整的位置吸附，一方面可能使吸附处的金属原子能量降低，减小阳极溶解反应速度；另一方面可能与吸附金属原子形成络合物，参与阳极反应历程。

③ 吸附络合物是阳极反应的中间产物，因而阳极反应放电步骤不是简单的吸附金属原子，而是吸附络离子，放电后转入溶液，成为溶液中的络离子，再进一步转化为水化金属离子，向溶液深处迁移。

④ 吸附络合物放电是阳极反应的速度控制步骤。

5.1.3.3 Fe 在酸溶液中的阳极反应

比较一致的看法是存在两种反应历程。

(1) 表面活性低的 Fe，实验测定 $b_a = 40mV$。

反应历程为：

$$Fe + H_2O \Longrightarrow Fe(H_2O)_{ad}$$
$$Fe(H_2O)_{ad} \Longrightarrow Fe(OH^-)_{ad} + H^+$$
$$Fe(OH^-)_{ad} \Longrightarrow Fe(OH)_{ad} + e$$

$Fe(H_2O)_{ad}$、$Fe(OH^-)_{ad}$、$Fe(OH)_{ad}$ 分别表示 Fe 表面的吸附络合物 $Fe(H_2O)$、$Fe(OH^-)$、$Fe(OH)$。这三个步骤进行速度很快，可合并写成一步。

$$Fe + H_2O \Longrightarrow Fe(OH)_{ad} + H^+ + e$$

该反应历程的第四个步骤是 Fe 表面的吸附络合物放电，成为溶液中的络离子：

$$(FeOH)_{ad} \xrightarrow{RDS} (FeOH)^+ + e$$

然后是快反应：

$$(FeOH^+) + H^+ \Longrightarrow Fe^{2+} + H_2O$$

计算得出 $b_a = 39.4mV$。

（2）表面活性高的 Fe，实验测出 $b_a = 30mV$。

该反应历程的前三个步骤和第五个步骤同上，第四个步骤为：

$$2(FeOH)_{ad} \xrightarrow{RDS} FeOH^+ + Fe(OH^-)_{ad}$$

计算可得 $b_a = 29.6mV$。

还有人提出催化历程：其前三个步骤和最后一个步骤同上，中间两个步骤是：

$$Fe + (FeOH)_{ad} \Longrightarrow [Fe(FeOH)]_{ad}$$

$$[Fe(FeOH)]_{ad} + OH^- \xrightarrow{RDS} FeOH^+ + (FeOH)_{ad} + 2e$$

也可计算出 $b_a = 29.6mV$。

5.1.4　析氢腐蚀的控制类型

5.1.4.1　控制类型的含义

在 2.3 节中我们曾指出，腐蚀电池的控制类型是按阴极反应、阳极反应的阻力（当时只是形式上称为极化率）和回路欧姆电阻的相对大小来区分的。当阴极反应阻力比阳极反应阻力大得多，欧姆电阻可以忽略，即 $P_c \gg P_a$，$R \approx 0$，则称腐蚀电池受阴极极化控制。类似地有阳极极化控制、欧姆电阻控制、各种混合控制等。我们还指出，可以用 Evans 极化图清楚地表示腐蚀电池的控制类型。

对于析氢腐蚀来说，根据它的特点可知：

① 析氢腐蚀可以按照均相腐蚀电极处理，因此欧姆电阻可以忽略，只需要比较阴极反应和阳极反应的阻力。

② 析氢腐蚀属于活化极化腐蚀体系，阴极反应和阳极反应都受活化极化控制。对于活化极化控制的电极反应，电极反应的阻力主要表现在交换电流密度的大小。因此，比较电极反应的阻力，只需比较交换电流密度就行了。

用真实极化曲线同样可以清楚地表示出析氢腐蚀的控制类型。图 5-1 是阴极极化控制析氢腐蚀的两种表示方法。可见两种方法都能表示出这种腐蚀体系的控制特征，以及阴极极化性能变化对 E_{cor} 和 i_{cor} 的影响。

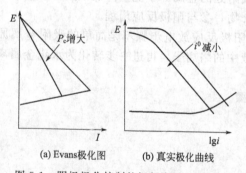

图 5-1　阴极极化控制的析氢腐蚀的极化图

(a) Evans极化图　　(b) 真实极化曲线

显然，影响腐蚀的因素只有通过改变起控制作用的过程的阻力，才能有明显的效果。比如，阴极极化控制的析氢腐蚀，改变阳极反应阻力的作用不大，而能够改变析氢反应交换电流密度的因素将明显影响体系的腐蚀速度。这个道理不仅可以用来解释许多腐蚀现象，而且对于制定腐蚀控制措施也有着指导性意义。

5.1.4.2　析氢腐蚀的三种控制类型

（1）阴极极化控制　如 Zn 在稀酸溶液中的腐蚀。因为 Zn 是高氢过电位金属，析氢反应交换电流密度 i_c^0 很小，而 Zn 的阳极溶解反应的交换电流密度 i_a^0 较大，即 $i_a^0 \gg i_c^0$，故为阴极极化控制。其特点是腐蚀电位 E_{cor} 与阳极反应平衡电位 E_{ea} 靠近。对这种类型的腐蚀体系，在阴极区析氢反应交换电流密度的大小将对腐蚀速度产生很大影响。图 5-2 总结了含不同杂质的 Zn 在硫酸中的腐蚀，用上述道理很容易对实验结果做出解释。

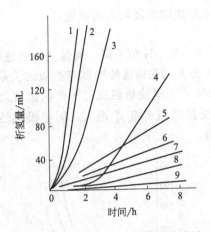

图 5-2　Zn 在 0.5mol/L 硫酸中的腐蚀
杂质含量：1—0.97% Cu；2—1.23% Fe；3—1.07% Sb；
4—1.03% Sn；5—1.1% As；6—1% Cd；
7—纯 Zn；8—1% Pb；9—1% Hg

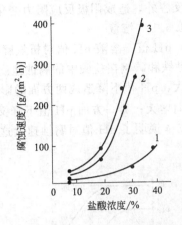

图 5-3　铁和碳钢的腐蚀速度与盐酸浓度的关系
1—工业纯铁；2—10 号钢；3—30 号钢

（2）阳极极化控制　当 $i_a^0 \ll i_c^0$，才会出现阳极极化控制。因为除 Pt、Pd 等低氢过电位金属外，在常见的工程金属材料表面上析氢反应的交换电流密度都不很大，故这种类型的析氢腐蚀不可能发生在活化极化控制的腐蚀体系，只有当金属在酸溶液中能部分钝化，造成阳极反应阻力大大增加，才能形成这种控制类型。比如铝和不锈钢在稀硫酸中发生析氢腐蚀就是这种情况。显然，这种类型的析氢腐蚀的阳极反应不再受活化极化控制。关于钝化问题，将在第 6 章中讨论，这里只是指出，钝化属于阳极极化范围。对阳极极化控制的析氢腐蚀，有利于阳极钝化的因素（如充入空气）将使腐蚀速度减小，而破坏钝化的因素（如除氧、加入氯离子）将使腐蚀速度增大。有人测量了 304 型不锈钢在 5% 硫酸中的腐蚀，当酸中不含空气时，腐蚀速度为 1.36mm/a，而饱和空气时降低为 0.01mm/a。

（3）混合控制　阳极极化和阴极极化程度差不多，称为混合控制，比如 Fe 在非氧化性酸中的腐蚀。因 Fe 是析氢过电位金属，析氢反应交换电流密度 i_c^0 比 Zn 大 6 个数量级，而阳极溶解反应交换电流密度 i_a^0 比 Zn 小，因此 i_a^0 和 i_c^0 相差不大。这种类型的析氢腐蚀体系的特点是：腐蚀电位离阳极反应和阴极反应平衡电位都足够远，即 $E_{ea} \ll E_{cor} \ll E_{ec}$。因此第 4 章中得出的活化极化腐蚀体系的 E_{cor} 和 i_{cor} 公式（4-17）完全适用。

对于混合控制的腐蚀体系，减小阴极极化或减小阳极极化都会使腐蚀电流密度增大。比如：

① 铁和碳钢在盐酸和稀硫酸中的腐蚀速度随酸浓度增加而增大（图 5-3），主要是因为酸浓度增加时析氢反应交换电流密度 i_c^0 增大了。

② 含硫的铁和钢在酸中的腐蚀速度比不含硫的铁和钢要大，比如有人测出在纯 Fe 中加入 0.015% 的 S，在 pH=1 的酸性 NaCl 溶液中的腐蚀速度增加近 100 倍。其主要原因是固溶在 Fe 中的 FeS 促进了 Fe 的阳极溶解反应。溶解下来的硫离子很容易吸附在金属表面，进一步促进电极反应的进行。

5.1.5　影响因素

析氢腐蚀属活化极化腐蚀体系，不考虑浓度极化，故影响析氢腐蚀的因素在于改变电化学步骤和腐蚀倾向。对于受阴极极化控制的析氢腐蚀，能改变析氢反应平衡电位和交换电流密度的因素将对腐蚀速度产生显著影响。对于受阴极极化和阳极极化混合控制的析氢腐蚀，除析氢反应外，造成阳极反应阻力变化的因素也会导致腐蚀速度较大的改变。

5.1.5.1　溶液

（1）pH值　溶液pH值对析氢腐蚀速度影响很大，随pH值下降，腐蚀速度迅速增大。图5-3是铁和碳钢在盐酸中的腐蚀速度与盐酸浓度的关系。在稀硫酸中也有类似的关系。酸浓度增大，pH值下降造成两方面的影响：一方面pH值下降使析氢反应平衡电位E_{ec}正移，腐蚀倾向增大；另一方面pH值下降又使析氢反应交换电流密度i_c^0增大，阴极极化性能减小。图5-4说明了pH值对腐蚀速度这两方面的影响。

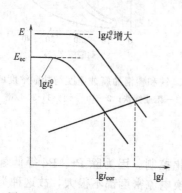

图5-4　说明pH下降对析氢腐蚀
速度影响的极化图

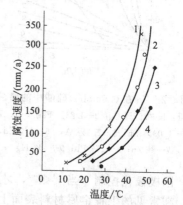

图5-5　铁在盐酸中的腐蚀速度随温度的变化
1—216g/L；2—180g/L；3—75g/L；4—25g/L

（2）溶液中的其他组分　溶液中某些组分在金属表面的吸附或沉积，也可能对析氢反应起加速或抑制的作用。比如铂盐能促进析氢腐蚀，锑盐能抑制析氢腐蚀，是因为铂和锑的沉积形成了阴极区，在铂上析氢反应很容易进行，而锑上析氢反应比在铁上困难。

（3）温度　温度升高，腐蚀速度迅速增大（图5-5），因为温度升高时阳极反应和阴极反应速度都加快了。

5.1.5.2　金属

（1）金属材料种类和杂质　金属材料种类和所含杂质的影响既涉及阴极反应又涉及阳极反应。就阳极反应而言，不同金属在同样的酸溶液中阳极反应的平衡电位和交换电流密度不相同，因而体系的腐蚀电位和腐蚀电流密度也不同。平衡电位E_{ea}负值较大，交换电流密度i_a^0较大，则体系的腐蚀电流密度较大。这一影响，混合控制腐蚀体系比阴极极化控制腐蚀体系明显。

就阴极反应而言，在不同金属上析氢反应交换电流密度i_c^0差别很大。对阴极极化控制的腐蚀体系，这一点更为突出。所以，在同样的酸溶液中不同金属析氢腐蚀速度的比较，应是阴极反应和阳极反应综合效应的结果。

在分析金属中的杂质、不同相、不同组织结构对析氢腐蚀的影响时，既要考虑这些杂质、相、组织结构在形成腐蚀微电池中的作用，又要考虑到它们作为腐蚀电池阴极区对析氢反应所起的作用。图5-2说明锌中的阴极性杂质（形成阴极区）对析氢反应的不同作用而导致腐蚀速度的变化。图5-6是碳钢在900℃淬火后在不同温度回火对其在1%硫酸中腐蚀速度的影响。

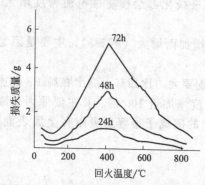

图5-6　回火温度对含碳0.95%钢
在1%硫酸中腐蚀的影响
（淬火温度900℃，曲线上数字为试验时间）

回火使 Fe_3C 析出，形成腐蚀微电池的阴极区，在 400℃左右回火产生的 Fe_3C 微细、弥散分布，使腐蚀速度最大。

(2) 阴极区面积　阴极区面积增大，腐蚀电流亦增大。从图 5-3 可看出，在盐酸浓度相同时，10 号钢比纯铁腐蚀速度大，30 号钢腐蚀速度比 10 号钢大，因为含碳量增加使腐蚀电池的阴极面积增大。

为什么阴极区面积增大会造成腐蚀速度增大？在 2.3 节我们曾用 Evans 极化图表示了这一影响。阴极面积增大，阴极极化曲线变得平坦，即阴极极化减弱了。对于活化极化腐蚀体系，引用公式(4-30) 还可以得到定量的说明。由式(4-30) 可知，当阴极、阳极面积比 S_1/S_2 增大时，腐蚀电流增大，而且两者的对数之间呈线性关系。

(3) 金属表面的状态　表面粗糙，腐蚀电流较大。这不仅因为粗糙表面的不均匀性更严重，而且粗糙表面的真实表面积比表观面积大得多，使阴极极化减弱了。标准氢电极铂片表面镀铂黑，使其更难极化，将有助于对这个影响因素的理解。

对析氢腐蚀来说，溶液流速和搅拌情况对腐蚀速度的影响很小，这是因为流速和搅拌主要影响浓度极化。

5.1.6　讨论

① 前面关于腐蚀过程的分析只接触到电极反应，即阳极金属氧化反应和阴极去极化剂还原反应。因此在析氢腐蚀情况下只涉及到 H^+ 还原反应对腐蚀速度的影响。按照这样的理解，同一种金属在酸性溶液中发生析氢腐蚀的速度，应只与 pH 值有关，而与酸根离子无关。但实际情况并非如此。为了说明不同酸溶液的影响，就必须考虑电极反应之后的酸碱反应，比如金属离子的水化反应，金属离子与酸根离子或溶液中其他组分之间的反应等。显然，酸碱反应受溶液组成的制约，反过来又会影响到溶液的组成。

② 在考虑析氢腐蚀的影响因素时，实际情况往往也是复杂的。比如从表 5-1 看，Cd 和 Zn 同样属于高氢过电位金属，且 Cd 的氢过电位 $|a|$ 比 Zn 更大一些，说明析氢反应在 Cd 上比在 Zn 上更为困难。但从图 5-2 看，Zn 中加入 1% Cd 后使析氢腐蚀加速而不是减缓，单从析氢反应的电极过程就难以解释这一实验结果。有人认为，表面 Cd 和 Zn 一起溶解，然后再在 Zn 上沉积，而沉积物是海绵状的疏松残渣。这不仅使阴极面积增大，而且对析氢过程能产生一种催化作用。

③ 我们将析氢腐蚀作为活化极化控制的腐蚀体系的典型，条件之一是金属阳极氧化反应生成的可溶性金属离子，不形成表面膜，且扩散容易进行。在考虑实际腐蚀问题时还需要注意金属离子与酸根离子结合生成盐的性质，比如铅在稀硫酸中腐蚀生成的 $PbSO_4$ 溶解度极小，很容易在铅表面形成一层表面盐膜。这层膜致密，导电性很差，使铅在温度不高的硫酸中成为极耐蚀的材料，其腐蚀完全不符合一般析氢腐蚀的规律。即使是 Fe，在稀硫酸中腐蚀生成的 $FeSO_4$，其溶解度也是有限的。在第 6 章中我们会看到，对稀硫酸中的 Fe 通入阳极极化电流，$FeSO_4$ 盐膜在 Fe 表面上的析出，能对电极过程产生很大的影响。

④ 酸溶液如不采取措施除氧，实际上都含有溶解氧。尽管 O_2 还原反应的平衡电位比析氢反应平衡电位高得多，但由于氧的溶解度小，极限扩散电流密度很小，所以在本节开始时，指出 Fe 在非氧化性酸溶液中腐蚀的阴极过程可忽略 O_2 还原反应，只考虑析氢反应。

但是也有人报道了很不相同的结果：软钢在 6% 硫酸中，当饱和氢时（完全除氧），腐蚀速度为 0.79mm/a，而饱和氧时腐蚀速度达到 9.09mm/a，增加 10 倍以上。对这样的实验结果以及类似的腐蚀，必须针对其具体试验条件，才能作出合理解释。但这的确反映出氧（当然还有其他氧化剂）对析氢腐蚀的影响是不容忽视的。

【例 5-1】 银在酸化到 pH＝3 的 0.1mol/L 硝酸银溶液中能否发生析氢腐蚀？如果在上述溶液中加入 1.0mol/L 氰化钾，银能否发生析氢腐蚀？

解 (1) 银的氧化反应

$$Ag \Longrightarrow Ag^+ + e$$

标准电位 $E^\ominus = 0.799V$，0.1mol/L 硝酸银溶液的活度系数等于 0.73，由此计算银的氧化反应的平衡电位：

$$E_{ea} = 0.799 + 0.0591 \times \lg(0.73 \times 0.1) = 0.732(V)$$

在 pH＝3 的溶液中，析氢反应的平衡电位：

$$E_{ec} = -0.0591 \times pH = -0.177(V)$$

因为 $E_{ea} > E_{ec}$，所以银不可能发生析氢腐蚀。

(2) 加入氰化钾，CN^- 与 Ag^+ 发生络合反应

$$Ag^+ + 2CN^- \Longrightarrow [Ag(CN_2)]^-$$

其标准自由焓变化为 $\Delta G^\ominus = -122kJ/mol$。

由于 $\Delta G^\ominus$ 的负值很大，故络合物 $[Ag(CN_2)]^-$ 很稳定，几乎所有 Ag^+ 都被络合。由此得：

$$a_{[Ag(CN)_2]^-} = 0.1, \quad a_{CN^-} = 1 - 0.2 = 0.8$$

由平衡常数 k 与 $\Delta G^\ominus$ 的关系：

$$\Delta G^\ominus = -RT\ln k$$

$$\lg k = -\frac{\Delta G^\ominus}{2.303RT} = 21.39, \quad k = 2.46 \times 10^{21}$$

设 Ag^+ 的活度为 a_{Ag^+}，则有：

$$k = \frac{a_{[Ag(CN)_2]^-}}{a_{Ag^+} a_{CN^-}^2}$$

$$a_{Ag^+} = \frac{0.1}{2.46 \times 10^{21} \times 0.8^2} = 6.35 \times 10^{-23} (mol/L)$$

可见，存在络合剂时，Ag^+ 的活度保持在极低水平。银的氧化反应平衡电位：

$$E_{ea} = 0.799 + 0.0591 \times \lg(6.35 \times 10^{-23}) = -0.513(V)$$

所以，阳极氧化反应的平衡电位大大负移。前已指出，在 pH＝3 的溶液中，析氢反应平衡电位：

$$E_{ec} = -0.177(V)$$

满足 $E_{ec} > E_{ea}$ 的条件，银能够发生析氢腐蚀，其腐蚀倾向为：

$$E_{ec} - E_{ea} = 0.336(V)$$

【例 5-2】 纯锌在 1mol/L 盐酸溶液中腐蚀电流密度为 i_{cor}，含 1% 杂质铁的工业锌在同样溶液中的腐蚀电流密度为 i'_{cor}。

已知在锌和铁表面上析氢反应的 Tafel 方程式分别为：

$$\eta = -1.24 - 0.12\lg|i|$$

$$\eta = -0.70 - 0.12\lg|i|$$

式中，η 的单位为 V；i 的单位为 A/cm^2。

锌的阳极氧化反应的 Tafel 斜率 $b_a = 0.04V$。

假定在工业锌表面上，锌为阳极区，只发生阳极氧化反应；铁为阴极区，只发生析氢反应。

求工业锌的腐蚀电流密度 i'_{cor} 比纯锌的腐蚀电流密度 i_{cor} 大多少？

解　(1) 在纯锌上发生析氢腐蚀，属于活化极化控制的腐蚀体系。引入腐蚀电流密度公式：

$$\lg i_{cor} = \frac{E_{ec} - E_{ea}}{b_a + b_c} + \frac{b_a}{b_a + b_c}\lg i_a^0 + \frac{b_c}{b_a + b_c}\lg i_c^0$$

式中，i_a^0 为锌阳极氧化反应的交换电流密度；i_c^0 为锌表面上析氢反应的交换电流密度。

(2) 在工业锌上，锌为阳极区，面积 $S_a = S \times f_a = 0.99S$；铁为阴极区，面积 $S_c = S \times f_c = 0.01S$。

因为在锌表面上只发生锌的阳极氧化反应，在杂质铁表面上只发生析氢反应。设腐蚀电位为 E_{cor}，腐蚀电流为 I'_{cor}，则有：

$$I'_{cor} = S_a i_a^0 \exp\left(\frac{E'_{cor} - E_{ea}}{\beta_a}\right) = S_c (i_c^0)' \exp\left(\frac{E_{ec} - E'_{cor}}{\beta'_{cor}}\right)$$

式中，$(i_c^0)'$ 为铁表面上析氢反应交换电流密度；β'_{cor} 为铁表面上析氢反应的 Tafel 斜率。

消去 E'_{cor}：

$$\lg I'_{cor} = \frac{E_{ec} - E_{ea}}{b_a + b'_c} + \frac{b_a}{b_a + b'_c}\lg S_a i_a^0 + \frac{b'_c}{b_a + b'_c}\lg S_c (i_c^0)'$$

锌的腐蚀电流密度为：

$$\lg i'_{cor} = \lg \frac{I'_{cor}}{S_a} = \frac{E_{ec} - E_{ea}}{b_a + b'_c} + \frac{b_a}{b_a + b'_c}\lg i_a^0 + \frac{b'_c}{b_a + b'_c}\left[\lg (i_c^0)' + \lg \frac{f_c}{f_a}\right]$$

根据题目中所给数据，$b'_c = b_c$，由此得到工业锌和纯锌的腐蚀电流密度的关系：

$$\lg i'_{cor} - \lg i_{cor} = \frac{b_c}{b_a + b_c}\left[\lg \frac{(i_c^0)'}{i_c^0} + \lg \frac{f_c}{f_a}\right]$$

已知：$b_a = 0.04V$，$b_c = 0.12V$，$f_a = 0.99$，$f_c = 0.01$。则：

$$\lg i_c^0 = \frac{-1.24}{0.12} = -10.33$$

$$\lg (i_c^0)' = \frac{-0.70}{0.12} = -5.83$$

代入数据，得出

$$\lg i'_{cor} - \lg i_{cor} = 0.75 \times 4.5 + 0.75 \times (-2) = 1.875$$

$$i'_{cor} = 75 i_{cor}$$

可见，含杂质铁的工业锌的腐蚀速度比纯锌的腐蚀速度大得多。

5.2　吸氧腐蚀

5.2.1　发生吸氧腐蚀的体系

吸氧腐蚀的阴极反应是氧分子还原反应。根据电化学腐蚀发生的条件 $E_{ea} < E_{ec}$，可知发生吸氧腐蚀的体系有：

① 所有负电性金属在含溶解氧的水溶液中都能发生。在酸溶液中，与析氢腐蚀相比，吸氧腐蚀虽然腐蚀倾向大得多，但腐蚀速度则处于次要地位。在中性和碱性溶液中，一般金属以吸氧腐蚀为主。

② 某些正电性金属（如 Cu）在含溶解氧的酸性和中性溶液中能发生吸氧腐蚀。

5.2.2　阴极过程

5.2.2.1　液相传质

包括如下连续步骤：

① 氧由气相通过界面进入水溶液；

② 氧借助于对流和扩散通过溶液主体层；

③ 氧借助于扩散通过扩散层达到金属表面。

在 4.1 节关于"浓度极化"部分已说明，第三步决定了液相传质的速度。

当扩散层中氧的浓度梯度达到最大（金属表面氧浓度为零），扩散速度达到最大，对应的阴极反应速度为极限扩散电流密度：

$$i_d = \frac{nFDC^b}{\delta}$$

式中，C^b 为主体溶液中氧的浓度；D 为 O_2 扩散系数；δ 为金属表面扩散层的厚度；F 为法拉第常数。对 O_2 还原反应，$n=4$。

5.2.2.2 电子转移

（1）动力学关系 如果使氧的极限扩散电流密度 i_d 比较大（如搅拌溶液、充氧等），从而满足 O_2 还原反应速度 $|i_c| \ll i_d$，则阴极反应受活化极化控制，实验上可测出符合 Tafel 公式的动力学关系式。但在一般的吸氧腐蚀中，由于水溶液中氧的溶解度小（约 10^{-4} mol/L），氧分子扩散系数小（室温下约为 1.9×10^{-5} cm^2/s，而 H^+ 的扩散系数约为 9.3×10^{-5} cm^2/s），反应产物不是气体，不产生附加搅拌作用（如析氢反应那样），扩散层厚度 δ 较析氢反应情况要大。因此，氧的极限扩散电流密度 i_d 很小，不能满足 $|i_c| \ll i_d$ 的条件。所以，浓度极化占有重要地位。

（2）比析氢反应复杂，首先，是因为 O_2 还原反应是四电子反应。

在酸性溶液中：

$$O_2 + 4H^+ + 4e = 2H_2O$$

在中性和碱性溶液中：

$$O_2 + 2H_2O + 4e = 4OH^-$$

反应必然包括许多步骤，中间产物多，且不稳定，实验上难以确定。

其次，O_2 还原反应的可逆性很小，即反应难以进行。即使在 Pt 片表面，反应的交换电流密度也只有 $10^{-9} \sim 10^{-10}$ A/cm^2。由过电位比较（表 5-2）可见，O_2 还原反应在 Pt 片上的过电位相当于析氢反应在 Zn 上的过电位，而 Zn 属于高氢过电位金属。

表 5-2 O_2 还原反应和析氢反应过电位的比较（$|i_c| = 1$ mA/cm^2）

金属	$\eta(O_2/OH^-)$/V	$\eta(H^+/H_2)$/V	金属	$\eta(O_2/OH^-)$/V	$\eta(H^+/H_2)$/V
Pt	-0.70	-0.15(1mol/L H_2SO_4)	石墨	-1.17	-0.60(2mol/L H_2SO_4)
Au	-0.85	-0.24(2mol/L H_2SO_4)	Hg	-1.62	-1.04(1mol/L HCl)
Cu	-1.05	-0.48(1mol/L H_2SO_4)	Zn	-1.75	-0.72(2mol/L H_2SO_4)
Fe	-1.07	-0.37(1mol/L H_2SO_4)			

第三，电极反应极化大。反应总是在偏离平衡电位很远的电位进行，故电极表面状态变化大。在很宽的正电荷范围，电极表面会吸附氧和各种含氧粒子。

有的文献中列举的 O_2 还原反应历程有 14 种，考虑到不同的速度控制步骤，可能得出 50 多种方案。

根据现有实验事实，不涉及反应历程的细节，O_2 还原反应历程可分为以下两大类。

第一类历程，以 H_2O_2 或 HO_2^- 为中间产物（在大多数金属电极上）。

在酸性溶液中：

① $O_2 + e \longrightarrow O_2^-$

② $O_2^- + H^+ \longrightarrow HO_2$

③ $HO_2 + e \longrightarrow HO_2^-$

④ $HO_2^- + H^+ \longrightarrow H_2O_2$

　　$O_2 + 2H^+ + 2e \longrightarrow H_2O_2$

⑤ $H_2O_2 + 2H^+ + 2e \longrightarrow 2H_2O$

在碱性溶液中：

① $O_2 + e \longrightarrow O_2^-$

② $O_2^- + H_2O + e \longrightarrow HO_2^- + OH^-$

　　$O_2 + H_2O + 2e \longrightarrow HO_2^- + OH^-$

③ $HO_2^- + H_2O + 2e \longrightarrow 3OH^-$

实验已证实 H_2O_2 和 HO_2^- 作为中间产物的存在。不管酸性溶液还是碱性溶液，速度控制步骤都是接受一个电子的步骤（即速度控制步骤的 $n=1$）。

第二类历程，以吸附氧或表面氧化物为中间产物（在金属氧化物电极上）。

酸性溶液中：

① $O_2 \longrightarrow 2O_{ad}$

② $O_{ad} + 2H^+ + 2e \longrightarrow H_2O$

碱性溶液中：

① $O_2 \longrightarrow 2O_{ad}$

② $O_{ad} + H_2O + 2e \longrightarrow 2OH^-$

O_{ad} 表示吸附氧。

5.2.2.3　阴极极化曲线

从 $E_e(OH^-/O_2)$ 开始，随着电位负移，阴极极化曲线可分为以下的电位区段（图5-7）。

（1）活化极化控制段　$|i_c| \ll i_d$，O_2 还原反应受活化极化控制，浓度极化可以忽略。当过电位较大时，O_2 还原反应符合 Tafel 公式。表 5-2 列出了在不同金属表面上当 $|i_c| = 1mA/cm^2$ 时的过电位数值。

虽然 O_2 还原反应是四电子反应，但前面已指出 RDS 仍然是单电子反应，$n=1$，所以在 $25℃$，计算的 Tafel 斜率 b 仍为 $118mV$ 左右。

（2）活化极化和浓度极化共同影响的区段

当 $|i_c| > \frac{1}{2}i_d$，浓度极化已不能忽略，过电位为活化极化过电位和浓度极化过电位之和，极化曲线明显偏离 Tafel 关系。

（3）浓度极化控制段　$|i_c| \rightarrow i_d$，浓度极化过电位在过电位中占主要地位，电位迅速负移，极化曲线平行于电位坐标轴（在图 5-7 中为垂直线段）。

（4）电位负移到 $E_e(H_2/H^+)$ 以下，阴极反应包括 O_2 还原反应和 H^+ 还原反应，阴极电流密度等于它们的反应速度之和。

$$|i_c| = i_d(O_2) + |i_c(H^+)|$$

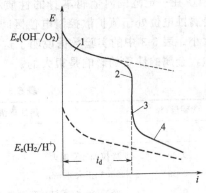

图 5-7　吸氧腐蚀体系的真实阴极极化曲线

1—活化极化控制段；2—活化极化和浓度极化共同影响的区段；3—浓度极化控制段；4—电位负移到 $E_e(H_2/H^+)$ 以下段

5.2.3　吸氧腐蚀体系

5.2.3.1　极化曲线

阳极极化曲线和阴极极化曲线的交点决定腐蚀体系的自然腐蚀状态。图 5-8 中的真实阴

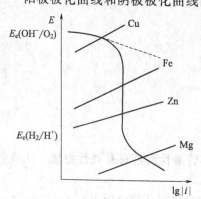

图 5-8　吸氧腐蚀体系的三种类型

极极化曲线和图 5-7 相同，只不过图 5-7 中横坐标为 i，符合 Tafel 公式的线段为对数曲线；而图 5-8 中的横坐标为 $\lg|i|$，因此 Tafel 公式对应于极化曲线的直线段（图中虚线为其延长）。阳极反应按活化极化控制，图中真实阳极极化只画出了符合 Tafel 公式的直线段。

随着阳极极化曲线负移（阳极反应平衡电位负移），两条极化曲线的交点下降，因而得到三种不同的腐蚀类型。

① 腐蚀电位位于 O_2 还原反应阴极极化曲线的 Tafel 区。在自然腐蚀状态，阴极反应亦受活化极化控制。这种吸氧腐蚀属于活化极化控制腐蚀体系，如 Cu 在充气的中性溶液中的腐蚀。

② 腐蚀电位位于阴极极化曲线的氧扩散控制电位区，在自然腐蚀状态，阴极反应受浓度极化控制。这种吸氧腐蚀属于阳极反应受活化极化控制、阴极反应受浓度极化控制的体系，是吸氧腐蚀中最常见的一类。因为阴极反应阻力大，不仅阴极反应受氧扩散控制，而且腐蚀体系也是受氧扩散控制，故称为氧扩散控制的吸氧腐蚀，如 Fe 在中性溶液中的腐蚀。在 4.2 节中给出了这种腐蚀体系的极化曲线和动力学方程式。

③ 腐蚀电位位于阴极极化曲线的析氢反应平衡电位以下，在自然腐蚀状态，阴极反应包括 O_2 还原反应和 H^+ 还原反应。如 Mg 在中性溶液中的腐蚀。

5.2.3.2　氧扩散控制吸氧腐蚀的特征

在自然腐蚀状态，阴极反应速度受去极化剂扩散速度控制，因而金属腐蚀电流密度等于 O_2 的极限扩散电流密度 i_d：

$$i_{cor} = |i_c|_{E_{cor}} = i_d$$

因此，这种吸氧腐蚀有以下特征。

① 在一定范围内金属本身的性质和热处理情况对腐蚀速度影响很小。从图 5-8 可知，只要腐蚀电位处于氧扩散控制电位区间，阳极极化曲线的位置和走向不会改变腐蚀电流密度的大小。表 5-3 中的实验数据说明了这一特征。显然，这只是就均匀腐蚀而言的，对于局部腐蚀，金属的性质的影响是很大的。

表 5-3　几种钢的吸氧腐蚀速度

含碳量/%	热处理情况	试验条件	腐蚀率/mpy[①]
热处理影响			
0.39	冷拉，500℃退火	蒸馏水，65℃	3.6
0.39	900℃正火 20min		3.4
0.39	850℃淬火（各试样在 300～800℃回火）		3.3
碳含量的影响			
0.05	未说明	3% NaCl，室温	1.4
0.11			1.5
0.32			1.6

续表

含碳量/%	热处理情况	试验条件	腐蚀率/mpy①
合金元素的影响			
0.13 0.10,0.34%Cu 0.06,2.2%Ni 煅铁	未说明	海水	4 5 5 5

① mpy 为英制腐蚀率单位,表示毫寸/年,1mpy＝0.0254mm/a。本书后文中多次用到,不再单独做注。

② 腐蚀速度与溶液 pH 值无关。图 5-9 表明,Fe 在水溶液中的腐蚀,在 pH＝5～8 的范围内不随 pH 值而变化,因为在这个 pH 值范围内 Fe 发生吸氧腐蚀,受氧扩散控制。在 pH＜5 时析氢腐蚀随 pH 值下降而迅速加剧。在 pH＞8 的碱性范围腐蚀速度降低,但此时腐蚀反应的性质已发生变化。

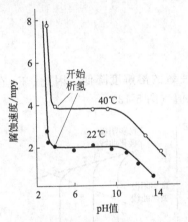

图 5-9　软钢腐蚀速度与溶液 pH 值的关系
（1mpy＝0.0254mm/a）

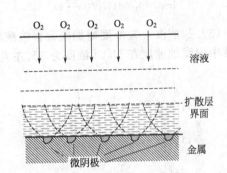

图 5-10　氧向微阴极扩散途径

③ 在微电池腐蚀的情况下,微阴极区数目的增加对金属腐蚀速度影响很小。这是因为氧向金属表面的扩散途径并不像在 4.1 节中分析的那么简单（当时只考虑垂直于金属表面的扩散方向）,实际上扩散途径应包含在以微阴极区为底的锥体中,如图 5-10 所示。因此,当阴极区数目不是很多时,扩散途径就已经利用完了。

以上三个特点正好和 5.1 节中析氢腐蚀相反,这是两种腐蚀控制因素不同的必然结果。

5.2.4　吸氧腐蚀的影响因素

对于氧扩散控制的吸氧腐蚀,影响因素主要是通过氧的极限扩散电流密度 i_d 起作用。由 $i_d = \dfrac{nFDC^b}{\delta}$ 可知,主体溶液中的氧浓度 C^b 增大,扩散系数 D 增大,扩散层厚度 δ 减小,都会使 i_d 增大,因而吸氧腐蚀速度增大。另外,溶液电阻减小,也使腐蚀电流增大。

（1）充气情况　充气情况影响溶液中氧的浓度。当氧浓度增大,吸氧腐蚀速度增大,腐蚀电位正移。如采取除氧措施（比如通入氮气、氢气）,情况则相反。图 5-11 表明氧浓度对软钢在蒸馏水中的腐蚀速度的影响。当溶解氧浓度为 13mL/L 左右,腐蚀速度达最大值。

（2）温度　温度升高使电极反应速度加快,扩散系数增大;另一方面,温度升高又使氧的溶解度下降。因此,在敞口系统中,随温度升高腐蚀速度出现极大值。在封闭系统中,随温度升高溶解氧不能逸出,故腐蚀速度一直增大。图 5-12 为温度对铁在水中腐蚀速度的影响。

69

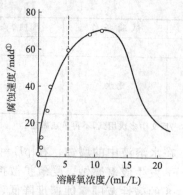

图 5-11　氧浓度对软钢在缓慢流动
蒸馏水中腐蚀速度的影响
（48h 试验，25℃）
〔mdd 表示 mg/(dm² · d)，
1mdd＝0.004167g/(m² · h)〕

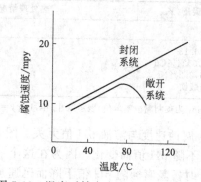

图 5-12　温度对铁在水中腐蚀速度的影响

（3）盐浓度　盐浓度增加既改善溶液导电性，又使氧的溶解度降低。因此，Fe 在 NaCl 溶液中的腐蚀速度在 NaCl 浓度为 3％左右时出现极大值（图 5-13）。

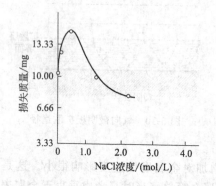

图 5-13　碳钢腐蚀速度与 NaCl 浓度的关系

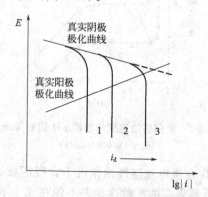

图 5-14　氧极限扩散电流密度 i_d
对吸氧腐蚀体系特征的影响

（4）流速和搅拌　提高溶液流速或者搅拌溶液，可以使扩散层厚度 δ 减小，氧的极限扩散电流密度 i_d 增大，从而吸氧腐蚀速度增大。

对以上的讨论要注意两个限度。①当 i_d 增大到使阴、阳极极化曲线的交点（因而腐蚀电位）越出了氧扩散控制电位区，则自然腐蚀状态下阴极反应不再受浓度极化控制。如图 5-14 中的阴极极化曲线 3，与阳极极化曲线的交点在混合控制电位区间，就必须考虑活化极化的作用。在分析影响腐蚀速度的因素时，应包括对氧极限扩散电流密度 i_d 和对氧分子还原反应交换电流密度 i_c^0 影响的两个方面。②当氧的极限扩散电流密度 i_d 增大到能使金属钝化，那么腐蚀速度又会减小。从图 5-11 可知，氧溶解量超过 13mL/L，腐蚀速度很快降低，就是因为铁钝化了。在图 5-14 中为了说明这一变化，必须考虑真实阳极极化曲线发生本质变化。这个问题将在第 6 章中讨论。

在比较析氢腐蚀和吸氧腐蚀时，我们看到，由于去极化剂（H^+ 或 OH^-）的性质不同，使阴极反应的极化控制类型不同。前者为活化极化控制，后者为浓度极化（氧扩散）控制，因而影响析氢腐蚀与吸氧腐蚀的因素正好相反。

和析氢腐蚀一样，我们对吸氧腐蚀影响因素的讨论也只局限在电极反应，而没有涉及腐蚀过程的产物。在分析实际腐蚀问题时这是不能忽略的。

吸氧腐蚀主要发生在中性、碱性溶液，在这个 pH 值范围，腐蚀的初生或次生产物有许多是固体，如金属氧化物、氢氧化物或更复杂化合物（如铁锈）。它们在金属表面形成膜，必然对腐蚀过程造成重大影响。因此，在分析吸氧腐蚀时自然应当考虑到表面膜的组成、结构、致密性、附着性以及环境条件对这些性质的影响。比如温度，不仅能影响 O_2 还原反应速度，也能改变表面膜的保护性，正是这种因素造成锌在水中的腐蚀速度在 $50 \sim 90℃$ 温度范围内比室温和 $90℃$ 以上要大。再如流速也一样，不仅能改变氧的输送，还能改变表面膜的保护性能，或造成表面膜的破坏（流速高时）。

一些金属在碱性溶液中的腐蚀比在中性溶液中更小，如铁、镍、镉、镁，其原因也在于表面膜在碱性溶液中溶解度很小。

5.2.5 析氢腐蚀与吸氧腐蚀的比较

析氢腐蚀、吸氧腐蚀与各自的阴极过程特征及两者比较见表 5-4。

表 5-4 析氢腐蚀与吸氧腐蚀的比较

比 较 项 目	析 氢 腐 蚀	吸 氧 腐 蚀
传质方式	氢离子以扩散、迁移和对流传质速度快	氧分子只能靠扩散和对流传质速度慢
去极化剂浓度	浓度随溶液中氢离子的活度增加而增加	浓度随溶液温度和盐浓度增大而减小
极化控制类型	主要是活化极化控制	主要是浓度极化控制
阴极反应产物	以氢气泡逸出对电极表面的溶液有搅拌作用	产物 OH^- 只能靠扩散或迁移离开电极表面

思 考 题

1. 用活化极化腐蚀体系的理论说明析氢腐蚀的特点。用阳极反应受活化极化控制，阴极反应受浓度极化控制腐蚀体系的理论说明吸氧腐蚀特点。

2. 对受氧扩散控制的吸氧腐蚀体系，当 i_d 增加到一定程度，阴极反应将由浓度极化控制转变为浓度极化与活化极化共同影响。这种控制特征的变化与电极金属材料有什么关系？用极化图进行分析。

3. 从去极化剂的性质、阴极反应的特征、腐蚀体系控制类型、影响腐蚀速度的因素等几个方面，对析氢腐蚀和吸氧腐蚀进行比较。

习 题

1. （1）在 pH＝0 的除氧硫酸铜溶液中（$a_{Cu^{2+}} = 0.1mol/L$），铜能否发生析氢腐蚀生成 Cu^{2+}？如果能发生，腐蚀倾向是多少伏？

（2）在 pH＝10 的除氧氰化钾溶液中（$a_{CN^-} = 0.5mol/L$），铜能否发生析氢腐蚀？如果能发生，腐蚀倾向是多少伏？

设腐蚀生成的 $[Cu(CN)_2]^-$ 的活度等于 $10^{-4} mol/L$，已知电极反应 $Cu + 2CN^- \Longrightarrow [Cu(CN)_2]^- + e$ 的标准电位 $E^{\ominus} = -0.446V$。

2. （1）推导氢电极反应交换电流密度 i^0 与溶液 pH 值的关系式。

（2）在 1mol/L 盐酸溶液中，Fe 表面上氢电极反应的 $i^0 = 2.5 \times 10^{-6} A/cm^2$，在 0.01mol/L 盐酸溶液中，Fe 表面上氢电极反应的 i^0 为多少？（取 Tafel 斜率 $b = 0.118V$。）

（3）当酸溶液的 pH 值改变一个单位，氢电极反应的 Tafel 公式中的 a 的绝对值 $|a|$ 改变多少伏？

3. 钢制容器用作酸溶液的中间贮槽，与酸溶液接触的表面积为 $15m^2$，进入贮槽的酸溶液的工艺条件为：pH＝2.5，25℃，1atm，并含有 4.5mg/L 的溶解氧，流量 0.1m³/min。实验测出容器表面的腐蚀电位 $E_{cor} = -0.54V(vs SCE)$。试求：

（1）钢容器的腐蚀速度。

（2）流出的酸溶液中的氧含量。

（扩散层厚度取 $\delta = 5 \times 10^{-3} cm$。）

第6章　金属的钝化

6.1　钝化现象

6.1.1　研究钝化现象的意义

在20世纪30年代就已经发现，铁在硝酸中的溶解速度与硝酸浓度有密切关系，并对此现象作了许多研究。图6-1表示铁的溶解速度（即腐蚀速度）随硝酸浓度的变化。在稀硝酸中铁剧烈溶解，随硝酸浓度增大，铁的腐蚀速度迅速增大。当硝酸含量在30%～40%之间，腐蚀速度达到最大值。继续增加硝酸浓度，铁的腐蚀速度急剧降低。在硝酸含量超过60%以后，腐蚀速度保持在很小的数值。稀硝酸和浓硝酸中铁的腐蚀速度相差可达万倍以上。Schönbein首先将铁在浓硝酸中具有极低溶解速度的性质称为"钝性"，相应地铁在稀硝酸中强烈溶解的性质叫做"活性"，从活性状态向钝性状态的转变便叫做钝化。

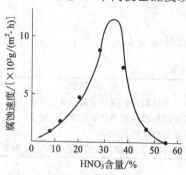

图6-1　工业纯铁的腐蚀速度与硝酸浓度的关系（25℃）

金属的钝化现象具有非常大的重要性。前已指出，只有少数几种贵金属（金、铂等）在一般的使用环境中有很高的热力学稳定性，而工程技术上使用的大多数金属材料，如铁基合金，在使用环境中发生腐蚀是一个自发进行的过程。当它们处于活性腐蚀状态时，腐蚀速度很大，而一旦进入钝性状态，便获得极高的耐蚀性。可以说绝大多数具有优良耐蚀性能的金属材料是由于容易钝化，而且钝态十分稳定。因此，提高金属材料的钝化性能，促使金属材料在使用环境中钝化，乃是腐蚀控制的最有效途径之一。

6.1.2　钝化现象的实验规律

6.1.2.1　钝态的特征

① 金属钝化以后腐蚀速度大大降低，一般可达到几百倍、几千倍甚至上万倍，因而表现出极高的耐蚀性，如上述铁在浓硝酸中的情况。腐蚀速度大大降低是钝化最明显的特征。

② 钝化后金属的电位强烈正移。比如铁在钝态时的电位可以比活态时的电位+1V左右，接近贵金属的电位。所以，金属钝化后失去了原有的某些特征，其电化学行为接近贵金属。电位正移也是金属钝化必不可少的特征，这个特征说明，金属钝化属于阳极极化范畴。

③ 金属钝化以后，虽然外界条件改变了，也可能在相当程度上保持钝态。比如铁在浓硝酸中钝化后，不仅可以在稀硝酸中保持稳定，而且在水中、蒸汽中以及其他一些介质中也能保持相当时间的稳定。这一点在生产实际上有很重要的意义。钢铁工件的钝化处理（一般称为化学氧化）成为保护金属的一种有效措施。

④ 钝化只是金属表面性质而非整体性质的改变。钝化后金属不仅具有腐蚀倾向，而且腐蚀倾向还很大。只不过由于表面生成了保护性的钝化膜，使腐蚀过程受到强烈抑制。因此钝化膜的破坏必然导致很大的腐蚀速度。

6.1.2.2　影响钝化的因素

（1）金属材料　不仅铁能处于钝态，很多其他金属在一定条件下也能处于钝态，但各种金属钝化的难易程度和钝态稳定性则有很大不同。钛、铬、钼、镍、铁属于易钝化金属，特别是钛、铬、铝能在空气中和很多含氧介质中钝化，一般称为自钝化金属，其钝态稳定性也很高。

如果将钝化性能很强的金属（如铬）加入到钝化性能较弱的金属（如铁）中，组成固溶体合金，加入量对合金钝化性能的影响符合塔曼定律，即只有当铬的质量分数含量达到11.75%或原子分数的1/8，铁铬合金的钝化能力才能大大提高。含铬量12%（质量分数）以上的铁铬合金常称为不锈钢。铁在稀硝酸中不能钝化，而不锈钢可以在稀硝酸中钝化。不锈钢的发明为硝酸工业的发展提供了优良的耐蚀材料，不锈钢也在其他许多工业部门得到广泛应用。现在不锈钢已经发展成为庞大的家族，而铁铬系统乃是所有不锈钢的基础。

（2）环境　不仅浓硝酸可以使铁钝化，其他一些介质也能使铁钝化。能使金属钝化的介质称为钝化剂。多数钝化剂都是氧化性物质，如氧化性酸（硝酸、浓硫酸、铬酸），氧化性酸的盐（硝酸盐、亚硝酸盐、铬酸盐、重铬酸盐等），氧也是一种较强的钝化剂。个别金属能够在非氧化介质中钝化，如钼在盐酸中、镁在氢氟酸中。

就氧化剂来说，氧化能力越强，越容易使金属转入钝态。比如铁在稀硝酸中不能钝化，在浓硝酸中可以钝化；不锈钢在稀硫酸中和盐酸中不能钝化（图 6-2），在稀硝酸中可以钝化。

钝化剂的浓度也很重要。一种钝化剂只有达到某个最低浓度后才能使金属钝化。这个最低浓度称为临界钝化浓度。钝化剂浓度不足，不但不能使金属腐蚀速度减小，反而会促进金属腐蚀。

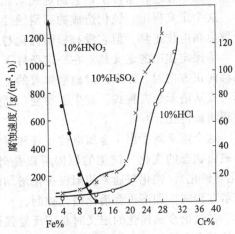

图 6-2　铁铬合金的腐蚀速度与铬含量的关系

不过，氧化剂浓度并非越大越好，比如当硝酸含量大于95%，铬镍不锈钢腐蚀速度迅速增大。这种现象常称为过钝化。

（3）温度　温度升高时钝化变得困难，降低温度有利于钝化的发生。比如铜在室温下不能在稀硝酸中钝化，但在−11℃时却可以在同样的酸中钝化。铁在50%硝酸中在25℃时可以钝化，当温度升高到75℃以上就不能钝化了。

（4）氧化物膜　金属表面在空气中形成的氧化物膜对钝化有利。

（5）其他因素　有许多因素能够破坏金属的钝态，使金属活化。这些因素包括活性离子（特别是氯离子）和还原性气体（如氢）、非氧化性酸（如盐酸）、碱溶液（能破坏两性金属如铝的钝态）、阴极极化、机械磨损。

氯离子十分有害，它能使金属钝态局部破坏，导致小孔腐蚀的发生。金属钝化能力越强，钝态局部破坏后越容易修复，则其钝态越稳定，保护效果越好。

机械磨损（包括高速流体冲刷）能够破坏金属钝态，所以用于高速流体的金属设备，钝态的稳定性和修复能力十分重要。

阴极极化能够破坏钝态，说明金属钝化是属于阳极极化。

6.1.2.3　阳极钝化

某些腐蚀体系在自然腐蚀状态不能钝化，但通入外加阳极极化电流时能够使金属钝化（电位强烈正移，腐蚀速度大大降低）。这称为阳极钝化，或电化学钝化。前面讲到的介质中的钝化则叫做化学钝化，下面会看到阳极钝化和化学钝化的实质是一样的。

阳极钝化和 4.2 节中讲到的阳极极化时金属腐蚀速度增大的现象完全不同，应当注意两者的区别。

阳极钝化的发现为腐蚀控制提供了一种有效的方法——阳极保护，后面还要进行详细分析。

进行阳极钝化的方式很多。如果对金属通入恒定的阳极极化电流，实验发现通入的阳极极化电流越小，钝化所需时间越长，这表明使金属钝化需要一定的电量。在钝化过程中金属仍继续发生腐蚀反应，故阳极极化电流小于某一临界值，就不可能使金属钝化。

6.1.3 金属钝化的定义

钝化的定义应包含钝态的基本特征。腐蚀文献中关于金属钝化的定义有很多。

托马晓夫提出的定义是：钝性就是由阳极过程优先阻滞所引起的金属和合金具有高的耐蚀性状态（在这种条件下，它们是完全能够反应的）。

这个定义提出，钝化造成的高耐蚀性是由阳极反应阻力增大引起的。阳极极化增强必然导致金属电位正移。但它没有指明钝化与通常的阳极极化增强之间的差别。

华保定提出的定义是：在一定条件下，当金属的电位由于外加阳极电流或局部阳极电流而移向正方向时，原来活泼地溶解着的金属表面状态会发生某种突变。这样，阳极溶解过程不再服从塔菲尔方程式。发生了质变，而金属的溶解速度则急速下降。这种表面状态的突变过程叫做钝化。

这个定义既指出了金属电位正移和腐蚀速度降低这两个钝化基本特征，又指出钝化是金属表面状态的变化。钝化的原因可以是外加阳极电流（阳极钝化），也可以局部阳极电流（化学钝化）。钝化与通常的阳极极化增加的差别在于金属阳极反应发生了质变，不再服从塔菲尔方程式，即不再受活化极化控制。

在讨论金属钝化的定义时必须反复强调，腐蚀速度大幅度下降和电位强烈正移是金属钝化的两个必要标志，二者缺一不可。仅有金属腐蚀速度降低并不一定是钝化，因为阴极极化增强也可使腐蚀速度降低。同样，也不能把钝性只和电位正移联系起来，因为并不是电位越正金属的钝性就越好。

6.2 钝化体系的极化曲线

6.2.1 阳极钝化的阳极极化曲线

图 6-3 是低碳钢在饱和碳酸氢铵溶液中的实测阳极极化曲线，可作为阳极钝化体系的阳极极化曲线的典型代表。和第 4 章中图 4-10 与图 4-11 的阳极极化曲线相比较，其特征明显不同。在图 4-10 和图 4-11 中，当电位从腐蚀电位 E_{cor} 正移时，阳极极化电流 i_+ 不断增大。而在图 6-3 中，随着电位正移、极化电流 i_+ 开始增加，随后又减小，并在相当宽的电位范围内保持很小的数值。这种电位正移、电流反而减小的现象表明金属阳极反应出现了质的变化。

由于电位是电流密度的多值函数，图 6-3 的极化曲线是用控制电位方法测量得到的，即以极化电位 E 为主变数，使电位按一定方式随时间变化，测量相应的极化电流 i。电位变化方式主要有两种：一种是"台阶形"变化，在极化时间内 E 保持恒定，待极化电流 i 稳定后读取电流数值，然后将极化电位调节到另一个数值。这种测量方式称为恒电位法。另一种是电位 E 随时间线性变化，称为动电位扫描法。如果用控制电流方式，测出的极化曲线如图 6-4 所示，可见测不出完整的极化曲线。

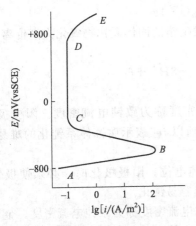

图 6-3　低碳钢在饱和 NH_4HCO_3
溶液中的阳极极化曲线

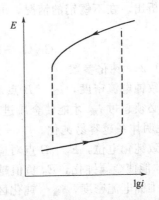

图 6-4　用控制电流方法测量的阳极
钝化体系的阳极极化曲线
（虚线表示电位跃变）

6.2.1.1　电位区间

图 6-3 的阳极极化曲线可以分为以下几个电位区间。

（1）AB 段，称为活性溶解区　在这个电位区间，金属发生活性溶解腐蚀。其动力学规律和 4.2 节中讲到的阳极极化规律相同。对于铁，阳极反应式为：

$$Fe \longrightarrow Fe^{2+} + 2e$$

随着电位正移，阳极反应速度增大，阳极极化电流亦增大。这个区间金属的腐蚀是在通入阳极电流条件下进行的，故常称为电解腐蚀。

（2）BC 段，称为钝化过渡区　随着电位正移，极化电流减小。在这个电位区间金属表面开始生成固体腐蚀产物，但其状态是不稳定的。对于铁，一般认为阳极反应为：

$$3Fe + 4H_2O \longrightarrow Fe_3O_4 + 8H^+ + 8e$$

在某些体系，这个电位区间出现电流的剧烈震荡，表明金属表面处于钝化与活化的反复交替变化。图 6-5 表示铁在 10％硫酸中进行阳极极化时，在钝化过渡区出现电流剧烈震荡的情况。这是由于铁表面上生成硫酸亚铁晶体，在晶体层隧道底部的金属上开始形成氧化物膜，使阳极溶解速度急剧下降；硫酸亚铁晶体溶解得不到补充，使铁暴露在硫酸中造成氧化物膜溶解，裸露的铁表面又可通过很大的极化电流，硫酸亚铁晶体生成，其隧道底部铁表面又生成氧化物膜，造成电流急剧下降。上述过程反复进行，直到氧化物膜完全稳定，震荡便停止了。

（3）CD 段，称为稳定钝化区，简称钝化区　在这个电位区间，金属表面生成致密的保护性氧化膜，使阳极溶解反应受到很大抑制，腐蚀速度大大降低，即金属转变为钝态。对于铁，阳极反应产物为 Fe_2O_3：

$$2Fe + 3H_2O \longrightarrow Fe_2O_3 + 6H^+ + 6e$$

在稳定钝化区，极化电流密度很小，并且随电位的变化也很小，极化曲线基本上平行于电位坐标轴。

（4）DE 段，称为过钝化区　电位超过 D 点，极化电流再次增大。在这个电位区间，铁表面上发生新的阳极反应：

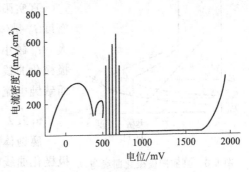

图 6-5　铁在 10％硫酸中的阳极极化曲线

$$4OH^- \longrightarrow O_2 + 2H_2O + 4e$$

即有氧气析出。在不锈钢的情况，电流增大是由于发生铬的固体氧化物氧化为高价离子的电极反应：

$$Cr_2O_3 + H_2O \longrightarrow Cr_2O_7^{2-} + 8H^+ + 6e$$

6.2.1.2 钝化参数

（1）致钝电流密度，$i_{致}$ B 点对应的极化电流密度称为致钝电流密度。阳极极化时，极化电流必须超过 $i_{致}$ 才能使金属进入稳定钝化区。所以 $i_{致}$ 表示腐蚀体系钝化的难易程度，$i_{致}$ 越小说明体系越容易钝化。

（2）致钝化电位，E_p B 点对应的电位称为致钝电位。阳极极化时，必须使极化电位超过 E_p 才能使金属钝化，E_p 负值越大，表明体系越容易钝化。

（3）维钝电流密度，$i_{维}$ 钝化区 CD 对应的极化电流密度称为维钝电流密度。金属钝化后需要通入 $i_{维}$ 以保持其表面处于钝态。$i_{维}$ 一般是很小的，而且在钝化区内变化很小。这说明金属表面钝化膜对阳极溶解反应有很强的阻滞作用，而且膜的溶解速度与电位关系很小。因为钝化区的电位已偏离腐蚀电位很远，故应当有 $i_+ \approx i_a$，即 $i_{维}$ 对应于金属钝化后的腐蚀速度。所以 $i_{维}$ 越小，钝化膜的保护性能越好。

（4）钝化区电位范围 钝化区 CD 对应的电位范围称为钝化区电位范围。当电位偏离这个范围，金属或者过钝化，或者活化。故钝化区电位范围越宽，表明金属钝态越稳定。

6.2.1.3 阳极保护

用阳极钝化方法达到减小金属腐蚀的目的，这种防护技术叫做阳极保护。可见阳极保护的适用条件是：

① 在阳极极化时金属能够钝化。这种体系称为具有活态-钝态转变的腐蚀体系。

② 阳极极化时必须使金属的电位正移到稳定钝化区内。

前述钝化参数同时也是阳极保护参数。$i_{致}$ 对应于提供极化电流的电源设备的投资费用，$i_{维}$ 表示阳极保护的效果，钝化区电位范围说明阳极保护的电位控制要求。

关于阳极保护的实施，在腐蚀控制部分再详细说明。

6.2.1.4 钝化体系的真实阳极极化曲线

由于阴极极化曲线是单调变化的，由 $i_a = i_+ + |i_c|$，可知真实阳极极化曲线和实测阳极极化曲线应形状相似。它们的差别是：真实阳极极化曲线从平衡电位 E_{ea} 开始，实测阳极极化曲线从腐蚀电位 E_{cor} 开始。在极化值 $\Delta E = E - E_{cor}$ 不大时，$i_a > i_+$；而在 ΔE 较大以后，$i_a \approx i_+$。图 6-6 说明了真实阳极极化曲线如何从实测阳极极化曲线推测作出来。

真实阳极极化曲线上的峰值 B' 点对应的电位 E_p 和电流密度 i_p 是体系的临界量，表示体系的钝化性能。E_p 负值越大，i_p 越小，则体系钝化性能越佳。由图 6-6 可见，实测阳极极化曲线上的致钝电位与真实阳极极化曲线上的 E_p 相同，而致钝电流密度 $i_{致}$ 比 i_p 小，二者的关系是 $i_p = i_{致} + |i_c|_{E_p}$。

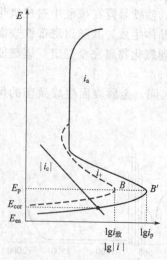

图 6-6 真实阳极极化曲线与实测阳极极化曲线的关系

6.2.2 钝化体系的类型

腐蚀体系的稳定状态取决于真实阴极极化曲线和真实阳极极化曲线的交点。由于两条极化曲线的相对位置不同，体系可有四种类型。

6.2.2.1　交点位于活性溶解区

原因是 $E_{ec}<E_p$，或者虽然 $E_{ec}>E_p$，但在钝化电位 E_p，阴极反应速度较小，使 $|i_c|_{E_p}<i_p$。因此两条极化曲线的交点位于阳极极化曲线的活性溶解区。这说明金属的钝化性能差（E_p 较正，i_p 较大），去极化剂氧化性能弱（E_{ec} 低，$|i_c|_{E_p}$ 小）。

这种体系的极化曲线见图 6-6。在自然腐蚀状态金属发生活性溶解腐蚀，只有阳极极化到钝化区内才能使金属钝化，故称为阳极钝化体系，是阳极保护的适用对象。这种体系的实测阳极极化曲线与真实阳极极化曲线相似。

6.2.2.2　两条极化曲线有三个交点

随着金属钝化性能增强（真实阳极极化曲线下移、左移，即 E_p 负移、i_p 减小），去极化剂氧化性能增强（真实阴极极化曲线上移、右移，即 E_{ec} 正移，$|i_c|_{E_p}$ 增大），两条极化曲线出现三个交点，分别在钝化区、钝化过渡区和活性溶解区。见图 6-7。

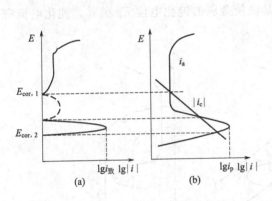

图 6-7　第二类钝化体系的极化曲线

（a）实测阳极极化曲线上有一段阴极电流区，稳定的
腐蚀电位有两个，分别在钝化区（$E_{cor,1}$）和
活性溶解区（$E_{cor,2}$）；（b）真实阳极极化
曲线和阴极极化曲线有三个交点

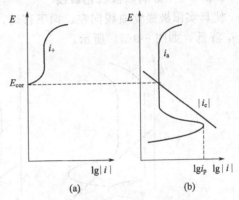

图 6-8　自钝化体系的极化曲线
实测阳极极化曲线与真实阳极极化
曲线差异很大（无致钝电流峰值）

在电位 E_p，$|i_c|_{E_p}$ 仍小于 i_p。由于钝化过渡区不稳定，这种体系有两个稳定的腐蚀电位：一个在钝化区（图 6-7 中的 $E_{cor,1}$），一个在活性溶解区（图 6-7 中的 $E_{cor,2}$）。在自然腐蚀状态，金属可能发生活性溶解腐蚀，也可能钝化。当从活性溶解区腐蚀电位开始阳极极化，实测阳极极化曲线上将出现一段阴极极化电流区。

阳极极化到钝化区后，如果切断外加电流，金属的电位应当保持在钝化区的腐蚀电位而不会活化，即可以不再需要阳极极化电流。但在实际上，由于种种原因，钝化膜可能局部破坏，使部分金属表面发生活性溶解腐蚀。如果金属的阳极极化曲线和去极化剂的阴极极化曲线都不改变，那么只可能有两种极端结果：已活化的部分表面重新钝化，或者整个金属表面全部活化。不可能维持部分表面为钝态，部分表面发生活性溶解腐蚀这种中间状态。在文献中称为"全有或全无"规律。因此，在使用阳极保护时仍然需要通入阳极极化电流，以维持金属的钝态。

这种体系也是阳极保护的适宜对象。

6.2.2.3　交点在稳定钝化区

金属钝化性能更强，或去极化剂氧化性能更强。在钝化电位 E_p 满足 $|i_c|_{E_p}>i_p$，两条极化曲线的交点落在稳定钝化区。在自然腐蚀状态，金属已能钝化，故称为自钝化体系。前面讲到的化学钝化就是这种体系。这是我们最希望的。

图 6-8 是自钝化体系的极化曲线。因为腐蚀电位 E_{cor} 处于钝化区,故从腐蚀电位开始阳极极化所得到的实测阳极极化曲线上没有致钝电流峰,与真实阳极极化曲线差别很大。上述分析说明,阳极钝化和化学钝化的本质是一样的,只不过化学钝化是依靠介质的强氧化性使金属电位升高到钝化区,而阳极钝化是通过外加阳极电流来实现。

6.2.2.4　交点在过钝化区

当去极化剂是特别强的氧化剂时,两条极化曲线在过钝化区区相交(真实阴极极化曲线位置很高)。在自然腐蚀状态金属发生过钝化。

6.2.3　实现自钝化的途径

为了使真实阴极极化曲线和真实阳极极化曲线相交于钝化区内,使金属实现自钝化,可以采取以下的途径。

6.2.3.1　影响阳极极化曲线

使真实阳极极化曲线向左、向下移动,即是说使金属的钝化电位 E_p 负移,钝化电流密度 i_p 降低,如图 6-9(a) 所示。

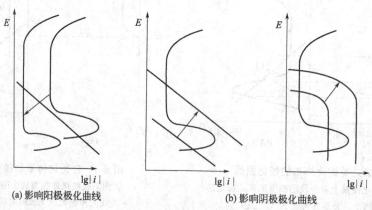

(a) 影响阳极极化曲线　　　　　(b) 影响阴极极化曲线

图 6-9　实现自钝化的途径

① 提高金属材料的钝化性能,比如 Fe 中加入 Cr 制成不锈钢,钝化性能大大增强。不锈钢可以在许多介质中自钝化。对钢铁来说,除 Cr 以外,能提高钝化能力的合金元素还有 Ni、Mo、Si 等,合金元素的加入量,要视使用环境而定。加入易钝化元素来提高合金的钝化能力,是耐蚀合金化途径中应用最广泛的方法。但需要注意,如果溶液为非氧化性(如盐酸)或氧化性不足(如稀硫酸),加入易钝化元素(活泼元素)则可能使腐蚀速度增大。在图 6-2 中表示了这种影响,在 10% 盐酸和 10% 硫酸中,随加入 Fe 中的 Cr 量增加,腐蚀速度不断增大。

② 加入阳极性缓蚀剂,抑制阳极反应,使 E_p 和 i_p 降低。能使金属钝化的缓蚀剂称为钝化剂。通过抑制阳极反应起钝化作用的钝化剂,文献上称为"阳极抑制型"。如钨酸盐、铬酸盐、硼酸盐。

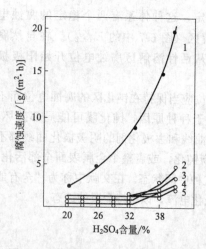

图 6-10　铬镍不锈钢中添加阴极性合金元素对腐蚀速度的影响
(试验时间 360h, 20℃)
1—Cr18Ni8;2—加 0.1%Pd;3—加 1.24%Cu;
4—加 0.1%Pt;5—加 0.93%Pd

6.2.3.2　影响阴极极化曲线

使真实阴极极化曲线向上、向右移动,即是说使阴极反应平衡电位 E_{ec} 升高,阴极反应速度 $|i_c|_{E_p}$ 增大。对

于氧扩散控制腐蚀体系，要使氧分子极限扩散电流密度 i_d 增大（比如向溶液通氧）。这样，两条极化曲线的交点由活性溶解区移到钝化区，见图 6-9(b)。

①使阴极反应在金属表面上更容易进行。比如铬镍不锈钢在稀硫酸中不能钝化，加入低氢过电位合金元素 Pt 或 Pd，可以使之能够钝化，腐蚀速度大大降低（铜也有类似作用，但作用小一些）。图 6-10 的实验结果表明这一影响。这种方法称为阴极性合金化，或阴极性改性处理。在腐蚀开始阶段，阴极性合金化所得合金的腐蚀速度比未经阴极性改性处理的合金要高。当合金表面富集了贵金属组元后腐蚀速度便明显地降低了。关于贵金属组元在表面富集的机理，一种观点认为是溶解后的重镀（电结晶），另一种观点认为是基体的选择性溶解。对 Pt、Pd 等热力学稳定元素，第二种机理可能性更大。

在溶液中加入这些金属离子（如 Cu^{2+}），也可起到类似的作用。

②增加溶液的氧化性。如加入强氧化剂（铬酸盐、硝酸盐、亚硝酸盐等）、通氧或增大溶解氧浓度。这些氧化剂发生阴极还原反应，便增大了阴极电流密度。这种通过增加阴极反应速度使金属钝化的钝化剂叫做阴极去极化型钝化剂。铬酸盐既有抑制阳极反应的作用，又有增加阴极反应的作用。Cu^{2+} 既能作为去极化剂发生阴极还原反应，形成的铜沉积层在酸溶液中又能促进析氢反应的进行。

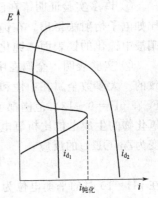

图 6-11　氧化剂浓度的影响

增加阴极反应速度来促进金属钝化的方法，像阳极保护一样必须要足量。否则金属不能钝化，腐蚀速度反而增加。图 6-11 为氧化剂浓度的影响。

6.3　金属钝化的理论

6.3.1　研究钝化的方法

6.3.1.1　化学方法

（1）电化学法　测量阳极极化曲线、阳极充电曲线、电位衰减曲线、阴极还原曲线、表面电容、交流阻抗等，用以分析金属钝态的特征和影响因素，为探讨钝化机理提供实验事实。

（2）分析化学方法　测量钝化过程中金属表面附近溶液的变化，亦可用于分析剥离下来的钝化膜的组成。

（3）放射化学方法　用示踪原子研究膜的形成过程。

6.3.1.2　物理方法

（1）表面物理技术　如低能电子衍射（LEED）、X 射线光电子能谱（XPS）、电子显微镜等，用以研究钝化膜的成分、结构、价态。

（2）光学方法　主要是椭圆偏振光仪，可以测量钝化膜的厚度及光学性能，和电化学方法同时使用，研究膜成长过程中的电位变化，或者在一定电位下膜的变化，是很有效的方法，可提供十分有意义的结果。

（3）电学方法　测量表面膜的电阻。

（4）力学方法　测量膜的表面张力、内应力等。

6.3.2　主要的钝化理论简介

金属的钝化过程是十分复杂的，涉及金属表面状态的不断变化，表面液层中的扩散和电迁移，以及新相的析出，其影响因素很多。因此在腐蚀文献中提出了好几种金属钝化的理论，主要有成相膜理论和吸附理论。

6.3.2.1　成相膜理论

（1）成相膜理论对金属钝化的解释　金属钝化的原因是：表面上生成成相的保护性固体产物膜（多数为氧化物膜），将金属和溶液机械隔离开。由于氧化物膜溶解速度很小，因而使金属腐蚀速度大大降低。

（2）支持成相膜理论的实验事实

① 许多实验证明了在已钝化的金属表面上有成相膜存在，并且测量了膜的厚度和组成。比如电子衍射法得出，在钝化区的铁表面上，钝化膜是 γ-Fe_2O_3。椭圆偏振光仪测出，在浓硝酸中钝化的铁表面，钝化膜厚度为 2～3nm。

② 实验表明，金属在中性和弱碱性溶液中容易钝化，这和电位-pH 平衡图的预示是一致的。大多数金属在中性和弱碱性溶液，如图 6-12（Zn 在 pH＝8.5～11，Al 在 pH＝4～9，Fe 在 pH＝9～13）范围都可能生成不溶性固体产物，即电位-pH 平衡图上的钝化区，而且氧化物的生成电位比析氧电位低得多，即氧化物的生成并不需要气态氧的存在，比如 Zn 转变为 $Zn(OH)_2$ 的反应：

$$Zn + 2H_2O \Longrightarrow Zn(OH)_2 + 2H^+ + 2e$$

在 pH＝10 时的平衡电位为 $-1.007V$，而析氧反应平衡电位为 $+0.64V$（按 $P_{O_2}=1atm$ 计算）。同样，Fe 转变为 Fe_2O_3 的反应：

$$2Fe + 3H_2O \Longrightarrow Fe_2O_3 + 6H^+ + 6e$$

在 pH＝10 时的平衡电位为 $-0.641V$。因此，电位-pH 平衡图肯定了金属表面生成成相氧化物（或氢氧化物）的可能性。

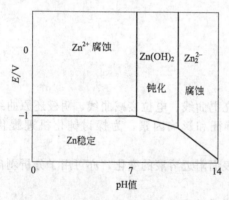

图 6-12　Zn 的电位-pH 平衡图
（离子活度按 $10^{-6}mol/L$）

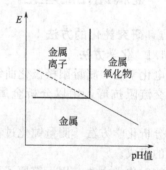

图 6-13　酸性溶液中生成
固相产物的可能途径

这种表面氧化物很可能是金属表面原子与定向吸附的水分子之间相互作用的产物，在碱性溶液中则可能是金属表面原子与吸附 OH^- 之间作用产生的。虽然水分子和 OH^- 对正常的金属溶解过程有促进的作用，但当体系达到可能生成固态氧化物的电位后，它们又可能直接参与形成钝化膜。

③ 某些金属在酸溶液中也可能钝化（如 Fe 在浓硝酸、浓硫酸中），对此，电位-pH 平衡图也可以作出解释。在酸性范围，虽然氧化物不能处于热力学稳定状态，但能处于介稳状态。金属和氧化物平衡线的延长线（图 6-13 中的虚线）就表示热力学介稳状态的条件。因此，只要腐蚀体系的电位-pH 条件升高到这条延长以上，金属就会转变为钝态。

④ 对一些金属电极（如 Cd、Ag、Pb），钝化电位和氧化物生成的平衡电位相近，二者

随溶液 pH 值的变化规律也基本一致。这表面钝化过程与生成氧化物的过程是相同的。

金属表面生成初始氧化物膜，将溶液机械隔离后，氧化膜如何连续生长？这是因为氧化物具有半导体性质，既有离子导电性，又有电子导电性。氧化膜厚度一般为几纳米，电极电位在 1V 左右，因此氧化膜内的电场强度达到 $10^6 \sim 10^7 V/cm$。

在电场作用下，可能主要是金属离子 Me^{n+} 穿过膜迁移到膜的表面与溶液中的阴离子反应图 [6-14(b)]，也可能主要是阴离子 O^{2-} 穿过膜到金属与膜的界面与金属发生反应 [图 6-14(a)]。

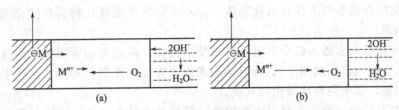

图 6-14　表面氧化物膜的生长机理

⑤ 在钝化区内，电流密度保持不变，说明氧化膜的化学溶解速度与电位无关。在稳态条件下，膜的成长速度也应与电位无关。这就要求氧化膜中电场强度与电位无关，因此，膜厚应随电位正移而增大，这些都与多数实验结果相符。

6.3.2.2　吸附理论

（1）对金属钝化的解释　金属钝化的原因是：金属表面（或部分表面）上形成了氧或含氧粒子的吸附层，使金属表面的化学结合力饱和，阳极反应活化能增大，因而金属溶解速度降低。即吸附理论强调了钝化是金属反应能力降低造成的，而不是膜的机械隔离。

吸附粒子的种类，有人认为是 OH^-，有人认为是 O^-，更多的人认为是氧原子。

（2）支持吸附理论的实验事实

① 图 6-3 形状的阳极极化曲线并不能说明金属表面上生成氧化物。图 6-15 表明，在根本不可能生成成相固体产物膜的情况，阳极极化曲线也可能与图 6-3 的阳极钝化曲线具有相似的特征。这是因为电极表面上的吸附不仅对阴极反应（如析氢反应、金属电沉积），而且对阳极反应都可能产生重大影响。

② 实验表明，对某些体系，只需通入极小的电量，就可以使金属钝化，这些电量甚至不足以形成单原子吸附氧层。如铁在 0.05mol/L NaOH 溶液中，用 $1 \times 10^{-5} A/cm^2$ 的电流极化，只需通入 $0.3mC/cm^2$ 的电量；锌在 0.01mol/L KOH 溶液中，用 $100mA/cm^2$ 以上的大电流进行极化，只需要通入 $0.5mC/cm^2$ 的电量，就可以建立起钝态。

③ 对镍和不锈钢电极的界面电容测量表明，在钝化区内界面电容并无大的改变；而如果生成固体产物膜（即使很薄），也会使界面电容大大降低。

④ 前已指出，某些阴离子（如 Cl^-）能破坏金属的钝态。实验发现，当存在几种阴离子时，它们产生的活化效应并不等于各个活化效应的总和，而是某种平均值，成相膜理论对此难以解释。而按吸附理论，活性阴离子对钝态的破坏是它们与含氧离子竞争吸附造成的，这就不难解释上述实验事实。

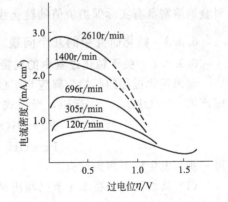

图 6-15　1mol/L H_2SO_4 中旋转铂电极上氢电离过程的极化曲线

（P_{O_2}=1atm，数字为电极转速）

⑤ 用吸附理论也容易说明过钝化现象。电位正移一方面使吸附粒子的量增多，导致钝化加强；另一方面又使界面电场对阳极反应的活化作用增强。在钝化区内这两种作用相互抵消，使电流保持不变。当后一作用占了主要地位，就会出现过钝化。对不锈钢，含氧粒子的吸附有利于 Cr_2O_3 向 CrO_4^{2-} 的转变。

6.3.2.3 两种理论的比较

(1) 两种理论各有优点，都能解释许多实验事实，但是用来支持它们的实验事实也存在矛盾。

① 已钝化的金属表面上存在氧化物膜，并不能肯定生成氧化物膜是钝化的原因，可能只是钝化的结果。

② 在某些体系只需通入极小的电量就可使之钝化。但是实验所用体系的极化性能都较强（阳极反应交换电流密度很小）。而且金属表面可能已存在氧化物膜，这些电量只不过用于修补氧化物膜，而不是形成吸附钝化膜。

③ 界面电容的测量看来有利于吸附理论，但是处于钝态的金属表面显然与理想极化电极很不相同，在强电场作用下具有什么样的等效阻抗，仍属于研究中的课题。

(2) 两种理论的差异涉及钝化的定义和成相膜，吸附膜的定义，许多实验事实与所用体系、实验方法、试验条件有关。因此，两种理论的差别可能并没有表面上看来那么大。

(3) 尽管成相膜理论和吸附理论对金属钝化原因的看法不同，但有两点是很重要的。

① 已钝化的金属表面确实存在成相的固体产物膜，多数是氧化物膜。电位正值越大，则生成的氧化物膜越厚。这种氧化物膜应具有电子导电性，阴极反应能够在膜表面上发生。

② 氧原子在金属表面的吸附可能是钝化过程的第一步骤。因为许多实验表明，介质中的水分子对钝化是必不可少的。

有不少研究者企图将这两种理论统一起来，查全信的提法是："当在金属表面上直接形成第一层氧层后，金属的溶解速度即已大幅度下降。这种氧层是由吸附在金属电极表面上的含氧粒子参加电化学反应后生成的，称之为氧化物层或吸附氧层。这种氧层的生成和消失是比较可逆的，当减小极化或降低钝化剂的浓度后金属很快再度转变为活化态。在这种基础上继续生长形成的成相氧化物层进一步阻化了金属的溶解过程，而且当改变极化和介质条件后往往具有一定保持钝态的能力，即成相氧化物层的生成和消失往往不可逆性较大。绝大多数对金属溶解具有实际保护价值的钝化膜可以认为均与成相氧化物膜有关。"

6.3.3 钝化研究中的几个问题

6.3.3.1 关于钝化过程中的电极反应

金属钝化过程的起始步骤应与阳极活性溶解的起始步骤类似，即首先在金属表面生成中间产物 $(MeOH)_{ad}$。对于 Fe，反应式为：

$$Fe + H_2O \Longrightarrow (FeOH)_{ad} + H^+ + e$$

$$Fe + OH^- \Longrightarrow (FeOH)_{ad} + e$$

进一步可发生以下两类反应。

(1) 活性溶解 在 5.1 节已写出其反应式：

$$(FeOH)_{ad} \Longrightarrow FeOH^+ + e$$

$$FeOH^+ + H^+ \Longrightarrow Fe^{2+} + H_2O$$

(2) 钝化 中间产物 $(FeOH)_{ad}$ 转变为固相产物：

$$(FeOH)_{ad} + H_2O \Longleftrightarrow [Fe(OH)_2]_{ad} + H^+ + e$$

$$2[Fe(OH)_2]_{ad} \longrightarrow Fe_2O_3 + H_2O + 2H^+ + 2e$$

Fe_2O_3 在 Fe 表面形成钝化膜。上述活性溶解反应和钝化反应都在未被 Fe_2O_3 覆盖的表面上进行。而 Fe_2O_3 膜还会发生溶解：

$$Fe_2O_3 + 6H^+ \longrightarrow 2Fe^{3+} + 3H_2O$$

$$Fe_2O_3 + 6Cl^- + 3H_2O \longrightarrow 2FeCl_3 + 6OH^-$$

有人根据以上历程推导了稳态极化曲线的方程式，计算了钝化电位 E_p 和钝化电流密度 i_p。对于 Ni，有些计算结果与实测值相符。

6.3.3.2　关于膜的离子渗透对金属钝化的作用

20 世纪 70 年代末发现，钢铁的钝化与表面的腐蚀沉积膜的离子选择性有关，随后的研究导致形成钝化的双极膜机理。

当钢铁在水溶液中发生腐蚀时，其表面通常被由水合金属氧化物或不溶性金属盐组成的多微孔沉积膜所覆盖。一般情况下，这种腐蚀沉积膜具有离子渗透性。根据能优先迁移穿过膜的离子极性可将沉积膜分为阴离子选择性、阳离子选择性和双极性。

阴离子选择性沉积膜不但对金属没有保护作用，而且能加速膜下金属的腐蚀。阳离子选择性沉积膜则对膜下金属可产生一定的保护作用。

能导致金属钝化的是双极性沉积膜（图 6-16），朝向金属一侧为阴离子选择性膜层，朝向溶液一侧为阳离子选择膜层。在阳极极化时，阳离子选择性外层对 Cl^- 起排斥作用，阻挡 Cl^- 向内迁移；阴离子选择性内层阻挡金属离子向外迁移。本体溶液中的 H_2O 通过扩散进入两层之间，在很高的电场作用下分解生成 H^+ 和 OH^-（或 O^{2-}）。H^+ 向外迁移，OH^-（或 O^{2-}）向内迁移，与金属离子结合生成氢氧化物或氧化物。正是在金属表面生成的无水氧化物层造成了金属的钝化。

双极性的沉积膜就像半导体 p-n 结一样，对离子电流有一种整流作用，阴极电流不受阻碍，阳极电流受到很大程度抑制，从而使沉积膜下的金属腐蚀大大减小。

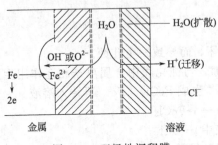

图 6-16　双极性沉积膜

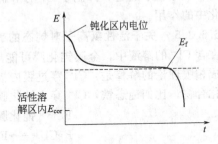

图 6-17　电位衰减曲线

6.3.3.3　关于 Flade 电位

（1）定义　在金属由钝态转变为活态的电位衰减曲线上（图 6-17），"平台"对应的电位称为 Flade 电位，记为 E_f。所以，Flade 电位表征金属由钝态转变为活态的活化电位。

E_f 越低，表示金属钝态越稳定。如在 pH＝0 的酸溶液中，测出 Fe、Cr、Ni 的标准 Flade 电位 $E_f^{\ominus}$ 分别为 ＋0.58V（有的实验结果为 ＋0.63V）、－0.22V、＋0.22V。故三种金属中 Cr 的钝态最稳定，Fe 的钝态稳定性最差。

E_f 在阳极钝化曲线上的位置，有人认为在钝化电位 E_p 负侧附近；有人认为应为稳定钝化区起点，因而稳定钝化区是 E_f 和过钝化电位 E_{tp} 之间的区段。

（2）E_f 与溶液 pH 值的关系　实验得出，E_f 随溶液 pH 值升高而线性降低：

$$E_f = E_f^\ominus - K \times pH$$

$E_f^\ominus$ 是 pH＝0 的溶液中的 Flade 电位，称为标准 Flade 电位。对于 Fe 和 Ni，常数 $K＝0.059$；对于 Cr，$K＝2×0.059V$。

（3）Flade 电位的意义　如果金属钝化是由于表面生成氧化物膜，钝态向活态转变是氧化物还原所造成。那么 Flade 电位和钝化电位，以及氧化物生成平衡电位应当相同，由反应式：

$$m\mathrm{Me} + n\mathrm{H_2O} =\!=\!= \mathrm{Me}_m\mathrm{O}_n + 2n\mathrm{H}^+ + 2ne$$

得出氧化物生成平衡电位 E_e 与溶液 pH 值的关系：

$$E_e = E^\ominus - 0.059\mathrm{pH}$$

即氧化物生成平衡电位也随溶液 pH 值升高而线性降低。

对一些金属电极，实验测出的 E_f 与钝化电位 E_p 相近，且 $E_f^\ominus$ 与 $E^\ominus$ 也一致，上述线性关系是相符的。但也有重要例外，如 Fe，$E_f^\ominus＝+0.58V$（或者＋0.63V），虽与 1mol/L 硫酸中 Fe 的钝化电位 E_p（＋0.46V）相近，但比氧化物生成平衡电位（生成 $\mathrm{Fe_3O_4}$，$E^\ominus$ 为 −0.085V；生成 $\mathrm{Fe_2O_3}$，$E^\ominus$ 为−0.051V）正得多。

6.3.3.4　关于二次钝化

在阳极极化到钝化区后，如果继续升高电位，某些体系（如含 Cr 为 18％～30％的不锈钢在 10％硫酸中）会出现电流再次减小的现象，称为二次钝化。其机理尚未完全清楚。

对于不锈钢，前已提出在过钝化区发生 Cr 的固体氧化物 $\mathrm{Cr_2O_3}$ 以高价形式溶解，从而造成阳极电流增大。有人认为二次钝化是因为 Cr 的溶解导致不锈钢表面 Fe 的富集，从而使 Cr 的溶解受到抑制，阳极电流便减小了。有人认为不锈钢表面形成尖晶石型氧化物 $\mathrm{Fe_{II}}$（$\mathrm{Fe_{III}}$，$\mathrm{Cr_{III}}$）$_2\mathrm{O_4}$，在过钝化区的高电位下，$\mathrm{Cr_{III}}$ 溶解形成窄的通道，向内部延伸，二次钝化是由于氧堵塞了通道，抑制了 Cr 的溶解。另外，还必须考虑合金元素如 Si、B、Al 在二次钝化中的作用。

6.3.3.5　关于活性氯离子对钝态的破坏作用

在含 Cl^- 的溶液中，金属钝化膜可能局部被破坏，而导致发生孔蚀。

成相膜理论的解释是：Cl^- 穿过膜内极小的孔隙，与钝化膜中金属离子相互作用生成可溶性化合物。比如钝态铁，Cl^- 穿入钝化膜，与 Fe^{3+} 生成 $\mathrm{FeCl_3}$。Fe^{3+} 再转入溶液。

$$\mathrm{Fe}^{3+}（钝化膜）+ 3\mathrm{Cl}^- \longrightarrow \mathrm{FeCl_3}$$

$$\mathrm{FeCl_3} \longrightarrow \mathrm{Fe}^{3+}（溶液中）+ 3\mathrm{Cl}^-$$

实验表明，当溶液中存在 Fe^{3+} 时，金属表面钝化膜的结构发生变化。支持了这种观点。

按照吸附理论，Cl^- 的破坏作用是由于 Cl^- 具有很强的吸附能力，它们发生竞争吸附，排挤掉金属表面上吸附的氧和其他含氧粒子，而正是氧和其他含氧粒子的吸附造成了金属的钝态。吸附的 Cl^- 则和金属反应生成可溶性化合物。这样，钝态做便被局部破坏。

电化学测量表明，Cl^- 破坏金属钝态造成孔蚀与电位有关。在 Cl^- 浓度和溶液温度一定时，电位必须高于某个临界电位才能引发孔蚀。Cl^- 的吸附量也是随金属电位升高而增加。

思　考　题

1. 对真实阳极极化曲线和真实阴极极化曲线相交于三点的钝化体系，实测阳极极化曲线上有一段阴极电流区，如图 1。设测量在稀硫酸溶液中进行，辅助电极分别用铂片和铁片，那么在这段阴极电流区，辅助电极上发生什么反应？

2. 试解释：$Cu|Cu^{2+}$ 的 $E^{\ominus}$ 比 $(Pt)H_2|H^+$ 高，为何铜在潮湿的空气中腐蚀？$Ti|Ti^{2+}$ 的 $E^{\ominus}$ 比 $(Pt)H_2|H^+$ 低得多，但是 Ti 是良好的耐蚀金属，为什么？

3. 为什么锅炉用水除氧和尿素合成塔通氧都是腐蚀控制措施？

4. 下列情况是否属于"钝化"？

(1) 中性溶液除氧，使铁的腐蚀速度降低。

(2) 冷却水中加入铬酸盐，使碳钢水冷器腐蚀速度降低。

(3) 锌中加入汞，使锌在酸溶液中的腐蚀速度降低。

(4) 减小酸的浓度，使铁的析氢腐蚀速度降低。

(5) 尿素合成塔通氧，使不锈钢衬里的腐蚀速度降低。

(6) 减小海水流速，使输送海水的碳钢管道的腐蚀速度降低。

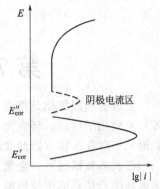

图 1　存在阴极电流区的阳极钝化曲线

习　　题

1. 铁和两种不锈钢在除氧的 0.5mol/L 硫酸溶液中的钝化参数列于表 1（在不锈钢表面上析氢反应动力学参数采用铁的数据）。

(1) 这三种体系的阳极反应电流峰值 i_p 分别为多少？

(2) 如果要由通入氧气来使铁和不锈钢钝化，溶液中最少需要含多少氧（mg/L）？

表 1　三种腐蚀体系的钝化参数

材　　料	溶　　液	E_p/V	$i_{致}/(mA/cm^2)$
Fe	0.5mol/L H_2SO_4	+0.46	200
Cr25 不锈钢	0.5mol/L H_2SO_4	−0.18	25.4
Cr25Ni3 不锈钢	0.5mol/L H_2SO_4	−0.11	2.0

第7章 金属的高温氧化

金属的高温氧化是指金属在高温气相环境中和氧或含氧物质（如水蒸气、CO_2、SO_2等）发生化学反应，转变为金属氧化物。这里所谓"高温"，是指气相介质是干燥的，金属表面上不存在水膜（因此又称为干腐蚀），而温度范围可以很宽。

在大多数情况下，金属高温氧化生成的氧化物是固态，只有少数是气态或液态（当氧化物熔点或升华点低于使用温度时，如钼的熔点为2553℃，而MoO_3的熔点为795℃，升华点为450℃）。为了简化讨论，本章中我们局限在金属和气相环境中的氧作用而发生的高温氧化，反应产物是固态氧化物。

金属高温氧化是金属腐蚀的一种重要形式，与水溶液中的腐蚀（相应地称为湿腐蚀）相比，既有共性，又有其自身的特点。正因为高温氧化与水溶液腐蚀有明显的差别，许多腐蚀文献上称之为化学腐蚀。但我们后面会看到，它与水溶液中的电化学腐蚀又有着重要的共同规律。

金属高温氧化在工业生产中十分普遍。锅炉和各种加热炉炉管，冶金厂钢锭的均质处理，各种机器部件、设备的淬火、回火等热处理，金属因高温氧化而造成很大的损耗。因此，研究金属的高温氧化及其防护，是腐蚀科学技术一个重大的课题。

7.1 高温氧化的热力学问题

7.1.1 高温氧化倾向的判断

7.1.1.1 自由焓准则

将金属高温氧化反应方程式写成：

$$2Me + O_2 == 2MeO$$

Me 是金属，MeO 是其固态氧化物。按照热力学第二定律可知：

当 $\Delta G < 0$，金属发生氧化，转变为氧化物 MeO。ΔG 的绝对值越大，氧化反应的倾向越大。

当 $\Delta G = 0$，反应达到平衡。

当 $\Delta G > 0$，金属不可能发生氧化；反应向逆方向进行，氧化物分解。

自由焓变化 ΔG 的计算公式是：

$$\Delta G = \Delta G^{\ominus} + RT\ln\frac{1}{p_{O_2}} \tag{7-1}$$

式中，p_{O_2} 是环境中的氧压，atm；$\Delta G^{\ominus}$ 是 $p_{O_2} = 1$atm 时的自由焓变化。

在温度 TK 发生的高温氧化反应的 $\Delta G^{\ominus}$ 可按如下的近似公式进行计算：

$$\Delta G^{\ominus}(TK) = \Delta H^{\ominus}(298K) - T\Delta S^{\ominus}(298K) \tag{7-2}$$

式中，$\Delta H^{\ominus}(298K)$ 和 $\Delta S^{\ominus}(298K)$ 用25℃的热力学数据计算。

【例 7-1】 由 $2Fe + O_2 == 2FeO$ 判断其高温氧化的倾向。

解 查表，Fe 和 O_2 的 $\Delta H^{\ominus}(298K)$ 为零，FeO 的 $\Delta H^{\ominus}(298K)$ 为 -267kJ/mol；Fe、O_2、FeO 的 $\Delta S^{\ominus}(298K)$ 分别为27J/mol、205J/mol、54J/mol。于是得出：

$$\Delta G^{\ominus}(TK) = -534 \times 10^3 + 151T(J/mol)$$

在 1000K，Fe 在 1atm 氧压条件下氧化为 FeO 的自由焓变化为：

$$\Delta G^{\ominus}(1000\text{K}) = -383\text{kJ/mol}$$

当温度升高到 1500K，在 $p_{O_2} = 1\text{atm}$ 条件下，其自由焓变化 $\Delta G^{\ominus}$ （1500K） $= -307.5\text{kJ/mol}$。

在 1000K，当氧压降低到 10^{-6}atm，由式（7-1）得：

$$\Delta G(1000\text{K}) = -268.2 \text{ kJ/mol}$$

可见，在上面三组条件下，Fe 都能发生高温氧化生成 FeO。在氧压相同时（$p_{O_2} = 1\text{atm}$），1000K 的氧化倾向比 1500K 时要大；在温度相同时（1000K），氧化倾向随氧压降低而减小。在上面所列三种环境条件下，1000K，$p_{O_2} = 1\text{atm}$ 时的氧化倾向最大。

7.1.1.2　氧化物分解压

因为金属 Me 及其氧化物 MeO 是固体，故由高温氧化反应方程式可以得出：

$$\Delta G = -RT\ln k + RT\ln Q = -RT\ln \frac{1}{p'_{O_2}} + RT\ln \frac{1}{p_{O_2}} = RT\ln \frac{p'_{O_2}}{p_{O_2}} \tag{7-3}$$

式中，p'_{O_2} 是反应达到平衡时的氧压，称为氧化物分解压，记为 p_{MeO}。引入 p_{MeO}，式（7-3）可以写为：

$$\Delta G = RT\ln \frac{p_{MeO}}{p_{O_2}} \tag{7-4}$$

因此，比较环境中氧压 p_{O_2} 与氧化物分解压 p_{MeO} 就可判断金属高温氧化倾向。这比用自由焓变化进行判断更为简便。

当 $p_{O_2} > p_{MeO}$，$\Delta G < 0$，金属能够发生氧化，二者差值越大，氧化反应倾向越大。

当 $p_{O_2} = p_{MeO}$，$\Delta G = 0$，反应达到平衡。

当 $p_{O_2} < p_{MeO}$，$\Delta G < 0$，金属不可能发生氧化，而是氧化物分解。

结合式（7-1）和式（7-4），可得：

$$\Delta G^{\ominus} = RT\ln p_{MeO} = 2.203\lg p_{MeO} \tag{7-5}$$

$$p_{MeO} = \exp\left(\frac{\Delta G^{\ominus}}{RT}\right) \tag{7-6}$$

因此，计算出 $\Delta G^{\ominus}$ 就可以得到 p_{MeO}。前面已算出在 1000K 时 Fe 氧化为 FeO 的 $\Delta G^{\ominus} = -383\text{kJ/mol}$，由此可得，在 1000K 时，FeO 的分解压为 $7.87 \times 10^{-21}\text{atm}$。所以，只有将环境中的氧压降低到 $7.87 \times 10^{-21}\text{atm}$ 以下，Fe 才不可能氧化为 FeO。

FeO 及其他几种氧化物的部分分解压数据列于表 7-1。可见各种氧化物的分解压相差很大。对于 Ag_2O，只要在温度 400K（127℃），其分解压已大于大气中氧的分压，故 Ag 已不能在大气中发生氧化。而 Cu、Fe 和 Cr，即使温度高达 2000K，其氧化物 Cu_2O、FeO、Cr_2O_3 的分解压也小于大气中氧的分压，即氧化仍能发生。对一种金属氧化物来说，分解压随温度升高而增大，因此，在氧压不变时，高温氧化倾向随温度升高而减小。

说明：①在上面所写高温氧化反应式中，O_2 前面的化学计量系数为 1，因此，所得的 $\Delta G^{\ominus}$ 和 ΔG 的表示式都对应于 1mol 的 O_2 参与反应带来的自由焓变化。在一般情况下，如果 O_2 前面的化学计量系数为 ν，则上面各式中应将 p_{O_2} 用 p'_{O_2} 代替。比如，高温氧化方程式写成：

$$\text{Me} + \frac{1}{2}O_2 == \text{MeO}$$

计算的 $\Delta G^{\ominus}$ 对应于 1/2mol 的 O_2 参与反应带来的标准自由焓变化，式（7-5）应改写为：

$$\Delta G^{\ominus} = RT\ln p_{MeO}^{1/2} = \frac{1}{2}RT\ln p_{MeO} \tag{7-7}$$

表 7-1 几种氧化物的分解压 p_{MeO}（atm）

温度/K	Ag₂O	Cu₂O	FeO	Cr₂O₃
300	8.4×10^{-5}			
400	6.9×10^{-1}			
500	24.9×10	1.67×10^{-28}	1.67×10^{-28}	9.51×10^{-70}
600		1.09×10^{-22}	2.51×10^{-33}	1.18×10^{-56}
800		2.03×10^{-15}	1.05×10^{-27}	2.74×10^{-40}
1000		4.66×10^{-11}	9.87×10^{-21}	1.81×10^{-30}
1200		3.77×10^{-8}	4.40×10^{-16}	6.38×10^{-24}
1400		4.50×10^{-6}	9.20×10^{-13}	3.03×10^{-19}
1600		1.62×10^{-4}	2.85×10^{-10}	9.73×10^{-16}
1800		2.64×10^{-3}	2.46×10^{-8}	5.20×10^{-13}
2000		2.46×10^{-2}	8.73×10^{-7}	7.91×10^{-11}

②反应式写法不同，求出的 $\Delta G^{\ominus}$ 和 ΔG 亦不同，但分解压 p_{MeO} 的数值与反应式的写法无关，只取决于氧化反应的本质（金属及其氧化物）和温度。

7.1.2 $\Delta G^{\ominus}$-T 平衡图

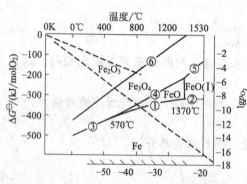

图 7-1 Fe-O 体系的 $\Delta G^{\ominus}$-T 平衡图

由式（7-2）知，$\Delta G^{\ominus}$ 与 T 成线性关系。以 $\Delta G^{\ominus}$ 为纵坐标，T 为横坐标，将式（7-2）表示出来，就得到 $\Delta G^{\ominus}$-T 平衡图。图 7-1 是 Fe-O 体系的 $\Delta G^{\ominus}$-T 平衡图。由于铁的氧化物有 FeO ［图中 FeO（Ⅰ）表示熔融状态的 FeO］、Fe_2O_3、Fe_3O_4，它们之间相互转换的平衡线共有六条。每一条直线表示两种固相之间的平衡关系。比如图中编号①的直线对应于 Fe 与 FeO 之间的平衡关系：

$$2Fe + O_2 = 2FeO$$

$$\Delta G^{\ominus} = -534 + 0.151T \, (kJ/mol \, O_2)$$

编号⑥的直线对应于 Fe_2O_3 和 Fe_3O_4 之间的平衡关系：

$$4Fe_3O_4 + O_2 = 6Fe_2O_3$$

$$\Delta G^{\ominus} = -464 + 0.249T \, (kJ/mol \, O_2)$$

直线间界定的区域表示一种氧化物处于热力学稳定状态的温度和氧压范围。

$\Delta G^{\ominus}$-T 平衡图是高温氧化体系的相图。在图 7-1 左面还标出了氧压的对数 $\lg p_{O_2}$。从图上很容易求出取定温度下的氧化物分解压。比如在 800℃，画出 Fe 和 FeO 的平衡线①与 800℃温度线的交点，将此点与 0K 点的连线（图中为虚线）延长到 $\lg p_{O_2}$ 坐标轴，就可以求出 800℃的 FeO 分解压。

从图 7-1 可见，在 570℃以下，Fe 表面可生成 Fe_2O_3 和 Fe_3O_4 两层氧化物；在 570℃以上，还要生成 FeO 层。从 FeO 到 Fe_3O_4 再到 Fe_2O_3，分解压逐次增大。在 Fe_2O_3 表面是气相中的氧压，在 Fe_2O_3 和 Fe_3O_4 界面氧压降低为 Fe_2O_3 的分解压，在 Fe_3O_4 和 FeO 的界面氧压降低为 Fe_3O_4 的分解压，在 FeO 与 Fe 的界面则氧压降低为 FeO 的分解压。显然，当外界氧压低于 Fe_2O_3 的分解压时，不可能存在 Fe_2O_3 层；当降低到 FeO 的分解压以下时，则各个氧化物层都不能存在。

7.2　金属表面上的膜

大多数金属氧化物是固体，形成表面膜。如果氧化物膜能抑制金属氧化反应继续进行，就可能对金属产生保护作用。因此，表面膜的性质对高温氧化动力学有着重要的意义。

7.2.1　膜具有保护的条件

7.2.1.1　体积条件（P-B 比）

当氧化物体积大于生成氧化物所消耗的金属体积，即金属转变为氧化物时体积膨胀，氧化物膜才能将金属表面全部覆盖起来，产生保护作用。

氧化物体积 V_{MeO} 与消耗的金属体积 V_{Me} 之比常称为 P-B 比（即 Pilling-Bedworth 比的简称）。因此 P-B 比大于 1 是氧化物具有保护性的必要条件。

P-B 比可按下式计算：

$$\text{P-B 比} = \frac{V_{MeO}}{V_{Me}} = \frac{M/D}{nA/d} = \frac{Md}{nAD}$$

式中，M 和 D 是氧化物的分子量和密度；A 和 d 是金属的原子量和密度；n 是氧化物分子中的金属原子个数。

表 7-2　部分金属及其氧化物的 P-B 比

金属	氧化物	P-B 比	金属	氧化物	P-B 比	金属	氧化物	P-B 比
K	K_2O	0.45	Al	Al_2O_3	1.28	Si	SiO_2	1.88
Na	Na_2O	0.55	Pb	PbO	1.31	Ti	TiO_2	1.95
Ca	CaO	0.64	Sn	SnO_2	1.32	Cr	Cr_2O_3	2.07
Ba	BaO	0.67	Zn	ZnO	1.55	Fe	Fe_2O_3	2.14
Mg	MgO	0.81	Cu	Cu_2O	1.64			
			Ni	NiO	1.65	W	WO_3	3.35

从表 7-2 可知，碱金属和碱土金属的 P-B 比小于 1，这些金属的氧化物不可能生成连续的表面膜。其他金属的 P-B 比都大于 1，满足保护性的体积条件。但 P-B 比也不是越大越好，因为金属氧化物体积膨胀，就会使表面膜内产生应力。体积膨胀过大则应力过大，对表面膜的成长是不利的。一般认为 P-B 比在 1～2.5 之间较好。

体积条件只是表面膜具有保护性的必要条件，表面膜要具有保护作用，还需要满足其他条件。

7.2.1.2　膜具有保护性的其他条件

① 膜有良好的化学稳定性。致密、缺陷少，蒸气压低。

② 膜有一定的强度和塑性，与基体结合牢固。否则，由于膜生长过程中体积膨胀产生的内应力，可能造成膜的破裂和剥离。

③ 膜与基体金属的热膨胀系数差异小，在温度急剧变化时不致造成膜的破裂。

7.2.2　表面膜的破坏

7.2.2.1　表面膜中的应力

表面氧化膜中存在内应力。形成应力的原因是多方面的，包括氧化膜成长产生的应力、相变应力和热应力。膜成长过程中产生的应力有以下来源：①氧化物体积膨胀；②氧化物的外延生长，一般存在于氧化膜较薄时；③氧化膜在高温下长大变厚时的重结晶；④氧化物膜内形成新的氧化物相；⑤氧化过程中晶格缺陷空位的运动；⑥氧化膜/金属界面附近化学组成发生变化；

⑦第二相和夹杂与金属氧化速度的差异；⑧氧化物与基体热膨胀系数的差异；⑨表面几何状态。

内应力达到一定程度时，可以由膜的塑性变形、金属基体塑性变形、氧化膜与基体分离、氧化膜破裂等途径而得到部分或全部松弛。后两种途径都造成膜的机械破坏。

7.2.2.2　膜破裂的几种形式

在压应力作用下，在基体金属上的结合力薄弱处，由于膜塑性变形而隆起，形成空泡。空泡一旦破裂，使基体金属暴露在高温气体中。破裂的膜也可能剥落。当膜与基体结合力好而膜的强度较低时，可能出现切口裂开。这种破坏的影响较小。角和棱边应力集中，最容易产生膜的破坏。图 7-2 列出了氧化膜破裂的几种形式。

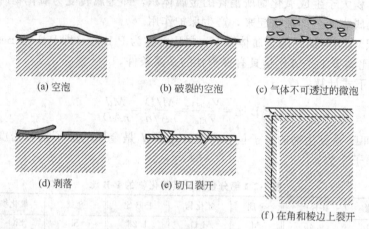

(a) 空泡　　　　　(b) 破裂的空泡　　　　(c) 气体不可透过的微泡

(d) 剥落　　　　　(e) 切口裂开

(f) 在角和棱边上裂开

图 7-2　氧化膜破裂的几种形式

7.2.3　氧化膜成长的实验规律

膜的成长可以用单位面积上的增重 $\Delta W^+/S$ 表示，也可以用膜厚 y 表示。在膜的密度均匀时，两种表示方法是等价的。

7.2.3.1　膜厚随时间的变化

许多作者研究了恒定温度下金属表面氧化膜厚度随试验时间的变化，提出了各种公式，根据这些公式可以分析金属高温氧化的机理和动力学规律。

（1）直线规律

$$y = kt \tag{7-8}$$

即膜厚与试验时间成线性关系，随试验时间增长，氧化膜不断增厚。因此氧化膜成长速度是一个恒量［公式(7-8)中的 k］。图 7-3 是 Mg 在 500℃以上的几个温度的氧气中的氧化膜成长曲线，表明氧化符合直线规律。随温度升高氧化速度增大。

直线规律反映表面氧化膜多孔，不完整，对金属进一步氧化没有抑制作用，氧化为化学反应速度控制。

（2）（简单）抛物线规律

$$y^2 = kt \tag{7-9}$$

膜厚的平方与试验时间成直线关系，氧化膜成长速度随时间下降（试验时间 t 内的平均速度 y/t 和时刻 t 的瞬时速度 $\mathrm{d}y/\mathrm{d}t$ 都随时间下降）。公式(7-9)中的 k 值常称为（抛物线）速度常数。大量

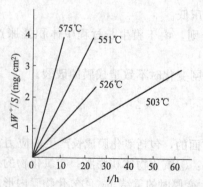

图 7-3　纯镁在各种温度氧气中的氧化规律

研究数据表明，多数金属（如 Fe、Ni、Cu、Ti）在中等温度范围内的氧化都符合简单抛物线规律（见图 7-4），氧化反应生成致密的厚膜，能对金属产生保护作用。

显然，式(7-9) 不可能适用于氧化开始阶段（$t \to 0$），因为由式(7-9) 得出，当 $t \to 0$ 时，氧化速度趋于无穷大，而实际的氧化速度只能是有限值。在氧化开始阶段，尚未形成完整的连续性保护膜时，氧化应由化学反应速度控制，即符合直线规律，这已为精确的测量所证实。

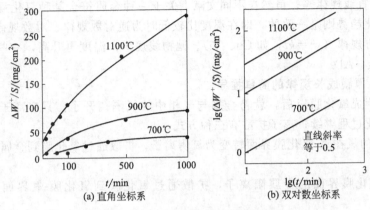

(a) 直角坐标系　　　　　(b) 双对数坐标系

图 7-4　Fe 在空气中氧化的抛物线规律

当氧化符合简单抛物线规律时，氧化速度 $\mathrm{d}y/\mathrm{d}t$ 与膜厚 y 成反比，这表明氧化受离子扩散通过表面氧化膜的速度所控制。如果氧化过程中还有其他因素起作用，那么抛物线规律中的指数将偏离 2。

(3) 混合抛物线规律

$$ay^2 + by = kt \tag{7-10}$$

这个动力学规律首先从理论上提出，随后得到实验证实。Fe、Cu 在低氧分压气氛中的氧化（比如 Fe 在水蒸气中的氧化）符合混合抛物线规律。

混合抛物线规律包含了较多的氧化过程信息。在氧化开始阶段，膜很薄，$ay^2 \ll by$，式(7-10) 可以化简为直线规律。当膜比较厚时，$ay^2 \gg by$，式(7-10) 则转变为简单抛物线规律。可见，当氧化符合混合抛物线规律时，化学反应和离子穿过氧化膜的扩散对氧化过程的影响都需要考虑。

(4)（正）对数规律和逆对数规律

在温度比较低时，金属表面上形成薄（或极薄）的氧化膜，就足以对氧化过程产生很大的阻滞作用，使膜厚的增长速度变慢，在时间不太长时膜厚实际上已不再增加。在这种情况，膜成长符合（正）对数规律：

$$y = k_1 \lg t + k_2 \qquad (t > t_0) \tag{7-11}$$

或逆对数规律：

$$\frac{1}{y} = k_3 - k_4 \lg t \qquad (t > t_0) \tag{7-12}$$

试验表明，Cu、Fe、Al、Ag 等金属在室温或低于室温的温度发生的氧化符合逆对数规律；而在稍高一些的温度，如 Ni 在 200℃ 以下，Zn 在 225℃ 以下的温度发生的氧化符合正对数规律。图 7-5 是 Fe 在低于 300℃ 左右的温度发生氧化的膜成长曲线，在半对数坐标系中为直线，说明符合

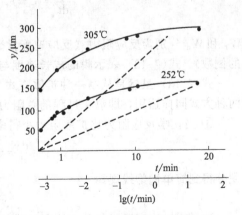

图 7-5　Fe 在空气中氧化的对数规律
实线：直角坐标；虚线：半对数坐标

91

对数规律。不过，当试验时间较短时，正对数和逆对数规律很难区分，因为用两个方程式对试验数据进行拟合都可以得出良好的结果。

最后要指出，膜成长规律既与金属种类和气体组成有关，又与发生氧化的温度范围有关。当温度不同时，膜成长动力学规律也可能改变。如 Fe 在 400℃ 以下氧化符合对数规律，而在 500～1000℃ 符合抛物线规律。Mg 在 450℃ 以下氧化符合抛物线规律，而温度大于 475℃ 时则符合直线规律等。虽然在不同文献上关于一种金属符合某种氧化规律的温度范围有差异，但变化趋势则是一致的，即在温度比较低时为逆对数规律、对数规律；随着温度升高，转变为立方规律（$y^3 = kt$，如 Cu、Ti）、抛物线规律；温度再升高，一些金属则符合直线规律（如 Mg、Al）。

7.2.3.2　厚膜成长规律的简单推导

金属表面生成氧化膜以后，就将金属与气相中的氧隔离开了。只有离子穿过氧化膜扩散，才能使氧化过程继续。离子扩散有三种方式。

① 气相中的氧在氧-氧化膜界面转变为氧阴离子，扩散通过氧化膜到金属-氧化膜界面与金属反应。

② 金属-氧化膜界面的金属阳离子，扩散通过氧化膜到氧化膜-氧界面与环境中的氧反应。

③ 金属阳离子向外扩散，氧阴离子向内扩散，在氧化膜中某处发生反应。

如果忽略扩散过程的某些细节，仅仅从稳态扩散方程式出发，也可以推导出厚膜成长的几种动力学规律。

考虑第一种扩散方式，扩散速度：

$$v_d = D \frac{C^b - C^s}{y} = k_d (C^b - C^s)$$

式中，C^b 和 C^s 是气相中和金属表面的氧浓度；D 是扩散系数。

反应速度：

$$v_r = k_r C^s$$

稳态时应有 $v_d = v_r$，由此可求出金属表面氧浓度：

$$C^s = \frac{k_d}{k_d + k_r} C^b$$

膜的成长速度：

$$\frac{dy}{dt} = v_r = k_r C^s = \frac{C^b}{\dfrac{1}{k_r} + \dfrac{1}{k_d}} = \frac{C^b}{W_r + W_d} \tag{7-13}$$

W_r 和 W_d 分别为反应阻力（反应速度常数 k_r 的倒数）和扩散阻力（扩散速度常数 $k_d = D/y$ 的倒数）。式(7-13) 表示膜的成长速度与气相中的氧浓度成正比，而与总阻力成反比。

式(7-13) 虽然是从第一种扩散方式导出的，但它反映了厚膜成长的普遍规律，对其他两种方式同样适用，即氧化过程的总阻力包括化学反应阻力与扩散阻力。

① 当化学反应阻力比扩散阻力小得多，式(7-13) 化简为：

$$\frac{dy}{dt} = \frac{C^b}{W_d} = \frac{DC^b}{y} = \frac{k'}{y}$$

积分得到简单抛物线规律：

$$y^2 = 2k't = kt$$

这说明，当高温氧化受离子通过膜的扩散控制时，膜成长符合简单抛物线规律。

② 当扩散阻力比化学反应阻力小得多，式(7-13) 化简为：

$$\frac{dy}{dt}=\frac{C^b}{W_r}=k$$

积分得到直线规律：

$$y=kt$$

这说明，当氧化膜对离子扩散的阻力很小，氧化膜成长受化学反应控制时。氧化膜不能阻滞离子扩散的原因有：氧化膜的 P-B 比小于 1，不能形成连续的完整表面膜；膜成长过程中由于应力而破坏；温度很高，有些金属的氧化物蒸气压很大，膜不断挥发而使厚度减小。

③ 化学反应阻力和扩散阻力都不能忽略，则：

$$\frac{dy}{dt}=\frac{C^b}{W_r+W_d}=\frac{C^b}{\dfrac{1}{k_r}+\dfrac{y}{D}}$$

积分得到混合抛物线规律：

$$\frac{1}{D}y^2+\frac{2}{k_r}y=2C^b t$$

或者

$$ay^2+by=kt$$

注意：上面三式的积分中都使用了初始条件 $t=0$，$y=0$。与式(7-8)、式(7-9)、式(7-10) 一致。

7.2.3.3　氧化与温度的关系

温度是金属高温氧化的一个重要因素。前文已说明，在温度恒定时，金属的氧化服从一定的动力学公式，从中反映出氧化过程的机理和控制因素。除直线规律外，氧化速度随试验时间延长而下降，表明氧化膜形成后对金属起到了保护作用。

试验表明，当温度升高时，不仅氧化规律可能改变，比如对数规律转变为抛物线规律，抛物线规律转变为直线规律；而且在氧化规律不变化的温度范围内氧化速度仍不断增大。从图 7-3～图 7-5 中都可以看出这一点。在 7.1 节中曾指出，金属高温氧化倾向随温度升高而减小。温度的这两种相反影响并不矛盾。因为氧化倾向属热力学问题，而氧化速度属于动力学问题。

在高温氧化符合简单抛物线规律的情况，温度影响表现在抛物线速度常数 k 随温度的变化。一些作者测量了在符合简单抛线规律的温度范围内不同温度的 k 值。图 7-6 是一个例子。图 7-6(a) 是 Fe 在各种温度下的膜成长曲线，图 7-6(b) 用 $(\Delta W^+/S)^2$ 对 t 作图，得到直线关系，说明氧化反应符合简单抛物线规律。直线斜率为速度常数 k，可见温度升高时 k 值增大。

根据 Arrhenius 公式：

$$k=A\exp\left(-\frac{Q}{RT}\right)$$

$$\lg k=\lg A-\frac{Q}{2.303RT}$$

图 7-6(c) 是 k 对 $1/T$ 作图，得到一条直线，表明温度的影响可以用 Arrhenius 公式表示。由图中直线可以求出活化能 $Q=138kJ/mol$。由于符合简单抛物线规律的高温氧化受离子扩散控制，故所求出的活化能应为扩散活化能。由直线的截距可得指前因子 A。这样，我们便可以预测在任何温度（符合简单抛物线规律的范围内）的速度常数 K，得到膜成长曲线。

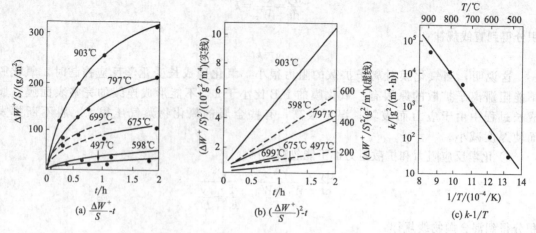

图 7-6　纯铁在空气中的氧化实验结果

更精细的测量表明，图 7-6(c) 并不是一条直线。在铁素体-奥氏体转变温度（850～880℃），氧化膜中出现 FeO 的温度（570～580℃），直线斜率发生改变，说明活化能发生变化。

7.3　高温氧化理论简介

7.3.1　氧化膜的半导体性质

氧化物具有晶体结构，而且大多数金属氧化物是非当量化合的。因此，氧化物晶体中存在缺陷，晶体中有过剩金属的离子或过剩氧阴离子；为保持电中性，还有数目相当的自由电子或电子空位。这样，金属氧化物膜不仅有离子导电性，而且有电子导电性。即氧化膜具有半导体性质。

7.3.1.1　两类氧化膜

（1）金属过剩型（如 ZnO）　过剩的锌原子以间隙阳离子 Zn_i^{2+} 或 Zn_i^+ 存在，同时有自由电子 e_i，即氧化膜的缺陷为间隙锌离子和自由电子。膜的导电性主要靠自由电子，故 ZnO 称为 n 型半导体（电子带负电荷）。

间隙锌离子和自由电子向 ZnO 膜与氧的界面迁移，和 O_2 反应生成 ZnO：

$$Zn_i^+ + e_i + \frac{1}{2}O_2 = ZnO$$

$$Zn_i^{2+} + 2e_i + \frac{1}{2}O_2 = ZnO$$

图 7-7 列出了 ZnO：金属过剩型（n 型）氧化物的缺陷也可能是氧阴离子空位和自由电子，如 Al_2O_3、Fe_2O_3。

（2）金属不足型（如 NiO）　由于存在过剩的氧，在生成 NiO 的过程中产生镍阳离子空位和电子空位，分别用符号 $\square_{Ni^{2+}}$ 和 $\square_e$ 表示。电子空位又叫正孔，带正电荷，可以想像为 Ni^{3+}。氧化膜导电性主要靠电子空位，故称为 p 型半导体。

金属阳离子和电子向外界面（氧化膜与氧的界面）迁移形成阳离子空位和电子空位向内界面（金属和氧化膜的界面）迁移。在内界面，阳离子空位和氧反应生成 NiO。

$$\frac{1}{2}O_2 = NiO + \square_{Ni^{2+}} + 2\square_e$$

图 7-8 列出了 NiO：金属不足型半导体（p 型）。

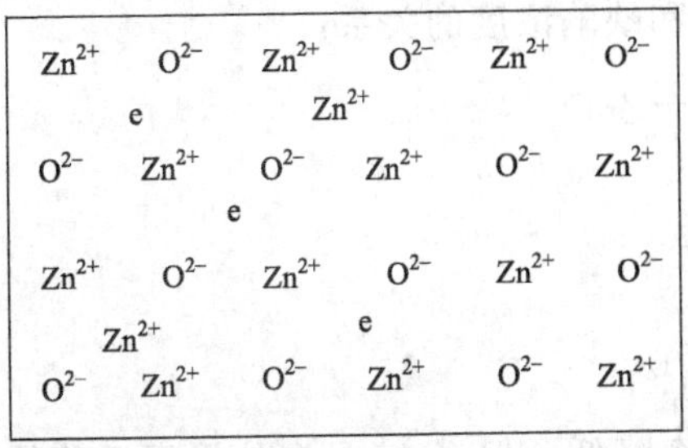

图 7-7　ZnO：金属过剩型半导体（n 型）
晶格缺陷：间隙阳离子，自由电子

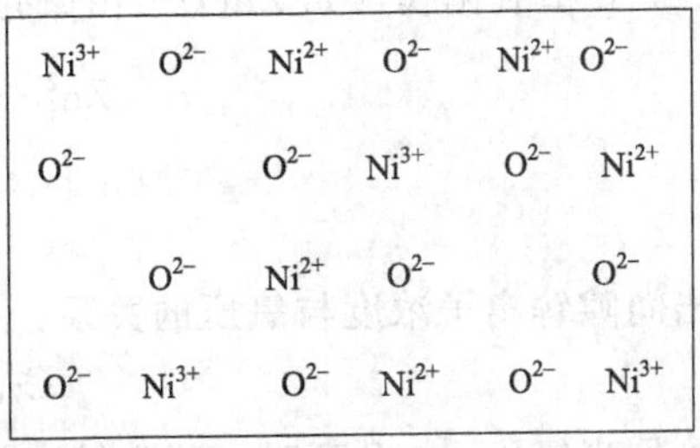

图 7-8　NiO：金属不足型半导体（p 型）
晶格缺陷：阳离子空位，电子空位（正孔）

因为电子迁移比离子迁移快得多，故不管是 n 型还是 p 型氧化膜，离子迁移都是氧化速度的控制因素。

7.3.1.2　合金元素的影响

（1）形成 n 型氧化膜的金属（如 Zn）　当加入低价金属（如 Li），在 ZnO 膜中 Li^+ 置换部分 Zn^{2+}；为保持电中性，自由电子 e_i 减少，因而间隙阳离子 Zn_i^{2+} 增多（因为在氧压不变时，Zn_i^{2+} 的浓度和 e_i 的浓度平方的乘积应保持恒定）。e_i 减少使膜的导电性降低，Zn_i^{2+} 增多使氧化速度增大。比如，实验测出在 Zn 中加入 0.4%（原子分数）的 Li，氧化速度增加为原来的 250 倍。

加入高价金属（如 Al），则自由电子 e_i 增多，间隙锌离子减少，因而导电性提高，氧化速度下降。比如在 Zn 中加入 0.1%～1%（原子分数）的 Al，实验测出氧化速度减小为原来的 1/100 ～ 1/200。

（2）形成 p 型氧化膜的金属（如 Ni）　当加入低价金属（如 Li），Li^+ 一部分置换 Ni^{2+}；一部分占据阳离子空位，使阳离子空位 $□_{Ni^{2+}}$ 减少，电子空位 $□_e$ 增多这就导致膜的导电性提高，氧化速度下降。

加入高价金属（如 Cr），则阳离子空位增多，氧化速度增大。

上述影响称为 Hauffe 原子价定律，说明少量合金元素（或杂质）对氧化膜中离子缺陷浓度，因而对高温氧化速度的影响。表 7-3 为 Hauffe 原子价定律，这为提高金属耐高温氧化性能指出了一条途径。

表 7-3　Hauffe 原子价定律

氧化物类型		典型氧化物	合金元素原子价（相对基体）	电导率变化	氧化速度变化
n 型	间隙阳离子自由电子	ZnO CdO	较低	减小	增大
	阴离子空位自由电子	Fe_2O_3	较高	增大	减小
p 型	阳离子空位电子空位	NiO FeO	较低	增大	减小
	间隙阴离子电子空位	未知	较高	减小	增大

原子价定律是在总结试验数据基础上提出来的，其前提条件是：基体金属氧化物与合金元素氧化物能相互固溶，合金元素阳离子以预期价态进入基体金属氧化物的正常阳离子位置，氧化符合抛物线规律（不考虑晶界扩散，离子通过氧化膜的扩散是氧化过程的控制因素）。在不符合这些条件时试验结果与预期不一致。

7.3.1.3　氧压的影响

（1）n 型氧化膜（如 ZnO）　由氧化反应方程式和缺陷浓度的关系：

$$Zn_i^{2+} + 2e_i + \frac{1}{2}O_2 = ZnO$$

$$C_{Zn_i^{2+}} = \frac{1}{2}C_{e_i}$$

可得出间隙锌离子浓度与氧压的关系：

$$C_{Zn_i^{2+}} = const\, p_{O_2}^{-1/6}$$

可见当氧压 p_{O_2} 升高时，间隙锌离子 Zn_i^{2+} 的浓度降低。但 Zn_i^{2+} 是向外界面迁移的，在 ZnO 和 O_2 界面，Zn_i^{2+} 非常少（原子数的 0.02% 以下），故氧压变化时 Zn_i^{2+} 的浓度几乎不变 [图 7-9(a)]，即氧压对氧化速度影响很小。

（2）p 型氧化膜（如 Cu_2O）　由氧化反应方程式和缺陷浓度关系：

$$\frac{1}{2}O_2 = Cu_2O + 2\square_{Cu^+} + 2\square_e$$

$$C_{\square_{Cu^+}} = C_{\square_e}$$

可得出阳离子空位浓度与氧压的关系：

$$C_{\square_{Cu^+}} = const\, p_{O_2}^{1/8}$$

可见氧压 p_{O_2} 升高，使阳离子空位 $\square_{Cu^+}$ 的浓度增大。因为阳离子空位是向内界面迁移，在 Cu_2O 与 O_2 的界面，阳离子空位 $\square_{Cu^+}$ 的浓度大，氧压变化使 $\square_{Cu^+}$ 浓度梯度变化大 [图 7-9(b)]。因此，氧化速度随氧压升高而增大。不过，在一定条件下，氧在 Cu_2O 中的溶解度有一个极限。当 Cu_2O 被氧饱和，再增加氧压就没有影响了。

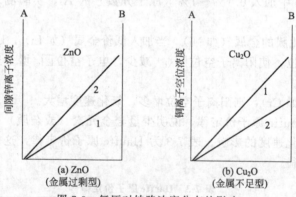

图 7-9　氧压对缺陷浓度分布的影响
A：金属-氧化膜界面；B：氧化膜-氧界面；1—$p_{O_2}=1atm$；2—$p_{O_2}=0.01atm$

另外，在 1100℃ 以下，铜表面的氧化膜为两层，内层 Cu_2O，外层 CuO。在 1020℃，CuO 的分解压为 0.18atm，在 $p_{O_2}<0.18atm$ 时，氧化膜为单层 Cu_2O，氧化速度随氧压升高而增大；当 $p_{O_2}>0.18atm$ 时，氧化膜为双层，外层 CuO 很薄而致密，Cu_2O 层的成长速度决定整个氧化膜的成长速度。而 Cu_2O 层中 $\square_{Cu^+}$ 浓度梯度则受 CuO-Cu_2O 界面分解压支配，与气相中的氧压无关。

7.3.2　氧化膜成长的电化学历程

Wagner 根据氧化物的近代观点指出，高温氧化的初期虽属化学反应，但当氧化膜形成后，膜的成长则属电化学历程。

在图 7-10 中，在金属 Me 与氧化物 MeO 的界面（内界面）发生金属的氧化反应：

$$Me \longrightarrow Me^{n+} + ne$$

在氧化物 MeO 与 O_2 的界面（外界面）
发生氧分子还原反应：

$$\frac{1}{2}O_2 + 2e \longrightarrow O^{2-}$$

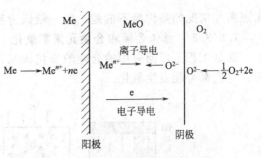

图 7-10　高温氧化的电化学历程

电子穿过膜由内界面向外界面迁移，离子
Me^{n+} 和 O^{2-} 穿过膜分别向外界面和内界面迁移。在内界面或外界面或膜中某处，Me^{n+} 和 O^{2-} 结合为氧化物 MeO。

　　和腐蚀电池类似，内界面可称为阳极，外界面可称为阴极。氧化膜同时起电子导体和离子导体的作用。

　　由此可计算高温氧化的电动势。如：

$$2Fe + O_2 \Longrightarrow 2FeO$$

阳极反应和阴极反应分别为：

$$2Fe \longrightarrow 2Fe^{2+} + 4e$$

$$O_2 + 4e \longrightarrow 2O^{2-}$$

前已计算出在 1000K，$\Delta G^{\ominus} = -383kJ/mol$，所以在 $p_{O_2} = 1atm$ 时，标准电动势：

$$\varepsilon^{\ominus} = -\frac{\Delta G^{\ominus}}{nF} = \frac{383}{4 \times 96.5} = 1(V)$$

当 $p_{O_2} \neq 1atm$ 时：

$$\varepsilon = \varepsilon^{\ominus} + \frac{RT}{nF}\ln p_{O_2}$$

　　注意：上面的计算公式是按氧化反应方程中 O_2 的计量系数为 1 写出的，但电动势 $\varepsilon^{\ominus}$ 和 ε 则和方程式的写法无关。

　　如电动势 $\varepsilon > 0$，金属可能发生氧化反应。ε 越大，氧化反应的倾向越大。如 $\varepsilon < 0$，则氧化反应不可能发生。

　　Wagner 根据电化学历程推导了抛物线规律中的速度常数 k 的表示式，计算值和实测值是一致的。

7.3.3　合金的氧化

　　合金的氧化比纯金属复杂得多。当金属 A 作为基体，金属 B 作为添加元素组成合金时，可能发生以下几种类型的氧化。

7.3.3.1　只有合金元素 B 发生氧化

　　当合金元素与氧的亲和力比基体金属大得多时，基体金属不发生氧化，如 Ag-In 合金。

　　(1) 选择性氧化　合金元素 B 向外扩散的速度比氧向内扩散的速度快，将在合金表面生成 B 的氧化物膜。即使氧化初期合金表面生成 AO 氧化物，由于 B 与氧的亲和力大得多，将发生反应 $AO + B \longrightarrow BO + A$，使 A 的氧化物转变为 B 的氧化物。

　　(2) 内氧化　当氧向合金内部的扩散速度很快时，合金元素 B 将在内部发生氧化，生成氧化物颗粒分散在合金内部。利用内氧化现象可以制造弥散强化合金。

7.3.3.2　只有基体金属 A 氧化

　　如 Ni-Pt 合金，Ni 与氧的亲和力比 Pt 大得多，在合金表面生成基体金属 A 的氧化物层。合金元素 B 可能混在 A 的氧化物层中，也可能富集在邻近表面氧化物层的合金层中。

出现两种情况的条件尚不清楚，但一般认为反应速度是重要因素。

7.3.3.3 基体金属和合金元素都氧化

这是工程上广泛应用的合金的氧化情况。当基体金属和合金元素与氧的亲和力相差不大时，它们都可能发生氧化。

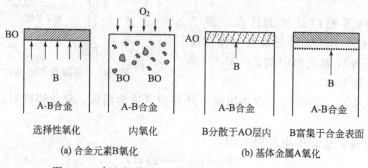

图 7-11 合金氧化的两种情况（只有一种组分氧化）

（1）两种氧化物互不溶解　由于基体金属含量大，在合金表面很快生成 A 的氧化物层，将表面覆盖住，B 在邻近氧化物层的合金中富集。当 B 的含量低时，B 的氧化物呈分散状态（内氧化）；当 B 的含量高时，内氧化物粒子的分数达到某一临界值，氧向内的扩散受到阻碍，内氧化物横向生长，在表面氧化物与基体之间生成 B 的氧化物层。因此，氧化层由内向外，合金元素的含量降低。

（2）两种氧化物生成固溶体　表面的 A 氧化物层中的一部分 A 被 B 置换，生成具有 AO 结构的单相氧化物膜。比如 Ni-Co 合金，氧化膜组成为 $\left[Ni_{(1-x)} Co_x \right] O$。

（3）两种氧化物生成化合物　与生成固溶体情况相似。当合金组分不等于化合物组成比时，将生成多种氧化膜层。

7.3.3.4 提高合金抗高温氧化性能的途径

通过合金化方法，在基体金属中加入某些合金元素，可以大大提高抗高温氧化性能，得到耐热钢（铁基合金）和耐热合金。

（1）按 Hauffe 原子价定律，加入适当合金元素，减少氧化膜中的缺陷浓度。如前面讲到在 Ni 中加入低价合金元素 Li，可以使氧化速度降低。但是对于 Fe，这条途径是不适用的。因为 FeO 和 NiO 一样是金属不足型半导体，而一价碱金属不能溶于 Fe。

（2）生成具有良好保护作用的复合氧化物膜　按原子价定律，在 Fe 中加入 Cr 对抗高温氧化性能是有害的。但是当 Cr 的加入量达到 10% 以上时，却可以大大提高抗高温氧化性能，此时生成复合氧化物膜。Cr^{3+} 取代 Fe_3O_4 中的 Fe^{3+}，生成具有尖晶石晶体结构的复合氧化物 $FeO \cdot Cr_2O_3$。在这种复合氧化物中，FeO 和 Cr_2O_3 有一定的比例，因此合金化时必须提供形成新相所需的充分的合金组分量。显然，为了使合金抗高温氧化性能提高，尖晶石型氧化物应具有以下特点：熔点高、蒸气压低、离子扩散速度小。$FeO \cdot Cr_2O_3$ 和 $FeO \cdot Al_2O_3$ 都满足以上条件。故 Fe 中加入一定量的 Cr、Al，对提高抗高温氧化性能非常有效，而且加 Al 的效果比 Cr 更好。

（3）通过选择性氧化形成保护性优良的氧化物膜　由合金氧化可知，如果在基体金属中加入与氧的亲和力更大、而且扩散速度更快的合金元素，那么在合金表面将发生选择性氧化而生成该合金元素的氧化物膜。比如在 Fe 中加入 18% 以上的 Cr，或者加入 10% 以上的 Al，并且在极易进行扩散的温度（1100℃）下加热，就可以获得具有优良耐高温氧化性能的铬钢或铝钢。由于选择性氧化在铬钢表面生成的 Cr_2O_3 表面膜，在铝钢表面生成的 Al_2O_3 表面膜，致密完整，晶格缺陷少，保护性能优良。

（4）增加氧化物膜与基体金属的结合力　研究表明，在耐热钢和耐热合金中加入稀土元素 Ce、La、Y，能显著提高抗高温氧化性能。原因是稀土元素加入后增强了氧化膜与基体金属的结合力，使氧化膜不易破坏脱落。

7.3.4　铁的高温氧化

7.3.4.1　高温氧化速度与温度的关系

软钢在空气中的氧化速度随温度的变化列于表 7-4。可见，当温度超过 500℃以后，氧化速度迅速增大。氧化速度的变化与钢铁表面氧化膜的组成和结构密切相关。

表 7-4　**软钢在热空气中的氧化**（暴露 24h）

温度/℃	腐蚀速度/[g/(m²·h)]	温度/℃	腐蚀速度/[g/(m²·h)]	温度/℃	腐蚀速度/[g/(m²·h)]
100	0	500	0.258	900	23.79
200	0.014	600	1.929	1000	56.25
300	0.053	700	4.958	1100	86.67
400	0.187	800	18.708	1200	166.25

7.3.4.2　氧化膜的组成和结构

（1）氧化膜的组成　由 Fe 的 $\Delta G^{\ominus}$-T 平衡图（图 7-1）可知，在 570℃以下，氧化膜包括 Fe_2O_3 和 Fe_3O_4 两层；在 570℃以上，氧化膜分为三层，由内向外依次是 FeO、Fe_3O_4、Fe_2O_3，如图 7-12 所示。实验测出，三层氧化物的厚度比为 100：（5～10）：1，即 FeO 层最厚，约占 90%，Fe_2O_3 层最薄，占 1%。这个厚度比与氧化时间无关，在 700℃以上也与温度无关。

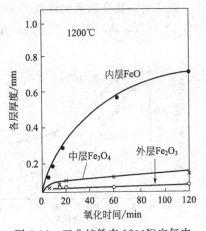

图 7-12　工业纯铁在 1200℃空气中氧化时，各层氧化膜的成长曲线

（2）氧化膜的结构　FeO 是 p 型氧化物，具有高浓度的 Fe^{2+} 空位和电子空位。Fe^{2+} 和电子通过膜向外扩散（晶格缺陷向内表面扩散）。Fe_2O_3 为 n 型氧化物，晶格缺陷为 O^{2-} 空位和自由电子，O^{2-} 通过膜向内扩散（O^{2-} 空位向外界面扩散）。Fe_3O_4 中 p 型氧化物占优势，既有 Fe^{2+} 的扩散，又有 O^{2-} 的扩散。

在 Fe 与 FeO 界面发生 Fe 的氧化反应：
$$Fe = Fe^{2+} + 2e$$

在 Fe_2O_3 与 O_2 界面发生 O_2 的还原反应：
$$\frac{1}{2}O_2 + 2e = O^{2-}$$

在 FeO 与 Fe_3O_4 界面发生 Fe_3O_4 的分解：
$$Fe + Fe_3O_4 = 4FeO$$

在 Fe_3O_4 与 Fe_2O_3 界面生成 Fe_3O_4 和 Fe_2O_3：
$$Fe + 4Fe_2O_3 = 3Fe_3O_4$$
$$2Fe_3O_4 + \frac{1}{2}O_2 = 3Fe_2O_3$$

注意：以上方程式未写成氧化物中缺陷之间的反应，比如 FeO 与 Fe_3O_4 界面反应，可写成 $Fe + Fe_3O_4 = 4FeO + \square_{Fe^{2+}} + 2\square_e$。

FeO 晶格缺陷多，有报告指出，在 1000℃，$Fe_{1-x}O$ 中 x 为 $0.05～0.12$，因此，FeO 中 Fe^{2+} 空位浓度可达 10%。

Fe^{2+} 扩散速度快，实验测出，FeO 的成长速度比 Fe_3O_4 和 Fe_2O_3 高 2 个数量级。所以，FeO 保护性能差，这是 Fe 在 570℃ 以上氧化速度大大增加的一个重要原因。

7.3.4.3 耐热钢

前面已指出提高合金抗氧化性能的途径。对于钢铁来说，第一条途径不适用，应按第

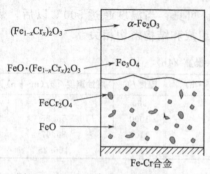

图 7-13 Fe-Cr 合金在 800～1250℃
氧化生成的氧化膜层

2～4 条途径进行，而且一般不是单独使用的效果，而是综合使用的效果。作为耐热钢基础的 Fe-Cr 合金，其优良的耐高温氧化性能来自几个方面：Cr 的选择性内部氧化，两种氧化物生成固溶体的反应，两种氧化物生成尖晶石型化合物 $FeO \cdot Cr_2O_3$（$FeCr_2O_4$）的反应。图 7-13 说明 Fe-Cr 合金表面氧化膜的组成。在 FeO 层中，出现 $FeCr_2O_4$ 的"岛"，使晶格缺陷多的 FeO 层厚度减小；中层的 Fe_3O_4 增厚，逐渐转变为混合尖晶石 $FeO \cdot (Fe_{1-x}Cr_x)_2O_3$；外层 Fe_2O_3 逐渐转变为固溶体 $(Fe_{1-x}Cr_x)_2O_3$。当 Cr 含量大于 25% 时，由于选择性氧化，只生成 Fe_2O_3 氧化膜。

提高钢铁抗高温氧化性能的主要合金元素，除 Cr 外还有 Al 和 Si。由图 7-14 可见，钢中含 Cr 16%、Al 10%、Si 8%，在 1000℃ 的氧化量只有未加合金元素时的 1/100 左右。

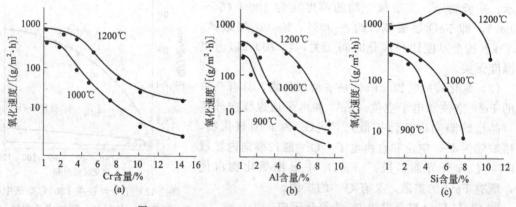

图 7-14 Fe-Cr、Fe-Al、Fe-Si 合金的高温氧化

没有任何其他合金元素有这样大的效果。加入 Cr、Al、Si 也提高了钢铁抗硫化的性能。虽然 Al 和 Si 的作用比 Cr 更强，但加入 Al 和 Si 对钢铁的机械性能和加工性能不利，而 Cr 能提高钢材的常温和高温强度，所以 Cr 成为耐热钢必不可少的主要合金元素。

思 考 题

1. 金属表面上膜具有保护性的条件是什么？
2. 提高合金抗高温氧化性能的途径有哪些？

习 题

1. 已知 PdO 在 850℃ 时的分解压力等于 500mmHg，在该温度下 Pd 在空气中和 1atm 氧气中是否能氧化？
2. 已知锌发生高温氧化时的 P-B 比等于 1.55，锌的密度为 $7.1g/cm^3$。在 400℃ 经过 120h 氧化，测出增重腐蚀速度为 $0.063g/(m^2 \cdot h)$。锌试样表面氧化膜的厚度等于多少？

第8章　局部腐蚀

8.1　概述

8.1.1　定义

所谓局部腐蚀，是指金属表面局部区域的腐蚀破坏比其余表面大得多，从而形成坑洼、沟槽、分层、穿孔、破裂等破坏形态。

典型的情况是：处于钝态的金属大部分表面几乎不发生腐蚀，腐蚀破坏集中在狭小的局部区域，以很快的速度进行。

8.1.2　主要类型

局部腐蚀种类很多，命名的方式也各不相同。晶间腐蚀、缝隙腐蚀，是以腐蚀发生的部位命名。电偶腐蚀、氢损伤、细菌腐蚀、杂散电流腐蚀，是以腐蚀发生的原因命名。小孔腐蚀、选择性腐蚀，是以腐蚀破坏特征命名。应力腐蚀、磨损腐蚀，是以联合作用命名。

在钝态金属上发生的小孔腐蚀、缝隙腐蚀、应力腐蚀，是典型的局部腐蚀形态。在钝态表面，腐蚀速度小到可以忽略不计，而在小孔底部、缝隙内金属表面、裂缝尖端处的腐蚀速度非常大，二者相差可以达到几十万倍。

8.1.3　危害性

局部腐蚀破坏有以下特征。

（1）复杂性　各种局部腐蚀都有自己的特点，而且影响因素很多，因此预测和控制比较困难。

（2）集中性　发生局部腐蚀破坏时，破坏集中在狭小区域。特别是小孔腐蚀、缝隙腐蚀、应力腐蚀等典型的局部腐蚀，大部分金属表面的重量和尺寸改变很小。

（3）突发性　许多局部腐蚀存在或长或短的孕育期（潜伏期），孕育期中腐蚀很小，难以发现；而一旦进入发展期，腐蚀速度很快，因而腐蚀破坏往往突然发生。为了在较短的时间内得到试验结果，局部腐蚀试验大多带有加速试验性质。

局部腐蚀在金属设备腐蚀破坏事故中占很大的比例。特别是具有优良耐全面腐蚀性能的合金，如不锈钢、铝、钛，局部腐蚀的危害性特别大。

关于不锈钢设备腐蚀破坏事例的分类统计，资料很多。一份资料对 1962～1971 年间 535 件实例统计结果是：应力腐蚀破裂占 49.3%，孔蚀和缝隙腐蚀占 23%，晶间腐蚀占 9.5%，全面腐蚀占 9.0%，腐蚀疲劳和其他类型占 9.2%。另一份资料对 1965～1973 年间 580 例破坏事故统计结果是：全面腐蚀 11.7%，晶间腐蚀 13.6%，孔蚀和缝隙腐蚀 28.3%，应力腐蚀破裂 40.2%，腐蚀疲劳 6.2%。

8.1.4　发生局部腐蚀的条件

尽管局部腐蚀种类很多，各有特征，但它们也有共同的地方。除了腐蚀的电化学本性外，它们还必须满足一定的条件才能发生。这些条件如下。

① 金属方面或溶液方面存在较大的电化学不均一性，因而形成可以明确区分的阳极区和阴极区，它们遵循不同的电化学反应规律。这是发生局部腐蚀的必要条件。如果金属表

面到处均匀一致，与金属接触的溶液也处处均匀，那么它们构成的腐蚀体系就是4.2节中讲到的均相腐蚀电极，应当发生均匀腐蚀，阳极反应发生在整个金属暴露表面上；或者说整个金属暴露表面遵循同一个阳极溶解动力学规律。因此不会发生局部腐蚀。

② 阳极区和阴极区的电化学条件差异在腐蚀过程中一直保持下去，不会减弱，甚至还会不断强化，使某些局部区域的阳极溶解速度一直保持高于其余表面。这是局部腐蚀能够持续进行（发展）的条件。

晶间腐蚀是金属材料表面存在电化学不均一性导致局部腐蚀的典型例子。由于晶界区域与晶粒的组成不同，阳极溶解行为就不一样（反映在阳极极化曲线的差异）。在某个电位区间，晶粒处于钝态而晶界区域不能钝化，溶解速度比晶粒大得多，因此腐蚀沿着晶界不断向内部深入。原来的晶界区腐蚀溶解后，新的晶界区又与溶液接触，晶粒和晶界区阳极溶解行为的差异不会因腐蚀过程进行而消失，晶间腐蚀便不断发展。

金属材料方面的不均匀性导致的局部腐蚀还有电偶腐蚀、选择性腐蚀。

氧浓差电池腐蚀是溶液方面存在电化学不均一性导致局部腐蚀的典型例子。在4.3节已分析过氧浓差腐蚀电池的工作情况。贫氧区金属表面作为腐蚀电池的阳极，富氧区金属表面作为腐蚀电池的阴极，随着腐蚀过程的进行，贫氧区和富氧区的溶液成分发生不同的变化，尽管开始时金属表面不存在电化学差异，阳极溶解规律是相同的，但是随着腐蚀过程进行所引起的溶液变化，导致与富氧区和贫氧区接触的金属表面的阳极溶解行为出现差异。即富氧区金属表面阳极溶解反应阻力增大，阳极极化曲线变陡；贫氧区金属表面阳极溶解反应阻力减小，阳极极化曲线变平。这种差异不仅不会随着腐蚀过程减小，甚至还会不断增强，发生所谓自催化现象。

由于溶液方面不均一性导致的局部腐蚀，其典型例子是小孔腐蚀和缝隙腐蚀。其发展过程中的自催化现象在8.5节再具体说明。

应力腐蚀和磨损腐蚀是机械因素和腐蚀因素联合作用造成的破坏，这种联合作用可相互促进，其发生和发展同样要满足上述条件。

8.2　电偶腐蚀

8.2.1　发生电偶腐蚀的几种情况

（1）异金属（包括导电的非金属材料，如石墨）部件的组合　在机器设备中，考虑到不同部件的功能要求，这种情况是经常遇到的。如石墨冷却器的石墨管束和碳钢外壳、不锈钢叶轮和铸铁泵壳、碳钢船体和青铜推进器、镀锌自来水管和黄铜阀门等。母材与焊缝、螺栓与被连接件也构成异金属电偶对。

（2）金属镀层　在镀层的孔隙和损伤处形成镀层金属与基底金属的异金属组合。

（3）金属表面的导电性非金属膜　如钢材制造过程中表面形成的碳质膜、氧化物膜。由于这些膜一般是不完整的，与无膜的钢材表面形成电偶组合。

（4）气流或液流带来的异金属沉积　当设备上游部分有铜或石墨部件时，在下游部位的钢铁表面可能沉积出铜和石墨斑，从而构成异金属组合。

异金属组合构成电偶腐蚀电池，阳极性金属（腐蚀电位较低的金属）的腐蚀速度增大，发生加速腐蚀破坏，叫电偶腐蚀，或异金属接触腐蚀。

8.2.2　电偶腐蚀的影响因素

在4.3节中已经讨论了电偶腐蚀电池的动力学关系。对活化极化腐蚀体系，表4-2中列

出了阳极性金属 M_2 的电偶电流密度 $i_g(M_2)$ 和电偶腐蚀效应 $i_g(M_2)/i_{cor}(M_2)$ 的表示式。

对氧扩散控制体系，阳极性金属 M_2 的电偶电流密度和电偶腐蚀效应的公式为式(4-29)和式(4-28)。

根据这些公式可以讨论影响电偶腐蚀的因素。

8.2.2.1　腐蚀电位差

腐蚀电位差表示电偶腐蚀的倾向。两种金属在使用环境中的腐蚀电位相差越大，组成电偶对时阳极金属受到加速腐蚀破坏的可能性越大。

将各种金属材料在某种环境中的腐蚀电位测量出来，并把它们从低到高排列，便得到所谓的电偶序（galvanic series），可以用来预测异金属组合可能造成的电偶腐蚀影响。最常见的是海水中的电偶序（表 8-1）。由于金属在海水中的腐蚀电位与海水的组成、温度、流速都有密切的关系，故一般的电偶序并不列出腐蚀电位的具体数值，而是只排列金属材料的相对顺序。

表 8-1　海水中的电偶序

电位负（阳极性增强）↑

镁、镁合金
锌
铝
镉
杜拉铝（硬铝、飞机合金等）
铸铁、软钢
铁铬合金（活化态）
高镍铸铁
18-8 型不锈钢（活化态）
锡焊条
锡
因科镍（铬镍铁合金）（活化态）、镍（活化态）
镍铬钼合金、耐酸镍基合金（Hastelloy B）
蒙乃尔合金、铜镍合金
青铜、铜、黄铜
银焊条
因科镍（钝态）、镍（钝态）
1Cr13 不锈钢（钝态）
18-8 型不锈钢（钝态）
银
钛
石墨
金
铂

电位正（阴极性增强）↓

由于腐蚀电位随环境条件而变化，而环境条件多种多样，我们不可能也没有必要作出每一种环境中的电偶序。当我们需要判断某几种金属制作的部件进行组合的电偶腐蚀倾向时，可以在使用环境中测量这几种金属的腐蚀电位进行比较。

这里需要再一次强调指出，在比较腐蚀电位从而确定电偶对中哪个金属是阳极时绝不能离开环境条件。同一种电偶组合在不同环境条件中不仅腐蚀电位差的数值不一样，甚至可能发生极性反转。比如 Fe 和 Sn 组成的电偶对，在许多环境中 Fe 是阳极，Sn 是阴极，表 8-1 就是一例；而在食品有机酸中（镀锡铁皮罐头盒接触的环境），Sn 则是阳极，而 Fe 为阴极。再如 Cu-Fe 电偶对，在一般情况下 Fe 是阳极，但当溶液中含有氰时，Cu 则是阳极。同时，温度也有重大影响。Fe-Sn 电偶对在 NaCl 溶液中，常温下 Fe 是阳极，而当温度升高到 100℃，Sn 成为阳极。Zn-Fe 电偶对也是如此，在 70℃ 以下的热水中，Zn 是阳极，而当水

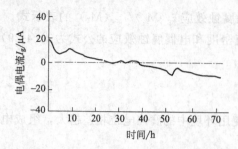

图 8-1　4130 钢-6061 铝电偶对的电偶
电流随时间的变化

试验介质：ASTM 腐蚀水

温升到 80℃，Zn 转变为阴极。这样的例子还有很多。

不仅环境条件不同，异金属组合的电位关系不同，即使在同一环境中，随着腐蚀过程的进行，两种金属的腐蚀电位相对关系也会改变。图 8-1 是一个例子。4130 钢与 6061 铝组成的电偶对，在开始一段时间铝是阳极，而经过大约 40h，铝转变为阴极，电偶电流方向发生反转。这种变化的原因是，随着腐蚀过程的进行，金属表面状态发生变化（比如生成腐蚀产物膜），或者溶液发生变化（比如 pH 值升高）。

8.2.2.2　极化性能

一般说来，在阴极性金属 M_1 上去极化剂还原反应越容易进行，即阴极反应极化性能越弱，阳极性金属 M_2 的电偶腐蚀效应越大，造成的破坏越严重。

（1）析氢腐蚀　对于析氢腐蚀体系，按表 4-2，阳极性金属 M_2 的电偶电流密度：

$$\ln i_g(M_2)=\frac{E_{ec}(M_1)-E_{ea}(M_2)}{\beta_a(M_2)+\beta_c(M_1)}+\frac{\beta_a(M_2)}{\beta_a(M_2)+\beta_c(M_1)}\ln i_a^0(M_2)+\frac{\beta_c(M_1)}{\beta_a(M_2)+\beta_c(M_1)}\left[\ln i_c^0(M_1)+\ln\frac{S_1}{S_2}\right]$$

如果阴极性金属 M_1 上析氢反应交换电流密度由 $i_c^0(M_1)$ 改变为 $[i_c^0(M_1)]'$，电偶电流密度由 $i_g(M_2)$ 改变为 $i_g'(M_2)$。因为阳极金属未改变，故有：

$$\ln\frac{i_g'(M_2)}{i_g(M_2)}=\frac{\beta_c(M_1)}{\beta_a(M_2)+\beta_c(M_1)}\ln\frac{[i_c^0(M_1)]'}{i_c^0(M_1)}$$

由极化曲线也可以得出这一结果（图 8-2）。阳极金属 M_2 的电偶腐蚀效应为：

$$\ln\gamma=\ln\frac{i_g(M_2)}{i_{cor}(M_2)}=\frac{\beta_c}{\beta_a(M_2)+\beta_c}\left[\ln\frac{i_c^0(M_1)}{i_c^0(M_2)}+\ln\frac{S_1}{S_2}\right]$$

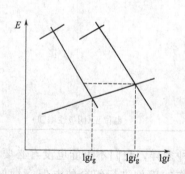

图 8-2　M_1 上析氢反应 i_c^0 对 M_2 电偶电流密度
i_g 的影响（析氢腐蚀体系）

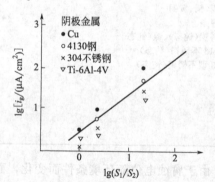

图 8-3　2024 铝在 3.5% NaCl 溶液中的电偶
电流密度 i_g 与阴、阳极面
积比 S_1/S_2 的关系

这两个式子都说明，阴极性金属 M_1 上析氢反应交换电流密度 $i_c^0(M_1)$ 越大，则阳极性金属 M_2 的电偶电流密度和电偶腐蚀效应越大。与 M_1 组成电偶对，将使 M_2 的腐蚀大大加速，M_2 遭到的腐蚀破坏越严重。故在发生析氢腐蚀的环境，与低氢过电位的阴极性金属接触，将造成阳极性金属发生严重的电偶腐蚀。

（2）吸氧腐蚀　如果阴极反应受氧扩散控制，阴极反应速度等于氧分子极限扩散电流密度，$|i_c|=i_d$。那么各种金属上阴极反应的极化性能是一样的，此时 $i_g(M_2)$ 与阴极性金属

的种类无关，仅取决于 i_d 的大小，i_d 增大，则 $i_g(M_2)$ 增大：

$$i_g(M_2)=i_d\frac{S_1}{S_2}$$

阳极性金属 M_2 的电偶腐蚀破坏加剧。不过，当阴极性金属 M_1 表面有氧化物膜时，情况就比较复杂。这里需要考虑两个问题：一是 M_1 受到阴极极化，表面氧化物膜可能溶解；二是表面氧化物膜的电子导电性对阴极反应速度的影响。对不同的阴极性金属，这两个方面的变化是不同的。实验发现，铝-不锈钢电偶对和铝-铜电偶对的腐蚀电位差相近，而铝与不锈钢偶接对其腐蚀影响不大，与铜偶接却造成严重的电偶腐蚀破坏。考虑到上面的两种影响就不难作出说明。

8.2.2.3　阴、阳极表面面积比 S_1/S_2

在析氢腐蚀情况，由表 4-2 知，$\ln i_g(M_2)$、$\ln\gamma$ 都与 $\ln S_1/S_2$ 成线性关系。在吸氧腐蚀情况，当阴极反应受氧扩散控制，$i_g(M_2)$ 与 S_1/S_2 成正比 [公式(4-29)]。可见在两种情况下，随着阴极性金属 M_1 面积增大，阳极性金属 M_2 的电偶电流密度 i_g 都增大，电偶腐蚀破坏加重。图 8-3 表明了电偶电流密度 i_g 随阴、阳极表面面积比 S_1/S_2 的增加而增大。这是因为总的氧化反应电流等于总的还原反应电流，在阴极性金属上主要发生还原反应，当阴极性金属面积增大，还原反应电流增大，因此阳极金属表面上氧化反应电流也就相应增大。所以，大阴极、小阳极的电偶组合是很有害的，应当避免。

8.2.2.4　溶液导电性

电偶电流 i_g 在阳极性金属上并不是均匀分布的，越靠近两金属结合部，电偶电流密度越大。这是因为电流回路存在欧姆电阻，通路越短则电阻越小。因此，溶液导电性对电偶电流的分布有很大的影响。溶

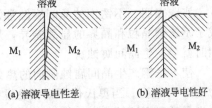

(a) 溶液导电性差　　　(b) 溶液导电性好

图 8-4　溶液导电性对电偶腐蚀的影响

液电阻率大，则电偶电流分布不均匀性程度大，腐蚀破坏集中在结合部附近，形成深的沟槽 [图 8-4(a)]。电阻率小，则电偶电流分布较均匀，腐蚀破坏分布较宽 [图 8-4(b)]。

8.3　晶间腐蚀

8.3.1　发生晶间腐蚀的电化学条件

晶间腐蚀指腐蚀主要发生在金属材料的晶粒间界区，沿着晶界发展，即晶界区溶解速度远大于晶粒溶解速度。不锈钢、镍合金、铝合金都可能发生晶间腐蚀。图 8-5 是晶间腐蚀试样的金相照片。

发生晶间腐蚀的电化学条件如下。

① 晶粒和晶界区的组织不同，因而电化学性质存在显著差异。比如阳极极化曲线差别较大，这是金属材料发生晶间腐蚀的内在因素。满足了这个条件，我们就说金属材料有了发生晶间腐蚀的倾向。由于晶间腐蚀倾向由组织不均匀性引起，故晶间腐蚀是组织敏感的腐蚀形态。

② 外在因素。晶粒和晶界的差异要在适当的环境下才能显露出来。图 8-6 表明，如果腐蚀电位处于 $E_1\sim E_2$ 的电位区间，晶粒处于钝态，而晶界区发生活性溶解腐蚀，晶界区的溶解速度就会比晶粒大得多，它们的差异也就显露出来了。如果环境条件使腐蚀电位对晶粒和晶界都处于活性溶解区，或都处于钝化区，它们的差异也就被掩盖而显露不出来了。

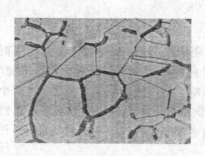

图 8-5　晶间腐蚀试样的金相照片
（注意有的晶粒已被腐蚀沟包围）

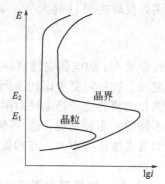

图 8-6　晶粒和晶界区组织差异造
成阳极极化曲线不同
（$E_1 \sim E_2$ 成为危险的电位区）

晶间腐蚀试验的设计原则就是要使试样晶界区和晶粒存在差异，并选择适当的试验溶液使这种差异显露出来。

8.3.2　不锈钢的晶间腐蚀

8.3.2.1　敏化热处理

实践表明，不锈钢的晶间腐蚀常常是在受到不正确的热处理以后发生的，这种热处理造成了不锈钢晶粒和晶界的显著差异，从而产生晶间腐蚀倾向。当不锈钢在弱氧化性介质中使用时就会发生晶间腐蚀。

使不锈钢产生晶间腐蚀倾向的热处理叫做敏化热处理。奥氏体不锈钢的敏化热处理范围为 450～850℃。当奥氏体不锈钢在这个温度范围较长时间加热（如焊接）或缓慢冷却，就产生了晶间腐蚀敏感性。铁素体不锈钢的敏化温度在 900℃ 以上，而在 700～800℃ 退火可以消除晶间腐蚀倾向。

8.3.2.2　TTS 曲线

敏化处理对不锈钢晶间腐蚀的影响，与加热温度、加热时间都有关系。将处理后的试样进行试验，把结果表示在以加热温度（T）和加热时间（t）为纵、横坐标的图上，发生晶间腐蚀的区域的边界称为 TTS 曲线（S 表示晶间腐蚀敏感性）。图 8-7 和图 8-8 分别是奥氏体不锈钢和铁素体不锈钢的 TTS 曲线，可以清楚地看出两者的差别。

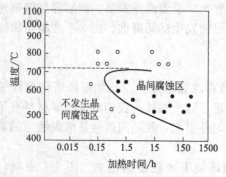

图 8-7　0.05％C-18.48％Cr-9.34％ Ni
不锈钢的 TTS 曲线

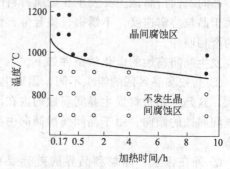

图 8-8　00Cr25 不锈钢（C0.005％，
N0.005％）的 TTS 曲线

TTS 曲线清楚地表明被试验不锈钢敏化处理的温度和时间范围，TTS 曲线越靠左边（温度坐标轴），包围范围越大，则不锈钢晶间腐蚀倾向越大。

各种合金元素对不锈钢晶间腐蚀倾向的影响不同。不锈钢含碳量与晶间腐蚀倾向有密切关系。图 8-9 表明，当不锈钢含碳量降低，TTS 曲线向右下方移动，说明不锈钢晶间腐蚀敏感性减小。从图 8-9 中可以看出，如果将含碳量降低到 0.03％以下，加热时间达到 10h 也不会造成晶间腐蚀倾向。

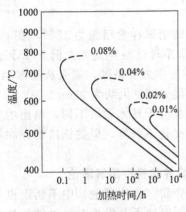

图 8-9　含碳量对 18-8 型不锈钢 TTS 曲线的影响
（曲线上数值为含碳量）

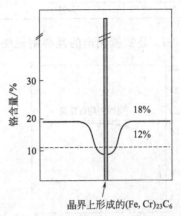

图 8-10　不锈钢晶界上析出碳化铬形成贫铬区示意

增加铬含量对降低不锈钢晶间腐蚀倾向有利，增加镍含量则有害。不锈钢中加入钛或铌可以使 TTS 曲线右移，因而使晶间腐蚀敏感性减小。

8.3.3　不锈钢晶间腐蚀理论

8.3.3.1　贫铬理论

不锈钢在弱氧化性介质中发生的晶间腐蚀（这是最常见的情况，因为不锈钢一般都是在这种介质中使用），可以用贫铬理论解释。对铝铜合金、镍钼合金的晶间腐蚀有类似的贫化理论。

（1）奥氏体不锈钢　碳在奥氏体中的饱和溶解度小于 0.02％，一般不锈钢的含碳量都高于这个数值。当不锈钢从固溶温度冷却下来时，碳处于过饱和。受到敏化处理时，碳和铬形成碳化物［主要为（Cr，Fe）$_{23}$C$_6$ 型］在晶界析出。由于碳化铬含铬量很高，而铬在奥氏体中扩散速率很低，这样就在晶界两侧形成了贫铬区，其含铬量低于 12％（质量分数），因而钝化性能与晶粒（含铬量大于 12％，在图 8-10 中为 18％）不同，即晶界区和晶粒本体有了明显的差异。

（2）铁素体不锈钢　碳在铁素体中的溶解度更小，但铬在铁素体中的扩散速度较大（比在奥氏体中大两个数量级）。这样的特点使铁素体不锈钢甚至从高温区快速冷却时也较易析出碳化铬，形成晶界贫铬区。即铁素体不锈钢敏化温度较高，时间较短，TTS 曲线比奥氏体不锈钢的 TTS 曲线位置高且靠近温度坐标轴（见图 8-8）。在 700～800℃退火时，由于铬比较快自晶粒内部向晶界扩散而消除贫铬区，从而使晶间腐蚀倾向降低。

贫铬理论比较好地解释了敏化处理为什么会造成不锈钢的晶间腐蚀敏感性，已被普遍接受。

有许多实验证明了经过敏化处理后的不锈钢中贫铬区的存在，表 8-2 中的实验结果是将敏化处理后的不锈钢在冷的浓硫酸中侵蚀 1d，然后分析溶液中 Cr、Ni、Fe 的相对含量。由于晶粒本体处于钝态，溶解速度很小；而晶界区不能钝化，溶解速度大得多，因而可以认为溶液中的 Cr、Ni、Fe 离子是晶界区溶解形成的，反映了晶界区的化学组成。

表 8-2 敏化处理后晶界区的化学成分

金属	钢的成分/%	在下列温度敏化处理2h后晶界附近区域的化学成分/%			
		700℃	725℃	750℃	775℃
Cr	18.0	9.63	9.7	8.7	10.3
Ni	8.8	7.9	6.7	8.4	8.3
Fe	余量	82.4	83.5	82.4	81.3

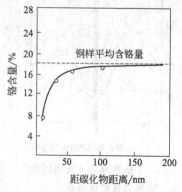

图 8-11 1Cr18Ni9 不锈钢经敏化处理
（650C，2h）后贫铬区内铬的分布

图 8-11 是实验测出的晶界附近铬含量的分布，不锈钢试样含铬量为 18%，在 650℃ 敏化处理 2h 后，晶界附近铬含量大大低于 18%。如果以铬含量低于 12% 作为贫铬区，那么从图 8-11 可知，贫铬区在晶界一侧的宽度大约为 25nm。

尽管各个实验由于具体做法不同，测出的贫铬区宽度和铬含量的变化不一样，但贫铬区的存在则是确定无疑的。

8.3.3.2　晶界选择性溶解理论

在强氧化性介质（如浓硝酸）中不锈钢也会发生晶间腐蚀，但晶间腐蚀不是发生在经过敏化处理的不锈钢上，而是发生在经固溶处理的不锈钢上。对这类晶间腐蚀显然不能用贫铬理论来解释，而要用晶界区选择性溶解理论来解释。

当晶界上析出了 σ 相（FeCr 金属间化合物），或是有杂质（如磷、硅）偏析，在强氧化性介质中便会发生选择性溶解，从而造成晶间腐蚀。而敏化加热时析出的碳化物有可能使杂质不富集或者程度减轻，从而消除或减少晶间腐蚀倾向。

8.3.4　提高不锈钢抗晶间腐蚀性能的冶金方法

（1）固溶处理，避免敏化处理　当含碳量较高的奥氏体不锈钢受到敏化处理（如焊接）后，应进行固溶处理，即在 1050～1100℃ 加热，使碳化铬重新溶解，迅速淬冷，通过敏化加热温度区，不使碳化铬再析出，以消除晶界贫铬区。对铁素体不锈钢，可在 700～800℃ 进行退火处理。

（2）加入稳定元素钛或铌　因为它们更容易和碳生成碳化物，使碳被消耗而不能生成碳化铬。需要注意的是，钛和铌的加入量要足够（含碳量的 5～10 倍），还应进行稳定化处理（在 850～900℃ 保温 2～4h），使碳化钛、碳化铌充分生成。

稳定化不锈钢如果使用不当也会发生晶间腐蚀，在紧靠焊缝的窄带上发生的刀线腐蚀就是例子。这是因为在焊缝紧邻部位，碳化钛和碳化铬都溶解在金属中，在二次加热（二面焊或焊后退火）时，如果所受温度正好使碳化铬析出，而碳化钛或碳化铌不能形成，就会造成贫铬区，导致晶间腐蚀敏感性。

（3）降低含碳量　冶炼低碳（C≤0.03%）不锈钢和超低碳（C+N≤0.002%）不锈钢，由于碳含量低，不会形成贫铬区，也就避免了晶间腐蚀倾向。但是，低碳和超低碳不锈钢仍然可能发生因 σ 相析出而导致的晶间腐蚀。

8.4　选择性腐蚀

选择性腐蚀包括成分选择性腐蚀和组织选择性腐蚀。前者指单相合金中的各组分不是按合金成分比例溶解，而是某一种组分发生优先溶解，最常见的例子是黄铜脱锌，其他如铜铝合金脱铝、青铜脱锡、铜镍合金脱镍等。后者指多相合金中某一种组织发生优先腐蚀，最熟知的例子是灰铸铁的石墨化，（α+β)-黄铜、奥氏体-铁素体双相不锈钢在某些环境中也可能发生组织选择性腐蚀。

8.4.1 黄铜脱锌

8.4.1.1 破坏形式

黄铜是铜锌合金，黄铜中的锌发生选择性溶解，留下的铜残体多孔质脆，机械强度很低。黄铜脱锌的几种类型见图 8-12，主要有层状和栓状两类。

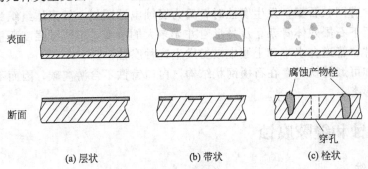

图 8-12 黄铜脱锌的几种类型

前者指脱锌沿着黄铜表面发展，可以是均匀的，与介质接触的表面都发生脱锌；也可以是不均匀的，脱锌呈条带状。后者指脱锌黄铜成塞子形，向黄铜深处发展。层状脱锌使黄铜表面变成力学性质脆弱的铜层，受到流动水的压力或外部应力时可能发生开裂。栓状脱锌形成的塞子是铜的残体，多孔而质脆，当贯穿器壁后，在水的压力作用下可能被冲掉而造成穿孔。

8.4.1.2 影响因素

① 锌含量高的黄铜容易发生脱锌。在实际应用中，含锌低于 15% 的黄铜一般不会发生（图 8-13）。

② 黄铜中加入锡、砷、锑可以抑制脱锌。如海军黄铜含锡 1%，砷 0.04%，提高了抗脱锌腐蚀性能。黄铜中含铋、锰、铁等杂质对脱锌有加速作用。

③ 溶液的停滞状态、含氯离子、黄铜表面存在多孔水垢或沉积物（易形成缝隙），都能促进脱锌。溶解氧对脱锌也有促进作用，但不含溶解氧的溶液也可能发生脱锌。

④ 溶液的 pH 值可以影响脱锌的类型。在酸性溶液中，含锌量高的黄铜常发生层状脱锌；在弱酸性、中性和碱性介质中，含锌量低的黄铜多发生栓状脱锌。

在实际应用中，引起黄铜脱锌的最常见介质是海水，特别是高温海水。使用海水作冷却介质的黄铜冷凝器管常因发生脱锌腐蚀而损坏。

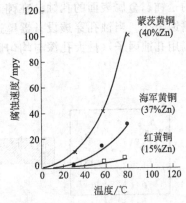

图 8-13 三种黄铜在 2mol/L NaCl 溶液中的腐蚀速度（浸泡 249d）
（腐蚀速度根据拉伸强度下降值算出）

8.4.1.3 机理解释

（1）锌的选择性溶解 该理论认为，黄铜表面的锌原子发生选择性溶解，留下空位，稍里面的锌原子通过扩散到发生腐蚀的位置，继续发生溶解，结果留下疏松多孔的铜层。

（2）溶解-沉积 这种理论认为铜和锌以金属离子形式一起进入溶液，铜离子再发生还原，以纯铜的形式沉积出来（称为回镀）。

两种理论各有一些实验事实作为依据，但也有反对的看法。在发生了脱锌的 α-黄铜表面的残铜中发现了与基体金属相似的孪晶和残余晶界，这似乎对锌选择性溶解机理有利。但有人认为，这种孪晶与电解沉积铜看到的孪晶是相同的。用溶解-沉积机理可以较好的说明少量砷对 α-黄铜脱锌的抑制作用（阻止铜的回镀）。但有人将含 30％ Zn 的黄铜在 pH＝5 的 0.5mol/L $ZnSO_4$ 溶液中进行实验，报道说没有发现铜离子进入溶液。

看来两种机理分别适用于不同的环境条件，有人认为在不同的电位区间，脱锌机理应不同。

8.4.2　灰铸铁石墨化

灰铸铁中含有网状石墨，发生腐蚀时石墨为腐蚀电池阴极，铁素体组织为阳极。铁发生选择性溶解，留下石墨残体骨架。从外形看并无多大的改变，但机械强度严重下降，极易破损。灰铸铁构件、管道在水中和土壤中极易发生这种腐蚀破坏。

球墨铸铁和可煅铸铁不存在石墨网状结构，白口铸铁不含游离碳，因而不会发生石墨化这种腐蚀破坏形态。

8.5　孔蚀和缝隙腐蚀

8.5.1　孔蚀

孔蚀即小孔腐蚀，亦称点蚀。腐蚀破坏形态是金属表面局部位置形成蚀孔或蚀坑，一般孔深大于孔径。但孔的形状则有很多种，这是一种危害很大的局部腐蚀。

8.5.1.1　腐蚀的破坏特征

① 破坏高度集中。虽然孔蚀也可能在非钝态金属表面上发生，但发生最多、危害最大的是钝态金属表面的孔蚀。在钝态金属表面上，腐蚀集中在狭小的孔内，孔外钝态金属表面腐蚀极小。当蚀孔穿透设备器壁造成破坏，金属的失重量是很小的。孔蚀破坏的集中程度可以用孔蚀因子（最大孔深与均匀腐蚀深度之比）来表示。

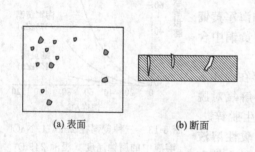

(a) 表面　　　　(b) 断面

图 8-14　孔蚀形态

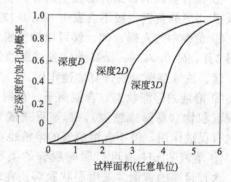

图 8-15　蚀孔深度与试样暴露表面积的函数关系

② 蚀孔分布不均匀，有的地方密集，看去像一片粗糙表面；有的地方则是个别的、分散的，但很难预料。蚀孔深度也各不相同。

孔蚀密度和孔蚀深度都与暴露面积有关。从图 8-15 可知，试样表面积越大，出现某一深度蚀孔的概率越大。

③ 蚀孔通常沿重力方向发展，也有沿横向发展，故水平放置的试样上表面蚀孔最多。

④ 蚀孔口很小，而且往往覆盖有固体沉积物，因此不易发现。

⑤ 孔蚀发生有或长或短的孕育期（或称诱导期），孕育期越长表示孔蚀引发的速度越小。

8.5.1.2　孔蚀的引发

孔蚀可分为引发和成长（发展）两个阶段。在钝态金属表面上，蚀孔优先在一些敏感位置上形成，这些敏感位置（即腐蚀活性点）包括：

① 晶界（特别是有碳化物析出的晶界），晶格缺陷；

② 非金属夹杂，特别是硫化物，如 FeS、MnS，是最为敏感的活性点；

③ 钝化膜的薄弱点（如位错露头、划伤等）。

钝化膜在溶液中处于不断溶解和不断生成的动态平衡状态。当溶液中存在活性离子（如氯离子）时，氯离子最容易在这些活性点上吸附，将氧原子排挤掉，使钝化膜局部破坏，从而打破了这种平衡。钝化膜局部溶解，露出基体金属，形成孔蚀核（极微小的蚀孔）。孔蚀核长大，便成为宏观可见的蚀孔（直径大于 $30\mu m$），称为孔蚀源。

孔蚀源可能迅速发展，向金属内部"深挖"，孔蚀不断增大；某些孔蚀核也可能自动愈合，停止发展，成为开放式蚀坑。

8.5.1.3　表示金属孔蚀倾向的电化学指标

在氯化物溶液中（如 NaCl 溶液）对金属试样进行阳极极化，在钝化区极化电流很小。当电位正移到 E_b 时，电流迅速增大，表明钝化膜局部破坏，发生腐蚀。电流增大到某一数值 i_1，使电位负移（反向极化），电流降低。但电流降低落后于电位负移，故反向极化曲线不与正向极化曲线重合（滞后）。直到电位

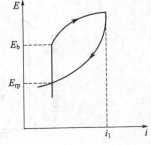

图 8-16　环状阳极极化
曲线和孔蚀特征电位

负移到低于 E_b 的电位 E_{rp}，电流才恢复到钝化区电流。这样便得到图 8-16 所示的环状阳极极化曲线。

环状阳极极化曲线上的特征电位 E_b 和 E_{rp} 可以用来表示金属的孔蚀倾向。E_b 称为击穿电位，或孔蚀电位。E_{rp} 称为孔蚀保护电位或再钝化电位。E_b、E_{rp} 正值越大，E_b 与 E_{rp} 相差越小（滞后环面积越小），则金属材料发生孔蚀的倾向越小，耐孔蚀性能越好。

引入 E_b 和 E_{rp} 以后，阳极极化曲线上的钝化区便被划分为三段。$E > E_b$ 的电位区段称为孔蚀区，金属钝化膜击穿，发生孔蚀。$E < E_{rp}$ 的电位区段称为完全钝化区，金属不发生孔蚀；已发生孔蚀后，将金属电位降低至这一电位区，蚀孔便再钝化。$E_{rp} \sim E_b$ 的电位区段称为不完全钝化区。如果金属表面原来处于钝态，在这个电位区内不发生孔蚀；如果已发生孔蚀，将电位降低到这个电位区，已形成的孔蚀不会愈合，可继续成长，但金属表面不产生新的蚀孔。

将 E_b 和 E_{rp} 随溶液 pH 值变化的轨迹表示在电位-pH 图上，便得到图 8-17 所示的实验电位-pH 图。

测量环状阳极极化曲线，常用动电位扫描法。实验表明，测出的 E_b 和 E_{rp} 的数值不仅与所用的试验溶液（Cl^- 浓度、温度）有关，而且与电位扫描速度有关。E_{rp} 还和开始回扫描时达到的极化电流密度有关。电位扫描速度越大，测得的 E_b 越正，E_{rp} 越负；开始回扫时达到的极化电流密度越大，测得的 E_{rp} 越负。可见，图 8-17 所示的实验电位-pH 图随实验条件而变化，并不是唯一的。显然，为了用 E_b 和 E_{rp}

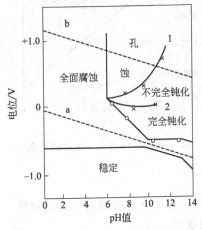

图 8-17　铁在含 $355\mu L/L$ 氯化物的水溶液中的实验电位-pH 图

曲线 1—击穿电位 E_b 随 pH 值的变化

曲线 2—再钝化电位 E_{rp}
随 pH 值的变化

比较各种金属材料的耐孔蚀性能，测量 E_b 和 E_{rp} 的实验条件必须相同。

8.5.1.4 孔蚀的影响因素

（1）金属材料 能够钝化的金属容易发生孔蚀，故不锈钢比碳钢对孔蚀的敏感性高。金属钝态越稳定，耐孔蚀性能越好。孔蚀最容易发生在钝态不稳定的金属表面。

对不锈钢，Cr、Mn 和 N 有利于提高耐孔蚀能力。图 8-18 表明，Cr 含量增加时，不管是奥氏体不锈钢还是铁素体不锈钢，孔蚀电位 E_b 都升高。高 Cr 含量和高 Mo 含量的配合能大大提高不锈钢耐孔蚀能力；Ni 也有好的影响，但作用较弱；杂质 C 和 S 有害；含 Ti 和 Nb 也会降低不锈钢耐孔蚀性能。

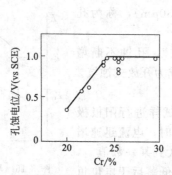 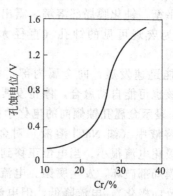

(a) 含氮奥氏体不锈钢(含氮量0.2%～0.4%)   (b) 铁素体不锈钢
试验溶液：50%H_2SO_4+3%NaCl，35℃，敞口体系   试验溶液：0.1mol/L NaCl，pH=2

图 8-18 Cr 含量对不锈钢孔蚀电位的影响

奥氏体-铁素体双相不锈钢耐孔蚀性能优于奥氏体不锈钢（图 8-19）。不锈钢受到敏化热处理，由于晶界上析出碳化物而使耐孔蚀性能下降。材料越均匀，耐孔蚀能力越强，冷加工使孔蚀倾向增大。光滑而清洁的表面不容易发生孔蚀。

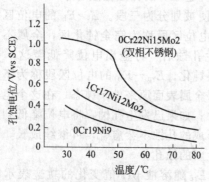 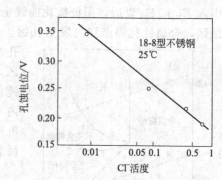

图 8-19 双相不锈钢耐孔蚀性能优   图 8-20 孔蚀电位与 Cl^- 活度的关系
于奥氏体不锈钢
试验溶液：3.5% NaCl

（2）环境 活性离子能破坏钝化膜，引发孔蚀。特别是含氧化性金属离子的氯化物（如 $FeCl_3$、$CuCl_2$）是强烈的孔蚀促进剂，Br^-，Cl^- 的作用较弱。

实验可总结出，金属的孔蚀电位 E_b 与 Cl^- 活度的对数成线性关系：

$$E_b = a + b \lg a_{Cl^-}$$

式中，a、b 是常数。有的资料报道，对 18-8 型不锈钢，$a=0.168V$，$b=-0.088V$；对铝，$a=-0.504V$，$b=-0.124V$。可见，随 Cl^- 浓度增大，孔蚀电位下降（图 8-20），金属

发生孔蚀倾向增大。

　　孕育期（诱导期）的测量表明同样的影响。随溶液中 Cl⁻ 浓度增大，孔蚀孕育期缩短。

　　一般认为，金属发生孔蚀需要 Cl⁻ 浓度达到某个最低值（临界氯离子浓度）。这个临界氯离子浓度可以作为比较金属材料耐孔蚀性能的一个指标，临界氯离子浓度高，金属耐孔蚀性能好。表 8-3 列出了 Cr 含量对 Fe-Cr 合金孔蚀临界氯离子浓度的影响。

表 8-3　Cr 含量对 Fe-Cr 合金孔蚀临界氯离子浓度的影响

Cr 含量/%	0	5.6	11.6	20	24.5	29.4
临界 Cl⁻ 浓度/(mol/L)	0.0003	0.017	0.069	0.1	1.0	1.0

　　（3）缓蚀性阴离子　缓蚀性阴离子可以抑制孔蚀的发生。对于 18-8 型奥氏体不锈钢，缓蚀作用以 OH⁻ 和 NO₃⁻ 较强，Ac⁻ 和 ClO₄⁻ 较弱。当 Cl⁻ 浓度增大时，为使金属不发生孔蚀所需要的缓蚀性阴离子的浓度亦增大。比如对 18-8 型不锈钢，文献中有这样的公式：

$$\lg a_{Cl^-} = 1.62 \lg a_{OH^-} + 1.84$$

　　（4）pH 值　在较宽的 pH 值范围内，孔蚀电位 E_b 与溶液 pH 值关系不大。当 pH>10，随 pH 值升高，孔蚀电位增大，即在碱性溶液中，金属孔蚀倾向较小，这和上述 OH⁻ 的影响是一致的。图 8-21 是三种不锈钢的测量结果。

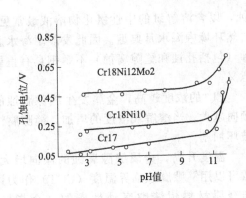

图 8-21　溶液 pH 值对不锈钢在 3% NaCl 溶液中孔蚀电位的影响

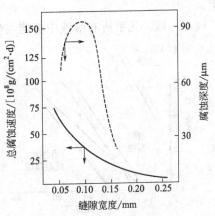

图 8-22　不锈钢在 0.5mol/L NaCl 溶液中的缝隙腐蚀（实验 54d）

　　（5）温度　温度升高，金属的孔蚀倾向增大。图 8-19 说明了温度对几种不锈钢孔蚀电位的影响。当温度低于某个温度，金属不会发生孔蚀。这个温度称为临界孔蚀温度（CPT），可以作为评定金属耐孔蚀性能的一个指标。CPT 越高，则金属耐孔蚀性能越好。显然，CPT 不仅与金属材料有关，而且与环境条件（Cl⁻ 浓度）有关，图 8-23 表示不锈钢中 Mo 含量对 CPT 的影响，说明加入 Mo 对提高耐孔蚀性能有利。

　　（6）流动状态　在流动介质中金属不容易发生孔蚀，而在停滞液体中容易发生，这是因为介质流动有利于消除溶液的不均匀性，所以输送海水的不锈钢泵在停运期间应将泵内海水排尽。

8.5.2　缝隙腐蚀

　　缝隙腐蚀是指腐蚀破坏发生在金属表面上的缝隙部位，在缝隙内区域，腐蚀破坏形态可以是蚀孔、蚀坑，也可能是全面腐蚀。

8.5.2.1　缝隙种类

　　① 机器和设备上的结构缝隙，如法兰连接、螺纹联结部位、搭焊接头等。缝隙可以是

金属部件之间形成的，也可以是金属部件与非金属部件之间形成的。

② 固体沉积（泥沙、腐蚀产物等）形成的缝隙。这种腐蚀也叫沉淀腐蚀或垢下腐蚀。

③ 金属表面的保护膜（如瓷漆、清漆、磷化层、金属涂层）与金属基体之间形成的缝隙。在保护膜下发生的特殊形式的缝隙腐蚀又叫丝状腐蚀。比如在食品、饮料罐头外表面的漆膜下，形成红棕色的腐蚀丝纹。

8.5.2.2　缝隙尺寸

造成缝隙腐蚀的缝隙是狭缝，一般认为其尺寸在 0.025～0.1mm 范围。宽度太小则溶液不能进入，不会造成缝内腐蚀；宽度太大则不会造成物质迁移困难，缝内腐蚀和缝外腐蚀无大的差别。图 8-22 为不锈钢在 0.5mol/L NaCl 溶液中的缝隙腐蚀。

8.5.2.3　影响因素

（1）金属材料　几乎所有的金属材料都会发生缝隙腐蚀，而耐蚀性依赖于钝态的金属对缝隙腐蚀最为敏感，如不锈钢、铝合金、钛合金。

不锈钢中铬、镍和钼有利于提高抗缝隙腐蚀性能。在海水中耐缝隙腐蚀性能好的不锈钢品种都含有高的铬和钼。比如 0Cr20Ni24Mo6（6X 合金）、00Cr21Ni25Mo5Nb（JS700）。但依靠铬和钼解决缝隙腐蚀问题比解决孔蚀问题困难。

均匀性有利于改善金属材料耐缝隙腐蚀性能。含硫化物夹杂、残余应力能促进缝隙腐蚀发生。

（2）环境　几乎所有溶液中都能发生缝隙腐蚀，以含溶解氧的中性氯化物溶液最常见，自然环境中海水是典型。因此发展耐海水腐蚀（包括孔蚀和缝隙腐蚀）不锈钢具有重要意义。

Cl^- 的浓度越高，金属发生缝隙腐蚀的倾向越大。当溶解氧浓度的增加，缝隙腐蚀破坏加剧。

温度升高，金属缝隙腐蚀的倾向增大。故可以用缝隙腐蚀临界温度（CCT）作为评定金属材料耐缝隙腐蚀性能的一个指标。CCT 是在选定实验溶液中试样不发生缝隙腐蚀的最高温度。图 8-23 用 CCT 评定了不锈钢中加入 Mo 的量对耐缝隙腐蚀性能的影响，得出了如下规律：

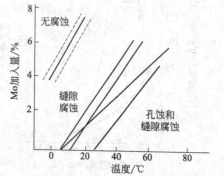

图 8-23　Cr-Ni 奥氏体不锈钢（含 18％Cr）的缝隙腐蚀临界温度（CCT），孔蚀临界温度（CPT）与 Mo 含量的关系试验溶液：10％$FeCl_3 \cdot 6H_2O$

$$CCT(℃)=-(45\pm5)+11\%Mo$$

式中，％Mo 表示 Mo 的含量。当含 Mo 量为 6％，CCT 在 16～26℃ 的范围，随 Mo 含量增加，CCT 提高，不锈钢耐缝隙腐蚀性能增强。

8.5.2.4　评定方法

评定金属材料耐缝隙腐蚀性能的试验方法，其基本原则是使用带有缝隙的试样，试验后检查缝隙内的腐蚀破坏形态和程度。试验条件与孔蚀试验相似，一般也使用氯化物溶液，如 $FeCl_3$ 溶液，在电化学试验中也可以用带缝隙的试样测量动电位阳极极化曲线，确定缝隙腐蚀临界电位。

8.5.3　闭塞腐蚀电池理论

8.5.3.1　闭塞腐蚀电池

虽然孔蚀和缝隙腐蚀发生的原因不相同，但它们的成长过程却很相似，都可以用闭塞腐蚀电池理论来进行说明。

缝隙、蚀孔（以及后面要讲到的裂纹尖端）的共同特点是：闭塞的几何条件使物质迁移困难。随着腐蚀过程进行，闭塞区内腐蚀条件强化。闭塞区内外电化学条件形成很大的差异，腐蚀过程显示自催化的特性。

8.5.3.2　闭塞腐蚀电池的工作过程

现以不锈钢在含溶解氧的中性氯化物溶液中缝隙内的腐蚀发展为对象，说明闭塞腐蚀电池的过程。

（1）缝隙内氧的贫乏　开始时缝隙内和缝隙外溶解氧含量是相同的，腐蚀是均匀的。不锈钢表面处于钝态，阴极反应为 O_2 还原反应。随着腐蚀的进行，缝隙内氧消耗补充困难，造成氧的贫乏。图 8-24 的海水中玻璃-钛缝隙的实验结果表明，缝隙越窄，氧浓度下降越快。

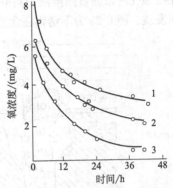

图 8-24　缝隙内氧浓度随时间的变化
缝隙宽度：1—3.5mm；2—2.7mm；
3—2.0mm

由于缝隙内贫氧，缝隙内外形成氧浓差电池。缝隙内金属表面为阳极，缝外自由表面为阴极。缝隙内金属表面上主要发生阳极氧化反应，缝外金属自由表面上主要发生 O_2 还原反应。设缝隙内、外溶液中氧的极限扩散电流密度分别为 i_{d_2}、i_{d_1}，缝隙内、外金属表面积分别为 S_2、S_1，则有：

$$(i_{a_2} - i_{d_2})S_2 = (i_{d_1} - i_{a_1})S_1$$

式中，i_{a_2}、i_{a_1} 分别是缝隙内、外金属阳极溶解电流密度。

由于缝内氧浓度很小，缝外金属表面溶解速度也很小，故近似地有：

$$i_{a_2} = \frac{S_1}{S_2} i_{d_1}$$

可见，缝隙外与缝隙内金属表面积之比 S_1/S_2 越大，主体溶液中溶解氧越多，缝隙内金属的阳极溶解速度就越大。由于缝隙的尺寸很小，故 S_1/S_2 一般是很大的。

氧浓差电池的形成可以说明缝隙腐蚀的初期阶段，但难以说明缝隙内很高的腐蚀速度。因为缝隙内金属表面仍处于钝态，其溶解速度是不会很大的。

（2）金属离子水解、溶液酸化　缝隙的闭塞几何条件使金属离子迁移出去困难，浓度不断增大。这导致两方面的后果：一方面缝隙外 Cl^- 迁入，使缝隙内溶液中 Cl^- 浓度增大；另一方面金属离子发生水解反应：

$$Fe^{2+} + 2H_2O \Longrightarrow Fe(OH)_2 + 2H^+$$
$$Cr^{3+} + 3H_2O \Longrightarrow Cr(OH)_3 + 3H^+$$

H^+ 生成使缝隙内溶液 pH 值下降，即溶液酸化。而固体产物的堆积进一步加剧了缝隙的闭塞性。

这就是说，随着腐蚀过程的进行，阳极区（缝隙内）和阴极区（缝隙外）环境条件的差异不仅不会消失，而且会不断强化，这是造成局部腐蚀的电化学条件。

（3）缝隙内溶液 pH 值下降，达到某个临界值，不锈钢表面钝化膜破坏，转变为活态，缝隙内金属溶解速度大大增加。

（4）上述过程反复进行，互相促进，整个腐蚀过程具有自催化特性。

使缝隙内不锈钢表面活化的 pH 值称为去钝化 pH 值，可作为不锈钢耐缝隙腐蚀性能的一个评定指标，去钝化 pH 值越低，不锈钢耐缝隙腐蚀性能越好。

除上述过程外，缝隙内 Cl^- 浓度升高也可能使缝隙内的不锈钢表面钝化膜被击穿，发生缝隙腐蚀破坏，缝隙内不锈钢表面上形成蚀孔、蚀坑等破坏形态。

孔蚀是在自由表面上发生的，孔蚀的引发过程是其自身创造了蚀孔这样的闭塞区。蚀孔发展过程中的金属离子水解、溶液酸化等自催化效应与上述缝隙腐蚀情况相同。正因为蚀孔的发展需要保持蚀孔内浓而重的溶液和高浓度 Cl^- 而维持活性，故蚀孔大多数是从上表面开始并沿着重力方向发展。图 8-25 为不锈钢在含溶解氧的中性 NaCl 溶液中发生孔蚀和缝隙腐蚀的闭塞电池模型。

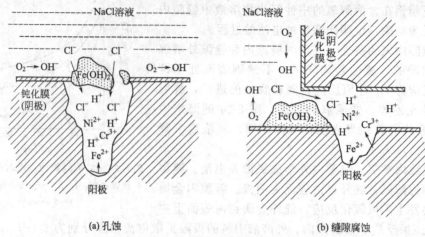

(a) 孔蚀　　　　　　　　　　　　　　　(b) 缝隙腐蚀

图 8-25　不锈钢在含溶解氧的中性 NaCl 溶液
中发生孔蚀和缝隙腐蚀的闭塞电池模型

对于碳钢，因其不能钝化，不会发生缝隙内金属表面活化或击穿，但自催化酸化过程仍是适用的。

8.5.3.3　闭塞腐蚀电池的测定

用模拟蚀孔和缝隙的闭塞腐蚀电池进行的实验测定，证实了闭塞区溶液的酸化、金属离子和氯离子浓度增高。

8.5.4　孔蚀和缝隙腐蚀的比较

孔蚀和缝隙腐蚀有许多相同之处。首先，耐蚀性依赖于钝态的金属材料在含氯化物的溶液中容易发生，造成典型的局部腐蚀。其次，孔蚀和缝隙腐蚀成长阶段的机理都可以用闭塞电池自催化效应说明。

但孔蚀和缝隙腐蚀也有许多不同之处。第一，孔蚀的闭塞区是在腐蚀过程中形成的，闭塞程度较大；而缝隙腐蚀的闭塞区在开始就存在，闭塞程度较小。第二，孔蚀发生需要活性离子（如 Cl^-），缝隙腐蚀则不需要，虽然在含 Cl^- 的溶液中更容易发生。第三，孔蚀的临界电位 E_b 较缝隙腐蚀临界电位 E_b' 高，E_b 与 E_{rp} 之间的差值较缝隙腐蚀小（在相同试验条件下测量），而且在 E_b 与 E_{rp} 之间的电位范围内不形成新的孔蚀，只是原有的蚀孔继续成长，但在这个电位范围内缝隙腐蚀既可以发生，也可以成长。

所以，缝隙腐蚀比孔蚀更容易发生，更不容易停止，从冶金方面解决缝隙腐蚀问题比孔蚀困难得多。对生产设备来说，最有效的解决途径是在制造、安装及生产操作过程中避免形成狭窄的缝隙。

8.6　应力腐蚀

应力腐蚀是应力和环境腐蚀的联合作用造成的金属破坏。在固定（静止）应力情况，称为应力腐蚀破裂（或应力腐蚀开裂），记为 SCC；在循环应力情况，称为腐蚀疲劳，记为 CF。

8.6.1 应力腐蚀破裂（SCC）的概况

8.6.1.1 特征

① 主要是合金发生 SCC，纯金属极少发生，合金的组成和结构与其耐 SCC 性能有密切的关系。

② 对环境的选择性：一定的合金材料只有在特定的环境中才发生 SCC。特定的环境既包括主要成分及其浓度，也包括微量杂质和温度。

这样便形成了所谓的 SCC 的材料-环境组合。表 8-4 列出了这种组合的一部分。其中常见的如奥氏体不锈钢在氯化物溶液中，铜合金在含氨环境中，碳钢在高温浓碱溶液中。

表 8-4　产生 SCC 的材料-环境组合

金属材料	腐蚀介质
软钢	NaOH、硝酸盐溶液、(硅酸钠＋硝酸钙)溶液
碳钢和低合金钢	42% $MgCl_2$ 溶液、氢氰酸
高铬钢	NaClO 溶液、海水、H_2S 水溶液
奥氏体不锈钢	氯化物溶液、高温高压蒸馏水
铜和铜合金	氨蒸气、汞盐溶液、含 SO_2 大气
镍和镍合金	NaOH 水溶液
蒙乃尔合金	氢氟酸、氟硅酸溶液
铝合金	熔融 NaCl、NaCl 水溶液、海水、水蒸气、含 SO_2 大气
铅	$Pb(Ac)_2$ 溶液
镁	海洋大气、蒸馏水、$KCl\text{-}K_2ClO_4$ 溶液

对于"特定"环境不能绝对化，因为新的材料-环境组合不断有所报道，比如奥氏体不锈钢，报道过的特定介质已有 40 多种。除了表 8-4 中的两种外，重要的还有：NaOH 溶液、H_2S 水溶液等。而且，这些造成 SCC 的环境都是很普通的介质，金属材料在这些环境中的全面腐蚀速度是很小的。

③ 只有拉应力才引起 SCC，压应力反而会阻止或延缓 SCC 的发生。所以在金属设备、部件表面引入压应力层，是一种防止 SCC 的实用技术。不过，近年来有人报道了在压应力作用下发生 SCC 的实验结果。

拉应力的来源包括载荷和残余应力，在设备加工、焊接、安装中造成的残余应力，是拉应力的主要来源，特别是焊接，可造成很高的残余应力。另外，腐蚀产物体积膨胀的楔入作用也是一种应力来源。

④ 裂缝方向宏观上和拉应力垂直，其形态有晶间型、穿晶型、混合型。有的裂缝除主干外还有大量分支，就像"河流三角洲"，也有的裂缝只有主干，分支很少。在扫描电镜下，断口形貌有河川状、扇状、羽毛状、鱼骨状、准解理状等花样。断口形貌是鉴定破裂性质的可靠依据。

⑤ SCC 有孕育期，因此 SCC 的破断时间 t_f 可分为孕育期、发展期和快断期三部分。

⑥ 发生 SCC 的合金表面往往存在钝化膜或其他保护膜，在大多数情况下合金发生 SCC 时均匀腐蚀速度很小，因此金属失重甚微。

8.6.1.2 合金耐 SCC 性能的评定

使试样同时受到拉应力和腐蚀环境（包含特定组分）的作用，对试样的加力方式可采用恒应变，使试样产生一定的变形，造成残余应力；也可采用恒载荷，对试样加上恒定载荷，产生拉应力。试样的种类很多，如 U 形、C 形。

应力腐蚀试验机一般是采用拉伸试样，通过杠杆砝码系统施加拉应力，测定试样破断时间 t_f。这种试验方法可以得出应力水平与破断时间的关系，也可研究外加极化电流对应力腐蚀的影响。

8.6.2 SCC 的影响因素

8.6.2.1 力学因素

（1）应力 应力是造成材料发生 SCC 的必不可少的条件。应力使材料发生形变，而形变使表面膜破裂。应力与环境腐蚀的相互促进，才使得材料在很弱的腐蚀性介质中发生破坏。

（2）临界应力和临界应力强度因子

① 测量外加应力 σ 和破断时间 t_f 的关系，作出 $\sigma\text{-}t_f$ 曲线。对许多体系，当横坐标用 $\lg t_f$ 时，曲线基本上是两段直线组成的折线，即 σ 低于某个临界值 σ_{th} 时，材料不发生破裂，σ_{th} 称为 SCC 临界应力。也有些体系不存在水平曲线段，此时可取某个 t_f（如 $10^2 h$、$10^3 h$ 等）对应的应力作为 σ_{th}。σ_{th} 可作为评价材料耐 SCC 性能的一个指标，σ_{th} 越大，材料耐 SCC 性能越好。

② 使用断裂力学研究 SCC 问题，应当用应力强度因子 K_1 代替应力 σ，测量 K_1 与 t_f 的关系，得到与图 8-26 相似的曲线，K_1 的临界值称为 SCC 临界强度因子，记为 $K_{1,SCC}$。

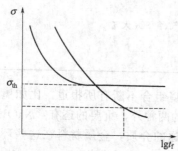

图 8-26 破断时间 t_f 与应力 σ 的关系

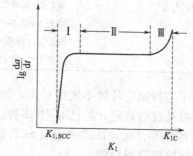

图 8-27 裂纹扩展速度 $\dfrac{da}{dt}$ 与应力场强度因子 K_1 的关系

由 $K_{1,SCC}$ 可以计算出临界裂纹深度 a_c：

$$a_c = 0.2\left(\frac{K_{1,SCC}}{\sigma_y}\right)^2$$

式中，σ_y 是材料的屈服强度。a_c 可作为评价材料耐 SCC 性能的一个指标。如果材料的屈服强调 $\sigma_y = 100 kg/mm^2$，$K_{1,SCC} = 210 kg/mm^{3/2}$，则 $a_c = 0.88mm$。那么当材料存在深度大于 0.88mm 的表面裂纹，就将发生 SCC（裂纹将扩展）；裂纹深度小于 0.88mm，就不会发生 SCC。

③ 裂纹扩展速度 $\dfrac{da}{dt}$ 与应力强度因子 K_1 的关系如图 8-27 所示。

曲线可分为三个阶段：

在裂纹扩展第 I 阶段，$\dfrac{da}{dt}$ 随 K_1 增大而迅速增大，在这个阶段力学因素起主要作用。

在第 II 阶段，当 K_1 增大到一定数值后，$\dfrac{da}{dt}$ 保持恒定。在这个阶段，化学因素起主要作用。

$\dfrac{\mathrm{d}a}{\mathrm{d}t}$ 的几个代表性例子有：18-8 型奥氏体不锈钢-42% MgCl₂ 溶液体系，$10^{-7}\,\mathrm{m/s}$；钛合金-卤化物溶液，$10^{-8}\,\mathrm{m/s}$；黄铜-氨溶液，$10^{-6}\,\mathrm{m/s}$。

在第 Ⅲ 阶段，$\dfrac{\mathrm{d}a}{\mathrm{d}t}$ 随 K_1 增大而增大，K_1 到达平面断裂韧性值 K_{1C}，材料迅速破断。第 Ⅲ 阶段也是力学因素起主要作用。

$\dfrac{\mathrm{d}a}{\mathrm{d}t}$ 也可以作为评价材料耐 SCC 性能的指标。

8.6.2.2　腐蚀因素

环境腐蚀是发生 SCC 的必要条件，在环境腐蚀与应力的协同作用下合金可以在远低于屈服强度的应力水平下发生破裂。

① SCC 对环境有选择性

即一定的合金材料只有在特定的环境中才发生 SCC，特定介质可以是主要成分，也可以是微量杂质。

氧化剂的存在有决定性作用，如奥氏体不锈钢在氯化物溶液中，需要有氧存在才会发生 SCC。图 8-28 表明，当氧含量增加时，发生 SCC 需要的氯化物浓度降低。当氧含量降低到 $0.5\mu\mathrm{L/L}$ 以下，就不会发生 SCC 了。

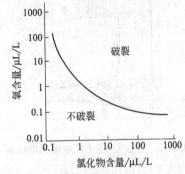

图 8-28　氧含量和氯化物含量对奥氏体不锈钢在锅炉水中发生 SCC 的影响

温度有着重要的影响。一般来说，温度升高，材料发生 SCC 的倾向增大，但各种合金-环境体系发生 SCC 的临界温度不同，有的在室温下就可发生，有的在沸腾温度下才发生，有的有一个温度范围。图 8-29 表明，316 型和 347 型两种奥氏体不锈钢在含 $875\mu\mathrm{L/L}$ NaCl 的水中，当温度升高时，发生破裂的时间缩短，而温度下降到 120℃ 以下就不会发生破裂，从奥氏体不锈钢氯化物 SCC 看，一般温度都在 70℃ 以上。图 8-30 是碳钢在 NaOH 溶液中发生 SCC（一般称为碱脆）的 NaOH 浓度和温度范围，可见发生 SCC 的温度在 40℃ 以上。

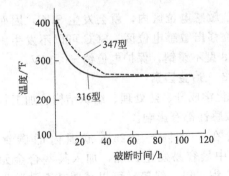

图 8-29　温度对破断时间的影响
体系：316 型和 347 型不锈钢含 $875\mu\mathrm{L/L}$ NaCl 的水

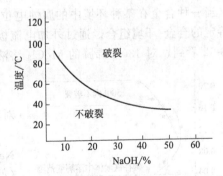

图 8-30　碳钢的碱脆与 NaOH 浓度和温度的关系

干湿交替环境使有害离子浓缩，SCC 更容易发生。比如某厂一台高压釜用 18-8 型不锈钢锻造，壁厚 2in（$1\mathrm{in}=25.4\mathrm{mm}$），釜外夹套中通冷却水。高压釜分批操作，每次运转后将水排掉。仅生产几次，高压釜外表面产生大量裂纹。原因是尽管冷却水是优质的，含氯化物很低，当水放掉后黏附在釜表面上的水珠变干，氯化物就浓缩了。

②　在裂纹尖端构成闭塞区，随着腐蚀过程的进行，裂纹尖端的狭小区域内溶液组成发生了变化，Cl^- 浓度升高，pH 值降低。虽然主体溶液是中性的，但裂纹尖端的溶液却可以是酸性的，使析氢反应成为可能，具体过程在 8.5 节中已作了叙述。

在分析裂纹的高速发展时，应当考虑到裂纹尖端的局部环境条件。

③　电位对材料的 SCC 行为有着重要的影响，对 SCC 的分析表明，能钝化的合金材料的 SCC 主要发生在两个电位区间：活态-钝化过渡电位区间（图 8-31 中的区间Ⅰ）和钝态-过钝化态过渡电位区间（图 8-31 中的区间Ⅱ）。这是因为在这两个电位区间内钝化膜的稳定性差，活态表面和钝态表面的腐蚀速度相差很大。比如碳钢的碱脆发生在第Ⅰ个敏感电位区间，固溶态的奥氏体不锈钢在高浓度氯化物溶液中的 SCC 发生在第Ⅱ个电位区间。前者为晶间破裂，后者为穿晶破裂。

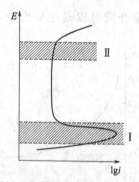

图 8-31　合金发生 SCC 的敏感电位区

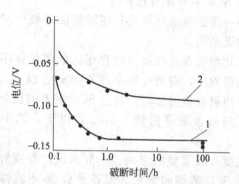

图 8-32　电位对 18-8 型不锈钢 SCC 破断时间的影响
1—130℃沸腾 $MgCl_2$ 溶液；2—$MgCl_2$+2% $NaNO_3$ 溶液

根据这个原理可以理解"特定环境"的作用，也可以理解 SCC 临界电位（或保护电位）的意义。

当一种合金材料在某种环境中的腐蚀电位不处于发生 SCC 的敏感电位区间内，就不会发生 SCC，因而不属于特定环境。但是用外加电流极化到敏感电位区，仍可诱导出 SCC。比如对于 α-黄铜，含 NO_3^- 和 SO_4^{2-} 的水溶液不属于特定环境，但阳极极化却可以使 SCC 发生。

当一种合金在某种环境中的腐蚀电位处于 SCC 敏感电位区内，就会发生 SCC，因而属于特定的合金-环境组合。通过外加电流极化使电位移出敏感电位区，SCC 可以不发生。从图 8-32 看到，对 130℃沸腾的 $MgCl_2$ 溶液中的 18-8 型不锈钢，保护电位约−0.15V。

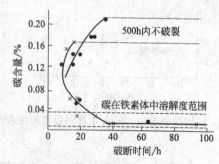

图 8-33　含碳量对碳钢在沸腾
$Ca(NO_3)_2$+NH_4NO_3
溶液中 SCC 的影响

8.6.2.3　冶金因素

合金的化学成分、热处理、组织结构、加工状态对其 SCC 敏感性都有影响。

碳含量在 0.01% ~ 0.25% 范围内的碳钢在 NaOH 溶液中最容易发生碱脆，加入某些合金元素（如铝、钛、铌、钒、铬等）可以减弱甚至消除碳钢对碱脆的敏感性。图 8-33 为含碳量对碳钢在沸腾 $Ca(NO_3)_2$+NH_4NO_3 溶液中 SCC 的影响。

对于奥氏体不锈钢在氯化物溶液中的 SCC 来说，提高 Ni 含量，加入硅、铜，有利于提高耐 SCC 性能。由图 8-34 可见，镍含量在 10% 左右时，铬镍奥氏体不锈钢耐氯化物 SCC 性能最差。随着 Ni 含量增加，耐 SCC 性能提高。图 8-35 也表明了这种变化趋势。含磷和氮使不锈钢耐 SCC 性能降低，微量钼对耐 SCC 性能很有害，但含钼较多时则有利。增加碳含量也有利于提高不锈钢耐 SCC 性能，但含碳量大则容易产生晶间型 SCC。

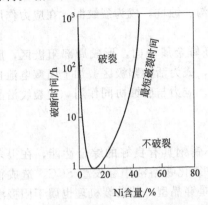

图 8-34　镍含量对 Fe-Cr-Ni 不锈钢丝在沸腾
42% $MgCl_2$ 溶液中 SCC 的影响

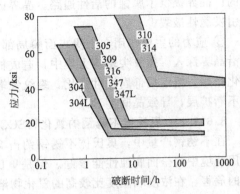

图 8-35　工业不锈钢耐 SCC 性能比较

（沸腾 42% $MgCl_2$ 试验）

$1ksi = 1kltf/in^2 = 6894.76kPa$

　　铁素体不锈钢耐氯化物 SCC 性能比奥氏体不锈钢高得多，特别是高纯铁素体不锈钢性能优异，如 EB26-1 钢（C＋N＜0.01%，Cr26、Mo1），U 形弯曲试样在沸腾 42% $MgCl_2$ 溶液中经过 1300h 不破裂。

　　包含铁素体和奥氏体的复相不锈钢亦具有良好的耐 SCC 性能。其优点主要在应力水平较低时表现出来。铁素体含量在某个范围内时效果最佳（图 8-36）。

8.6.3　应力腐蚀破裂的机理

　　由于 SCC 现象的复杂性，文献中提出了好几种机理，不仅对不同的合金-环境体系有不同的观点，对同一种体系也有不同的见解。随着研究的深入，现在已经明确，按照腐蚀过程来区分，SCC 的机理有两种：阳极溶解（AD）机理和氢致开裂（HIC）

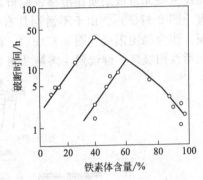

图 8-36　Cr21%～23%，Ni1%～10%复相不锈钢耐 SCC 性能与铁素体含量的关系

应力为 $25kg/mm^2$，沸腾 42% $MgCl_2$ 试验

机理。在前一类 SCC 中阳极溶解是破裂的控制过程；在后一类 SCC 中，阴极析出的氢浸入金属对破裂起了控制性或主要作用。需要注意的是，HIC 不等于 SCC，但又密切相关，因为造成 HIC 的氢不只是阴极反应产生，还可以有其他来源。

　　下面以具体的 SCC 体系说明这两类机理。

8.6.3.1　碳钢的碱脆

　　碳钢在高温浓碱中发生的 SCC 称为碱脆，在热电厂中会造成危害很大的破断事故。碱脆的裂纹是晶间型的，可以用阳极溶解机理进行说明。按照阳极溶解机理，金属内的活性区在应力协同作用下加速溶解，使裂纹不断扩展。这种活性区可以是预先存在的，也可以是应变所产生的。

　　① 碳钢在碱溶液中可以钝化，在高温（60℃到沸点）浓碱（约 30%NaOH）中铁发生溶解生成 $HFeO_2^-$，但表面仍有氧化物 Fe_3O_4 膜存在。试验表明，碳钢发生碱脆的电位范围在 $-600\sim-800mV$，特别在 $-700mV$ 左右最多。这正好是活态-钝态过渡电位区，晶粒本

体处于钝态而晶界区不能钝化。在实验室模拟试验中必须向高温浓碱溶液中加入氧化剂（如 $NaNO_3$、PbO 等），说明碱脆是在活化因素和钝化因素共同作用下发生的。

② 晶界活化是由于碳、氮原子以及其他有害物质（如硫、磷、砷）原子在晶界偏析造成的。晶界提供了腐蚀的活性通路。晶界区腐蚀形成蚀沟、蚀坑，成为裂纹源，在应力作用下引发脆性破裂。

③ 应力的主要作用在于使表面膜局部破坏，露出新鲜金属表面，形成局部阳极区，腐蚀沿晶界深入。裂纹尖端应力集中，造成材料塑性形变，成为活性阳极区。加上闭塞电池自催化作用，溶液局部腐蚀性强化，裂纹尖端不能再钝化。应力与腐蚀协同作用，使裂纹沿晶界不断扩展，导致晶间型 SCC。

8.6.3.2　奥氏体不锈钢的氯化物 SCC（氯脆）

在不锈钢产量中，奥氏体不锈钢约占 70%，这类不锈钢具有良好的综合性能，在很多使用环境中耐全面腐蚀性能很好。但是奥氏体不锈钢在氯化物溶液中会发生 SCC，造成很大的危害。在浓度和温度比较高的氯化物溶液中，裂纹是穿晶型，其破裂机理也属于阳极溶解类型，阳极溶解起着主要的控制作用，阴极反应析出的氢可以进入不锈钢，起协助作用。

对奥氏体不锈钢的氯脆，普遍接受"滑移-溶解-断裂"机理，又称为力学化学理论。

应力作用下金属产生滑移（应力作用下金属的一种主要形变方式），使钝化膜破裂，露出化学性活泼的"新鲜"金属面-滑移台阶 ［图 8-37(a)］。滑移又使位错密集和缺位增加，还促使某些元素或杂质在滑移带偏析，这些都造成活性阳极区，在腐蚀介质作用下发生阳极溶解 ［图 8-37(b)］。由于不锈钢具有钝化能力，伴随阳极溶解过程，蚀孔周边重新生成钝化膜，作为稳定阳极 ［图 8-37(c)］。在应力作用下，蚀坑底部应力集中，钝化膜破裂，造成新的活性阳极区，继续发生溶解 ［图 8-37(d)］。溶解不断深入，形成裂纹。

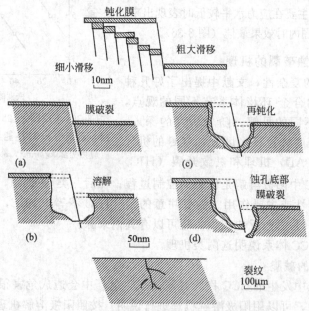

图 8-37　SCC 的滑移-溶解-断裂机理

在裂纹尖端应力集中，材料发生塑性变形。尖端由于闭塞作用，腐蚀条件强化，pH 值降低，可以发生析氢反应。因此裂纹尖端溶解速度很大，成为动力阳极，和裂纹外的钝态表面构成小阳极大阴极的钝态-活态腐蚀电池，使裂纹迅速向前发展。裂纹侧壁的再钝化则抑制了横向发展。阳极溶解是裂纹高速发展的基础，应力为裂纹发展提供择优途径。

从位错运动的角度看，奥氏体不锈钢具有面心立方点阵，滑移时容易出现层状位错结构，即位错呈平行紧密并列的结构，它不能交叉滑移。试验表明，层状位错在腐蚀介质中容易产生线状蚀沟，引起穿晶破裂，这是奥氏体不锈钢在高浓度氯化物溶液中主要的破裂形态。

如果不锈钢受到敏化热处理，使晶界活化，也可能发生晶间型 SCC。对于阳极溶解类型的 SCC，可以采用阴极保护进行控制。阴极极化使金属电位降低到临界电位以下，即移出 SCC 敏感电位区，就可以使 SCC 不发生，已发生的裂纹可以停止发展。

8.6.3.3　碳钢的硫化物应力腐蚀破裂

碳钢在含 H_2S 的水溶液中发生的 SCC，属于氢致开裂（HIC）机理，因为腐蚀阴极反应析出的氢进入钢材内部，对钢材破裂起了主要作用。阴极极化使析氢反应速度增大，因而不但不能抑制破裂，反而能促进破裂的发生。

氢致开裂又叫氢脆，即氢引起的脆性。这种脆性不能用冲击韧性（高应变速度）来反映，而在缓慢拉伸或弯曲时可以显露出来。利用拉伸试验可以计算氢脆敏感系数 I：

$$I = \frac{\psi_0 - \psi}{\psi_0} \times 100\%$$

式中，ψ_0 和 ψ 分别是未充氢试样和充氢试样的断面收缩率。

对氢致开裂机理，最早是用氢压理论说明。进入金属内部的氢原子在某些部位聚集，复合为氢气，氢气压力达到金属的结合强度就会使金属开裂。

进一步分析表明，氢的作用是多方面的。除氢原子复合为氢分子，氢还可以与金属中的碳化物、氧化物、硫化物反应生成气体（如 CH_4、H_2O），固溶氢可引起马氏体转变，造成相变应力。这些内应力和外加应力、残余应力叠加，促进材料开裂。氢引起的相变产物如马氏体、氢化物以及固溶的氢使结合能和表面能降低，从而减小开裂的阻力。

H_2S 水溶液是酸性溶液，碳钢在 H_2S 水溶液中腐蚀时阴极过程有析氢反应。即使在中性甚至碱性溶液中，由于裂纹尖端闭塞腐蚀电池的作用，也可造成局部酸性，使析氢反应成为可能。所以在应力腐蚀过程中氢的来源是不成问题的。

在析氢反应过程中，H^+ 还原为氢分子，吸附在金属表面上。一部分氢原子复合为氢分子，结合为气泡逸出。一部分氢原子可能扩散进入金属内部。表面吸附氢原子密度越大，进入金属内部的氢原子就会越多。

更重要的是，H_2S 溶液中的 S^{2-} 是有效的氢原子复合"毒化剂"。S^{2-} 的存在使氢原子复合困难，导致钢材表面吸附氢原子浓度增大，促进氢原子扩散进入金属。所以，在 H_2S 水溶液中不仅高强度钢发生 HIC，中强度钢甚至低强度钢也可能发生。

进入钢材的氢原子，很容易在 $Mn/\alpha\text{-}Fe$ 界面以及其他缺陷处聚集，复合为氢分子，积累的氢气可达到很高的压力（3000atm）。

在钢材不受应力时，聚积氢气的压力可造成鼓泡（HIB）。在钢材受有拉应力时，则可能发生 HIC。对中、低强度钢，这些平行于表面的小泡两端由于剪切作用而相互连接，造成台阶式开裂。对中、高强度钢，则直接导致晶间或穿晶断裂。

对 H_2S 水溶液中钢材发生 HIC 的敏感性，除用氢脆系数评定外，还可以在规定溶液（饱和 H_2S 的 0.5% CH_3COOH + 3% NaCl 溶液）中测量临界应力 S_c 来评价。一般认为 $S_c \geqslant 10ksi$（$1ksi = 1klbf/in^2 = 6894.76kPa$），可以认为耐 H_2S 应力腐蚀性能良好，可以安全使用。

当水溶液 pH 值下降，H_2S 浓度升高，都使碳钢发生 HIC 的倾向增大。这是因为析氢反应速度增大，生成更多的吸附氢原子，而 S^{2-} 浓度升高又使进入金属内部的氢原子更多。当 pH > 5 时，钢材发生 HIC 的敏感性大大降低。

温度的影响是双重的，一方面，温度升高，H_2S 的溶解度下降；另一方面，温度升高，析氢反应速度增大。对高强度钢，在饱和 H_2S 的 3％ $NaCl$＋0.5％ CH_3COOH 溶液中的试验表明，在室温（25℃）断裂时间最短。

8.6.4　腐蚀疲劳

8.6.4.1　腐蚀疲劳概述

在循环应力（交变应力）和腐蚀环境的联合作用下，金属材料发生的严重腐蚀破坏叫做腐蚀疲劳（CF）。破坏是裂纹、裂缝，直至断裂，腐蚀疲劳的破坏比纯疲劳和纯腐蚀的简单叠加要大得多。船舶推进器、涡轮和涡轮叶片、汽车弹簧和轴、泵轴和泵杆、矿山卷扬机的钢丝绳等常因发生腐蚀疲劳而破坏。

8.6.4.2　S-N 曲线和疲劳极限

对黑色金属试样在空气中施加循环应力，作应力幅值 S 和造成断裂的循环次数 N 的关系曲线，叫做 S-N 曲线。

图 8-38 表明，当应力幅值低于某一数值，黑色金属不会发生断裂。此应力临界值称为疲劳极限（或疲劳强度），记为 σ_{-1}。

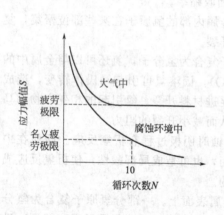

图 8-38　黑色金属的 S-N 曲线

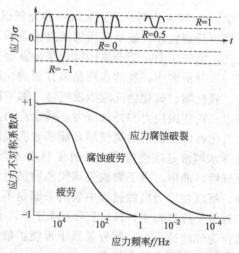

图 8-39　应力频率 f 和不对称系数 R 对有应力腐蚀破裂敏感性的材料产生 SCC 和 CF 的影响

$$R = \sigma_{最小} / \sigma_{最大}$$

在腐蚀环境中，疲劳极限不存在，即在低应力下造成断裂的循环数仍与应力有关。为了便于对各种金属材料耐腐蚀疲劳性能进行比较，一般是规定一个循环次数（如 10^7），从而得出名义的腐蚀疲劳极限，记为 σ_{-1C}。

严格地说，只有在真空中的疲劳才是纯疲劳。空气也是一种腐蚀环境，只有低碳钢在空气中的疲劳极限与真空中几乎相同。但人们一般说的腐蚀疲劳并不包括空气中的疲劳。

8.6.4.3　腐蚀疲劳的特征

① 任何金属（包括纯金属）在任何介质中都能发生腐蚀疲劳，即不要求特定的材料-环境组合。发生腐蚀疲劳时金属表面可处于钝态也可处于活态，但在引起金属孔蚀的环境中更容易发生腐蚀疲劳，裂纹从蚀坑底部开始形成。

② 环境条件（腐蚀介质条件种类、温度、pH 值、氧含量等）对材料的腐蚀疲劳行为都有显著影响。材料的腐蚀疲劳极限几乎取决于材料在使用环境中的耐蚀性。一般来说，在腐蚀性较强的环境中材料的腐蚀疲劳极限较低。

③ 纯疲劳性能与循环频率无关，腐蚀疲劳性能与频率有关。当频率很高时，腐蚀作用不明显，以机械疲劳为主；当频率很低时，则与静拉应力作用相似。只有在某一频率范围内最容易发生腐蚀疲劳，在这个频率范围内，频率越低，裂纹扩展速度越快。

腐蚀疲劳性能还和应力变化的波形有关，图 8-39 表明不对称系数 R 的影响。R 值大，腐蚀的影响增大；R 值小，较多地反映材料固有的疲劳性能。

④ 与应力腐蚀破裂相比，腐蚀疲劳裂纹主要为穿晶型。一般只有主干，常成群出现；裂纹较钝，发展速度较慢。

⑤ 对金属材料进行阴极极化，可使裂纹扩展速度明显降低。但如果阴极极化造成析氢，则对高强钢的腐蚀疲劳性能有害。对处于活化态的碳钢，阳极极化加速腐蚀疲劳，但如果溶液中含有氧化剂能使金属钝化，阳极极化可以使金属的腐蚀疲劳极限提高。由图 8-40 可见，对于在 $10\% \ NH_4NO_3$ 溶液中处于钝态的 Cr13 不锈钢，阳极保护下的腐蚀疲劳极限比空气中的疲劳极限还高。

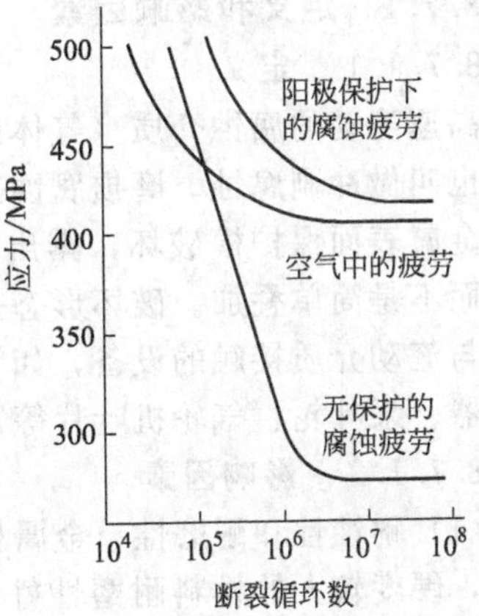

图 8-40　阳极保护对腐蚀疲劳的影响
Cr13 不锈钢，$10\% \ NH_4NO_3$ 溶液

8.6.4.4　腐蚀疲劳机理

一般是用金属材料的疲劳机理和电化学腐蚀作用结合来说明腐蚀疲劳的机理。

① 许多材料的腐蚀疲劳裂纹起源于蚀孔或其他局部腐蚀。孔蚀或其他局部腐蚀造成缺口、缝隙，引起应力集中，造成滑移，如图 8-41 所示。滑移台阶的腐蚀溶解使逆向加载时表面不能复原，成为裂纹源。反复加载使裂纹不断扩展，腐蚀作用使裂纹扩展速度加快。

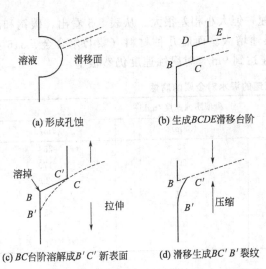

图 8-41　滑移台阶溶解促进腐蚀疲劳裂纹形成模型

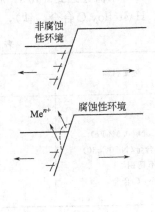

图 8-42　滑移线局部溶解造成堆积位错释放，促进滑移线粗大化

② 某些合金在腐蚀疲劳裂纹萌生阶段并未产生孔蚀，或虽有蚀孔但裂纹并不是从蚀孔处萌生。对于这种腐蚀疲劳的解释如图 8-42 所示，在交变应力作用下产生驻留滑移带，挤出、挤入处由于位错密度高，或杂质在滑移带沉积等原因，使原子具有较高的活性，受到优先腐蚀，导致腐蚀疲劳裂纹形成。变形区为阳极，未变形区为阴极。

在交变应力作用下，滑移具有累积效应，表面膜更容易遭到破坏。在静拉伸应力作用下，产生滑移台阶相对困难一些，所以腐蚀疲劳裂纹比应力腐蚀破裂裂纹形核容易，也不需要特定介质。与纯疲劳相比，由于腐蚀的作用，腐蚀疲劳裂纹更容易形核，扩展速度更大。

8.7　磨损腐蚀

8.7.1　定义和影响因素

8.7.1.1　定义

高速流动的腐蚀介质（气体或液体）对金属材料造成的腐蚀破坏叫做磨损腐蚀，简称磨蚀，也叫做冲刷腐蚀。磨损腐蚀是机械磨损与介质腐蚀的联合作用造成的腐蚀破坏形态。磨损使金属表面保护模破坏，露出的新鲜表面在介质腐蚀下加速溶解，即磨损与腐蚀相互促进，而不是简单叠加。破坏形态是蚀坑、沟槽，常带有方向性。

与流动介质接触的设备，如管道系统，特别是弯头、三通等管件；高速旋转的设备，如搅拌器、泵叶轮、气轮机叶片等，最容易发生磨损腐蚀破坏。

8.7.1.2　影响因素

（1）耐蚀性和耐磨性　金属材料耐磨损腐蚀性能与它的耐蚀性和耐磨性都有关系。一般来说，硬度较大的材料耐磨性好（但不是绝对的），硬度提高有利于改善耐磨损腐蚀性能。但当加入合金元素使材料硬度提高的同时，也常常改善了耐蚀性，故很难将硬度和耐蚀性对金属材料耐磨损腐蚀性能的影响分开。

（2）表面膜　表面膜的保护性能和损坏后的修复能力，对材料耐磨损腐蚀性能有决定性的作用。如蒙乃尔合金、316 型不锈钢、钛，在海水中耐磨损腐蚀性能优异，就在于表面膜致密、稳定，损坏后能很快修复。高硅铸铁的优良耐磨损腐蚀性能也来源于表面很容易生成 SiO_2 保护膜。

（3）流速　大多数情况下存在临界流速，但大小相差很大。从表 8-5 看出，碳钢和海军黄铜，当海水流速达到 9m/s，腐蚀速度迅速增大。而后几种材料（蒙乃尔合金、316 型不锈钢、Hastelloy C 合金、钛），当海水流速达到 9m/s 时腐蚀速度仍然很小。

表 8-5　不同流速的海水对金属的腐蚀

金属材料	典型腐蚀速度/mdd[①]		
	0.3m/s	1.3m/s	9m/s
碳钢	34	72	254
海军黄铜	2	20	170
70-30 CuNi(0.5%Fe)	<1	<1	39
蒙乃尔合金（Ni70Cu30）	<1	<1	4
316 型不锈钢	1	0	<1
Hastelloy C 合金	<1	0	3
钛	0	0	0

①　$1mdd = 0.004167g/(m^2 \cdot h)$。

当流速很高，或因设备和构件形状不规则使流动截面突然变化（如换热器进口）、流动方向突然变化（如弯头、三通），造成了湍流和冲击，则磨损腐蚀破坏大大增加。

流速对金属材料腐蚀的影响是复杂的，当液体流动有利于金属钝化时，流速增加将使腐蚀速度下降。流动也能消除液体停滞而使孔蚀等局部腐蚀不发生。只有当流速和流动状态影响到金属表面膜的形成、破坏和修复时，才会发生磨损腐蚀。

（4）液体中含有悬浮固体颗粒（如泥浆、料浆）或气泡，气体中含有微液滴（如蒸气中含冷凝水滴），都使磨损腐蚀破坏加重。

8.7.2　磨损腐蚀的两种重要形式

8.7.2.1　湍流腐蚀和冲击腐蚀

高速流体或流动截面突然变化形成了湍流或冲击，对金属材料表面施加切应力，使表面膜破坏。已生成的腐蚀产物被剥离冲走，故破坏形态常呈现马蹄型凹坑，沿着流动方向切入，凹坑表面光滑（图 8-43）。湍流形成的切应力使表面膜破坏，不规则的表面使流动方向更为紊乱，产生更强的切应力，在磨损和腐蚀的协同作用下形成腐蚀坑。

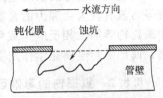

图 8-43　冷凝器管的湍流腐蚀

8.7.2.2　空泡腐蚀

空泡腐蚀又叫气蚀、穴蚀。当高速流体流经形状复杂的金属部件表面（如泵叶轮、气轮机叶片、船舶螺旋桨），在某些区域流体静压可降低到液体蒸气压之下，因而形成气泡（金属表面吸附的气体和液体中溶解的气体都有利于气泡成核）。在高压区气泡受压力而破灭。气泡的反复生成和破灭产生很大的机械力（可达 10^3 MPa），使表面膜局部毁坏，裸露出的金属受介质腐蚀形成蚀坑。蚀坑表面可再钝化，气泡破灭再使表面膜破坏。这样，便形成密集的空穴，金属表面粗化，可能最终丧失使用性能（图 8-44）。

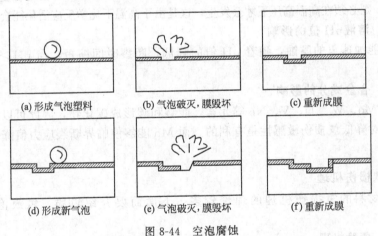

(a) 形成气泡塑料　　(b) 气泡破灭，膜毁坏　　(c) 重新成膜

(d) 形成新气泡　　(e) 气泡破灭，膜毁坏　　(f) 重新成膜

图 8-44　空泡腐蚀

有的文献上将摩振腐蚀也划归磨损腐蚀，摩振腐蚀是固定连接的部件由于微小的相对运动而造成的腐蚀破坏，一般发生在大气中，如铁轨连接处的垫板、轴承、铆接处等。腐蚀破坏是机械磨损和氧化的联合作用。

8.8　氢损伤

8.8.1　氢损伤概况

氢损伤是指金属中由于含有氢或金属中的某些成分与氢反应，从而使金属材料的机械性能变坏的现象。氢损伤导致金属材料的塑性和韧性下降，容易使材料开裂或脆断。

根据氢引起金属破坏的条件、机理和形态，可分为氢鼓泡、氢脆和氢腐蚀。氢鼓泡是由于氢进入金属内部而使金属局部变形，严重时可导致材料完全破坏。氢脆是由于氢进入金属内部而引起韧性和抗拉强度的下降。氢腐蚀则指高温下合金中的组分与氢反应，一个典型例子是含氧铜在氢作用下的破裂。

氢损伤是由于环境中的氢在金属表面吸附，氢分子分解为氢原子或氢离子，然后溶入金属中并向金属内部扩散，与金属进行交互作用的结果。氢与金属的交互作用可以分为物理作用和化学作用两类，前者指氢溶解于金属中形成固溶体，氢原子在金属的缺陷中复合为氢分子。后者指氢与金属反应生成氢化物，氢与金属中第二相反应生成气体产物。对于钛、锆、铌等与氢有较大亲和力的金属来说，极易生成氢化物而产生脆性。对铁来说，主要是氢与钢中碳化物等第二相反应生成甲烷等气体。一般把氢对金属的物理作用所引起的损伤叫做氢脆，而把氢与金属化学作用引起的损伤叫做氢腐蚀。

8.8.2　氢损伤的影响因素

8.8.2.1　氢含量的影响

氢含量增加，氢损伤的敏感性加大，钢的临界应力下降，延伸率减小。当 H_2 中含有适量的 O_2、CO、CO_2 时，将会大大抑制氢损伤滞后开裂过程，此时由于钢表面吸附这些物质分子将会造成对氢原子的竞争吸附，阻止对氢的腐蚀。

8.8.2.2　温度的影响

随着温度的升高，氢的扩散加快，使钢中的含氢量下降，氢脆敏感性降低。当温度高于 65℃ 时，一般就不容易产生氢脆了。当温度过低，氢在钢中的扩散速度大大降低，也使氢脆敏感性下降，所以氢脆一般在 −30～30℃ 温度范围易于产生。但对于氢损伤，如氢与合金中成分的反应（如脱碳过程），则必须在高温高压下才会发生，这是由于高温下化学反应活化能会下降。

8.8.2.3　溶液pH值的影响

酸性条件能加速氢的腐蚀，随着 pH 值的降低，断裂时间缩短，当 pH＞9 时，则不易发生断裂。

8.8.2.4　合金成分的影响

一般 Cr、Mo、W、Ti、V、Nb 等元素，能够和碳形成碳化物，因此可以细化晶粒，提高刚的韧性，对降低氢损伤敏感性是有利的。而 Mn 能够使临界断裂应力值降低，故加入钢中是有害的。

8.8.3　氢损伤机理

关于金属材料的氢损伤机理的理论较多，下面简要介绍氢脆、氢鼓泡和氢腐蚀的机理。

8.8.3.1　氢脆机理

氢脆是指由于氢扩散到金属中以固溶态存在或生成氢化物而导致材料断裂的现象，简称HE。在常温下，当金属表面有析氢反应时，能造成氢原子扩散进入金属导致氢脆和氢鼓泡。由于高温时氢在钢中溶解度较大，所以在高温氢气中材料会出现氢脆和鼓泡。使钢长期静置或者在较低温度下短期加热（烘烤）可以使氢气逸出，恢复钢的机械性能。

氢脆理论，大多数认为是溶解氢对位错滑移的干扰。这种滑移干扰可能是由于氢集结在位错或显微空穴的附近而产生的，但详细的机理仍然还不清楚。关于氢脆机理的理论主要有以下四种。

（1）原子氢与位错的交互作用机理　该理论认为，由于各种原因进入金属内部的氢原子存在于点阵的空隙处，在应力作用下氢原子向缺陷或裂纹前缘的应力集中区域扩散，阻碍了该区域的位错运动，从而造成局部加工硬化，提高了金属抵抗塑性变形的能力。因此在外力的作用下，能量只能通过裂纹扩展释放，所以氢的存在加速了裂纹的扩展，即氢的钉扎理论。

（2）氢压理论　该理论认为，当点阵中氢含量超过固溶度时，金属中过饱和的一部分氢就会在晶界、孔洞或其他缺陷处析出，再结合成氢分子，如果在这些地方形成很高的氢气压，当压力超过材料破坏应力时就会产生裂纹，导致脆性开裂。

（3）点阵脆化理论　氢溶入过渡族金属（Fe、Ni、Pd 等）后，由于过渡元素的 3d 层电子未填满，氢原子的电子即进入 3d 电子层，因而增加了 3d 电子层的电子密度，提高了原子间的斥力，即降低了点阵间的结合力，从而使金属变脆。

（4）氢表面吸附降低金属表面能理论　该理论认为，在腐蚀环境作用下，引起断裂的热力学条件符合下式：

$$U_m + V_c = 2\gamma_s + \gamma_p$$

式中　U_m——机械功；

　　　V_c——化学功；

　　　γ_s——断裂时的表面能；

　　　γ_p——塑性变形能。

当氢扩散至金属内微裂纹表面并在该处吸附后，降低了金属断裂时的表面能 γ_s，从而使破坏应力 U_m 下降。

8.8.3.2　氢鼓泡机理

氢鼓泡是指过饱和的氢原子在缺陷位置析出后，形成氢分子，在局部区域造成高氢压。引起材料表面鼓泡或形成内部裂纹，使钢材撕裂开的现象。

由于腐蚀反应或阴极保护，氢在内表面析出，通过扩散在外表面结合成氢分子。因为氢分子不能在空穴向外扩散，导致空穴内的氢浓度和压力上升，当钢中氢浓度达到某个临界值时，氢压就足以引发裂纹。在氢源不断向裂纹提供 H_2 的情况下，裂纹不断扩展。

8.8.3.3　氢腐蚀机理

氢腐蚀是指高温高压条件下，氢进入金属，发生合金组分与氢的化学反应，生成氢化物等，造成合金强度下降，发生沿晶界开裂的现象。

氢原子或离子扩散进入钢中以后，在晶界附近，夹杂物与基体相交界处的微隙中结合成氢分子，一部分与微隙壁上的碳或碳化物反应生成甲烷。在微隙中生成的氢和甲烷体积较大，不能溶入钢中和对外扩散，可以产生局部高压形成裂纹源。在靠近钢材表面会形成鼓泡；在内部就会发展成为裂纹，使钢的机械性能严重下降。

氢腐蚀中伴随着化学反应，如含氧铜与氢原子反应，生成水分子高压气体；又如，碳钢中渗碳体与氢原子反应，生成甲烷高压气体。

$$2H + Cu_2O \longrightarrow 2Cu + H_2O$$

$$4H + Fe_3C \longrightarrow 3Fe + CH_4$$

氢腐蚀的发生与环境温度和氢分压有密切关系。对一定钢材来说，在一定的氢分压下存在一个氢腐蚀起始温度，在此温度以下不会发生氢腐蚀；对一定钢材来说，还存在一个氢腐蚀的起始压力，在此压力以下钢材不会发生氢腐蚀。碳钢的氢腐蚀起始温度和氢分压的关系列于表 8-6。

表 8-6　在不同氢分压下碳钢的氢腐蚀起始温度

氢分压/MPa	3.0～10.0	10.0～20.0	20.0～30.0	30.0～40.0	40.0～60.0	60.0～80.0
氢腐蚀起始温度/℃	280～300	240～270	220～230	210～220	200～210	190～200

对于金属材料，钢中碳含量对氢腐蚀有重大的影响，这是由氢腐蚀与钢中碳化物反应造成的，碳含量越高，钢材越容易发生氢腐蚀。钢中合金元素、热处理和组织状态也是影响耐氢腐蚀性能的重要因素。

8.8.4　氢损伤的控制措施

（1）选用耐氢脆合金　通过调整合金成分和热处理可获得耐氢脆的金属材料。在合金中加入镍或钼可减小氢脆敏感性。在钢中加入形成稳定碳化物元素 Cr、Al、Mo、Ti、B、V 和 Nb 等，阻止氢向钢内扩散，加入少量低氢过电位金属 Pt、Pb 和 Cu 等，能够吸附氢原子并很快形成氢分子逸出。将马氏体钢的结构改变为珠光体结构，使碳钢经过热处理后生成球状碳化物，都可以降低氢腐蚀敏感性。

（2）添加缓释剂或抑制剂　添加缓释剂能够抑制钢中氢的吸收量，减少腐蚀率和氢离子还原速度。例如在酸洗时，应在酸洗液中加入微量锡盐，由于锡在金属表面的析出，阻碍了原子氢的生成和渗入金属。在气氛中加入氧，使氧原子优先在裂纹尖端吸附，生成保护膜，阻止氢向金属内部的扩散。

（3）合理的加工和焊接工艺　可以通过改善冶炼、热处理、焊接、电镀、酸洗等工艺条件，以减小带入的氢量。酸洗后常常采用烘烤除氢的方法恢复钢材的力学性能。采用真空熔铸、真空脱气、真空热处理避免氢的带入，改善钢的氢损伤敏感性。焊接时采用低氢焊条，并保持干燥条件进行焊接。电镀时使用低氢脆工艺，提高电镀的电流效率，减少氢的析出，对高强度钢采用合金电镀、离子镀和真空镀等。

思　考　题

1. 局部腐蚀破坏有哪些特征？发生局部腐蚀的条件是什么？
2. 简要分析电偶腐蚀的影响因素。
3. 叙述不锈钢的敏化处理和贫铬理论。提高不锈钢耐晶间腐蚀性能的冶金方法有哪些？
4. 为什么不锈钢部件经焊接后会产生晶间腐蚀倾向？产生晶间腐蚀倾向的部位在何处？这种部件是否在任何环境中使用都会发生晶间腐蚀？如何解决这一腐蚀问题？
5. 用闭塞腐蚀电池理论说明发生局部腐蚀环境条件的典型例子。比较孔蚀和缝隙腐蚀的差异。
6. SCC 的特征是什么？影响 SCC 的因素在于哪些方面？简述应力腐蚀破裂的机理。

习　题

1. 五个铁铆钉，每个暴露面积为 $3.2cm^2$，插入一块暴露面积为 $1m^2$ 的铜板上，将铜板浸泡在一种充气的中性溶液中。问：

（1）铆钉的腐蚀速度是多少 mm/a？

（2）如果在铁板上装 5 个铜铆钉，尺寸同上，铁板的腐蚀速度将等于多少 mm/a？

2. 氯离子活度对四种不锈钢的击穿电位 E_b 的影响分别为：

① Cr17 　　　　　　　 $E_b = -0.084 \lg a_{Cl^-} + 0.020 (V)$

② Cr18Ni9 　　　　　 $E_b = -0.115 \lg a_{Cl^-} + 0.247 (V)$

③ Cr17Ni12Mo2.5 　 $E_b = -0.068 \lg a_{Cl^-} + 0.49 (V)$

④ Cr26Mo1 　　　　 $E_b = -0.198 \lg a_{Cl^-} + 0.485 (V)$

排出在 3% NaCl 溶液和 2mol/L NaCl 溶液中这 4 种不锈钢的耐孔蚀性能的顺序。

3. 临界孔蚀温度 CPT 和临界缝隙腐蚀温度 CCT，指不发生孔蚀和缝隙腐蚀的最高温度。18-8 型奥氏体不锈钢的 CPT 和 CCT 与 Mo 含量的关系（试验溶液为 6% $FeCl_3$）如下：

$$CPT(℃) = 5 + 7\% Mo$$

$$CCT(℃) = -45 + 11\% Mo$$

式中，%Mo 表示不锈钢的含钼量。

（1）为了使 18-8 型不锈钢在 40℃不发生孔蚀和缝隙腐蚀，应分别加入多少 Mo？

（2）当加入 4% Mo 时，在常温下（取 30℃）会不会发生孔蚀？会不会发生缝隙腐蚀？

4. 金属在酸溶液中发生的缝隙腐蚀可以用氢离子浓差电池来说明。设将 Fe 试样浸泡于 pH=0 的酸溶液（25℃）中，缝内氢离子消耗难以补充，使 pH 值上升到 3（假定溶液欧姆电阻可以忽略，又假定 OH⁻ 参加阳极反应的级数等于 1）。问：

(1) 缝内 Fe 表面和缝外 Fe 表面哪个是阴极，哪个是阳极？

(2) 求缝内 Fe 表面阳极溶解电流密度 i_{a_1} 和缝外 Fe 表面阳极溶解电流密度 i_{a_2} 的比值。

5. 下图表示 304 型不锈钢在沸腾的 42% $MgCl_2$ 溶液中测量的破断时间 t_f 与外加电位的关系，分析试样所受应力水平对临界破裂电位 E_{cr} 的影响。

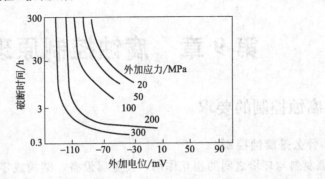

第二篇　腐蚀控制概论

第9章　腐蚀控制原理

9.1　腐蚀控制的要求

9.1.1　什么是腐蚀控制

调节金属材料与环境之间的相互作用，使金属设备、结构或零部件保持其强度和功能，不致因发生腐蚀而劣化甚至损坏（失效），以实现长期安全运行，叫做腐蚀控制，也叫做防腐蚀。

腐蚀控制的目标是：使金属设备、结构或零部件的腐蚀速度保持在一个比较合理的、可以接受的水平。这就是说，我们并不要求金属设备完全不腐蚀，而允许以一定的（当然应当是很小的）速度腐蚀。这样，设备腐蚀受到很大抑制，得到有效的保护，而且又容易满足机械性能和经济指标方面的要求。

9.1.2　确定腐蚀控制水平时需要考虑的因素

（1）腐蚀造成的厚壁减薄对设备使用性能的影响　均匀腐蚀造成的主要后果之一是设备壁厚减小，导致尺寸变化和强度降低。有些零部件对尺寸要求严格，如发动机的汽缸和活塞环、控制阀阀芯等，均匀腐蚀速度必须很低。一般的管道、容器等设备，是在按强度要求设计的壁厚基础上增加腐蚀裕量。腐蚀使壁厚减小，但只要壁厚在强度允许的范围内就可以继续使用。不过，像换热器这样的设备，管壁所取的腐蚀裕量也是有限度的，否则将使换热器体积过于庞大。

（2）腐蚀产物给产品质量和生产过程带来的问题　均匀腐蚀造成的另一个主要后果是腐蚀产物带来的污染。在某些生产过程中这种污染导致的问题可能比金属损坏更为重要。比如在食品、饮料和医药工业中，腐蚀产生的金属离子可以使产品的色香味变坏，对人体有毒，或破坏药效，从而造成产品质量降级甚至报废。在化纤工业中腐蚀产物的污染可能使产品质量受到很大影响。在化学工业中，腐蚀形成的某些金属离子或化合物可能成为一些不希望发生的副反应的催化剂，甚至导致着火或爆炸。在生化工业（如发酵）中，某些金属腐蚀产物可能毒害有益的微生物。在这种情况下，制造设备的金属材料必须具有极低的腐蚀速度，许多时候甚至不能采用金属材料而要用非金属材料。

（3）腐蚀破坏在安全方面造成的后果　金属设备的腐蚀破坏（穿孔、破裂、断裂）引起物料泄漏或喷出，可能酿成火灾、中毒、人身伤亡、环境污染等严重后果，特别是局部腐蚀造成的突发性事故，后果可能是灾难性的。显然，高温高压设备、处理易燃易爆有毒物料的设备，安全问题特别重要。对腐蚀控制的效果当然要求较高，尤其要注意控制可能发生的局部腐蚀。

（4）腐蚀控制的费用　腐蚀控制的目标常常受经济因素的制约。一般来说，腐蚀控制措施的费用应当低于不采取控制措施可能造成的经济损失，因此，费用太高的腐蚀控制方法即使效果很好也难以实施，即腐蚀控制措施要既有效又经济。关于经济评价问题见第 14 章。

（5）预期的使用寿命　腐蚀控制所要达到的水平应当和设备计划寿命一致，而各种设备、结构的计划寿命有很大差异。

对现代化工装置来说，在市场竞争条件下，若干年甚至数年以后有的装置需要改造，有的产品结构需要变更，故希望工程投资最少，回收年限最短。因此，对使用寿命的考虑也应当适应这种要求。现在国家对各类化工设备已有正式的折旧年限规定。

9.2　腐蚀控制的途径

9.2.1　从腐蚀体系的构成分析

金属的腐蚀是金属材料和周围环境相互作用的结果，这种相互作用是从金属与环境的接触面（界面）上开始。因此，腐蚀控制途径可以从以下三个方面考虑。

（1）金属材料

① 为预定使用环境选择恰当的耐蚀材料（选材）。

② 研制在使用环境中具有更优良耐蚀性能的新材料。

（2）环境　降低环境对金属材料的腐蚀性。显然改变环境条件不能影响生产过程的正常进行。

（3）界面

① 避免设备暴露表面局部区域条件强化。设备结构设计和工艺操作必须考虑这方面的要求，可以采取的措施也是多种多样的。

② 用覆盖层将金属材料与环境隔离开，虽然覆盖层材料代替基底材料处于被腐蚀地位，因而也有选材问题，但复层材料选择范围比整体材料要宽。也可以使金属材料表面发生某种变化，生成耐蚀性良好的表面层。

9.2.2　从电化学腐蚀历程分析

从金属电化学腐蚀原理可知，腐蚀电流的大小取于腐蚀倾向 $E_{ec}-E_{ea}$ 和腐蚀过程的阻力 P_c+P_a+R。其中，P_c、P_a 和 R 分别是阴极反应、阳极反应的阻力和电流回路的欧姆电阻。由此可得出腐蚀控制的 4 条途径。

（1）热力学控制　降低体系的腐蚀倾向。

（2）阴极控制　增大阴极反应阻力。

（3）阳极控制　增大阳极反应的阻力。

（4）欧姆电阻控制　增大电流回路的欧姆电阻。

9.2.3　腐蚀控制途径的归纳

将上面的分析结合起来，便得出图 9-1 中所示的 12 条腐蚀控制途径。现简单说明如下。

① 在金属材料中加入热力学稳定的合金元素，以提高阳极反应的平衡电位 E_{ea}，如 Cu 中加入 Au，Ni 中加入 Cu。

② 减少溶液中去极化剂的量（如提高溶液 pH 值，除去氧和其他氧化剂），使阴极反应平衡电位 E_{ec} 降低。

除去溶液中金属离子络合剂（如 CN^-），使阳极反应平衡电位 E_{ea} 升高。

③ 用连续的热力学稳定覆盖层隔离金属和环境。金属覆盖层如镀金层，非金属覆盖层如塘瓷、塑料等。

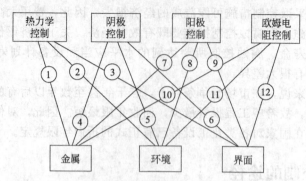

图 9-1　由金属电化学腐蚀历程得出的腐蚀控制可能的途径

④ 金属材料中加入阴极反应难以进行的阴极性合金元素，如锌的汞齐化。减少金属材料中的阴极性杂质，避免大阴极小阳极的电偶对组合。

⑤ 提高溶液 pH 值，使析氢反应交换电流密度减小；除去溶液中的溶解氧，使氧的极限扩散电流密度减小。

环境中加入阴极性缓蚀剂，抑制阴极反应的进行，如酸中加入硫化物、砷化物能降低析氢反应速度。

⑥ 在金属材料表面覆盖相对基底金属为阳极的金属覆盖层，使金属电位负移，如 Fe 表面镀 Zn、Cd。

⑦ 在金属材料中加入钝化能力强的合金元素，提高其钝化性能，如 Fe 中加入 Cr 组成不锈钢。

加入能促进析氧反应的阴极性元素，如不锈钢中加入 Pt、Cu，使其在稀硫酸中能够钝化。

⑧ 溶液中加入阳极性缓蚀剂，使金属钝化，如铬酸盐、硝酸盐等。通氧也属于这条途径。

⑨ 对金属材料进行表面处理以促进钝化，如不锈钢表面进行抛光。将金属材料表面用易钝化金属层覆盖，如 Fe 表面镀 Cr。

⑩ 金属材料中加入少量合金元素，促使腐蚀过程中生成比较完整致密、具有高电阻的表面膜，使腐蚀受到抑制。如含少量 Cu、P 的低合金钢，具有良好的耐大气腐蚀性能。

⑪ 降低环境的导电性，如保持土壤干燥。

⑫ 金属材料表面覆盖具有微观不连续性的覆盖层（如油漆层），增大电路的欧姆电阻。

对实际生产设备、结构或零部件究竟采用什么腐蚀控制措施，要根据腐蚀体系的具体情况，考虑到各方面的因素进行综合比较分析。经常需要将两种或两种以上的途径联合使用，以取得更佳效果。为此，联合使用的两种方法最好属于同一控制类型，比如 Fe 中加入 Cr 得到不锈钢，在不锈钢使用环境中通入氧或加入其他氧化剂可以使耐蚀性更好。原因在于两种方法都属于阳极控制。当两种方法属于不同类型的控制时，联合使用可能造成不利影响，这是应当注意的，比如不锈钢就不能采用阴极保护。

9.3　腐蚀控制的环节

9.3.1　腐蚀控制的具体环节

前面只就材料的腐蚀提出了控制措施，但是材料是要制作成设备或结构件的。在设备或者结构件的制作过程中已增加了许多腐蚀因素。虽然腐蚀破坏发生在设备的使用过程，但是发生腐蚀的原因却孕育于各个阶段之中。因此，腐蚀控制的要求应贯穿于设备制作和运行的全过程，腐蚀控制的途径要通过以下环节予以实现。

① 选择恰当的耐蚀材料。

② 设计合理的设备结构。

③ 使用正确的制造、贮运和安装技术。

④ 采取有效的防护方法。

⑤ 制定合适的工艺操作条件。

⑥ 实行良好的维护管理。

9.3.2　关于"全面腐蚀控制"

1985 年原化工部从事设备防腐蚀技术和管理工作的一些专家，提出了"全面腐蚀控制"的思想。其内容具体如下。①腐蚀控制包括设计、制造、贮运安装，操作运行，维护五个方面。②腐蚀控制应当从教育入手，普及腐蚀与防护科技知识；以科研为先导，提供先进的防腐技术；以科学管理为保证，建立必要的组织和规章制度；做好经济评价，求得最佳经济效益。

思　考　题

1. 腐蚀控制可以从金属、环境、界面三个方面着手，根据电化学腐蚀理论，腐蚀控制措施又可以分为热力学控制、阳极控制、阴极控制和欧姆控制。分析下列措施属于哪一个方面和什么类型控制。

(1) 铜中加入金，镍中加入铜。

(2) 从溶液中除去氧或其他氧化剂。

(3) 钢中加入少量铜，使腐蚀产物具有良好的保护性，提高耐大气腐蚀性能。

(4) 从溶液中除去能与金属离子发生络合反应的物质（如氰化物），以避免金属离子转变为络离子。

(5) 自来水中加入石灰作缓蚀剂。

(6) 提高溶液的 pH 值，除去溶液中的 CO_2。

(7) 土壤排水，保持干燥。

(8) 将金属部件置于真空中或者惰性气氛中。

(9) 钢表面使用油漆涂层（具有微小孔隙）。

(10) 铜表面镀金。

(11) 中性溶液中加入铬酸盐、亚硝酸盐等缓蚀剂。

(12) 金属表面搪瓷、搪玻璃，生成磷酸盐膜。

(13) 铁表面镀铬。

(14) 与铝接触的钢件镀镉。

(15) 不锈钢表面抛光，促进钝化膜形成。

(16) 降低双金属偶对中阴极组件的面积。

(17) 非氧化性酸中通入氧气，加入 HNO_3 或其他氧化剂，促进不锈钢化。

(18) 除去牺牲阳极 MG 中的杂质铜。

(19) 不锈钢中加入少量铂、钯或铜。

(20) 对不锈钢进行热处理，使阴极相溶解。

(21) 铁中加入合金元素铬，组成不锈钢。

(22) 锌的汞齐化。

(23) 对金属结构进行阴极保护。

(24) 钢件表面镀锌、铝或镉。

(25) 酸溶液中加入能抑制氢离子还原反应的缓蚀剂。

(26) 对金属设备通入阳极极化电流，使其电位进入钝化区。

（27）增大电偶对中异金属组件在溶液中的距离。

（28）需要异金属部件组合时，选用腐蚀电位差较小的金属。

（29）不锈钢焊接后进行固溶处理。

2. 通过合理的结构设计来减少局部腐蚀损坏，是有效而经济的腐蚀控制途径。下列措施分别针对什么类型的局部腐蚀？

（1）减小输送液体管道的振动。

（2）尽量避免液体流动方向突然变化。

（3）在可能滑动的金属表面之间安装隔离物。

（4）异金属部件连接处要便于排水，防止液体潜留。

（5）安装配件要用膨胀系数相近的材料。

（6）法兰连接应使用不吸水的垫片。

（7）不锈钢设备要防止液体停滞。

（8）紧固件应使用耐蚀性优于被连接件的材料。

（9）设置沉淀过滤设备，除去液体中的固体悬浮物。

（10）增大石墨冷却器碳钢外壳的壁厚。

（11）尽可能减小结构上的应力集中因素。

（12）避免铆接、焊接、螺栓连接的截面不同心度。

（13）结构上开孔时，应预先加强以免削弱其刚度。

（14）换热器管子和管板之间最好使用焊接。

（15）不锈钢水冷器要考虑清洗需要，以避免污泥沉积。

（16）设计管道内径时，必须保证流速不能过大。

（17）不锈钢部件焊接后，按规定进行固溶处理。

（18）地下铸铁件不选用灰铸铁。

（19）容器和贮罐不要直接放在混凝土底座上。

第 10 章　防腐蚀设计

设计是设备制造过程的第一个环节，也是最重要的环节。所谓防腐蚀设计，包括耐蚀材料选择（主体设备材料、零部件材料、覆层材料），在设备结构设计和强度校核中考虑腐蚀控制的要求，在设计中为准备采用的防护技术（如覆盖层）提供必要的实施条件，对加工制造技术提出指示性意见等。

10.1　耐蚀材料的选择

10.1.1　选择的依据

10.1.1.1　设备

（1）设备的用途　反应器、贮槽、管道、热交换器、泵、阀门等，以及它们的零部件，各有不同的功能，因而对材料也就有不同的性能要求。

（2）加工要求和加工量　材料是否具有所需要的加工性能，如机械切削、冷热加工、焊接、铸造等。加工量大还是小。

（3）设备在整个装置中所占的地位，以及各设备之间的相互影响　在现代化工生产中，连续性和长周期是突出的特点，在这种生产装置中的设备是不应孤立看待的。

（4）是否易于检查、修理或更换　既然腐蚀控制目标并不是设备不腐蚀，就必须考虑检查腐蚀损坏情况，以及损坏后如何修理或更换。

（5）计划的使用寿命　对现代化工装置，设备寿命应当按计划检修安排和设备折旧年限规定进行考虑。而且要使整台设备中各部分材料均匀劣化。

10.1.1.2　腐蚀环境

（1）设备是在腐蚀环境中工作的，因此一定要把环境条件弄清楚，包括介质的种类、浓度、温度、压力、流速、充气情况等。这些条件都影响环境的腐蚀性。

（2）介质种类、浓度、温度构成一个腐蚀环境的基本特征，许多腐蚀实验数据就是按照介质的浓度和温度分段给出的。应当注意的是，金属的腐蚀速度随介质浓度和温度的变化并不一定是单调的，碳钢在硫酸中的腐蚀就是一个明显的例子。温度也是一个很重要的环境参数，各种材料都有其适宜的温度范围，特别要注意高温、低温、急冷急热、温度梯度对材料的影响。流速和搅拌情况、体系中溶解氧的多少、固体悬浮物的种类和数量，都需要掌握有关的数据，以备选材时予以分析。

（3）对实际生产设备所处的环境条件，特别要注意：

① 原料和工艺水中的杂质。杂质可能对生产过程无害，但对金属腐蚀却可能关系甚大。有些杂质可以大大促进金属的腐蚀损坏，如氯气中所含水分；有些杂质则能起减轻金属腐蚀的作用，如醇类、苯酚中所含微量水。

② 设备局部区域（如缝隙、死角）内介质的浓缩、杂质的富集以及可能的局部过热或局部温度偏低。

③ 介质条件变化的幅度。生产过程中由于操作波动可能引起环境条件的变化，造成超温、超压、流速过高等不正常情况。

10.1.1.3　腐蚀影响

（1）可能发生的腐蚀类型　全面腐蚀还是局部腐蚀？全面腐蚀是均匀的还是不均匀的？如果可能发生局部腐蚀，是什么类型的局部腐蚀？

（2）对全面腐蚀有良好耐蚀性的材料，如不锈钢，要特别注意可能发生的局部腐蚀问题。如果为了降低全面腐蚀速度而导致发生局部腐蚀，那么这种选材就是完全错误的。比如含泥沙和固体悬浮物的冷却水，使用碳钢制作的冷却器全面腐蚀速度较大，而不锈钢虽然能钝化，全面腐蚀速度很小，但泥沙和固体悬浮物沉积造成缝隙腐蚀，会导致更快的破坏。

（3）腐蚀破坏的后果　包括经济损失、事故、污染等。要注意收集同类型设备的使用情况和发生过的腐蚀问题。

10.1.2　耐蚀材料评价

为了满足设备的功能需要和腐蚀控制要求，又要作到经济上合理，对于工程材料的选择，必须综合考虑材料的耐蚀性，物理、机械和加工性能，以及经济指标三方面。

10.1.2.1　耐蚀性

（1）腐蚀数据的获得　经过腐蚀工作者的辛勤工作，通过试验获得了各种工程材料在很多不同的腐蚀介质中的耐蚀性能方面的大量数据和资料，加上材料的实际服役经验的总结，为进行选材工作中评价材料的耐蚀性能提供了有用的参考。

对于均匀腐蚀，一般是用年腐蚀深度 V_p 表示腐蚀速度。因为 V_p 直接和设备壁厚减薄联系起来，而且在设计时可以用来计算腐蚀裕量。V_p 的单位，国内常用 mm/y 或 mm/a（即毫米/年），国外文献中用 ipy（英寸/年）和 mpy（毫寸/年）。

对于局部腐蚀，一般是根据实验室加速试验结果和实际使用经验，指出是否可能发生某种局部腐蚀。

① 腐蚀数据手册。将文献资料中的腐蚀数据收集起来，进行整理和汇编，以数据手册形式出版，查阅十分方便。

在整理编纂腐蚀数据手册时，一般是按腐蚀速度 V_p 的大小将耐蚀性分成几个等级，并用不同符号表示在图上或表格中。下面列举两种腐蚀数据手册，说明对腐蚀数据的归纳和表达方法。

《Corrosion Data Survey》，开始由 Nelson 编纂，1975 年由美国全国腐蚀工程师协会（NACE）出第 5 版，由 Hammer 编纂，分为金属材料分册和非金属材料分册。1985 年金属材料分册出了第 6 版。金属材料分册包括 26 种金属和合金在 1196 种腐蚀介质中的腐蚀数据。非金属分册包括 36 种非金属材料在 803 种腐蚀性溶液和气体中的腐蚀数据。

图 10-1 是《Corrosion Data Survey》中表达金属腐蚀数据所用的方格图。金属材料为铅，介质为硫酸，金属材料的耐蚀性按 V_p 的大小分为四个等级，分别用不同符号表示。

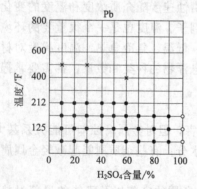

图 10-1　《Corrosion Data Survey》中
表达金属腐蚀数据的方格图
● $V_p<2$mpy ○ $V_p=20\sim50$mpy
× $V_p>50$mpy

《腐蚀数据手册》，尹景伊编，化学工业出版社出版。收集了国内外已发表的大量腐蚀数据，经过比较、选择、整理，用表格表示出来。表 10-1 是手册中的表格之一。该手册包括金属材料 22 类，非金属材料 52 类，腐蚀介质 1500 以上。

表 10-1　Cr18Ni9 不锈钢腐蚀数据

介　　质	含量/% （质量分数）	温度/℃			
		25	50	80	100
硝酸	<30	⋙	⋙	⋙	⋙
	40～60	⋙	⋙	⋁	⋁
	70	⋙	⋁	⋁	o
	80	⋙	⋁	o	o
	90	⋙	⋁	o	×
	100	⋙	×	×	×

注：⋙优良，$V_p<0.05\text{mm/a}$；⋁良好，$V_p=0.05\sim0.5\text{mm/a}$；o可用，但腐蚀较重，$V_p=0.5\sim1.5\text{mm/a}$；×不适用，腐蚀严重，$V_p>1.5\text{mm/a}$。

金属材料的耐蚀性还有其他一些分级标准，如所谓十级标准、三级标准。后者是指"耐蚀"（$V_p<0.1\text{mm/a}$），"尚耐蚀，可用"（V_p 在 $0.1\sim1\text{mm/a}$），"不耐蚀"（$V_p>1\text{mm/a}$）。在使用手册时必须注意弄清这些评定术语的含义。

对非金属材料耐蚀性评定将在后面有关部分说明。

② 腐蚀图和选材图。对一些常见的金属-介质体系，腐蚀数据比较充分，可以作出腐蚀图。图 10-2 是碳钢在硫酸中的腐蚀图。图中的曲线是腐蚀速度 V_p 等于某一取定数值的点的连线，称为等腐蚀线。等腐蚀线将腐蚀图分为若干个区域，每个区域分别对应于腐蚀速度 V_p 在某一范围内的介质浓度和温度范围。如果取定材料"耐蚀"的标准（如 $V_p\leqslant20\text{mpy}$），从腐蚀图上可以清楚地看出满足这一标准的介质条件。

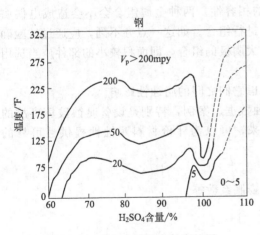

图 10-2　碳钢在硫酸中的腐蚀图

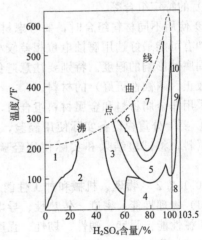

图 10-3　硫酸的选材图
（以 $V_p<20\text{mpy}$ 为标准）

在取定材料"耐蚀"标准后，将各种材料在某种介质中的耐蚀范围总结归纳，可以作出选材图。图 10-3 是 Nelson 所作的硫酸选材图，图中将硫酸的浓度和温度分为十个区域，并列出每个区域中腐蚀速度 V_p 符合标准的材料（包括金属和非金属），如区域 1（温度较高的稀硫酸）中腐蚀速度 $V_p<20\text{mpy}$ 的材料有：10%铝青铜（不含空气的酸）、Illium G 镍铬合金、哈氏合金 B 及 D、Durimet 20 合金、Worthite 铁镍铬合金、铅、铜（酸中无空气）、蒙

乃尔合金（酸中不含空气）、钽、金、铂、银、Nionel 镍铁铬合金、钨、钼、316 型不锈钢（含空气的 10% 以下的酸）、玻璃、酚醛（石棉）塑料、橡胶（至 170℉）、不透性石墨。

显然，同一种介质的选材图的做法（区域划分）不是唯一的。

③ 腐蚀试验。在选材工作中，单靠查腐蚀数据手册等现成资料来评定材料的耐蚀性是不够的。首先，手册中的数据大多是在简化条件下通过试验得出的，而设备和结构将接触的实际生产环境可能和这些试验条件不完全一样。其次，对腐蚀速度很小或很大的情况，问题的处理是比较简单的，有人认为手册上否定的结果最为有用；而对于腐蚀速度处于中间范围，特别是在可用可不用的边界附近的情况，就难以决定。最后，有时候在手册中找不到现成的数据。

因此，应当在可能的条件下进行必要的腐蚀试验，以获得第一手资料。腐蚀试验包括实验室试验、现场挂片试验和实物试验三大类。在实验室模拟或加速条件下进行的试验应用最多，因为易于严格控制试验条件，结果的重现性好。但试样和实验条件与实际生产条件有差异。对比较重要的选材，往往在实验室试验基础上进行现场挂片试验。现场试验的优点是环境真实，即试样所处腐蚀环境就是设备将要服役的生产环境。但试样与设备的差异仍然存在。对于关键设备和新材料，有时要进行实物试验，用被试材料制造零部件、设备，甚至小型的生产装置，以得到最接近实际腐蚀情况的试验结果。

（2）耐蚀性评价中应注意的几个问题

① 任何时候、任何情况下都不要假定或推测材料的使用环境条件，不要在可能、大概的前提下去选择材料。

② 既要考虑材料的优点，更要注意材料的弱点和可能发生的腐蚀问题。对全面腐蚀耐蚀性良好的材料，对可能发生的局部腐蚀要十分重视。如易钝化金属材料要注意使用环境中的氯离子含量是否可能导致孔蚀、缝隙腐蚀；使用环境与材料之间是否属于应力腐蚀破裂（SCC）的特定组合等。

③ 使用不同材料组合时，要考虑材料之间的相容性。两种金属组合会不会造成电偶腐蚀，如有可能最好选用腐蚀电位相差较小的金属进行组合。如这一点办不到，应通过试验确定电偶腐蚀影响的程度。特别要注意避免小阳极大阴极的组合，即面积较小的部件应当选用电位较正（耐蚀性更好）的材料。

采用非金属材料和金属材料组合时，也要考虑它们之间的腐蚀性影响。

④ 要十分重视设备实际使用经验，积累腐蚀数据、案例，特别是设备腐蚀破坏事故的有关资料。将试验结果和实际使用经验结合起来，可以为评价材料耐蚀性提供最可靠的依据。

10.1.2.2　物理、机械和加工性能

（1）物理性能：密度、传热性、导电性、热膨胀系数等。

机械性能：强度、塑性、韧性、强度等。

加工性能：铸造、切削、焊接性能等。

（2）材料的耐蚀性和物理、机械、加工性能是材料技术指标的两个方面。这两个方面往往存在矛盾。有的材料耐蚀性很好，但物理、机械性能差，或不易加工。如铅是传统稀硫酸用材，但密度大，强度低，一般只能做衬里。高硅铸铁有优良的耐酸性能，由于硬度大，韧性差，只能铸造，制作泵、管子和管件。无机材料如玻璃、陶瓷等的耐蚀性很好，但性脆易碎，不耐温度变化。有机高分子材料能耐多种无机化合物，但使用温度不高。另一方面，有些材料具有良好的物理、机械和加工性能，而耐蚀性则比较差。如碳钢有足够的强度、塑性、韧性，可铸造、切削、焊接，但在许多使用环境中都易遭受腐蚀。

在耐蚀性和物理、机械、加工性能不能同时满足时，就要根据设备具体情况有所偏重。或者以耐蚀性为主，对材料物理、机械、加工性能的不足，采取适当措施进行弥补，并制定符合材料性能特点的使用规程；或者以物理、机械、加工性能为主，而对材料实施有效的防护技术，以保证其腐蚀速度达到要求的水平。

（3）材料的耐蚀性和物理、机械、加工性能不应孤立考虑。一方面，腐蚀对材料的物理、机械性能有影响，如金属材料的导热性优于非金属材料（石墨除外），但金属材料的腐蚀和结垢会使传热系数大大下降。而塑性（如聚丙烯、氟塑料）制作的换热器却没有腐蚀和结垢的缺点。又如腐蚀会使金属材料的强度和韧性降低，特别在可能发生应力腐蚀的环境中更应如此。另一方面，加工过程也可能改变材料的耐蚀性能，如焊接就可能造成多种腐蚀问题。表 10-2 列出了几种材料的物理、机械和加工性能。

表 10-2 几种材料的物理、机械和加工性能

材　料	密度 /(g/cm³)	热 性 能			机 械 性 能			加工工艺性能
		热导率 /[kcal/(m·h℃)]	线膨胀系数 /(10⁻⁶/℃)	耐热性	抗拉强度 /MPa	伸长率 /%	冲击韧性 /(kg·cm/cm²)	
低碳钢	7.85～7.86	43～52 (20℃)	11.16～11.28 (20℃)		380～480	25～35		良好
高硅铸铁 (Si14.5%)	7.0	45 (100℃)	12.2 (20～100℃)		60～120	0		只宜铸造
低合金钢	7.8	29～38 (20℃)	13.3 (20～400℃)		750	>15		良好
不锈钢 Cr18Ni9	7.93	14～18 (100～500℃)	17 (0～100℃)		530～700	26～60		良好
铅 (>99.9%)	11.34	29.9 (0℃)	29 (0～100℃)		12～23	35～50		不良
硬 PVC	1.3～1.5	0.11～0.25 (20℃)	50～60 (20℃)	适用温度范围 -40～60℃	35～63	5～15	>150	可焊，易加工
工业耐酸瓷	2.3～2.4		4 (20℃)	不耐温度急变	28～55		<0.1	硬而脆
不透性石墨	1.8～1.9	80～120	4～5 (20℃)		7～25		2.8～3.2	易机加工，不可焊，可粘
环氧玻璃钢	1.6～1.8	0.15 (20℃)	60～80 (20℃)	马丁耐热温度80℃	80～420	1～6	140～350	良好

10.1.2.3 经济指标

（1）经济指标也是很重要的因素，总的目标是工程投资最少，回收年限最短。但是对经济指标的分析要全面。设备费用包括材料费和加工费，对不同的设备，材料费和加工费所占比例差别很大。除制造费用（最初投资），还有投产以后的维修费。因此，单纯考虑降低材料费，减少制造费并不一定合理。

（2）腐蚀控制的费用自然应当低于腐蚀造成的经济损失，但是，腐蚀损失不仅是设备破坏带来的直接损失，还包括间接损失，而间接损失往往比直接损失大得多（见 14.1 节）。

（3）在按实际选材工作中，材料来源和交货时间起着重要的作用。在满足基本使用要求时，来源广、易获得的材料应优先考虑。

10.1.2.4 选材的一些基本原则

（1）单一材料往往难以同时满足耐蚀性、物理、机械、加工性能和经济指标几个方面的

要求，因此应根据不同设备的具体情况，正确处理技术性和经济性之间的关系。对强腐蚀性环境条件，发生腐蚀破坏事故可能造成严重后果的设备，腐蚀损坏难以检查修理的部分，需要把材料耐蚀性放在首位。对于腐蚀性中等和一般的环境，采用碳钢这样的价廉易得且具有良好的机械和加工性能的普通材料，并施加有效的防护技术（涂层、电化学保护、缓蚀剂等），则是合理的。

（2）将两种材料复合使用是一种有效而经济的方法，得到了广泛的应用。对基体材料主要考虑机械和加工性能，以及经济上合理。在基体表面覆盖一层耐蚀性好的覆层材料（金属或非金属），由于覆层可以较薄，不承受压力和负荷，容易达到技术和经济指标的统一。

（3）所选材料应满足整合装置的预定寿命，同时应使装置中各部分的材料均匀劣化，不要当装置报废时某些部件仍然完好。

（4）选材的一般顺序

① 初选：在查阅各种材料手册（包括腐蚀数据）、生产厂推荐的有关资料以及使用经验的基础上，提供初步的候选材料。

② 试验：进行必要的试验，通过分析试验结果确认初选材料的耐蚀性能。

③ 综合比较：综合比较技术和经济指标，最后选定。

（5）选材工作应当在装置建造阶段就认真做好，如果建成投产后发生了大的腐蚀破坏再进行弥补就可能带来很大的经济损失。

10.1.3　主要的金属材料简介

10.1.3.1　碳钢和铸铁

碳钢和铸铁是铁碳合金。碳钢按含碳量可分为低碳钢、中碳钢、高碳钢。铸铁包括灰口铸铁、白口铸铁、球墨铸铁、韧性铸铁等。品种和牌号很多，各品种的物理和机械性能差别较大，耐蚀性却基本相似。在化工设备耐蚀材料中以低碳钢和灰口铸铁用得最多。

碳钢和铸铁的耐蚀性较差，在潮湿大气和水中均不耐蚀，很快就生锈。在中性水溶液中，碳钢和铸铁的腐蚀与水溶液中所含溶解氧有密切关系。只有当溶液氧含量很低或者溶液的氧化性可以使碳钢钝化，碳钢的耐蚀性才能符合要求。

在酸溶液中钢铁是不能使用的。虽然在氧化性浓酸中铁可以钝化，但在实用上仍有种种问题。在浓硝酸中铁的钝态不稳定，而且可能发生晶间腐蚀。在浓硫酸中可以使用碳钢，但要防止浓硫酸吸水稀释，故适用于制作密闭容器和输送管道。

在很多有机溶剂中，在常温稀碱溶液中钢铁是耐蚀的。但是碱浓度增加和温度升高都使钢铁腐蚀速度增大。在熔融碱中碳钢腐蚀严重。

在硝酸盐水溶液、氢氧化钠溶液、液氨（无水）、硫化氢溶液、碳酸盐溶液中，低碳钢可能发生应力腐蚀破裂。析氢反应（包括腐蚀、酸洗、电镀、阴极保护等过程）还可能引起碳钢的鼓泡和氢脆。

碳钢和铸铁来源广、价格低。碳钢强度大、塑性好、可铸、可锻、可切削加工、可焊接、制造容易。铸铁虽性脆，强度较低，但容易制取，很多工厂可以自己铸造；而且铸件尺寸较厚，仍可使用一定时间。所以，碳钢和铸铁广泛用作结构材料，特别是在弱和中等程度腐蚀环境中。在选材时要充分认识碳钢和铸铁耐蚀性的特点，对耐蚀性的不足采取有效的防护技术，以满足腐蚀控制的要求。

10.1.3.2　普通低合金钢

普通低合金钢是在碳素钢中加入少量合金元素（总量一般低于3%）而制得的，其优点是钢材的强度、韧性、塑性得到明显改善，具有良好的综合性能，加工工艺性能也较好，而且成本低。我国利用富产元素（硅、钛、铌、硼、稀土元素等）发展了自己的普低钢体系。

一般说来，由于合金元素含量低于 1/8，所以多数普低钢的耐蚀性能和碳钢相差不多，但也有一些普低钢种类在一定的使用环境中耐蚀性大大优于碳钢。

(1) 耐大气腐蚀低合金钢　主要含有铜、磷、铬等有效合金元素。含少量铜（0.2%～0.5%）的低合金钢在各种类型大气中都有良好的耐蚀性能；如果和磷很好地配合，在潮湿气候条件下耐大气腐蚀性能可以更好地发挥。如美国的 Cor-Ten 钢（A 型，10CuPCrNi）对大气耐蚀性为碳钢的 3～6 倍。我国发展的 16MnCu、09MnCuPTi、10PCuRe 等低合金钢，大气曝晒试验表明，腐蚀速度比低碳钢低 30%～40%。耐蚀性能改善的原因，是由于对表面不同元素的选择性浸蚀，生成了一层致密的、附着力好的腐蚀产物膜。在含硫量高的钢种中，铜还能抵消硫的有害作用。含铜低合金钢不仅耐大气腐蚀能力提高了，而且和油漆的黏着力更好。

(2) 耐 H_2S 腐蚀低合金钢　在石油、天然气工业中，与含 H_2S 的水溶液接触的管道、油井套管等设备可能发生应力腐蚀破坏。为了得到耐 H_2S 腐蚀的低合金钢，一是加入钼、铌、钒、钛等碳化物形成元素，以减少固溶体中的碳量；二是采用精炼技术以降低硫、磷等有害杂质；三是进行回火处理，以获取马氏体高温回火组织。

国外已有一批具有良好耐 H_2S 腐蚀破坏性能，可用于油、气井的低合金钢；国内还处于研制试用阶段。其中 12AlMoV、12Cr2MoAlV、40B 等耐硫化氢腐蚀破坏性能较好。如 12Cr2MoAlV 钢，经正火和回火处理，在 H_2S 环境中试验，氢脆系数只有 2.9%（氢脆系数指在 H_2S 环境中试验后试样断面收缩率降低的百分数）。

(3) 耐氢氮氨腐蚀的低合金钢　合成氨系统和石油加氢系统中的设备材料处于高温高压氢腐蚀或高温高压氢氮氨腐蚀条件，后者除渗氢引起的鼓泡、开裂以外，还有渗氮引起的材料脆化。

我国发展的抗氢腐蚀低合金钢和耐氢氮氨低合金钢，是加入铌、钒、钛、钼等合金元素，以生成稳定的碳化物和氮化物，减少因氢和碳反应生成甲烷而造成的脱碳和腐蚀问题。如 10MoWVNb 钢，试验和实物使用表明，在合成氨系统和加氢系统中具有良好的抗氢腐蚀性能，可以替代 2.25Cr1Mo 钢。

(4) 耐海水腐蚀低合金钢　有效的合金元素有硅、铜、磷、钼、锰、铬、铝、镍、钨、钛等。美国生产的 Mariner 钢（含 0.40%～0.65% Ni，≥0.5% Cu，0.08%～0.15% P，≤0.22% C）在海水飞溅带具有优良的耐蚀性。但在全浸带的耐蚀性和碳钢差不多，且焊接性能不好。后来各国又发展了适用于全浸带的焊接用钢，特别是能同时用于飞溅带和全浸带的焊接用钢。

我国发展耐海水腐蚀低合金钢较晚，主要是结合资源特点研制了铜系、磷钒系、磷铌稀土系、铬铝系。如 10MnPNbRe、08PV、10CrAlNb 钢等。

10.1.3.3　高硅铸铁

当铸铁中硅的含量达到 14%～17% 时，称为高硅铸铁。常用的高硅铸铁的含硅量为 14.5%，相当于原子分数的 2/8。高硅铸铁在氧化性介质、中性介质，以及某些非氧化性酸中均有优良的耐蚀性能。在任何浓度和温度的硝酸，任何浓度的硫酸、硫酸盐等介质中，高硅铸铁腐蚀速度都很低。高硅铸铁耐磨损腐蚀性能也很好，这是因为高硅铸铁表面生成致密的 SiO_2 保护膜，且膜的修复能力很强。凡是能破坏 SiO_2 保护膜的介质，如氢氟酸、高温高浓度盐酸、强碱溶液，高硅铸铁不能使用。加入 3.5%～4.0% Mo，可显著提高高硅铸铁耐高温盐酸性能（称为硅钼铸铁或抗氯铸铁）；加入 5.6%～8.5% Cu 可改善高硅铸铁在碱类介质中的耐蚀性。

高硅铸铁的缺点是物理、机械和加工性能差，硬度大，质地脆，强度低，热膨胀系数大，不耐温度急变，加工困难，故主要用于铸造形式的管道、管件、泵、阀门、塔节等。在加工、贮运、安装和操作运行中要注意高硅铸铁设备的特点，避免机械脆裂、温度急变和局部过热。加入合金元素后使加工性能得到了改善。

除高硅铸铁外，还有其他高合金铸铁（如高铬铸铁、高镍铸铁）和低合金铸铁。

10.1.3.4　不锈耐酸钢

（1）概述　不锈钢是重要的一类铁基合金，主要化学成分是铁、铬或铁、铬、镍，再加上数量较少的其他合金元素（钼、铜等）。习惯上所说的不锈钢包括不锈钢（对大气腐蚀稳定性高）、耐酸钢（在很多化学介质，包括一些酸中耐蚀性优良）和耐热钢（能用于高温氧化环境）三类。

从化学成分看，不锈钢可分为以铬为主要合金元素（铬不锈钢）和以铬、镍为主要合金元素（铬、镍不锈钢）两大类。前者以 Cr13 为基本型，后者以 Cr18Ni9 为基本型（常称为18-8 型）。由这两个基本型发展出了许多具有优良耐蚀性能、耐热性能、机械性能和加工性能的品种，形成了庞大的家族。

按金相组织，不锈钢可分为马氏体钢、铁素体钢、奥氏体钢、奥氏体-铁素体双相钢、沉淀硬化型钢五大类。

铬是使不锈钢获得优良耐蚀性的主要合金元素，所有不锈钢的含铬量都大于 13%（原子分数的 1/8）。铬的含量越高，钢对于氧化性介质和高温氧化的抵抗力越强。铬不锈钢在氧化性环境中的优良耐蚀性来源于表面形成的致密氧化物膜，使金属材料处于钝化状态。加入镍、铜、钼可以改善不锈钢对弱氧化性介质和非氧化性介质的耐蚀性能，扩大其应用范围。

铬、镍不锈钢有优良的耐蚀性能、机械性能和加工性能、应用十分广泛。

对不锈钢危害最大的腐蚀形态是局部腐蚀，包括晶间腐蚀、孔蚀、缝隙腐蚀、应力腐蚀等。据统计资料，不锈钢设备腐蚀破坏事故中局部腐蚀占 90% 以上，特别是应力腐蚀占了一半以上。

（2）几类不锈钢

① 马氏体不锈钢。马氏体不锈钢是指在室温下具有马氏体组织的铬不锈钢，其碳含量较高，如 2Cr13、3Cr13、4Cr13、9Cr18 等，随着钢中含碳量增加，钢的强度、硬度、耐磨性显著提高，而耐蚀性下降，因此主要用于制造要求高硬度的部件，如耐磨零件、弹性元件、切削工具，以及在弱腐蚀性介质中使用、要求较高机械性能的器械和零部件。

1Cr13 含有部分铁素体，耐蚀性接近马氏体不锈钢，但硬度较低，塑性和韧性较高。

② 铁素体不锈钢。铁素体不锈钢含铬量一般为 13%～30%，含铬量在 18%～30% 范围内的铬不锈钢为铁素体钢，室温下钢的组织为铁素体。含铬量在 15%～18% 范围的铬不锈钢当碳含量低时为铁素体钢。0Cr13 虽含铬量低，但含碳量亦低，仍为铁素体钢。

提高含铬量，不锈钢在氧化性介质中的耐蚀性亦提高。含铬量 17% 以上的铁素体不锈钢在硝酸溶液中很稳定。添加钛、铌等稳定化合金元素可改善抗晶间腐蚀性能；添加 2%～3% 钼，可提高在非氧化性介质中的耐蚀性。如 1Cr17Mo2Ti 钢，主要用于硝酸、硝铵生产设备，醋酸、磷酸介质中的设备，以及要求防止铁离子污染的有机橡胶、医药工业。

铁素体不锈钢耐氯化物应力腐蚀破裂性能较铬镍奥氏体不锈钢好，因而作为耐氯化物应力腐蚀破裂的不锈钢种类得到迅速发展。但普通铁素体不锈钢机械性能较低，冲击韧性差，缺口敏感性高，因此应用受到限制。另外，普通铁素体不锈钢对晶间腐蚀、孔蚀、缝隙腐蚀敏感性较高。

为了解决上述问题，20 世纪 70 年代以来采用精炼技术生产出了高纯高铬铁素体不锈钢，典型如 E-Brite26-1（0000Cr26Mo1），含碳量 0.002％，含氮量 0.008％。由于碳和氮含量极低，脆性和缺口敏感性显著下降。冲击韧性和塑性显著提高，有良好冷变形及可焊性，虽仍有 475℃脆性，但可通过适当热处理消除。

高纯高铬铁素体不锈钢具有优异的耐蚀性，特别是优异的耐应力腐蚀破裂、耐孔蚀和缝隙腐蚀、耐晶间腐蚀性能。

③ 奥氏体不锈钢。以铬、镍为主要合金元素的奥氏体不锈钢是不锈钢中生产量最大、应用最广泛的一种耐酸钢，约占不锈钢总产量的 70％，其基本型是 Cr18Ni8～10，而在此基础上通过调整化学成分和添加合金元素发展了大量的品种。

奥氏体不锈钢的高温强度较高，而热塑性很好，可以承受各种复杂的热变形，同时冷变形能力也非常好，能够承受很大的冷变形量。奥氏体不锈钢的可焊性也优于其他组织类型的不锈钢。但奥氏体不锈钢导热性较差（热导率约为碳钢的 1/3），切削时有黏滞现象，容易产生冷加工硬化。

奥氏体不锈钢中由于加入 Ni，在氧化性、中性、弱氧化性介质中耐蚀性较铬不锈钢高。Cr18Ni9 不锈钢在浓度低于 65％、温度低于 80℃的硝酸中是稳定的，在沸腾的 65％硝酸中由于过钝化而腐蚀增大，在浓度大于 75％的硫酸中耐蚀；在稀硫酸、盐酸中不能钝化而不耐蚀。在不含氯离子、浓度小于 60％的沸腾磷酸中，在常温醋酸中，在弱有机酸如柠檬酸、硬脂酸中，Cr18Ni19 不锈钢的腐蚀速度都很低；但在温度较高、浓度较高的醋酸、草酸、乳酸中腐蚀严重。Cr18Ni9 不锈钢在碱溶液中是稳定的，但不耐接近沸点的浓碱和熔融碱。

Cr18Ni19 不锈钢的最大问题是局部腐蚀，包括晶间腐蚀、孔蚀、缝隙腐蚀、应力腐蚀破裂。为了提高奥氏体不锈钢耐蚀性能，特别是抗局部腐蚀性能，一是提高 Cr 和 Ni 的含量，二是加入合金元素 Mo、Cu、Si、Ti（或 Nb）等，三是降低含碳量。如 0Cr18Ni12Mo2Ti(316 型)、0Cr18Ni12Mo3Ti(317 型) 可用于磷酸、醋酸、蚁酸等介质。在尿素生产中，与氨基甲酸铵接触的设备常采用超低碳的 Mo2Ti 或 Mo3Ti 钢。0Cr23Ni28Mo3Cu3Ti 和 0Cr20Ni24Mo3Si3Cu2 钢可用于稀硫酸、稀盐酸、磷酸等介质。0Cr24Ni20Mo2Cu3(K 合金) 可用于制造温度低于 80℃、浓度小于 70％的硫酸中使用的泵、阀门、管道。

④ 铁素体-奥氏体双相不锈钢。铁素体-奥氏体双相不锈钢是在 Cr 为 18％～27％、Ni 为 4％～8％的基础上，随用途不同分别加入 Mn、N、Si、Cu、Ti 等元素而形成的新型不锈钢。这类不锈钢不仅具有强度高（$\sigma_{0.2}$ 约为奥氏体不锈钢的 2 倍）、热导率大、膨胀系数小的特点；而且抗氯化物应力腐蚀性能、耐孔蚀和晶间腐蚀性能优于奥氏体不锈钢，因此近些年得到了迅速的发展。

按照含铬量的多少，双相钢可分为 Cr18 型、Cr21 型、Cr25 型三类。Cr18 型如 ZG0Cr17Mn9Ni4Mo3Cu2N、瑞典的 3RE60（00Cr18Ni5Mo3Si2），在氯化物含量低时耐应力腐蚀破裂性能比 00Cr18Ni12Mo2 等奥氏体钢好得多。Cr21 型如 0Cr21Ni6Mo3Cu，在工业用水等介质中具有良好的耐应力腐蚀破裂性能，而且 30％以下的冷加工使应力腐蚀敏感性下降，这对于用胀管连接的换热器来说具有重要的实际意义。Cr25 型如 00Cr25Ni7Mo3N，对全面腐蚀、晶间腐蚀、孔蚀、应力腐蚀破裂的耐蚀性能，在双相不锈钢中最好。

铁素体和奥氏体两相的比例取决于合金元素含量。以铁素体为主的双相钢在较高温度加热时仍可能出现脆性，因此不宜在高温下使用。

⑤ 沉淀硬化型不锈钢。常用的奥氏体不锈钢，如 Cr18Ni9 型，其退火状态的强度都不

高。为了既能保持奥氏体不锈钢优良的焊接性能，又具有马氏体不锈钢的高强度，发展沉淀硬化型（PH）不锈钢是途径之一。它是在最终形成马氏体后，经过时效处理析出碳化物和金属间化合物产生沉淀硬化。这类钢具有很高的强度，如 17-4PH（00Cr17Ni4Cu3），其屈服强度可达 1290MPa。耐蚀性和一般不锈钢相同。

沉淀硬化型不锈钢主要有奥氏体-马氏体（半奥氏体）型和马氏体型两类。

（3）耐热钢　在高温高压下工作的设备，如裂解炉、转化炉、锅炉、蒸汽轮机、热交换器等，必须使用耐热钢和耐热合金。

所谓耐热钢，是指铁含量超过一半的合金。以铁为主，合金元素总量超过 50％ 的合金称为铁基耐热合金。以镍为主或以钴为主的合金则分别称为镍基耐热合金和钴基耐热合金。

温度对高温下工作的金属材料有两方面的影响：高温使强度降低，高温使金属发生氧化、起皮、硫化。因此，对耐热钢的基本要求包括：优良的高温力学性能（热强性、抗蠕变性），以及优良的抗高温氧化性能。

用量最大的珠光体类耐热钢，合金元素总量小于 5％，代表钢种如 15CrMo、12Cr1MoV 等，使用温度可达到 600℃。一般用于要求承受负荷较大的设备和构件，如锅炉、化工压力容器、加热炉管、热交换器等。加入合金元素 Mo、W、V、Nb、Cr、Si 等可以强化铁素体和稳定碳化物。其中 Cr 还可以提高抗高温氧化性能。

马氏体类耐热钢大多属于 Cr13 系，如 1Cr13。这类钢的最终热处理为调质处理。由于合金元素含量较高，并采用调质处理，热强性比珠光体类耐热钢高得多。

奥氏体类耐热钢的热强性优于珠光体类耐热钢，抗高温氧化性能也很好。这类钢有 18-8 型，如 1Cr18Ni9Ti、1Cr18Ni12Ti，工作温度可达 650～700℃，可作化工设备的过热管材。另一类为炉管用耐热钢，含镍量更高，如 Cr20Ni32（因科罗 800），Cr25Ni20（HK-40），其最高使用温度可达 1000℃，用作化工设备高温炉管。

（4）不锈钢的合理选择和正确使用　不锈钢的品种和牌号很多。在这许多种类的不锈钢中，有很多耐蚀性相近，不同的是机械性能和加工性能。必须指出，不锈钢不是万能的，各类不锈钢的耐蚀性有其自身的特点。因此应当根据设备的具体环境条件进行合理选择。在选择时应特别注意局部腐蚀问题，以避免发生不应发生的腐蚀破坏事故。

正确使用是指应按照不锈钢耐蚀性特点制定操作规程，严格维护管理，防止因使用不当造成腐蚀破坏。

10.1.3.5　有色金属

（1）铝　铝是活泼金属（Al/Al^{3+} 标准电位为 -1.67V），但钝化倾向大，在很多介质中可以生成具有保护性的表面氧化膜。这种膜致密，和金属基底结合牢固，而且在受到破坏时容易自行修复。所以铝在很多使用环境中有相当高的耐蚀性。铝的耐蚀性与纯度关系密切，纯度越高，耐蚀性能越好。

在大气中（即使含有硫化物或二氧化碳的大气），因为表面膜稳定，铝的耐蚀性很高，但当大气中含有氯或其他卤素或大量碱性物质时，由于表面膜被破坏，铝不耐蚀。在 pH＝4.5～8.5 的水溶液中铝的表面膜稳定；在较低或较高 pH 值，氧化膜可能溶解，铝不耐蚀。在稀硝酸、中等和高浓度硫酸、氢氟酸、碱溶液、氯化物溶液中，铝表面氧化膜被破坏，腐蚀速度较大或易发生局部腐蚀。铝在稀硫酸和发烟硫酸中稳定，在浓度大于 80％ 的硝酸中，铝的耐蚀性优于 18-8 型不锈钢。

铝也可能发生晶间腐蚀、应力腐蚀。铝和大多数金属材料（铁、不锈钢、钛、铜等）接触都是阳极性的，会发生电偶腐蚀问题。

铝的密度小、熔点低、导热性和导电性好。但强度低、焊接性和铸造性差、使用温度不高。

（2）钛　钛也是活泼金属（Ti/Ti^{2+} 标准电位为 $-1.21V$），钛的钝化能力极强，表面很容易生成氧化物膜，其稳定性远高于铝及不锈钢表面的氧化物膜，而且在受到损伤后易于修复。所以钛在很多腐蚀环境中表现出优良的耐蚀性能。在氧化性溶液中，即使存在各种浓度的氯离子，钛也是稳定的。钛在非氧化介质中耐蚀性不好，因为表面氧化膜会受到破坏。

钛在大气、海水、天然水、很多有机酸、有机化合物中耐蚀性很好。在大多数盐溶液中，特别是在氯化物溶液中耐蚀性优异，不仅优于高铬镍不锈钢，而且不会发生孔蚀。在潮湿氯气中钛的稳定性很高，超过镍基合金，但可能发生缝隙腐蚀。在 $100℃$ 以下的各种浓度硝酸中（除发烟硝酸），钛的腐蚀速度很低，随温度升高腐蚀速度增大，在红色发烟硝酸中钛及其合金有爆炸的危险。在浓度小于 4%、温度低于 $60℃$ 的盐酸中钛是耐蚀的，随着盐酸浓度增加，温度升高，钛的腐蚀速度迅速增大。钛在硫酸中的腐蚀行为比较复杂，一般来说，只能用于浓度低于 10% 的硫酸，在浓度小于 50% 的碱溶液中钛是耐蚀的，当碱溶液中含有氯离子时，其耐蚀性超过镍。

在高温下钛的化学活性很高，能与很多合金元素发生强烈反应，故钛的使用温度应低于 $350℃$。除极个别介质（如发烟硝酸、某些甲醇溶液）外，钛不发生晶间腐蚀。工业纯钛耐应力腐蚀破裂（除发烟硝酸）和腐蚀疲劳性能也很好。

钛极易吸氢而变脆，当钛表面被铁玷污时有利于吸氢。钛的密度小、强度高、塑性好，是一种优良的耐蚀材料。加入钯、锆、铜、钼得到的几种钛合金，如 Ti-32Mo、Ti-0.2Pd、Ti-15Mo-0.2Pd 等，使耐蚀性和机械性能进一步得到提高。

（3）铜及其合金　铜是正电性金属，热力学稳定性较高，但铜的钝化能力很差。因此，铜在常温除氧的稀盐酸和稀硫酸中是耐蚀的。当酸中含氧时腐蚀速度增大，而在硝酸、铬酸等氧化性酸中腐蚀严重。

在大气条件下铜有一定的稳定性，但对受污染的大气铜的耐蚀性不好。在淡水、海水和中性盐类溶液中铜的腐蚀速度很小。铜在各种有机酸，以及醇、酚油等有机物质中是稳定的。

由于铜有良好的低温机械性能，故用于制造深冷设备，铜也用于制造有机合成工业中的某些设备。

在化工、石油部门主要是使用铜合金，铜合金可分为三大类：黄铜（铜锌合金）、青铜（铜锡、铜铝、铜硅等合金）、白铜（铜镍合金）。

① 黄铜：黄铜的机械性能优于纯铜，价格也较便宜，黄铜的耐蚀性能随锌含量增加而降低。高锌黄铜（锌含量超过 15%）的主要腐蚀问题是脱锌（在酸性、中性、碱性介质中都可能发生）和应力腐蚀破裂（在含氨环境中发生）。含锌低于 15% 的黄铜，加入少量锡、砷、锑、磷的黄铜，脱锌趋势较小。

② 青铜：青铜主要指铜锡合金，另外还含有锌和铅。锡青铜耐大气腐蚀和海水腐蚀性能、耐酸性能，以及铸造性能和加工性能都比纯铜好。

铝青铜是铜铝合金（还含 Ni、Fe、Mn），强度高、耐磨性好、耐蚀性和抗高温氧化性能优良。主要以铸件形式用做高速船舰的大型螺旋桨、发动机零件、泵、阀门等。

③ 铜镍合金：铜镍合金对高速海水的空化腐蚀有良好的耐蚀性。含镍 20% 或 30% 的铜镍合金是海水冷凝器管的最好材料。

（4）镍及其合金　在化工行业中，镍主要用于制碱设备，因为镍在高温碱溶液和熔融碱中耐蚀性很好。不过在高温（300～500℃）、高浓度（75%～98%）的苛性碱中，没有退火的镍易发生晶间型应力腐蚀。

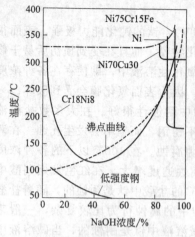

图 10-4 几种材料在 NaOH 溶液中
发生 SCC 的范围（曲线以上）

蒙乃尔合金（Monel）属镍铜合金，兼有镍和铜的许多优点。在氢氟酸中，蒙乃尔合金是最好的耐蚀材料之一。但当氢氟酸中含氧及其他氧化剂时，其耐蚀性下降。

哈氏合金（Hastelloy）主要成分是镍（含量 50% 以上）、钼、铬、钨、铁等，化工设备常用的是 Hastelloy B 和 C，前者在非氧化性无机酸和有机酸中耐蚀性极好。如所有浓度的盐酸，中等浓度以下硫酸、磷酸、醋酸等，特别能耐热浓盐酸腐蚀。当酸中含氧化剂时应当用 Hastelloy C（含 Cr16% 左右），在含氧盐酸中，Hastelloy C 耐蚀性良好。

镍基合金价高、来源少，只宜用于腐蚀性苛刻的环境。

图 10-4 列出了几种材料在 NaOH 溶液中发生 SCC 的范围。

（5）铅　铅是传统的稀硫酸和硫酸盐溶液用材，这是由于在稀硫酸中铅表面生成的硫酸铅膜有很好的保护作用。另外，铅在亚硫酸、硝酸（<85%）、铬酸、在大气和土壤中腐蚀速度亦很低。

铅的物理、机械性能差，强度低，硬度小，密度大，因此一般用作衬里。硬铅（铅锑合金）强度比铅高，可制作管材、泵壳等。

（6）钽、锆、铌　属于稀有金属，物理、机械性能优良，耐蚀性极好。但价格昂贵，故只用于特殊腐蚀环境，它们易吸氢变脆。

（7）金、银、铂　属于贵金属。热力学稳定性高，耐蚀性能优异，价格昂贵，只用于少数特殊腐蚀环境，还常用作覆层材料。

10.2　结构设计

10.2.1　腐蚀控制对结构设计的一般要求

在腐蚀控制的各个环节中，设备的结构设计是极为重要的一环，合理的结构设计不仅可以使材料的耐蚀性能充分发挥出来，而且可以弥补材料内在性能的不足。特别重要的是，很多局部腐蚀破坏事故，如电偶腐蚀、缝隙腐蚀、应力腐蚀、磨损腐蚀，是由于结构设计不合理所造成的，或者促进的；同样重要的是，很多局部腐蚀问题又最容易通过正确的结构设计或通过设计改进得到有效而经济的解决。

从腐蚀控制的观点来说，合理的结构设计应包括两个方面的要求。首先，尽可能消除或减少设备及环境中的不均匀性，使腐蚀电池不能形成，增加腐蚀电池工作的阻力。另一方面，在设计中就要考虑采用何种防护技术，并为实施这些技术创造条件；设备的结构还要考虑检查、维修和更换某些部件的实际需要。

（1）设备的结构应尽可能简单，这不仅可以减少腐蚀电池形成的机会，也有利于采取防护技术。

（2）从防腐蚀角度看，整体结构比分段结构好，因为连接部位往往是耐蚀性的薄弱环节，但分段结构则有利于运输、检查，对分段结构的设备，要设计合理的连接方式。特别要注意使设备主体部分完整和简单，容易发生腐蚀损坏而需要经常检查或修理的部件最好集中在一起（图 10-5）。

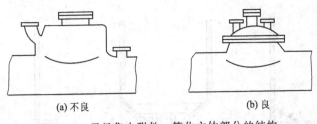

(a) 不良　　　　　　　　　　　(b) 良

图 10-5　尽量集中附件、简化主体部分的结构

（3）设备的表面状态应当均匀、平滑、清洁，突出的紧固件的数目越少越好，不需要的突出部分应磨掉，焊缝应进行整理和打磨，表面上的孔洞和缝隙应填平（图 10-6）。

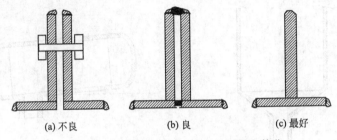

(a) 不良　　　　　　　(b) 良　　　　　　　(c) 最好

图 10-6　整体部件有利于表面的平滑和简化

（4）结构上应尽量避免缝隙、死角、坑洼、液体停滞、应力集中、局部过热等不均匀因素。

（5）注意设备密封，消除跑冒滴漏，防止腐蚀性气体、蒸气和液体介质泄漏、喷出和弥散。

（6）注意材料的相容性和设备之间的相互腐蚀性影响。

（7）采用覆盖层保护的设备（如衬里设备）要有足够的强度和刚度，使用中不能变形。

（8）设备上要有适当通道，以便对容易发生腐蚀的部位进行检查、维修或更换。

（9）几何结构应方便设备清洗、维修和防腐蚀施工，比如使用十分广泛的覆盖层保护技术（油漆、喷涂、衬里等），施工前的表面处理对保护效果影响很大。在考虑设备结构和相互位置时就应当为进行表面处理（特别是在生产现场进行表面处理）提供必不可少的施工条件。

10.2.2　防腐蚀结构设计的若干细则

10.2.2.1　排液-防止液体停滞

（1）金属结构和设备的外形应避免积水，减少易积水的间隙、凹槽和坑洼。贮罐和容器顶部要有一定坡度。在可能积水的部位可设置排水孔，排水孔要有适当孔径，以免堵塞（图10-7）。

（2）贮罐和容器的内部形状应有利于液体排放，避免能聚积液体和固体污垢的死角、坑洼。

（3）管道系统内部要流线化，使流动顺畅，低凹段要安装排液管，整个管道系统应在水平面内，如有可能，最好连续地向下游倾斜。

（4）立式热交换器的上端管束应与管板平齐，卧式热交换器最好向出口端稍倾斜，以避免残留液体（如图 10-8）。

（5）准备酸洗的钢铁构件，不要有容易残留

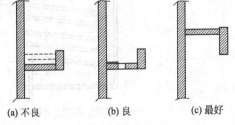

(a) 不良　　　　(b) 良　　　　(c) 最好

图 10-7　结构应利于排液，避免液体停滞

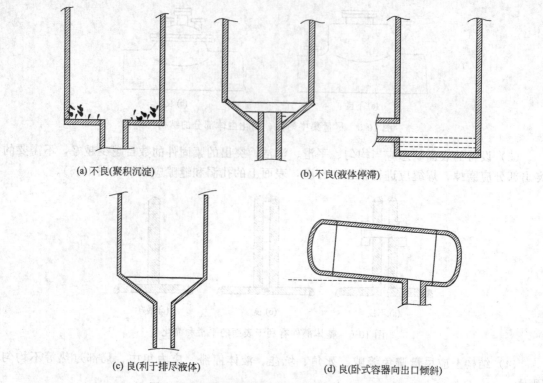

图 10-8 贮罐和容器内部流线化，使液体能排尽

酸液的间隙、孔洞等缺陷，以免酸洗后酸液清除不净。

（6）不要使用容易吸收水分和液体介质的绝缘、隔热、包装材料。

10.2.2.2 消除温度不均和浓度不均

（1）避免局部过热　被焊组件的厚度不要相差很大；加热盘管最好安装在容器中心，不要紧靠器壁；当要求从容器外面加热时，加热器应覆盖尽可能大的外表面。图 10-9 列举了避免设备局部过热的例子。

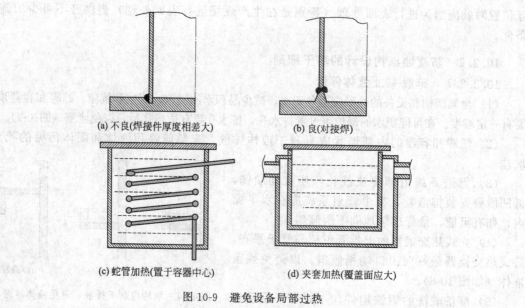

图 10-9 避免设备局部过热

加热器进口管温度高，应采取保护措施。注意高温设备（如输送热介质的管道）对周围构件的热影响，最好采取保温隔热措施。

（2）和高温气体接触的设备，要避免局部地区温度偏低，即避免"冷点"，因为这些冷点可导致气体冷凝，而冷凝液的腐蚀比高温气体要严重得多，这就造成局部区域腐蚀加剧。图 10-10 是保温不正确造成冷点的典型例子，要想改变易形成冷凝液的现象，就要使钢支柱保温。除设备的支柱外，大型设备的吊耳（吊装用）也会造成类似的问题。

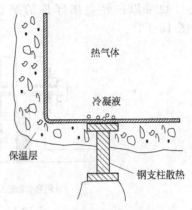

图 10-10　避免形成"冷点"

（3）消除浓度不均　为了使溶液中各部分的浓度和充气情况趋向均匀，在必要时应设置搅拌装置。

在向容器中加入浓液时，加入管不应靠近容器壁，也不应让溶液沿着器壁流下。加入管最好安装在容器中心，并插入容器内部，以减少液体飞溅和在容器上形成污垢（图 10-11）。

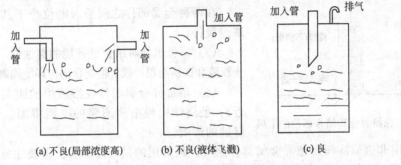

(a) 不良(局部浓度高)　　(b) 不良(液体飞溅)　　(c) 良

图 10-11　避免浓度不均匀，液体飞溅和形成污垢

（4）管壳式热交换器的气液交界面是腐蚀严重的部位，这里容易造成有害成分浓缩、温度不均匀、高速气流冲刷。如有可能，提高液面，使管束完全浸没，是保护管束的有效措施（图 10-12）。

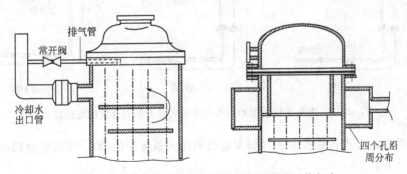

图 10-12　立式热交换器使管束完全浸没的两种方法

（5）当设备材料依赖溶液中的氧而钝化时，应保证氧能自由地到达设备各部分表面。

10.2.2.3　避免（或减少）电偶腐蚀影响

（1）当必须使用异金属部件连接时，只要可能就应当采用绝缘的办法，即用绝缘材料（垫片、套管、胶泥、涂料等）把异金属部件隔离开，切断腐蚀电流的通路。绝缘必须完全而且有效，绝缘材料不能透水，要有足够厚度和覆盖面。

也可以在异金属部件的结合面之间用涂料或胶泥绝缘，并把结合部位封闭起来（图 10-13）。

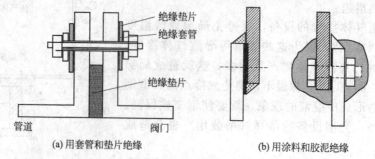

(a) 用套管和垫片绝缘   (b) 用涂料和胶泥绝缘

图 10-13 异金属部件之间绝缘以防止电偶腐蚀

（2）降低异金属部件之间的电位差异 将一种金属部件镀上和另一种金属电位相近的金属镀层，如连接铝合金的钢螺栓镀镉，或者两种金属都镀上同一种金属镀层。

在两种金属部件之间插入电位介于其间的第三种金属过渡件。

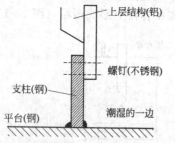

图 10-14 保持异金属结合部位的干燥

（3）降低电偶对结合处环境的腐蚀性 保持干燥，防止积液和铁锈堆积；或者将结合部与环境隔离开（图 10-14）。

（4）增加异金属部件在溶液中的距离（不要靠得太近），使腐蚀电池溶液通路的电阻增加，可以减少电偶腐蚀的影响。

（5）用非金属涂料层把异金属部件涂覆，最常用的是油漆涂料。但要注意不仅涂覆阳极性部件，阴极部件也要涂覆。因为涂层中存在缺陷（如孔隙），暴露出的基底金属和未涂覆阴极部件构成大阴极小阳极的不利面积比，会引起这些部位迅速的腐蚀穿孔（图 10-15）。

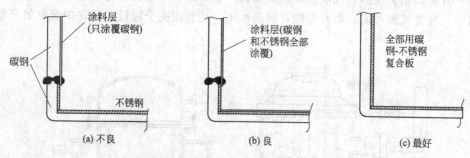

(a) 不良   (b) 良   (c) 最好

图 10-15 避免涂料使用不当引起涂层孔隙中基底金属的加速腐蚀

（6）对整个设备进行阴极保护（如果适合采用阴极保护的话），使两种金属都成为阴极，消除其电位差异。

（7）对某些设备，阳极性部件可以做得较厚，如水加热器采用青铜管束和碳钢花板、不锈钢叶轮和铸铁泵壳的组合。花板和泵壳可以做得较厚，满足使用寿命要求，同时，碳钢花板对青铜管束、铸铁泵壳对不锈钢叶轮又可以起到保护作用。

（8）避免液流和气流带来的电偶腐蚀问题，比如浸过盐（为防霉）的帆布不要和钢或铝制设备接触，或用作防雨盖布；浸过铜盐的木材上不要使用钢制螺钉。

在容易形成冷凝液的场合，铜管或铜基合金管道不要从钢或铝制设备正上方通过

（图 10-16）。

在流动系统中，钢制重要设备（如热交换器）上游不要安装铜合金管或其他铜部件，也要避免使用石墨填料或浸过石墨的垫片。

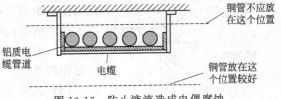

图 10-16　防止液流造成电偶腐蚀

（9）在使用非金属材料和金属材料组合时，也要注意非金属材料对金属材料的腐蚀影响。

10.2.2.4　避免缝隙

（1）选择适当的连接方式，对于不可拆卸连接，只要允许应优先选用焊接（图 10-17）。

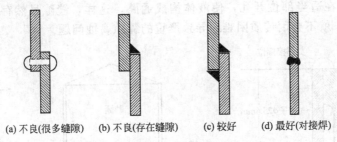

(a) 不良(很多缝隙)　(b) 不良(存在缝隙)　(c) 较好　(d) 最好(对接焊)

图 10-17　选择不产生缝隙的连接方式

（2）选择适当的焊接工艺。从腐蚀控制观点要求，对焊接优于搭焊接，连续焊优于间断焊，双面焊优于单面焊。

保证焊接质量，避免焊接缺陷（咬边、焊瘤、凹陷、裂缝、气穴和根部未焊透等），焊后对焊缝进行清理和修整。

（3）在可拆卸连接方式中，法兰连接应用最普遍，但法兰连接面也是最易产生缝隙腐蚀的部位之一，减少和消除缝隙的措施包括：

① 选择不易形成缝隙的法兰结构（图 10-18）；

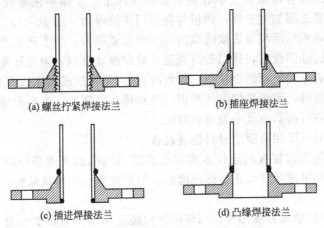

(a) 螺丝拧紧焊接法兰　　　　　　　(b) 插座焊接法兰

(c) 插进焊接法兰　　　　　　　(d) 凸缘焊接法兰

图 10-18　选择不易形成缝隙的法兰结构

② 使用不吸湿的垫片材料，如氟塑料、橡胶、耐蚀金属垫片（注意材料的相容性）。垫片表面应平整，与法兰面密切接触；垫片内径应与法兰盘内径相同。

③ 装配时可在法兰面上涂覆具有缓蚀作用的涂料或不透水的化合物（如液体橡胶）。螺栓均匀上紧，防止垫片变形。

（4）如果法兰连接部位不直接接触腐蚀液体，应采取措施保持垫片处于干燥条件。比如

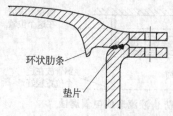

图 10-19　设计环状肋条以
保持法兰连接区干燥

化工设备中的高压釜，为了防止腐蚀介质在死角冷凝并向下流入法兰的缝隙区，可以在封头上设计特殊的环状肋条（图10-19）。又如化工设备的套筒法兰连接的设计，亦应注意这一方面的要求。

（5）当设计中缝隙不可以避免时，可以采取适当措施防止形成闭塞条件，方法包括两个方面：

① 在制造过程中用焊接将缝隙封闭，或者用填缝剂堵塞，腐蚀溶液不能进入，自然不会造成缝隙腐蚀。

② 加大缝隙宽度。如增加热电偶套管和支管管壁间距，加大换热器管子和管板间隙（图10-20）。或者在适当部位开孔，使液体构成通路，这样，缝隙虽然存在，但宽度较大，消除了闭塞条件，就不会因传质困难而导致严重的缝隙腐蚀问题。

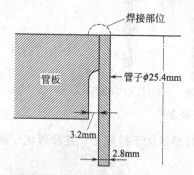

图 10-20　加大换热器管子和管板的
间隙以消除闭塞条件

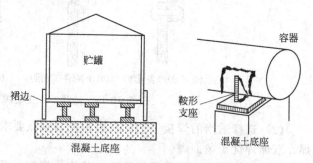

图 10-21　贮罐和容器支承要避免缝隙

（6）设备的支承是产生缝隙腐蚀的另一个潜在部位，将容器和贮罐直接放置在混凝土底座上是不好的设计。从避免缝隙腐蚀的观点要求，平底贮罐最好支承在工字钢梁上，底边焊接裙边支座。水平圆形容器最好支承在钢制鞍形支座上，支座再用螺栓固定到混凝土底座上，鞍形支座与容器之间加衬垫板，钢板与容器用连续焊缝（图10-21）。

（7）固体悬浮物质的沉积是造成缝隙的另一个重要原因。为了防止固体物质沉积，在设计时应考虑澄清和过滤的设施，适当提高流速，减少流动障碍，避免死角和停滞区域，都可以减少沉积物的形成，对于不锈钢设备（如水冷器），避免形成固体沉积是十分重要的。

当沉淀难以避免时，设备结构必须考虑清洗和排污的需要。在容易形成污垢沉积的部位安装吹气管，定期进行吹扫也是一种有效办法。

（8）装置停工时不要用易吸水材料包盖设备。

（9）热交换器管子和管板的连接方式对很多腐蚀问题都有重要影响。胀接产生许多缝隙，焊接或先胀后焊可避免管板正面形成缝隙。如要背面也不形成缝隙，可采用背部深孔密封焊（图10-22）。

（10）在使用涂料涂覆金属部件，用玻璃钢包覆金属部件时，要注意可能造成的缝隙问题（比如流挂）。

10.2.2.5　减少冲刷（磨损）

（1）改善流体的流动状态，减少湍流和涡旋的形成。

① 流速要适当。流速过高会造成磨损腐蚀，而降低流速需要增大管道直径，因此要选择适当的流速。当然过低的流速对腐蚀控制并无好处。

② 避免流动方向突然改变，以减小流体的冲击作用。因此，管道转弯要平缓，弧道半

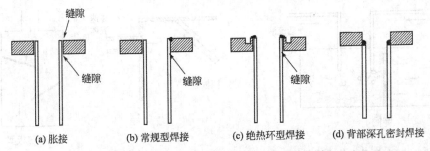

图 10-22　热交换器管子与管板的连接方式

径越大越好，至少应等于管道直径的 3 倍。

③ 管道系统中流动截面积不要突然改变，以避免扰动流动状态。在管道连接中，两段管子要对准；内径不同的管子之间应有过渡段；螺纹连接易形成空穴而引起湍流；法兰连接中垫片内径应与管道相同；容器侧面进口管或出口管不要突出在容器内部，连接应流线化（图 10-23）。

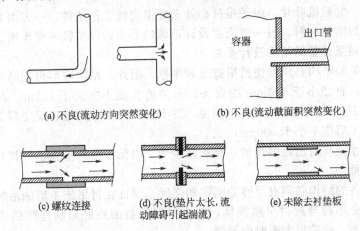

图 10-23　避免流动系统中流动方向和流动截面积突然变化

④ 减小流动的阻力，保证流体流动顺畅，凡是不需要控制流量的地方最好使用阻力小的阀门，如闸板阀。测量流量的装置中文氏管比孔板好；在使用孔板时，安装位置应距弯头等方向变化部位足够远，孔板之间的距离也不能太近。

⑤ 气流和液流不要直接冲击在容器壁上或部件上。

（2）减少气体中夹带的气泡，悬浮固体物质，除去气体和蒸气中的冷凝液滴，可以大大降低液流和气流对设备的磨损。为此，在空气管线上应有水汽分离装置，蒸气管线上应有排凝设施，在输送液体管线上位置高处设置空气分离和排除装置；对含固体悬浮物质的液体，在管路上安装澄清和过滤器是必要的。

为了减少泵送液体中夹带的气泡，可以用隔板将贮槽的进液部分和出液部分分隔开（图 10-24）。

（3）在湍流和冲击不可避免时，应采取措施减少损害，比如增加易受磨损腐蚀部件的厚度；安装可更换的挡板、折流板、缓冲板等，使高速液体不直接冲击在设备上（图 10-25）。

（4）热交换器管束进口端是容易发生磨损腐蚀的部位，因为在进口段液体流动截面突然减小而形成湍流。常用的保护措施是在进口端插入保护套管，套管可用金属材料也可用非金属材料，使用金属材料套管时要注意可能的电偶腐蚀问题。套管末端要摊平，使流动平滑。其他方法有：设计时让进口端管子突出在管板之上几厘米，以延长服役时间；直立式热交换器使用一段时间后将方向转动 180°，即将进口端与出口端对换，因为出口端不存在这个腐蚀问题。

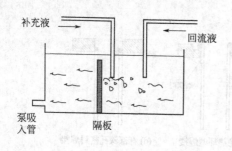

图 10-24 减少泵吸入管中夹带空气

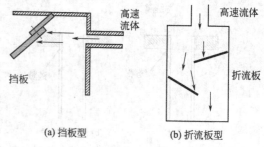

图 10-25 用可更换挡板、折流板减
轻磨损腐蚀造成的危害

（5）为了减少气泡腐蚀造成的损坏，在设计时要降低工艺物流中的水力学压差，以减少气泡的形成和破灭。另外，除去液体中夹带的空气，使部件表面圆滑清洁，可以减少气泡的成核位置。

（6）泵叶轮、气轮机叶片、船舶推进器处于磨损腐蚀工作条件。一方面要选择具有优良耐磨损腐蚀性能的结构材料，另一方面要设计正确的形状，以减轻冲刷作用。

10.2.2.6 衬里设备的结构设计要求

（1）衬里设备的结构必须方便衬里施工和维修。因此，结构应尽可能简单，内部支承花板等应是可拆的，直径小于 800mm 的设备，每节的长度不应大于 1.5m。人体不能进入的设备，应保证手工衬里时能接触到各个部位。对于密闭设备（贮罐、反应器等），应有人孔，其直径在衬里施工后应不小于 500mm。

（2）设备尺寸应当留出足够余量，特别是接管，以保证在衬里施工后其直径能满足工艺要求的容积和流量。

（3）衬里设备的结构必须有足够的刚度和强度，保证在衬里施工后的吊装过程中及使用期间不会因设备变形而导致衬里层损坏，砖板衬里设备的最好形状是圆筒形，底、盖为球形；方形设备最差，故采用方形时应加强。

（4）焊缝应采用双面焊和对接焊，搭接焊和单面焊造成表面不平和缝隙。内表面的焊缝要打磨成圆弧形，清除焊渣、焊瘤等缺陷，焊缝突起高度不超过 3mm，以保证表面平滑。

（5）铆接设备的铆接缝应为平缝，铆钉应为埋头铆钉，使设备内无铆头突出。

（6）伸入设备内部的焊接件应与设备内表面平齐，焊缝应打磨成圆角，管子方位一般取水平或者垂直，以免造成死角，使衬里施工困难（图 10-26）。

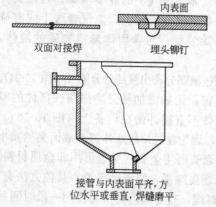

图 10-26 衬里设备内表面应平滑

（7）当需要向设备内通入蒸汽加热时，蒸汽管出口不能正对着衬里层。

（8）衬里设备的支架不可同振动的机械设备相连接，固定在地面上的设备，其底部和基础之间必须设防水层。

（9）设备基础设计要考虑衬里层增加的重量，特别是大型贮槽、容器、塔器衬砖板，增重是很大的。

10.2.2.7 相对位置

（1）注意设备之间的相互影响，避免腐蚀液体泄漏，腐蚀性气流，振动、高温对管道造成的危害（图10-27）。

（2）装置和设备的选址要考虑到风向、水流等环

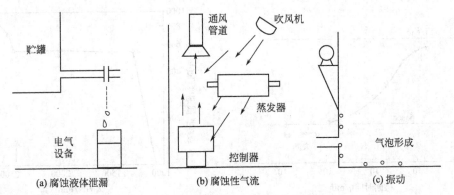

图 10-27　注意设备相互间的腐蚀影响

境条件带来的腐蚀问题。

10.3　应力影响和强度设计

10.3.1　应力对腐蚀的影响

（1）如果材料在使用环境中发生均匀腐蚀，一般将强度和腐蚀分开处理，根据强度要求设计设备壁厚，再加上腐蚀裕量（材料均匀腐蚀速度与预计使用寿命的乘积）。

在 10.1 节中已指出，均匀腐蚀速度可以从各种腐蚀数据手册中查找，或者用试验测出。需要注意的是，一般手册中的腐蚀速度数据是用未受应力的试样得出的，当试样存在应力和应变时，腐蚀速度会发生变化。实验表明，如果材料的应变在弹性范围，这种变化很小。当材料所受的应力超过了其屈服强度，发生了塑性变形，金属阳极极化性能减少，使试样的腐蚀电位负移，腐蚀速度增大。金属越活泼，这个变化越大。因此，当设备表面存在局部应力和塑性变形时，这些部位将成为腐蚀电池的阳极区，造成加速腐蚀破坏。

（2）如果材料的使用环境属于发生应力腐蚀破裂（SCC）的特定环境，那么当材料受到拉应力时就可能发生 SCC，导致严重的腐蚀问题。对这种情况，在进行强度设计时需考虑以下几个参数。

① 应力腐蚀破裂临界应力 σ_{th}。在很多情况下，当应力 σ 低于 σ_{th} 时材料不会发生 SCC。

② 应力腐蚀破裂临界强度因子 K_{1SCC}。考虑到材料内部存在的微缺陷，用断裂力学处理问题，当设备的初始应力强度因子 K_{1I} 小于 K_{1SCC} 时，在一定时间内不会发生 SCC（图 10-28）。用 K_{1SCC} 数值可以核算允许的应力数值，也可以用于技术条件中规定探伤检验的要求和最大初始缺陷的几何尺寸。

③ 应力腐蚀裂纹亚临界扩展速率 da/dt。

在强度因子 K_I 达到 K_{IC} 之前，称为裂纹的亚扩展时期，此时的 da/dt 为应力腐蚀裂纹亚临界扩展速率。超过这个界限值之后，裂纹将以很快的速率扩展，直至材料断裂。用这个临界 da/dt 值可以估算设备的预期寿命（图 10-29）。

要注意的是，设备所受应力主要来自加工、焊接等过程中造成的残余应力，残余应力和负荷应力叠加在一起，而残余应力的大小很难估算。但消除残余应力是很重要的控制途径。

（3）当材料受到交变应力时，会产生疲劳。对黑色金属来说，如果应力幅值低于 σ_{-1}，则不会发生疲劳裂纹。σ_{-1} 称为疲劳极限。

在腐蚀环境中，材料会发生腐蚀疲劳。腐蚀疲劳没有真正的疲劳极限值。一般以循环次数 $N=10^7$ 对应的疲劳应力值 σ_{-1c} 作为表观的疲劳极限。

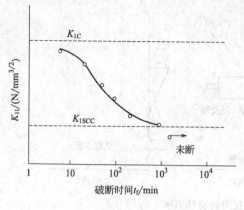

图 10-28　典型的 K_{1I}-t_f 曲线　　　　图 10-29　应力腐蚀裂纹扩展速度 $\dfrac{da}{dt}$ 与 K_I 的关系

腐蚀疲劳极限 σ_{-1c} 不仅比疲劳极限 σ_{-1} 小得多，而且与环境条件、应力幅值、应力变化频率、应力波形有关。

10.3.2　消除残余应力影响的措施

10.3.2.1　避免局部应力集中

（1）改善设备和部件的几何结构，使应力分布尽可能均匀，避免造成局部应力集中。具体要求有以下几点。

① 部件外形应成流线型，采用尽可能大的曲率半径（图 10-30）。

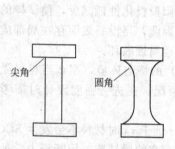

图 10-30　避免应力集中

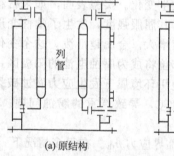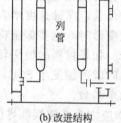

(a) 原结构　　　　　(b) 改进结构

图 10-31　催化剂干燥塔列管的 U 形膨胀节结构

② 尽可能避免切口、截面突然变化，产生尖锐的棱角、沟槽、开孔等，或者将这些边、角、槽、孔置于低应力区或压应力区，并作一定处理，如锐角倒圆、毛刺磨掉、内角填平。

③ 对于应力可能集中的关键部位，应适当增加部件壁厚。

（2）考虑设备在运行中因热膨胀、振动、冲击等原因可能引起的变形。

① 连接部件的热膨胀系数不宜相差太大。

② 长管道应有热补偿结构。在图 10-31 中，列管和夹套内壁为不锈钢，通蒸汽温度升高后列管受热膨胀，使列管与塔壁焊接处、管与法兰焊接处发生腐蚀裂纹。采用 U 形膨胀节结构解决了这一腐蚀问题。

③ 设备的支承结构、泵进出口管道，应具有足够柔性。

10.3.2.2　用热处理消除残余应力

热处理消除残余应力是一种普遍采用的方法，各种金属材料都有专门的消除应力热处理规范。一般碳钢在 $500\sim600℃$ 处理 $0.5\sim1h$，然后缓冷。奥氏体不锈钢最有效的热处理温度是 900℃左右；如果消除应力要求高，也可以在更高温度下处理。但要注意表面氧化及结构变形问题。从表 10-3 看出，在 750℃处理 1h，已可使试验的两种奥氏体不锈钢不发生应力腐蚀破裂。高温处理应尽可能缓冷，但不锈钢可能造成敏化。因此，当既要考虑应力腐蚀又要考虑晶间腐蚀时，应选用低碳不锈钢或稳定化不锈钢品种。对大型设备可在现场安排进行热处理（图 10-32），也可以进行局部（有较大残余应力的部位）消除应力热处理。

表 10-3　热处理对焊接部位 SCC 的影响

钢种	序号	热处理温度与试验结果					
		焊态	650℃×1h	680℃×1h	720℃×1h	750℃×1h	780℃×1h
0Cr18Ni10 ($\phi 80 \times 7.25$)	1	M、D (30)	M、D (100)	N (>200)	N (>200)	N (150)	N (150)
管材	2	M、D (30)	M、D (100)	M、D (100)	N (>200)	N (150)	N (150)
0Cr18Ni12Mo2 ($\phi 80 \times 7.25$)	1	M、D (30)	M、D (100)	D (150)	D (150)	N (150)	N (150)
管材	2	M、D (30)	M、D (100)	D (150)	M、D (150)	N (150)	N (150)

注：N 为未破裂，M 为母材内破裂，D 为焊缝内破裂。该试验为 154℃沸腾 $MgCl_2$ 试验，括号内数字为试验时间（h）。

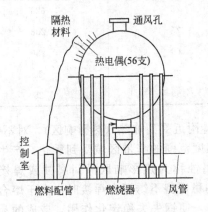

图 10-32　大型球罐整体热处理

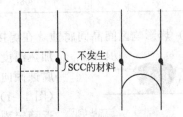

图 10-33　现场施焊部分不能进行
热处理时的两种解决方法

（1）用表面喷丸、喷砂、锤打等方法消除表面拉应力并引入压应力，也可以增加合金材料耐应力腐蚀破裂的能力。由于压应力层很薄，当均匀腐蚀速度较大，或可能发生孔蚀和晶间腐蚀，都会使压应力层破坏而失去保护效果。

（2）对应力腐蚀破裂的合金-环境体系，施加阴极保护可以使 SCC 不发生，已发生的裂纹停止生长。对可能发生腐蚀疲劳的部件，表面镀锌或采用阴极保护，也是有效的防护方法。

（3）对需要在现场组焊又难以对焊缝进行消除应力处理的大型设备，为了防止发生 SCC 事故，可以通过设计使现场施焊部分不接触腐蚀介质（比如将一个塔分为两个塔），也可以选用在该环境中不发生应力腐蚀破裂的材料来制造现场施焊部位（比如合成氨系统热钾碱溶液脱碳塔用碳钢，现场施焊部分可用奥氏体不锈钢），如图 10-33 所示。

思　考　题

1. 耐蚀材料选择的依据有哪些方面？
2. 腐蚀控制对结构设计的一般要求有哪些？
3. 应力对腐蚀的影响有哪些？消除残余应力影响的措施是什么？

第11章 加工建造和操作运行中的腐蚀控制

11.1 加工建造

11.1.1 焊接对腐蚀的影响和对策

（1）焊缝选择性腐蚀　焊接是一种局部冶炼过程，焊缝经熔化和凝固形成铸态组织。由于晶粒粗化、成分改变和组织不均匀，在焊条与母材的成分相同时，焊缝腐蚀速度一般比母材大得多（表11-1）。其相应对策是正确选择焊条和焊接工艺。

表 11-1　焊接不锈钢的腐蚀速度

母　材	焊　条	腐蚀速度/mpy	
		母材平均	焊缝平均
309Scb	309Scb	25	628
347	347	73	208
321	321	69	288
309Scb	308L	25	25
321	308L	69	25

（2）热影响区间晶间腐蚀　在焊接过程中，焊缝附近受到加热（热影响区），对不锈钢，加热温度正好在敏化温度范围的窄带区域受到敏化，产生晶间腐蚀倾向。这种晶间腐蚀称为热影响区晶间腐蚀或焊接衰腐（图11-1）。含钛或铌的稳定型不锈钢在焊接时，由于熔合线附近稳定型碳化物被溶解，使钢失去稳定化作用，造成的晶间腐蚀常称为刀状腐蚀。

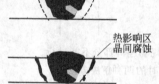

图 11-1　焊接造成敏化，产生晶间腐蚀倾向

对策：选用晶间腐蚀敏感性小的不锈钢，采用耐晶间腐蚀性能好的焊条，改进焊接工艺，焊缝接触腐蚀介质的一面应最后施焊，焊接过程加强冷却，焊后进行适当热处理。

（3）焊缝缺陷造成缝隙　焊接缺陷有焊瘤、咬边、喷溅、根部未焊透等，这些缺陷都成为缝隙部位，容易引起缝隙腐蚀（图11-2）。

对策：保证焊接质量，焊后对焊缝进行整理，清除缺陷。

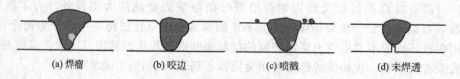

(a) 焊瘤　　　(b) 咬边　　　(c) 喷溅　　　(d) 未焊透

图 11-2　焊接缺陷造成缝隙

（4）焊接残余应力导致应力腐蚀　焊接时局部加热及焊缝金属收缩而引起的内应力，其数值通常是很大的，最高可达材料的屈服极限。焊接残余应力在造成合金应力腐蚀破裂事故的应力来源中占很大的比例。

160

对策：改进焊缝结构，尽可能避免聚集的、交叉的和闭合的焊缝，施焊时应保证被焊金属结构能自由收缩（图 11-3）。

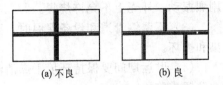

图 11-3　避免聚集和交叉的焊缝

焊后进行消除应力热处理，以及其他消除残余应力处理方法，如残余变形法、喷丸法等。

（5）焊接造成吸氢，导致氢损伤　由于焊条药皮含氢或工作环境潮湿，都可将氢带入熔池，造成被焊金属吸氢。钛材在焊接时极易吸氢，造成焊缝严重脆化。高强不锈钢及低合金强度钢对氢脆亦敏感。

对策：采用低氢焊条，保持工作环境干燥，用惰性气体保护焊接；焊前预热，焊后烘烤驱氢。

（6）不锈钢和碳钢焊接时要避免不锈钢被稀释　可以在被焊部位垫一块不锈钢衬垫板，使稀释发生在垫板上（图 11-4）。

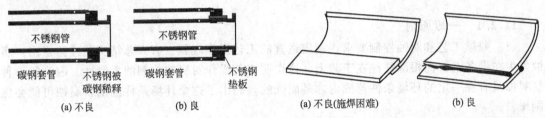

图 11-4　防止焊接时不锈钢被稀释　　　图 11-5　焊接结构设计应便于旋焊操作

（7）超低碳不锈钢焊接时要防止造成增碳　焊接时避免焊接部位沾上油污，已有油污要仔细清除。

（8）焊缝部位的设计要有利于焊接施工进行，以保证焊接质量，要方便检查和维修　焊缝应安排在无液体停滞、污垢聚集等腐蚀条件恶劣的部位（图 11-5）。

11.1.2　加工

11.1.2.1　冷加工产生很大的残余应力

对易于发生应力腐蚀的环境，应避免进行冷加工；或者在加工后进行消除应力热处理。

奥氏体不锈钢加工硬化性较大，如果在冷加工（如简体卷压）后，再进行焊接，可使残余应力大大增加。

11.1.2.2　热加工

产生残余应力较小，但如果加热不均匀，冷却方式不正确，也可能造成很大的残余应力。另外要注意热加工可能引起碳钢脱碳，含碳量较大的不锈钢因敏化而产生晶间腐蚀倾向。

11.1.2.3　铸造

铸件容易存在缩孔、气孔、砂眼、夹渣等缺陷，而引起腐蚀渗漏，厚度相差大的部位由于冷却速度不均匀易产生裂纹。

在结构设计时应避免夹角，厚度不要突变，并注意调整铸件成分，改进铸造工艺。

11.1.2.4　机加工

接触腐蚀介质的一面要做到均匀、平滑，避免粗糙不平。

11.1.3　安装，检修和贮运

（1）避免造成局部应力集中，避免设备变形，部件连接要对准，紧螺栓用力要均匀。

（2）避免设备表面玷污、擦伤和防护层损害，对于有衬里层的设备，吊装时不能碰撞和剧烈振动，外壳上不允许烧焊。

（3）不锈钢管道和设备保温时，要使用不含氯化物的保温材料，检修时要防止保温层污染和损坏。

（4）贮运期间要保持环境干燥清洁，避免日晒雨淋，避免内部积水，并根据具体情况采取防锈措施。

（5）安装和检修完毕后要把设备内部清理干净，特别要注意防止遗留异金属物件。

（6）水压试验后要排尽设备内存水，并用热风吹干，以免锈蚀，或者进行表面防锈处理，并在干燥条件下封存。

碳钢和低合金钢设备一般采用公用系统水进行水压试验，也可在水中加入缓蚀剂。对于不锈钢设备，为了防止氯化物污染，试压水中氯离子含量必须符合有关规定。

11.2　工艺操作

11.2.1　一般原则

（1）兼顾工艺和腐蚀控制要求，制定适宜的工艺操作规程。有人总结实践经验指出：腐蚀发生在设备上，而根源往往在工艺上，这说明工艺操作对腐蚀控制的重要性。因为每一种材料都只有在一定的环境条件范围内才是耐蚀的，超出了这个环境条件范围，腐蚀可能会急剧增长。

（2）保持平稳操作，防止工艺参数大幅度波动。特别是不能为了提高产量而随意改变工艺操作条件。工艺参数大幅度波动，如超温、超压往往造成设备潜在的危险。应当使工艺技术人员和生产工人懂得控制设备腐蚀的基本要求。

（3）控制原料及工艺水质量，特别要严格控制有害杂质的含量。当原料来源改变时，要注意是否会对设备腐蚀带来影响。比如不锈钢设备，要严格控制工艺水或冷却水中氯离子的含量，就是一个典型例子。

（4）开工和停工过程容易造成设备腐蚀问题

① 要避免较长时间超温、超压、超流量，尽量保持平衡。

② 设备内的存液、废渣要排放、清除干净。

③ 有些设备（如锅炉、容器等）在停工期间要注入带缓蚀剂的水，或充入惰性气体，或用气相缓蚀剂保护。

④ 选择清洗剂和清洗方法时要考虑腐蚀问题。

⑤ 不要随意排放废液废气，以免对邻近设备造成腐蚀。

⑥ 不要用潮湿的或易吸水的材料覆盖设备。

（5）检修　检修时间常常十分紧迫，工作环境恶劣，要避免对设备造成损伤和污染，特别要注意保护设备的表面覆盖层。不锈钢和有色金属设备表面上不要随意用粉笔涂画，不要使用铁制扶梯操作，以免造成有害物质污染。检修后不要将异金属工具和物件遗忘在设备内，因为可能造成电偶腐蚀问题。

11.2.2　从工艺路线解决腐蚀问题的实例

（1）合成氨生产装置中变换热交换器　变换热交换器为列管式，半水煤气走管内，变换气走管间，通过换热提高半水煤气的温度。原设计在半水煤气进换热器之前添加普通水蒸气，在常压系统（图 11-6），进换热器时半水煤气温度偏低，带有大量水，煤气中的 H_2S、CO_2 使水呈微酸性。加上气体冲刷、胀管形成应力等种种因素，换热器列管腐蚀十分严重，

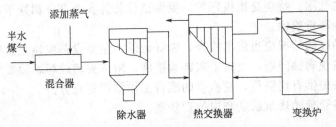

图 11-6　常压变换系统的流程

采用了多种防护方法都未能彻底解决问题。这个问题是通过改革工艺流程得到解决的。为了消除半水煤气所带水分，使煤气干燥，需要提高进换热器时半水煤气的温度，可以将添加蒸汽预热后再加入半水煤气中，或添加过热蒸汽，或者在换热器之前增加一台套管式预加热器。

（2）聚乙烯醇生产中的醋酸蒸发器　原流程为醋酸在蒸发器内以蒸气加热，汽化后导出蒸发器与乙炔鼓风机来的乙炔气在气体混合器中混合，再经过预热器进入合成反应器，蒸发器操作压力为 0.08MPa，温度 135～140℃。由于高温醋酸、应力、冲刷等各种因素的联合作用，蒸发器腐蚀十分严重。用 0Cr17Ni14Mo3 不锈钢制造的蒸发器只使用几个月就因腐蚀而损坏了。

改变后的流程将乙炔气直接通入醋酸蒸发器，与蒸发出来的醋酸蒸气在混合器中混合，然后经预热器进入合成反应器。由于乙炔和醋酸的摩尔比为 2.5：1，乙炔进入蒸发器使蒸发器内的醋酸蒸气分压大大降低，再加上醋酸分子的缔合现象，醋酸的蒸发温度下降到80～85℃左右。由于温度降低，蒸发器腐蚀大大减轻。图 11-7 为聚乙烯醇的生产流程。

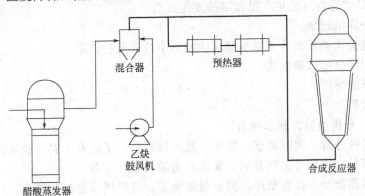

图 11-7　聚乙烯醇生产流程

同样道理，将芒硝回收由常压蒸发改为减压蒸发，使蒸气温度从 104℃降低到 64℃左右，腐蚀状况也得到缓解。

11.3　维护管理

11.3.1　维护管理要求

（1）对设备实行良好的维护，特别是使用防护技术的设备，对控制设备腐蚀、发挥最佳保护效果是十分重要的。有表面覆盖层的设备（特别是非金属材料衬里设备），要防止温度急剧变化，强烈的机械振动，禁止敲打和施焊，以免影响覆层和基体的结合，造成覆层的破裂和脱落。使用缓蚀剂的设备，要严格控制缓蚀剂的浓度和使用条件，防止因浓度降低而造成保护效果变差或丧失。对于采用电化学保护的设备，必须进行科学管理，使设备的电位处于最佳保护电位范围。特别是阳极保护，要保证设备的各个部分都处于稳定钝态，防止局部表面活化而发生严重腐蚀。

（2）对设备的腐蚀情况应当定期检查，做好记录。主要设备应建立防腐蚀管理档案。定期检查可以尽早发现腐蚀问题，及时采取补救措施，防止突然破坏事故发生。尽早发现腐蚀问题也可以为检修提供有用资料，使检修的准备工作做得更充分。

（3）健全设备管理的规章制度和岗位责任制。

11.3.2　设备腐蚀事故分析

11.3.2.1　设备腐蚀事故分析的重要性

发生腐蚀破坏（失效）事故以后，要认真进行检查和分析，找出失效原因，才能采取有效的防护措施，使类似的腐蚀失效事故不再发生。

11.3.2.2　腐蚀破坏事故分析的步骤

（1）事故现场调查

① 设备材质（包括炉号、交货状态）、结构、加工工艺、破坏部位、破坏外观形貌。

② 对腐蚀破坏部位进行照相和取样，对金相试样和机械性能试样应沿纵横两个方向取样；对发生应力腐蚀破裂的设备，最好沿裂纹尾部取样，以便于观察裂纹形态、断口形貌和裂纹发展情况。取样部位也很重要，正确的取样是正确分析的必要条件。要注意保护试样的原始面目。除设备破坏部位材料取样外，还要取腐蚀产物样品和反应产物样品。

③ 环境条件，包括介质组成、浓度、pH 值、温度、压力、流动状态等。

④ 破坏事故发生前后的操作运行情况，有没有超温、超压、超负荷；有没有外界污染。

⑤ 设备的日常管理与维护状况和事故发生过程。

调查要做好详细记录。

（2）查阅有关文献资料，了解类似腐蚀破坏事故的分析结果。

（3）研究制订分析试验方案。

（4）进行试验分析。

（5）写出报告。

11.3.2.3　分析检验方法和内容

（1）宏观检查分析　肉眼观察，照相，放大镜观察，了解发生腐蚀破坏设备的全面情况和重点部分的情况，破坏形态和外貌，腐蚀产物的状态和分布。

（2）无损探伤检验　检查壁厚，测量腐蚀深度。确定局部腐蚀的部位，局部腐蚀破坏的程度。

（3）化学分析　确定金属材料组成，腐蚀产物的成分，设备进料和出料的成分。

（4）力学性能检测　通过金属材料和发生腐蚀破坏的设备（或部件）力学性能对比，了解设备材料机械性能方面的问题及腐蚀造成的影响。

（5）金相分析和电子显微分析　检查金属材料组织、腐蚀破坏形貌、夹杂物状态。用扫描电镜研究断口形貌，用电子探针分析腐蚀产物、夹杂物的分布与组成。

（6）模拟现场条件的腐蚀试验，研究确定造成设备腐蚀破坏的主要原因。

（7）其他的需要分析的项目。

11.3.3　腐蚀破坏分析实例

某厂聚乙烯醇装置第一蒸馏塔在运行一年左右后，塔板发生不同程度的开裂。对开裂进行的分析过程如下。

（1）设备情况　第一精馏塔直径 2.5m，高 31.7m。塔板共 50 块，板厚 3mm，孔径

5mm。塔板材质为 0Cr17Ni12Mo2。塔内介质为醋酸和醋酸乙烯，温度 70～128℃，操作压力 0.01～0.04MPa。

（2）开裂宏观检查　塔板开裂率达 60%。开裂有以下特征：

① 裂纹大都从尖角处开裂，其中锐角的开裂率大于直角和钝角；

② 开裂也发生在两块板用螺栓固定处边缘；

③ 塔板开裂在两条加强筋的中间，加强筋本身也断裂；

④ 塔板开裂初始裂纹平直、不分叉，但当裂纹扩展到一定程度后，有时也出现分叉；

⑤ 塔板开裂的断面平齐，有时可见到清晰的贝壳线。

（3）化学成分和机械性能测试　对破坏塔板实物取样，进行化学成分和机械性能测试，将结果与规范值比较，均符合要求，排除了用错材质和钢材质量的问题。

（4）显微分析　金相检查表明，裂纹具有穿晶和平直特征。扫描电镜表明，塔板开裂裂纹的初始部分，都以明显的疲劳辉纹形态出现。但当裂纹扩展到一定程度时，裂纹形态发生转变。除疲劳辉纹外，还出现解理状分阶和晶间断裂，裂纹的宏观形态出现分叉。

离子探针和电子探针分析证明，随着裂纹的产生和扩展，裂纹内的介质条件与裂纹外不同。裂纹扩展中的活性表面对腐蚀性元素有强烈的吸附能力，许多腐蚀性元素（硫、氮、氯等）被浓缩，为塔板腐蚀疲劳开裂创造了条件。

由以上分析检测分析结果可得出结论：塔板开裂由腐蚀疲劳引起，交变应力来自塔板振动。

在分析破坏原因基础上，提出以下改进措施。

① 改进设计。对大直径的塔板加强支撑，增加塔板厚度，加大筛孔口径，以减小振动；塔板四周不采用尖角设计，尽量采用大半径圆弧，以避免应力集中；塔板连接处增加垫片与塔板接触面，以免由于压紧面应力过于集中而造成该部位开裂。

② 改进加工。避免应力集中，塔板表面喷丸强化，合理安装。

③ 改进生产工艺，减少物料聚合引起筛孔堵塞，导致气速剧升。

④ 改变材质，选用抗腐蚀疲劳性能优良的合金材料。

思　考　题

1. 焊接对腐蚀的影响和对策是什么？
2. 从防腐蚀的角度看，工艺操作应注意哪些方面？

第 12 章 防护方法

12.1 电化学保护

12.1.1 保护原理及保护参数

12.1.1.1 阴极保护

(1) 保护原理 金属-电解质溶解腐蚀体系受到阴极极化时，电位负移，金属阳极氧化反应过电位 η_a 减小，反应速度减小，因而金属腐蚀速度减小，称为阴极保护效应。利用阴极保护效应减轻金属设备腐蚀的防护方法叫做阴极保护。

由腐蚀电池的工作环节可知，在自然腐蚀状态下，金属阳极氧化反应产生的电流 I_a 与去极化剂阴极还原反应产生的电流 $|I_c|$ 相等，即腐蚀体系的腐蚀电流 I_{cor}：

$$I_{cor} = |I_a|_{E_{cor}} = |I_c|_{E_{cor}}$$

在图 12-1 中，阴极极化曲线和阳极极化曲线的交点决定自然腐蚀状态的腐蚀电位 E_{cor} 和腐蚀电流 I_{cor}。

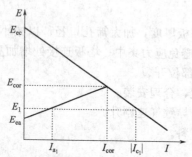

图 12-1 说明阴极保护原理的 Evans 极化图

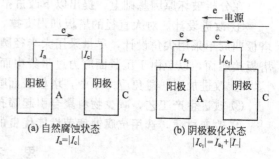

图 12-2 电流关系

阴极极化使金属的电位从腐蚀电位 E_{cor} 负移到极化电位 E_1，金属阳极反应电流从 I_{cor} 沿阳极极化曲线减小到 I_{a_1}，去极化剂阴极反应电流从 I_{cor} 沿阴极极化曲线增加到 $|I_{c_1}|$。外加阴极极化电流 $|I_-|$ 与 I_{a_1}、$|I_{c_1}|$ 之间满足电流加和原理（图 12-2）：

$$|I_-| = |I_{c_1}| - I_{a_1}$$

由此得出：

$$|I_{c_1}| = I_{a_1} + |I_-|$$

因为外加阴极极化电流是电子从外电路流入金属，所以阴极保护的原理就在于由外电路向金属通入电子，以供去极化剂还原反应所需，从而使金属氧化反应（失电子反应）受到抑制。当金属氧化反应速度降低到零时，金属表面只发生去极化剂阴极反应。

阴极保护的效果用保护度 η 表示：

$$\eta = \frac{V_0 - V}{V_0} \times 100\% = \left(1 - \frac{V}{V_0}\right) \times 100\%$$

式中，V_0 和 V 分别是未加保护时（自然腐蚀状态）和保护后（阴极极化状态）金属的腐蚀速度，故保护度 η 表示阴极保护使金属腐蚀速度降低的百分数，在图 12-1 中的极化电位 E_1，保护度为：

166

$$\eta = \left(1 - \frac{I_{a_1}}{I_{cor}}\right) \times 100\%$$

（2）保护参数

保护电位 E_{pr}：阴极保护中所取的极化电位（如图 12-1 中的电位 E_1）。显然，要使金属的腐蚀速度降低到零，达到完全保护（即保护度 $\eta = 100\%$），必须取阳极反应平衡电位作为保护电位，即取 $E_{pr} = E_{ea}$。

（最小）保护电流密度 i_{pr}：与所取保护电位对应的外加极化电流密度叫做保护电流密度（此处"密度"是对被保护金属暴露表面积而言）。为使金属得到完全保护所需的保护电流密度，在文献中常称为最小保护电流密度。

保护电流密度 i_{pr} 与保护电位下金属的腐蚀速度（即该电位下金属阳极氧化反应速度 i_a）的关系由电流加和原理确定：

$$I_a = |I_c| - |I_-|$$

$$i_a = |i_c| - i_{pr} \quad (i_{pr} = \frac{|I_-|}{S}，S \text{ 是金属暴露表面积})$$

在完全保护情况下，$I_a = 0$，由此得出最小保护电流密度：

$$i_{pr} = |i_c|_{E_{pr} = E_{ea}}$$

即最小保护电流密度在理论上等于保护电位取阳极反应平衡电位时金属表面上的阴极反应电流密度。

在两个保护参数中，保护电位是基本的控制指标。这是因为电极反应速度取决于电位。阳极反应速度：

$$i_a = i_a^0 \left[\exp\left(\frac{E - E_{ea}}{\overrightarrow{\beta_a}}\right) - \exp\left(-\frac{E - E_{ea}}{\overleftarrow{\beta_a}}\right) \right]$$

阳极反应过电位 $\eta_a = E - E_{ea}$ 越小，则阳极反应速度越小。在阳极反应平衡电位 E_{ea}，$\eta_a = 0$，阳极反应速度等于零。

在 η_a 较大的电位范围，i_a 可简化为：

$$i_a = i_a^0 \exp\left(\frac{E - E_{ea}}{\beta_a}\right) = i_{cor} \exp\left(\frac{E - E_{cor}}{\beta_a}\right)$$

所以，在阴极极化时，$E < E_{cor}$，$i_a < i_{cor}$，$|E - E_{cor}|$ 越大，i_a 越小。当 $|E - E_{cor}| = b_a$，可得出 $i_a = 0.1 i_{cor}$，保护度达 90%；当 $|E - E_{cor}| = 2b_a$，可得 $i_a = 0.01 i_{cor}$，保护度达 99%。由此可知，要获得足够大的保护度，保护电位必须远负于腐蚀电位，即 $E_{pr} \ll E_{cor}$。

保护电流密度 i_{pr} 决定了需要对体系通入的外加极化电流密度，虽然大多数腐蚀体系在阴极极化时腐蚀速度都降低，因而理论上都可以使用阴极保护；但在工程上作为一种腐蚀控制技术还要求保护电流密度比较小，在经济上才划算。阴极保护的经济指标可以用保护效益 Z 来衡量：

$$Z = \frac{I_{cor} - I'_{cor}}{I_{pr}} \times 100\%$$

即保护效益等于腐蚀电流减小量与外加保护电流的比值（或者用电流密度进行计算）。在图 12-1 中，当取 E_1 为保护电位时，腐蚀电流的减小量 $I_{cor} - I'_{cor}$ 等于线段 AB 之长；保护电流 I_{pr} 等于线段 AC 之长，故保护效益 Z 总是小于 100%。

从图 12-1 还可看出，腐蚀体系的阴极极化率大，阳极极化率小（即阴极极化曲线陡而阳极极化曲线平），则随着电位负移，金属腐蚀速度减小快，而保护电流密度增加慢，保护效益也就较大，可以满足经济指标方面的要求。

对于金属在酸溶液中构成的析氢腐蚀体系，阴极极化率一般较小，在保护电位 E_{pr}，阴极反应速度：

$$|i_c| = i_c^0 \exp\left(\frac{|E_{pr}-E_{ec}|}{\beta_c}\right) = i_{cor}\exp\left(\frac{|E_{pr}-E_{cor}|}{\beta_c}\right)$$

可见，随 E_{pr} 偏离腐蚀电位 E_{cor} 程度增大，阴极反应速度 $|i_c|$ 迅速增大。以铁在 pH＝0 的酸溶液中为例，阴极析氢反应的电化学参数为 $E_{ec}=0$，$i_c^0=10^{-5.6}\,A/cm^2$，$b_c=0.125V$。如果取 E_{pr} 等于阳极反应平衡电位 $E_{pr}=E_{ea}=-0.62V$，则在保护电位下的阴极反应速度：

$$|i_c|_{E_{ea}} = 10^{-5.6}\exp\left(\frac{2.303\times0.62}{0.125}\right)=10^{-0.64}=0.229(A/cm^2)=2290A/m^2$$

可见所需保护电流密度 i_{pr} 非常大。根据 Fe-1mol/L 盐酸腐蚀体系的测量数据，可估计腐蚀电位 $E_{cor}=-0.25V$，可算出腐蚀电流密度 $i_{cor}=2.5\times10^{-4}\,A/cm^2=2.5A/m^2$，因此保护效益 $Z=0.1\%$，即保护效益 Z 很低。所以，对这种腐蚀体系，阴极保护无工程应用价值。

铁在中性溶液中发生吸氧腐蚀，受氧扩散控制。在氧扩散控制电位区间，阴极反应速度接近氧的极限扩散电流密度 i_d，电位变化对阴极反应速度影响很小，阴极极化率很大。由于：

$$|i_-| = |i_c| - i_a = i_d - i_a$$

随电位负移，i_a 逐渐减小，$|i_-|$ 逐渐增大；当 i_a 减小到零时，$|i_-|$ 达到最大值 i_d。而氧的极限扩散电流密度 i_d 很小，故在这种体系中通入不大的保护电流密度就可获得很高的保护度和保护效益。迄今为止，工业上应用的阴极保护大多是这样的腐蚀体系，如保护土壤、海水、河水等环境中的碳钢管道、构筑物、设备，钢制冷却器在海水中的最小保护电流密度只有 $0.15\sim0.17A/m^2$。

对于吸氧腐蚀体系，在确定保护电位时应考虑两个方面的因素。第一，保护电位必须从腐蚀电位负移足够远，才能获得较大的保护度。第二，当阴极极化到析氢反应平衡电位 E_e（H_2/H^+）以下时，阴极反应不仅有氧分子还原反应，还有氢离子还原反应。这不仅使所需极化电流密度迅速增大，保护效益降低，而且析氢还可能造成对设备金属材料的危害，如氢脆问题，以及对金属表面涂层的破坏。

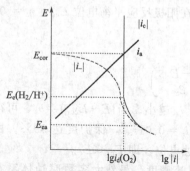

图 12-3　吸氧腐蚀体系的极化曲线

为了判断腐蚀体系是否适合采用阴极保护以及确定保护电位，需要测量阴极极化曲线。图 12-3 是吸氧腐蚀体系的极化曲线，标注 $|i_-|$ 的虚线是实测阴极极化曲线，可见，阴极极化率很大，适宜采用阴极保护。保护电位应取在极化电流迅速增大之前，同时离腐蚀电位有足够远的电位范围。确定了保护电位后，便可由极化曲线上确定相应的保护电流密度。由于不可能从 i_{pr} 直接计算保护度，因为不知道极化电位下金属的腐蚀速度，所以一般的作法是，测量极化曲线得出保护电位的大致范围后，将试样恒定在不同的极化电位，经过适当的暴露时间，用失重法测量金属的腐蚀速度，从而计算不同极化电位下的保护度。表 12-1 是一个例子。

表 12-1　　碳钢在联碱盐析结晶器溶液中的保护参数和保护度（试验时间：144h）

极化电位/mV(SCE)		−650	−800	−950	−1000	−1050
极化电流密度/(A/m²)	0	0.28	0.318	0.55	1.27	3.2
腐蚀速度/(mm/a)	1.084	0.207	0.04	0.027	0.017	0.0165
保护度/%	0	80.9	96.3	97.5	98.4	98.5

由表 12-1 看出，当极化电位在 $-950 \sim -1000\mathrm{mV(SCE)}$ 时，保护效果已很显著，而所需极化电流并不大。而极化到 $-1050\mathrm{mV(SCE)}$，保护度增加并不大，而极化电流增加得很快，此时金属表面大量析氢。所以保护电位取 $-950 \sim -1000\mathrm{V(SCE)}$ 为宜。

在早期的实验工作中，是对试样通入不同的极化电流密度，测量所得到的保护度。实验发现当极化电流密度大于某个数值后保护度反而下降，这种情况称为过保护，最小保护电流密度这个术语就从此而来。表 12-2 列出一些金属的保护电位。

表 12-2　一些金属的保护电位（单位：V）

金属		参比电极			
		Cu/饱和 $CuSO_4$	Ag/AgCl/海水	Ag/AgCl/饱和 KCl	Zn /洁净海水
铁及钢	通气环境	-0.85	-0.8	-0.75	$+0.25$
	不通气环境	-0.95	-0.9	-0.85	$+0.15$
铅		-0.6	-0.55	-0.5	$+0.5$
铜基合金		$-0.5 \sim -0.65$	$-0.45 \sim -0.6$	$-0.4 \sim -0.55$	$+0.6 \sim +0.45$
铝	上限	-0.95	-0.9	-0.85	$+0.15$
	下限	-1.2	-1.15	-1.1	-0.1

虽然文献中有一些腐蚀体系的阴极保护电位和最小保护电流密度数据，但由于保护参数与环境条件密切相关，而且采用阴极保护的钢铁设备表面一般有涂料层，涂料层质量对保护电流密度影响很大，所以最好是针对实际腐蚀体系通过试验确定阴极保护参数。对钢铁，保护电位 E_{pr} 一般比腐蚀电位 E_{cor} 小 $0.2 \sim 0.3\mathrm{V}$；对铝，保护电位 E_{pr} 比腐蚀电位 E_{cor} 小 $0.15\mathrm{V}$。这可以作为粗略选取的标准。表 12-3 列出了钢铁的保护电流密度。

用失重法测阴极保护电位下金属的腐蚀速度很费时间，特别当保护度很大时。近些年有人应用电化学阻抗谱（EIS）技术测量在不同的阴极极化电位下腐蚀体系的法拉第阻抗，由法拉第阻抗的极大值（对应于腐蚀电流密度最小）来确定最佳保护电位。

表 12-3　钢铁的保护电流密度

环境	条件	$i_{pr}/(\mathrm{mA/m^2})$	环境	条件	$i_{pr}/(\mathrm{mA/m^2})$
稀硫酸	室温	1200	中性土壤	细菌繁殖	400
海水	流动	150	中性土壤	通气	40
淡水	流动	60	中性土壤	不通气	4
高温淡水	氧饱和	180	混凝土	含氯化物	5
高温淡水	脱气	40	混凝土	无氯化物	1

（3）两种阴极保护法　由图 12-4 可见，两种阴极保护方法的区别仅仅在于阴极电流的

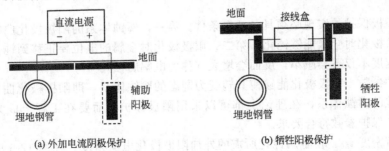

（a）外加电流阴极保护　　　　（b）牺牲阳极保护

图 12-4　埋地钢管的两种阴极保护方法

来源。外加电流阴极保护所需保护电流是由直流电源（如蓄电池、直流发电机、整流器等）提供的；而牺牲阳极保护中所需保护电流是由牺牲阳极的溶解所提供的。

牺牲阳极材料都是活泼的有色金属，常用的有锌、铝、镁。这些金属在土壤、海水等环境中的腐蚀电位比多数设备材料（如碳钢）的腐蚀电位低，因此牺牲阳极与被保护设备形成电连接后，牺牲阳极作为电偶腐蚀电池的阳极，发生氧化反应而溶解，电子流入被保护金属，使其受到阴极极化。为了有效地发挥保护作用，牺牲阳极的电位要足够负，阳极极化率要小，特别是表面不能生成保护性的腐蚀产物膜，阳极溶解要均匀。

牺牲阳极保护法安装简单，不需要直流电源，对周围设备的干扰小。但牺牲阳极消耗大，难以调节在最佳保护电位，且提供的电流较小。外加电流阴极保护法不消耗有色金属，可以提供较大的保护电流，对保护效果易于进行监测和控制，但需要直流电源，对保护系统要经常进行检查和管理，由于电流流过的范围宽，可能对周围其他金属设备产生杂散电流腐蚀，这是需要注意的。表 12-4 列出了两种阴极保护方式优缺点比较。

表 12-4　两种阴极保护方式优缺点比较

方式	牺牲阳极	强制电流
优点	① 适合于短距离、小口径的管道； ② 不需外部电源； ③ 对邻近地下金属构筑物干扰范围小	① 输出电流连续可调，维护管理简单方便； ② 保护范围大，效果可靠，不受沿线土壤环境限制，系统寿命长； ③ 可进行真实保护电位测量，与自控配套，可实现阴极保护参数远传、远控； ④ 与优质涂层配套，对邻近地下金属构筑物无干扰
缺点	① 对埋设环境要求苛刻，必须埋设在土壤电阻率低、地下水丰富、透气性差的土壤环境中，否则寿命很短； ② 维护工作量大，为监测阳极工作状况，应定期沿管道测试牺牲阳极各项参数； ③ 阳极实际寿命短，需定期更换阳极，极不方便； ④ 为测量管道真实极化电位，应采用断电法测保护电位，沿线布置的牺牲阳极给这一方法的实施带来困难	① 需要外部电源（与优质涂层配套使用，耗电量很低）； ② 辅助阳极地床对邻近地下金属构筑物易造成干扰

12.1.1.2　阳极保护

（1）原理　对具有活态-钝态转变而不能自钝化的腐蚀体系，通过阳极极化电流，使金属的电位正移到稳定钝化区内，金属的腐蚀速度就会大大降低，这种防护方法称为阳极保护。

因此，阳极保护的实现必须具备两个条件。第一，腐蚀体系的阳极极化曲线上存在钝化区，即在阳极极化时金属能够钝化。第二，阳极极化时金属的电位要正移到钝化区内，否则金属的腐蚀速度不仅不会减小，反而会增大（称为电解腐蚀）。

（2）保护参数　阳极极化能够使其转变为钝态的腐蚀体系，即阳极极化曲线具有图12-5所示典型形状的腐蚀体系，在理论上都可以采用阳极保护，而要在工程上成为腐蚀控制技术，还必须使保护参数符合要求。

致钝电流密度 $i_{致}$：使金属钝化所需的外加阳极极化电流密度。在图 12-5 中的阳极极化曲线上为电流密度的峰值，显然，只有外加极化电流密度超过 $i_{致}$，才能使金属的电位正移到钝化压内。$i_{致}$ 反映体系钝化的难易程度。如果 $i_{致}$ 很大，那么在实施阳极保护时为使金属设备钝化就需要很大的极化电流，直流电源的投资就很高。

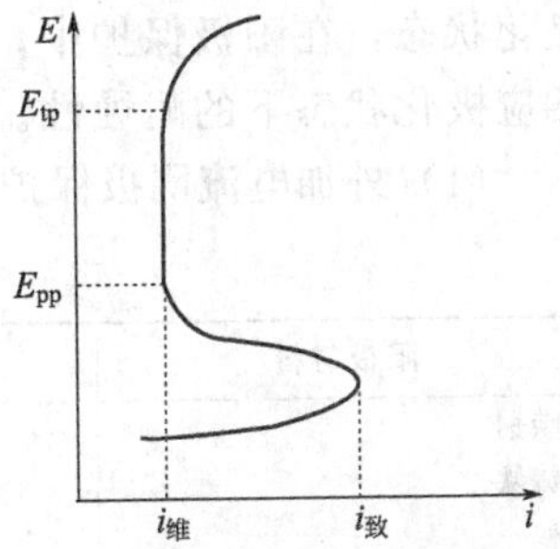

维钝电流密度 $i_{维}$：钝化区所对应的阳极极化电流密度。$i_{维}$ 用于维持金属的钝态，在阳极保护中反映日常的电耗；另一方面，由于钝化区离腐蚀电位很远，$i_{维}$ 可用于直接计算钝化后金属的腐蚀速度。$i_{维}$ 越小，阳极保护的效果越好，按表 12-5 中的数据，碳钢在 50% 的硫酸中，$i_{维} = 31A/m^2$。在钝化区内铁的阳极反应为：

图 12-5　能够进行阳极保护的腐蚀体系的阳极极化曲线及保护参数

$$2Fe + 3H_2O \longrightarrow Fe_2O_3 + 6H^+ + 6e$$

可以算出钝化后碳钢的腐蚀速度为 24mm/a。虽然碳钢在 50% 硫酸中可以钝化，但钝化后的腐蚀速度仍然很大。而且 $i_{致}$ 达到 2325A/m^2，因此这种腐蚀体系采用阳极保护是不可行的。

维钝区电位范围 $E_{pp} \sim E_{tp}$：反映金属钝态的稳定程度，钝化区电位范围越宽，说明金属钝化后不容易活化或过钝化。在实施阳极保护时对电位控制的要求就比较低。

为了确定保护参数，就要测量体系的阳极极化曲线。由于影响 $i_{致}$ 和 $i_{维}$ 的因素很多，还需要结合设备具体情况进行考虑。

表 12-5　几个腐蚀体系的阳极保护参数

金属	溶液	温度/℃	$i_{致}/(A/m^2)$	$I_{维}/(A/m^2)$	$E_{pp} \sim E_{tp}/V(SCE)$
碳钢	50% H_2SO_4	27	2325	31	$+0.6 \sim +1.4$
碳钢	碳铵生产中碳化液	40	300 左右	$0.5 \sim 1$	$-0.3 \sim +0.9$
碳钢	25% NH_4OH	室温	2.65	<0.3	$-0.8 \sim +0.4$
不锈钢	67% H_2SO_4	24	6	0.001	$+0.03 \sim +0.8$

阳极保护都由直流电源提供极化电流。被保护设备接电源正极，辅助阴极接电源负极。$i_{维}$ 比 $i_{致}$ 小得多，故所需电源容量由 $i_{致}$ 和被保护设备暴露表面积决定。

致钝时所需极化电流一般是很大的，如表 12-5 中碳钢在碳铵生产的碳化液中 $i_{致}$ 为 300A/m^2 左右。为了降低致钝电流，一种方法是减小保护面积，比如设备表面涂覆油漆，实施联合保护；也可采用逐步致钝法，即设备内分几次装入溶液，因为钝化后 $I_{维}$ 很小，故每次致钝时的表面积就减小了。另一种方法是在 $i_{致}$ 比较小的溶液中致钝，然后置换为生产溶液。由表 12-5 数据可知，对碳钢-碳化液体系，可先装入氨水致钝，钝化后再置换为碳化，产生溶液。

虽然有人作了原电池阳极保护试验，即用电位比碳钢腐蚀电位正的石墨与碳钢偶接，组成电偶电池，碳钢受到阳极极化，电位正移。调节石墨与碳钢面积比以控制通入碳钢的阳极极化电流，可使碳钢进入钝化区电位范围。由于 $i_{致}$ 一般较大，这种方法尚无工业上应用的实例。

12.1.2　电化学保护中的辅助电极系统

12.1.2.1　辅助电极材料

外加电流阴极保护和阳极保护需要有辅助电极构成电流回路。辅助电极的作用是通电，故辅助电极材料必须导电良好，能通过较大的极化电流密度（文献中称为排流量）。同时，辅助电极处于与设备相同的环境，故要有足够的耐蚀性才能保证足够长的使用寿命。应当注意：辅助电极不处于自然腐蚀状态，而是处于极化状态；在阴极保护中，辅助阳极处于阳极极化状态，在阳极保护中，辅助阴极处于阴极极化状态中。因此辅助电极材料的耐蚀性是指相应极化状态下的耐蚀性。另外，还要考虑材料的机械性能、加工性能和经济性能。

（1）外加电流阴极保护中的辅助阳极材料　常用的辅助阳极保护中的辅助材料见表 12-6。

表 12-6　辅助阳极材料的性能

阳极材料	使用环境	容许电流密度/(A/dm²)	消耗率/[kg/(A·a)]
碳钢	水中,土中	—	9
铸铁	水中,土中	—	2～9
铝	淡水	0.1	2.4～4
硅铸铁	海水	0.5	0.3～1
硅铸铁	淡水,土中	0.1	0.05～0.2
石墨	海水	0.1	0.16
石墨	淡水	0.025	0.04
磁性氧化铁	海水	4.0	约 0.1
磁性氧化铁	土中	0.1	约 0.1
铅银合金	海水	0.3～3	0.03
镀铂钛	海水,淡水	10	0.000006
镀铂钛	土中	4	0.000006

碳钢属可溶性阳极材料，用于阳极材料不受限制或易于更换的场合。一般采用废钢铁制作。按法拉第定律，Fe 形成 Fe^{2+} 的消耗率为 $9.13kg/(A·a)$。但在海水和淡水中实际消耗率比此值大，因为阳极效率低于 100%，而在土壤中由于钢表面腐蚀时形成的富碳层有部分钝化作用，消耗率低于此理论值。

高硅铸铁有较好的耐蚀性，属微溶性阳极材料。为了进一步改善耐蚀性，往往加入 5% 铬和 1% 锰，或加入 $1\%\sim3\%$ 钼。高硅铸铁很硬，耐磨性能好；但不易加工，性脆，不耐机械冲击和温度急变。

铅银合金阳极常用成分为 Pb-6Sb-1Ag。由于表面上能形成一层导电的 PbO_2 保护膜，因此有较好的耐蚀性，属于微溶性阳极。加入 Ag 的作用是促进 PbO_2 形成。也有采用铅表面上嵌铂丝组成复合电极，铅粉和 Fe_3O_4 粉混合压制成复合电极。铂丝和 Fe_3O_4 粉的作用与银相同。铅合金阳极只能用于氯离子含量较大的溶液中（如海水），且易变形，密度大，熔点低。

石墨是非金属材料，在 NaCl 溶液（如海水）中工作时表面析出氧和氯气，石墨阳极的消耗是由于碳的氧化，石墨性脆，机械强度较差。

铂和镀铂阳极属贵金属阳极，包括铂、镀铂钛、镀铂铌、镀铂钽、铂钯合金、铂铱合金。这类阳极性能优良，允许电流密度大，消耗率低（故称为不溶性阳极）。镀铂阳极是以钛、铌、钽为基体，表面镀几微米厚的铂层。可以节省铂，又保持铂的优良性能，其中以镀铂钛阳极用得最多。贵金属阳极价格较高，但价格问题应与阳极性能综合考虑。

（2）阳极保护中的辅助阴极材料　阳极保护中的辅助阴极虽然受到了一定的阴极保护，但由于应用阳极保护的环境大多是强氧化性介质，因此辅助阴极必须有足够的耐蚀性。如硫酸中用铂、包铂电极、不锈钢等。在碱溶液和碳化氢水中也可使用碳钢。

铂及包铂阴极属贵金属电极。包铂阴极的基体有铜、黄铜等，包铂层的厚度最小为 $0.254mm$，这样可以降低价格。这种阴极尺寸小，但很稳定。

不锈钢是易钝化金属材料。如果不锈钢阴极在使用环境中可以自钝化，环境中又无氯离子，那么不锈钢阴极是相当稳定的。但是在阳极保护运行时，阴极电位负移，不锈钢阴极可能会活化，腐蚀速度增大。如果阳极保护通电是间歇进行的，那么在断电期间不锈钢阴极电位正移可以重新钝化。

　　碳钢阴极主要用于碱溶液和碳化氨水，为了使碳钢阴极得到足够的阴极保护作用，需要合理设计阴极与阳极的面积比。

12.1.2.2　电流分散能力和辅助电极系统设计

　　（1）电流分散能力　由于实际生产设备尺寸大，表面上各部位到辅助电极的距离不相同，这就造成了极化电流分布不均匀。极化电流均匀地分散到被保护设备表面上的能力叫电流分散能力。分散能力越好，被保护设备表面上的极化电位越均匀，保护效果越好。图 12-6 为说明电流分散能力的例子。

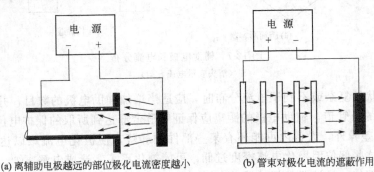

(a) 离辅助电极越远的部位极化电流密度越小　　　(b) 管束对极化电流的遮蔽作用

图 12-6　说明电流分散能力的例子

　　如果加在被保护设备和辅助电极之间的电压（称为槽压）为 V，那么流入被保护设备某部分表面积的极化电流 I 等于：

$$I = \frac{V}{R_s + R_f + R_r}$$

　　式中，R_s 是溶液通路的电阻；R_f 是金属表面电阻；R_r 是电化学反应电阻。用 ΔS 表示设备上某部位的面积；l 表示这个部位到辅助电极的距离，则：

$$R_s = \rho \frac{l}{\Delta S}$$

　　式中，ρ 是溶液电阻率。

　　如果不考虑电阻 R_f 和 R_r，这个部位的极化电流密度为：

$$i = \frac{I}{\Delta S} = \frac{V}{\rho l}$$

　　可见，设备表面某部位的极化电流密度 i 与这个部位到辅助电极的距离 l 成反比，与溶液电阻率 ρ 成反比，正是设备表面各部位到辅助电极的距离差异造成了极化电流密度分布的不均匀。显然，溶液电阻率越高，距离差异对极化电流分布的影响越显著，即溶液导电性差将使电化学保护中电流分散能力差。

　　实际生产设备结构复杂，各部件之间还存在着对极化电流的屏蔽作用。

　　从公式看出，由于 R_f 和 R_r 的存在，使溶液电阻 R_s 对极化电流的分布影响减弱。R_f 和 R_r 越大，R_s 在总阻力中所占的比例就越低，越有利于改善极化电流分布的均匀性。所以不管是阴极保护还是阳极保护，与涂料联合使用不仅可以降低极化电流需要，而且由于增大了设备表面电阻，能起到改善电流分散能力的作用。在阳极保护中，电流分散能力主要考虑致钝阶段，当金属钝化后电流分散能力是很好的，因为钝化膜有很高的电阻。

　　（2）辅助电极系统的设计　首先是要确定辅助电极的数量和位置。为了减小辅助电极到设备表面各部位的距离差异，辅助电极的布置是十分重要的。

　　① 对于形状简单的设备，辅助电极系统的设计也很简单。如图 12-7(a) 中设备为圆筒

形容器。只需要在中心部位安装一个辅助电极，在筒体部位便可获得均匀分布极化电流。

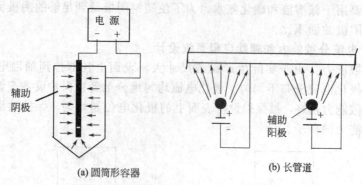

图 12-7 辅助电极和电流分布

（箭头表示电流方向）

在设备形状较复杂或不利于电流分布时，应适当增加辅助电极的数目，并合理布置。如图 12-7(b) 中的长管道，辅助电极的距离应保证管道全部达到所取的保护电位。

② 除距离差异外，设备内可能还有某些部件被屏蔽，使极化电流难以达到。特别在阳极保护情况，这些部位因极化电流密度过低，可能钝化不了，造成电解腐蚀。对这些极化电流难以达到的部位，可设置专门的辅助电极。

③ 在可能条件下适当增加辅助电极到被保护设备表面距离，也有利于缩小距离差异。如对土壤中的管道进行阴极保护，辅助阳极距管道一般为几百米，但增大距离不仅要增大溶液通路的欧姆电阻，而且还应考虑到极化电流流经范围扩大对附近其他设备可能造成的腐蚀影响。

④ 在某些情况下，辅助电极只能紧贴在设备表面上，如船壳阴极保护。辅助电极周围的设备表面应采用保护屏，比如涂绝缘漆，以避免过大的极化电流。在阳极保护中对一些十分靠近辅助阴极的部件也应该涂覆绝缘漆，否则因电流过大可能导致过钝化。

由于极化电流分布受多种因素影响，对于结构较复杂的设备应进行模拟试验，测量设备表面的电位分布，来确定辅助电极系统的合理布置。

（3）辅助电极的形状、尺寸和重量　辅助电极的形状有圆形、圆柱形、圆管形等。可以根据被保护设备几何结构进行选择。辅助电极的尺寸决定于需要的工作表面积。如果需要通过的极化电流为 I，辅助电极适宜通过的电流密度为 i，则辅助电极需要的工作表面积为：

$$S = I/i$$

辅助电极的工作表面积不宜太小，因为太小则辅助电极与溶液的接触电阻会很大。

在阴极保护中，可溶性阳极的重量由阳极材料消耗率和设计寿命决定。

$$G = \frac{I\tau g}{k}$$

式中，I 是辅助电极通过的极化电流，A；τ 为设计寿命，a；g 为阳极材料消耗率，kg/(A·a)；k 为阳极利用率，一般取 $k=0.75$。在需要的阳极重量较大时，可取几个阳极并联使用。

对微溶性阳极和不溶性阳极，由于消耗率很低，阳极重量不需要考虑。

在阳极保护中，一般采用耐蚀材料制作辅助阴极。在采用可溶性材料（如碳钢）时，需要通过试验求出在阴极极化下阴极材料的腐蚀速度，从而计算所需的阴极重量，或估计所选定阴极的使用寿命。

（4）辅助电极的安装　辅助电极安装的基本要求列举如下。

① 牢固。不能因机械振动、流体冲击等原因而损坏或脱落（图 12-8）。

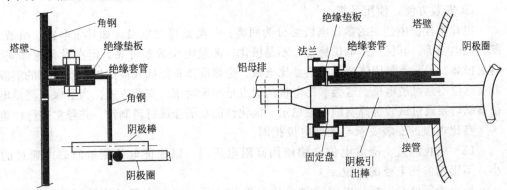

图 12-8　辅助电极固定在塔壁上的设计　　　图 12-9　辅助电极从封闭塔器中引出的方法

② 绝缘。辅助电极与被保护设备之间要严格绝缘，不能造成短路。采用塑料或橡胶垫板时，垫板必须有足够厚度。

③ 导电。辅助电极与连接导线之间要导电良好，不能形成大的电阻。在土壤中实施阴极保护时要减小阳极的接地电阻。

④ 密封。对于密封设备、辅助电极或导线穿出设备的部位要按密封和绝缘的要求设计。图 12-9 就是一个例子。

12.1.3　直流电源和控制方式

12.1.3.1　直流电源

直流电源可选用蓄电池、整流器、直流发电机，而以整流器应用最多，特别是可控硅整流器。

直流电源的输出电流按需要的极化电流确定。在阴极保护中，保护电流一般来说随时间增长而降低。但是也可能因环境条件恶化而增大。特别是阴极保护与涂层联合使用时，必须考虑局部涂层损坏可能使保护电流增加。在阳极保护中，电源输出电流主要按致钝需要确定，因为维钝电流一般很小，但致钝电流密度也随环境条件变化而变化；在设备表面有涂层时，同样要考虑涂层的局部损坏的可能。因此，直流电源的输出电流应有一定的裕量。

根据输出电流和输出电压便可计算直流电源的功率。

近些年来，电化学保护中使用的直流电源已普遍采用恒电位仪，恒电位仪能自动调节输出的极化电流，使被保护设备的电位恒定在给定的数值，以取得最佳保护效果。

直流电源的一个新品种是太阳能电池。对于缺乏其他直流电源的偏僻地段，这种太阳能电池有很大的优越性。

12.1.3.2　参比电极体系

（1）参比电极　为了测量被保护设备表面的电位，需要安装参比电极。当被保护表面积较大，特别是形状较复杂时，应当仔细设计参比电极的设置点，使其所测电位有代表性。对于离辅助电极较远的部位，受其他部位屏蔽的电位，特别要注意设置参比电极，以监视这些部位的电位是否达到保护要求。

在用恒电位仪作直流电源时，参比电极更是必不可少的。

对参比电极的基本要求如下。

① 电位稳定。

② 不容易极化。因为电位测量回路中有电流通过，虽然很小，但也会造成参比电极的

电位偏移。

③ 安装方便，使用可靠。

电化学保护中使用的参比电极可分为两类：一类是可逆电极，如甘汞电极、硫酸铜电极、氯化银电极等。其优点是电位稳定，不易极化，测量电位数据可靠。但在设备内部安装困难，容易损坏。另一类是固体金属材料参比电极。金属圆棒直接插入被保护设备所在的溶液中，因此其电位不是可逆电位。这类参比电极的优点是牢固耐用、安装方便。为了保证测量电位的数值准确，要通过试验选择腐蚀电位稳定、极化性能小的金属材料制作，并经常进行校验。

参比电极的安装要求与辅助电极相同。

(2) 电位测量　测量电位必须使用高阻电压表，以保证电位测量回路中通过的电流极小，不影响参比电极的电位。

另一个问题是，极化电流通过参比电极和被保护设备之间的溶液时，将产生欧姆电压降。这个电压降造成的电位测量误差是相当大的，因此在确定实际设备保护参数的控制指标时应当考虑到这个问题。

12.1.3.3　控制方式

(1) 控制电流法　以极化电流作为控制对象。这种方法是粗略的，很难保证设备处于最佳保护电位。优点是简单，投资少。

(2) 控制电位法　以被保护设备的电位作为控制对象。这种方法是基本的，应用最多。使用恒电位仪作直流电源，可以实现自动控制。引入微型计算机，还可以进一步提高控制和管理水平。这种控制方法要求设计和安装参比电极系统。

(3) 控制槽压法　以槽压为控制对象，不需要参比电极。只有辅助电极的电位和溶液产生的电压降基本不变时，才能保证被保护设备的电位处于要求范围。

(4) 间歇极化法　按一定的时间间隔间歇地通入极化电流，主要用于阳极保护。因为切断极化电流后，虽然金属电位会衰减，但在一段时间内仍处于钝化区，不会立即活化。

12.1.3.4　电化学保护的检查和维护

(1) 经常检查被保护设备表面的电位是否在控制范围，特别是极化电流不易到达的部位。使用固体材料参比电极时，应定期对电位测量值进行校正。

(2) 检查保护效果，一般方法是使用试片。有的试片与设备电连接，处于相同保护条件，有的处于自然腐蚀状态。

(3) 建立岗位责任制，制定操作规程，实行严格的管理。

12.1.4　牺牲阳极法阴极保护

12.1.4.1　牺牲阳极的性能

(1) 电位要足够负　不仅腐蚀电位要比被保护设备的腐蚀电位负，因为牺牲阳极与被保护设备实现电连接后，牺牲阳极发生阳极极化。设牺牲阳极极化后的电位为 E_a（文献中称工作电位或闭路电位），被保护设备的保护电位为 E_{pr}，则有：

$$E_{pr} - E_a = I_{pr}R$$

式中，I_{pr} 为保护电流；R 为回路的欧姆电阻。可见，要使设备达到保护电位 E_{pr}，牺牲阳极的工作电位 E_a 必须低于 $E_{pr} - I_{pr}R$。而牺牲阳极的腐蚀电位必须低于 $E_{pr} - I_{pr}R - \Delta E_a$，式中 ΔE_a 为牺牲阳极工作时的极化值。

(2) 阳极溶解性能　牺牲阳极在工作时，必须能全面均匀地溶解。表面上不形成难溶的腐蚀产物，才能长期提供稳定的保护电流。

牺牲阳极的阳极极化性能应很低，在与被保护设备连接后电位正移小，以保证需要的工作电位。特别是牺牲阳极应不发生钝化，否则将失去保护作用，甚至发生极性反转，对设备成为阴极而促进设备腐蚀。

(3) 理论发生电量　单位重量牺牲阳极溶解，按法拉第定律能产生的最大电量称为理论发生电量，亦称理论电容量，常用单位为 $A \cdot a/kg$。理论发生电量越大，则提供一定电量所消耗的牺牲阳极重量越小。

(4) 实际发生电量和电流效率　单位重量牺牲阳极溶解实际上能产生的电量，称为实际发生电量，也称为实际电容量。实际发生电量总是小于理论发生电量，所占百分比称为电流效率。电流效率越低说明牺牲阳极工作时，表面上发生微电池腐蚀（有的文献称为自腐蚀）和其他副反应而造成的消耗越大。

发生单位电量所消耗的牺牲阳极重量称为阳极消耗率。显然有以下关系：

$$阳极消耗率 = \frac{1}{实际发生电量} = \frac{1}{理论发生电量 \times 电流效率}$$

12.1.4.2　牺牲阳极材料

(1) 镁阳极　包括纯镁、Mg-Mn 系、Mg-Mn-Al-Zn 系。镁阳极的腐蚀电位很负，因此作牺牲阳极时能产生较大的驱动电压（设备保护电位与牺牲阳极工作电位之差），适宜在电阻率较大的环境中（如土壤、淡水）使用。镁阳极密度小，理论发生电量较大，而电流效率只有 50％左右。

(2) 锌阳极　包括纯锌、Zn-Al 系、Zn-Sn 系、Zn-Hg 系、Zn-Al-Mn 系、Zn-Al-Cd 系。国内主要用 Zn-Al-Cd 系（含 Al0.3％～0.6％，含 Cd0.05％～0.12％）。加入 Al 和 Cd 可以大大消除杂质 Fe 的有害影响，使溶解性能改善。锌阳极的腐蚀电位较负，在海水中约 $-1.03V(SCE)$。作牺牲阳极时的驱动电压比镁阳极低得多，因此在环境电阻率大时（淡水、土壤），锌阳极的使用受到限制。

(3) 铝阳极　纯铝不能用作牺牲阳极，因其容易钝化，因此都用铝合金。主要有 Al-Zn-Hg 系、Al-Zn-In 系和 Al-Zn-Sn 系。国内应用最多的是 Al-Zn-In 系，典型组成为含 Zn 2.5％、含 In 0.02％。这种铝合金阳极在海水中的腐蚀电位在 $-1.10V(SCE)$ 以下，而且具有阳极极化性能，电位稳定。

铝阳极密度小，理论发生电量大（为锌的 3.6 倍、镁的 1.35 倍），电流效率较大（海水中为 85％），因此适宜于制造长寿命阳极。但电流效率比锌阳极低，阳极溶解性能也不如锌阳极。表 12-7 列出了三类阳极的电化学性能。

表 12-7　三类阳极的电化学性能（环境：海水）

阳极材料	开路电位/V(SCE)	工作电位/V(SCE)	实际发生电量/(A·h/kg)	电流效率/%	溶解性能
Zn-Al-Cd[①]	$-1.05 \sim -1.09$	$-1.00 \sim -1.05$	≥780	≥95	腐蚀产物容易脱落，表面溶解均匀
Al-Zn-In[②]	$-1.18 \sim -1.10$	$-1.12 \sim -1.05$	≥2400	≥85	腐蚀产物容易脱落，表面溶解均匀
Mg-6Al-3Zn[③]	-1.48	对铁驱动电压0.65V	1220	55	

① GB4950—85 锌-铝-镉合金牺牲阳极；
② GB4948—85 铝-锌-铟合金牺牲阳极；
③ 日本学术振兴会编《金属防蚀技术便览》。

12.1.4.3　牺牲阳极法阴极保护的设计计算

和外加电流法阴极保护中辅助阳极系统设计相同，首先要从被保护设备表面极化电位分布均匀的要求出发，确定牺牲阳极（或阳极组）的布置。比如对土壤中的长管道进行牺牲阳极保护，首先要确定阳极组之间的距离（保护长度）。牺牲阳极都是定型系列产品，每一种规格的牺牲阳极在使用环境中的输出电流可以通过计算得出，因此，每一组牺牲阳极中需要的阳极个数决定于要求该组阳极输出的总电流。再计算出牺牲阳极的寿命。

在土壤中使用的牺牲阳极，周围要加填包料，作用是减小牺牲阳极的接地电阻，活化阳极表面，使阳极均匀溶解，提供稳定的保护电流。填包料组成要根据牺牲阳极材料和土壤电阻率确定。如锌阳极用于电阻率 $20\sim100\Omega m$ 土壤中，填充料可用 75% 石膏、20% 膨润土和 5% 硫酸钠。硫酸钠作用是降低电阻率，石膏的作用是使阳极溶解均匀，膨润土可保持土壤水分。

12.1.5 阴极保护和阳极保护的比较

阴极保护和阳极保护都只能用于电解质溶液中的连续液相，要求通入不大的保护电流就能得到较大的保护效果，否则就没有工业应用价值。出于电流分散能力的考虑，设备结构不能太复杂。

但阴极保护和阳极保护有许多的不同，具体如下。

（1）阴极保护通过使金属电位负移，阳极反应过电位减小，降低了体系的腐蚀倾向；阳极保护使金属电位正移，体系的腐蚀倾向增大，由于金属表面生成保护性钝化膜，腐蚀速度减小。所以保护原理是不同的。

（2）阴极保护不发生电解腐蚀，保护电流和金属腐蚀速度之间符合电流加和关系，不可能由保护电流密度直接计算保护条件下金属的腐蚀速度。阳极保护有一个建立钝态的过程，其间发生电解腐蚀，进入钝化区后维钝电流密度对应于保护条件下金属的腐蚀速度。

（3）阴极保护控制电位要求比阳极保护低。阴极保护中电位偏离最佳保护电位不过引起保护效果降低，而阳极保护中如果金属电位离开钝化区进入活化区会造成加速腐蚀后果。特别是局部区域活化十分危险。

（4）对强氧化性酸，阴极保护所需极化电流太大，因而没有实用价值，而阳极保护非常有效。

（5）阴极保护除能减少均匀腐蚀外，还可以防止孔蚀、缝隙腐蚀、应力腐蚀等局部腐蚀，但析氢可能导致设备发生氢损害（如氢鼓泡、氢脆），碱性增强可导致两性金属腐蚀加剧，涂料层损坏。阳极保护没有氢损害危险，但要考虑是否可能导致晶间腐蚀、孔蚀、缝隙腐蚀发生。

（6）当金属表面存在氧化膜时，阴极极化会使表面膜破坏，金属腐蚀速度增大，故不宜采用阴极保护，而表面膜存在对实施阳极保护是有利的。

（7）阴极保护时电流分散能力较差，阳极保护的电流分散能力只需要考虑致钝阶段。钝化以后分散能力是很好的。

12.1.6 电化学保护应用实例

12.1.6.1 碳铵生产中碳化塔阳极保护

（1）保护参数 保护对象：碳化塔塔壁和冷却水箱、材质低碳钢。

阳极极化曲线表明能够采用阳极保护。

保护参数如下。

① $i_{致}$，$300A/m^2$ 左右。由图 12-10 可见，在氨水中致钝电流密度小得多。

$i_{致}$ 较大。为了减小致钝电流的需要，可以采用几种方法（与涂料联合，逐步致钝；先在稀氨水中致钝，再置换为生产溶液）。

② $i_{维}$，$0.8A/m^2$ 左右。此值较大。试验表明，这是由于在钝化区电位范围内阳极上发生副反应（主要是 S^{2-} 的氧化反应）造成的。钝化后碳钢的腐蚀速度很小，阳极保护效果是很显著的。

③ 钝化区电位范围，$-300 \sim +850mV$(SCE)。钝化区电位范围很宽，实施阳极保护很容易控制。

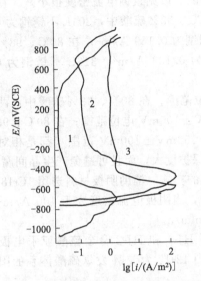

图 12-10　低碳钢的恒电位阳极极化曲线

1—NH_4OH 溶液；2—NH_4HCO_3

溶液；3—碳化工作液（40℃）

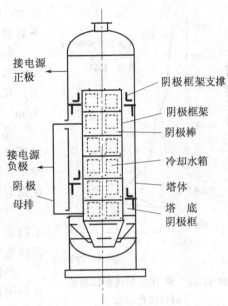

图 12-11　碳化塔内整体式阴极结构

（2）阳极保护的实施　辅助阴极材料选用低碳钢。由于结构复杂，冷却水箱管束的屏蔽作用，实验表明，需要在各冷却水箱之间都设置辅助阴极。为使阴极安装牢固，采用塔内整体式阴极框架，固定在塔壁（图 12-11）。

参比电极材料可使用铅。工业纯铅在碳化氨水中的电位波动值为 $\pm 20mV$，极化性能较小，基本符合要求。

12.1.6.2 SO_3 发生器阳极保护

（1）保护参数　SO_3 发生器材质为碳钢，直径为 1.4m，高 2.34m，壁厚 12mm。内装发烟硫酸（含游离 SO_3 大约 20%）。底部明火加热，温度逐步升高到 300℃。

由阳极极化曲线可知，能够采用阳极保护。

在 300℃的保护参数如下。

① $i_{致}$，$200A/m^2$ 左右。可采用逐步致钝法降低致钝电流的需要。

② $i_{维}$，$0.16A/m^2$ 左右。在室温的发烟硫酸中致钝以后，随着酸液温度升高，维钝电流密度会随之变化。

③ 钝化区电位范围，$+300mV$（对硫酸亚汞电极）以正。

（2）阳极保护的实施　辅助阴极材料选用 18-8 型不锈钢棒（$\phi 20mm$）。由于发生器形状简单，只需要将辅助阴极棒安装在发生器中心。阴极引出采用类似于图 12-9 的方法密封。

参比电极材料亦选用 18-8 型不锈钢棒（$\phi 12mm$）。该参比电极相对于硫酸亚汞电极的电位为 $+400mV$。

12.1.6.3　硫酸冷却器阳极保护

（1）保护参数　用不锈钢管壳式冷却器代替铸铁管淋洒式冷却器，克服了传热系数小、占地面积大、泄漏量大、污染环境、无法回收低温余热等缺点。

采用阳极保护解决不锈钢腐蚀问题。保护参数具体如下。

① $i_{致}$，在80℃、93%硫酸中，304L不锈钢为9.72 A/m²，316L不锈钢为5.45 A/m²；在80℃、98%硫酸中，304L不锈钢为4.92A/m²，316L不锈钢为0.23A/m²。可见致钝电流密度很小。

② $i_{维}$，在80℃、93%硫酸中，304L不锈钢为0.124 A/m²，316L不锈钢为0.169 A/m²；在80℃、98%硫酸中，304L不锈钢为0.133 A/m²，316L不锈钢为0.064 A/m²。

③ 钝化压电位范围。在80℃、93%硫酸中，两种不锈钢可控制在0mV±100mV电位范围；在80℃、98%硫酸中，可控制在+150mV±100mV范围（都是相对硫酸亚汞电极）。不仅保护度大，而且可避免产生晶间腐蚀。

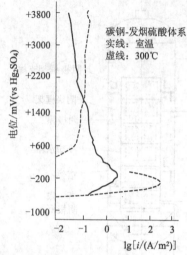

图12-12　碳钢-发烟硫酸体系的阳极极化曲线

（2）阳极保护的实施　辅助阴极材料选用1Cr18Ni9Ti不锈钢，试验表明，当阴极电流密度大于100 A/m²，其腐蚀速度小于0.1mm/a。

参比电极采用HJ-1和HJ-2合金硫酸亚汞电极（也有采用铂电极）。图12-12为碳钢-发烟硫酸体系的阳极极化曲线。

12.1.6.4　氨水贮槽阳极保护

（1）保护参数　贮槽材质为碳钢，内装氨水（含氨18%～20%，CO_2微量约2%，尿素0～1.5%）。

阳极极化曲线表明可以采用阳极保护：

① $i_{致}$，0.5 A/m²左右；

② $i_{维}$，0.013A/m²左右；

③ 钝化区电位范围，−100～+600mV(SCE)。

（2）阳极保护实施　辅助阴极材料选用1Cr13不锈钢，工作表面积2.1m²。贮槽形状简单，辅助阴极棒设置在贮槽中心。参比电极材料选用Pb。图12-13为氨水贮罐群循环极化法阳极保护。

试验表明，碳钢钝化以后，切断极化电流不会立即活化。故对四个贮罐采用循环极化法阳极保护。恒电位仪自动按顺序给四个贮罐轮流通电2min（故断电时间为6min）。

12.1.6.5　长征轮外加电流阴极保护

长征轮是海船，船壳碳钢，这种碳钢-海水体系是适宜进行阴极保护的典型体系之一。

根据多数文献介绍，并参考国内外的实船经验，确定：

正常保护电位范围−0.70～−1.00V　（对Ag/AgCl电极）

最佳保护电位范围−0.80～−0.90V　（对Ag/AgCl电极）

由于影响保护电流密度的因素很多（航行于不同海区时不同，航行时比停泊时大，停靠钢质码头和水泥码头不同；漆膜变化引起变化，运行时间增长一般会减小），参考国内外应用经验和数据，设计最大保护电流密度为45mA/m²。按照全船被保护面积，算出需要的保护电流为125A。

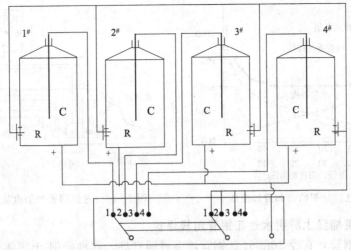

图 12-13　氨水贮罐群循环极化法阳极保护

R：参比；C：阴极

辅助阳极材料采用 Pb-Ag 合金（含 Ag 2%），每个阳极工作表面积 $0.05m^2$；每个阳极工作电流为 12.5A，故需要阳极 10 个。在船两侧左右对称分布，两个阳极之间距离 25～28m。安装在重装载水线至船底基线展开面的 1/3 处。并保证在轻载水线之下，因此一直被海水浸没。

阳极体固定在环氧酚醛玻璃钢板组合起来的绝缘座内，使之成为一个整体，再固定到船壳上。接线柱绝缘地穿过船壳，然后水密。由于阳极紧靠船壳，故周围要覆盖屏蔽层，选用两种涂料（氧化橡胶厚浆型涂料，环氧沥青聚酰胺涂料，耐阴极化电位都达到－1.20～－1.25V）。涂刷范围 2m×5m。涂层厚 $300\mu m$。

参比电极采用 Ag/AgCl 电极，共 6 支，左右船舷各 3 支，分布在两个阳极之间，阳极屏蔽层边缘。用恒电位仪作直流电源。图 12-14 为辅助阳极和参比电极在船两侧分布平面图。

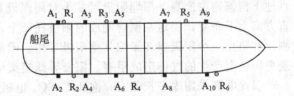

图 12-14　辅助阳极和参比电极在船两侧分布平面图

12.1.6.6　海水输送管内壁阴极保护

管道直径 1.8m，内壁喷涂矿渣水泥 10～15mm。但涂层不均匀，且有局部龟裂，不能满足腐蚀控制要求。这也是适宜采用阴极保护的碳钢-海水腐蚀体系。

实验室测量腐蚀电位，阴极极化曲线，确定保护电位范围为－0.78～－1.1V（Ag/AgCl 电极）。有水泥涂层的试样阴极极化到－1.4V（Ag/AgCl 电极）仍未析氢，因此保护电位可以扩大到－1.3V（Ag/AgCl 电极）。

现场模拟试验，在管子一端装辅助阳极，测量极化电位随管长的分布。根据外推法和电位叠加原理，确定阳极间距 50m，可使两阳极之间的管壁全部处于保护电位范围。

由于管内空间狭小，阳极不易更换，故选用寿命长，排流量大的镀铂钛阳极（镀铂层厚 $10\mu m$ 左右）。阳极体与支架之间采用聚四氟乙烯填料函，保证水密性和绝缘性能。同时固定牢固。

参比电极用 Ag/AgCl 电极。

模拟试验实测保护电流密度 i_{pr} 随时间下降，设计取保护电流密度 $50mA/m^2$，整条管道保护电流需要 500A。用恒电位仪供给保护电流。图 12-15 为电位分布曲线和叠加曲线。

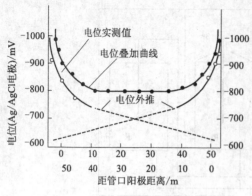

图 12-15　电位分布曲线和叠加曲线

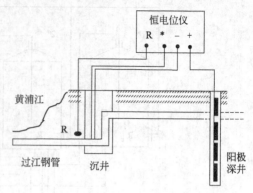

图 12-16　过江钢管外加电流阴极保护系统

12.1.6.7　黄浦江上游引水过江钢管阴极保护

管道为低碳钢管，直径 3m。过江钢管埋在黄浦江底，这种碳钢-土壤体系也是适宜采用阴极保护的腐蚀体系。图 12-16 为过江钢管外加电流阴极保护系统。

钢管表面涂刷厚浆型涂料（漆膜总厚度 290μm 左右）。

根据国内外有关规定和经验，取保护电位最小值为 $-0.85V$（Cu/饱和 $CuSO_4$ 电极）。最大值为 $-1.5V$（Cu/饱和 $CuSO_4$ 电极）。

所需保护电流的大小与涂层性能和损伤程度密切相关。测出涂层电阻后可进行计算。

辅助阳极材料选用石墨。直径 100mm，长 1450mm，重 18.4kg。工作电流密度 ≤ 2.7 A/m^2。预计寿命 21.9a。

阳极采用深井埋设方式。井深 50m，口径 30cm。这是因为过江钢管本身埋土较深，而且地下构筑物密度高，深埋阳极可减小对周围设备的影响。每口井放置阳极 8～9 个。沿垂直方向上下布置，固定在钢管制成的阳极托架上，每个阳极导线分别引出地面，以便分别监测，和防止一个阳极损坏影响其他阳极工作。阳极附近设排气管，一直上升到井口地表，以避免阳极上产生的气体造成阻塞。阳极导线接头注意密封，并防止施工中造成损坏。

参比电极采用固态长效 Cu/饱和 $CuSO_4$ 电极，可避免溶液流失的弊病。参比电极放于专门的深井中，深度与管道相平，与管道水平距离相距不超过 1m。

用恒电位仪作直流电源。

12.1.6.8　输油管道牺牲阳极保护

输油管材质为 16Mn 钢，规格 $\phi529mm \times 7mm$。外壁原采用"三布四油"沥青玻璃布外包一层聚氯乙烯塑料布，不能达到腐蚀控制要求。决定实施牺牲阳极保护。图 12-17 为埋地钢管牺牲阳极保护设计。

腐蚀严重地段土壤电阻率为 10.0～13.3Ωm，为强腐蚀性。

选用镁阳极作牺牲阳极，规格为 88/100×88×700，重量为 11kg。每个阳极所能发生的电流，初步计算为 93mA。

阳极分为两大组，1# 组 12 个，2# 组 10 个。每组阳极均等地分布于管道两侧，阳极间距 2m。阳极埋地深与管道平齐。阳极填充料组成为膨润土 50%，硫酸镁 20%，硫酸钙和硫酸钠各 15%（质量比）。

运行 62 天后，腐蚀严重地段管道电位全部达到 $-0.85V$（Cu/饱和 $CuSO_4$ 电极）以负。每个阳极组保护距离为 60～64m。

作者指出，由于地形等因素限制，阳极到管道距离和埋土深度偏小，如再大些会效果更好，另外阳极电连接点的绝缘防渗处理非常重要。

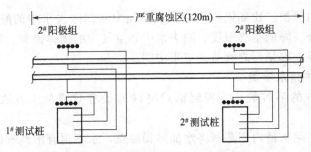

图 12-17　埋地钢管牺牲阳极保护设计

输油钢管道两管中心距 0.75m，埋地深 1.1～1.5m

12.1.6.9　贮油罐外底阴极保护

试验油罐直径 30m，高 15.8m，容积 10000m³。罐底大部分为 6mm 厚的 A_3F 钢板，环型边板厚 9mm。

罐底阴极保护的传统方法是将辅助阳极埋在贮罐周围的土壤中。图 12-18 为贮罐外底阴极保护系统。

由于保护电流会向四周漫流，故要求贮罐与连通的地下金属构筑物之间装上绝缘法兰。另外，罐底极化电流分布也不均匀。

本例中使用了固体电解质涂料（代号 CK）。在沥青砂层基础上铺覆 1mm 厚的阳极涂层，再铺覆 1mm 厚固体电解质涂层 CK。CK 层一方面将罐底和阳极隔离，防止短路；另一方面，提供离子导电。由于保护电流全部局限在罐底与阳极涂层之间，不会向外泄漏，故不需要安装绝缘法兰，保护电流分布也完全均匀。在 CK 层中安装四个石墨参比电极，用于测量罐底的电位。使用固体电解质涂料也可实现对大气环境中架空钢管的阴极保护。

12.1.6.10　碱液蒸发锅阴极保护

碳钢制造，直径 1.4m，高 1.76m，内盛 NaOH 溶液。夹套通蒸汽加热，锅内呈沸腾状态，温度 120～130℃，NaOH 含量从 23% 上升到 40%～42%。碳钢腐蚀严重，焊缝两侧发生严重 SCC。使用 40 天左右就破裂，需要停产检修。采用阴极保护后防止了 SCC，使用 3～4 年未损坏。

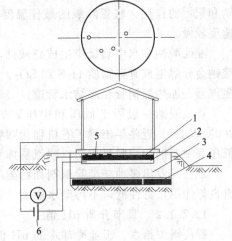

图 12-18　贮罐外底阴极保护系统

1—固体电解质 CK 涂层；2—阳极涂层；3—沥青砂层；4—粗砂垫层；5—石墨参比电极；6—直流电源

12.1.6.11　海工钢筋混凝土结构阴极保护

保护对象是混凝土中的钢筋，防止钢筋腐蚀导致混凝土保护层胀裂，剥落。

尽管混凝土盐污染严重，电阻率仍达 $10^3\Omega\cdot cm$ 以上。为了使保护电流均匀地分布到全部混凝土内的整个表层钢筋网上，混凝土表面上要铺覆几厘米厚的导电覆盖层（电阻率达 $1\Omega\cdot cm$ 以上），导电层中埋设棒状或线性阳极，二者构成复合阳极。

12.2　控制环境方法

12.2.1　除去环境中的腐蚀性物质

除去环境中造成金属腐蚀而与生产工艺过程无关的物质，可以使金属的腐蚀速度大大降低，设备得到有效的保护。比如锅炉用水除氧，加中和剂除去水中的酸使溶液 pH 值升高，脱除油品中所含盐分、降低空气湿度、除去水中和空气中的固体微粒、减少冷却水中的氯离子、氯气干燥脱水等，都是行之有效的应用实例。

12.2.1.1　锅炉用水除氧

脱除锅炉用水中的溶解氧，是控制锅炉腐蚀的最有效措施。方法主要有热力法和化学法。

（1）热力法　在除氧器内用蒸汽将水加热到沸点，水不再有溶解气体的能力，水中溶解的氧和其他气体如 CO_2 被分离出来。CO_2 的脱除还会使水的 pH 值升高。

热力法除氧的优点是不会污染水汽，但难以彻底除尽。为了提高除氧效果，水必须加热到沸点，水和蒸气有足够的接触时间，解吸出的气体应顺畅地排走。

（2）化学法　加入能与氧发生反应的药剂来达到除氧的目的。常用药剂有联氨（肼）和亚硫酸钠。联氨和水中氧发生反应生成氮气和水：

$$N_2H_4 + O_2 = N_2 + 2H_2O$$

不会污染水质。在较高温度（200℃以上）联氨还能使铁和铜的氧化物还原，有防止生成铁锈和铜垢的作用。联氨除氧的最佳温度在 200℃ 左右，水的 pH 值 9～11。温度较低时反应速度较慢。

亚硫酸钠和水中氧反应生成硫酸钠，其缺点是增加水中含盐量。而且在温度较高时亚硫酸钠会分解生成有害物质 H_2S 和 SO_2。含 H_2S 和 SO_2 的蒸气会腐蚀汽轮机叶片，也会腐蚀凝汽器、加热器铜管和凝结水管道。

亚硫酸钠一般用于低压和中压锅炉，其使用是安全的。联氨用于高压锅炉（温度在 200℃ 以上）。近些年出现了有机催化联氨（联氨和具有催化作用的有机物混合），使联氨在低压和中压锅炉中脱氧成功。联氨易挥发、有毒、易燃，使用中应特别注意安全。

现已开发出多种新型除氧剂如肟类（乙醛肟、甲基乙基酮肟等），任何温度和压力下都有良好作用，毒性低，不污染水质。

12.2.1.2　调节介质 pH 值

提高锅炉给水、工业冷却水的 pH 值到碱性范围，是保护钢铁设备的一项有效措施。一般是加入氨水（价廉易得），中和水中 CO_2，使 pH 值升高。对热力系统，因含有黄铜设备，pH 值以调节到 8.5～9.2 为宜。同时应保证水中含氧量很低，否则会引起黄铜的腐蚀。

加入碱性有机胺类化合物也能达到提高 pH 值的目的，且不会造成黄铜腐蚀（不会形成铜和锌的络离子）。常用的有环己胺和吗啉（学名 1,4-氧氮杂环己烷），但药品价格较贵。

12.2.1.3　氯气脱水

氯碱厂电解槽出来的湿氯气经过冷却除去凝结水，再经干燥塔用浓硫酸吸收水分。当氯气含水量小于 0.04%，对碳钢腐蚀轻微，故成品液氯可用碳钢设备输送和贮存。而含水湿氯气对碳钢的腐蚀严重。氯化氢气也有相同的性质。

12.2.1.4　降低空气湿度

对于贮存金属制品的有限空间（如仓库、包装箱），降低空气相对湿度可以有效防止金属制品锈蚀。

12.2.2　缓蚀剂

12.2.2.1　定义和性能

（1）缓蚀剂的定义　在腐蚀环境中以适当浓度和形式（一般是很少的量）添加某种物质，能使金属的腐蚀速度大大降低，这种物质就叫缓蚀剂（即腐蚀抑制剂）。缓蚀剂可以是单组分物质，也可以是多组分的复合物质。

关于缓蚀剂的定义尚未统一。美国试验与材料学会 ASTM. G 15—76 关于腐蚀与腐蚀试验术语的标准定义中提出："缓蚀剂是一种当它以适当的浓度和形式存在于环境（介质）时，可以防止或减缓腐蚀的化学物质或复合物质"。

美国腐蚀工程师协会 NACE 出版的《腐蚀基本教程》中引用的定义是："缓蚀剂是以适当的浓度和形式加入介质中的一种或一组化学物质，由于物理的、物理化学的或化学的作用，该物质能防止或减缓腐蚀。"

国际标准组织 ISO 于 1986 年公布的 ISO8044 金属与合金的腐蚀-术语及定义中提出的定义是："以适当浓度存在于腐蚀体系中的化学物质，能降低腐蚀率，但其他腐蚀剂的浓度并不产生明显的变化。"

缓蚀剂保护方法使用方便，投资少。投入少量缓蚀剂就可取得很好的保护效果，因此得到了广泛的应用。显然，缓蚀剂保护只适用于封闭和循环系统；开放系统会大量流失。围绕缓蚀性能、环境保护、经济效益研究开发适用绿色化学要求的环境友好缓蚀剂是缓蚀剂未来的发展方向。作为环境友好缓蚀剂，它应有以下特点：不仅要求其最终的产品对环境无毒、无害，而且在缓蚀剂的合成制备及使用过程中也应该尽量减少对环境的影响并降低生产成本。

（2）缓蚀剂的性能　缓蚀剂的保护效果用缓蚀（效）率表示。缓蚀率 η 是加入缓蚀剂后金属腐蚀速度减小的百分数：

$$\eta = \frac{V - V'}{V} \times 100\% = \left(1 - \frac{V'}{V}\right) \times 100\%$$

式中，V 和 V' 分别是未加缓蚀剂体系和加入缓蚀剂体系中金属的腐蚀速度。缓蚀率 η 越大，缓蚀剂的缓蚀性能越好。

缓蚀率应用最为普遍。另一个表示缓蚀效果的指标是抑制系数 γ，用加入缓蚀剂前后金属腐蚀速度的比值表示：

$$\gamma = \frac{V}{V'}$$

显然，γ 越大，缓蚀剂的缓蚀性能越好。当缓蚀剂的保护效果很高时，抑制系数 γ 对缓蚀效果变化的反映比缓蚀率 η 灵敏。

缓蚀率不仅与缓蚀剂的种类有关，而且与缓蚀剂的加入量和使用条件密切相关。

当缓蚀剂停加以后，缓蚀率随时间逐渐下降，最后完全丧失。这段时间称为缓蚀剂的后效时间，表示缓蚀剂保护作用的持久性。后效时间长，可以减少缓蚀剂的用量，采用间歇添加方式。

除了缓蚀性能以外，还要考虑缓蚀剂其他一些性能。包括缓蚀剂的密度、溶解性能、表面活性、毒性、与其他添加剂的副反应、对设备材质的影响等。这些性能与缓蚀剂的应用有着或大或小的关系。比如水溶液中使用的缓蚀剂要有良好的水溶性，防锈油中使用的缓蚀剂要有良好的油溶性，气相空间使用的缓蚀剂要有较大的蒸气压。

12.2.2.2　缓蚀剂的分类

按化学组成，可分为无机缓蚀剂和有机缓蚀剂。

按用途（使用环境），可分为冷却水缓蚀剂、油气井缓蚀剂、酸洗缓蚀剂等。

按保护金属种类，可分为钢铁缓蚀剂、铝及铝合金缓蚀剂等。

按溶解性能，可分为油溶性缓蚀剂、水溶性缓蚀剂等。

按溶液 pH 值，可分为中性介质缓蚀剂、酸性介质缓蚀剂等。

电化学理论认为，缓蚀作用在于缓蚀剂抑制了腐蚀过程的电极反应。按照电化学理论，可将缓蚀剂分为阳极型（主要抑制阳极反应）、阴极型（主要抑制阴极反应）、混合型（对阳极反应和阴极反应都有抑制作用）三类。

由图 12-19 可知，三类缓蚀剂都使金属腐蚀电流减小，但阴极型缓蚀剂使金属腐蚀电位 E_{cor} 负移，阳极型缓蚀剂使 E_{cor} 正移，混合型缓蚀剂则 E_{cor} 变化很小。

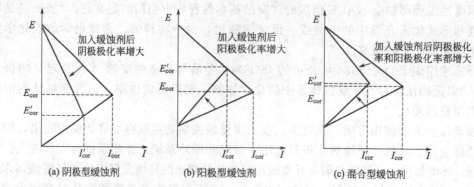

(a) 阴极型缓蚀剂　　　　(b) 阳极型缓蚀剂　　　　(c) 混合型缓蚀剂

图 12-19　说明缓蚀剂对电极反应不同作用的 Evans 极化图

成膜理论认为，缓蚀作用在于缓蚀剂使金属表面生成保护膜。按照保护膜的性质可将缓蚀剂分为氧化膜型（缓蚀剂与金属反应生成氧化物膜）、沉淀膜型（缓蚀剂与溶液中某些物质反应生成沉淀膜）、吸附膜型（缓蚀剂吸附在金属表面形成保护膜）。三种缓蚀剂保护膜的比较见表 12-8。

表 12-8　三种缓蚀剂保护膜

缓蚀剂类型	保护膜类型	膜的保护性能
氧化膜型		薄而致密，与金属结合牢固，保护效果好
沉淀膜型		厚而多孔，与金属结合较差，保护效果不如氧化膜，可能造成结垢问题
吸附膜型		在酸性介质中保护效果好，要求金属表面洁净

12.2.2.3　几类常用的缓蚀剂

（1）钝化剂　钝化剂属于阳极型缓蚀剂，能促使金属表面转变为钝态，生成保护性的氧化物膜，使金属腐蚀速度大大降低。这类缓蚀剂大多是无机盐，如铬酸盐、重铬酸盐、亚硝酸盐等；也有少数有机盐，如苯甲酸盐。氧也是一种钝化剂。有些钝化剂本身就具有氧化性，如铬酸盐、亚硝酸盐；有些只有当溶液中存在氧时才能起缓蚀作用，如苯甲酸盐。

按电化学理论，钝化剂使金属钝化可通过抑制阳极反应或促进阴极反应两种机理实现（见图 12-20）。有的钝化剂两种作用都具有。抑制金属阳极氧化反应使金属真实阳极极化曲线上的钝化电流峰值降低，钝化电位负移，从而阴极极化曲线和阳极极化曲线相交于钝化区内。促进阴极反应使阴极还原反应速度增大，

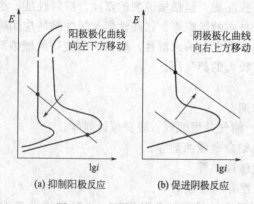

(a) 抑制阳极反应　　(b) 促进阴极反应

图 12-20　钝化剂的作用机理

真实阴极极化曲线向右上方移动，从而阴极极化曲线与阳极极化曲线的交点移到钝化区内。这两种作用都使金属由活性腐蚀状态转变为钝态。加入钝化剂前后腐蚀体系的实测阳极极化曲线将发生很大变化。

钝化剂中本身具有强氧化性的几种应用十分广泛，它们具有足够高的氧化还原电位，而且能够在金属表面上迅速发生还原反应，从而能使金属迅速钝化。

评价钝化剂性能的一个重要指标是临界致钝浓度，即在给定体系中使金属钝化所需的钝化剂最低浓度。在同一体系中各种钝化剂临界致钝浓度不同，临界致钝浓度越小，钝化剂性能越好。比如对 $1mol/L \ H_2SO_4$ 溶液中的铁，钝化剂性能的顺序为：

$$K_2CrO_4 > Na_2MoO_4 > NaVO_3$$

钝化剂的缓蚀率很高，但用量必须足够。如果加入剂量不足，可能导致腐蚀加速或发生孔蚀，对结构复杂的设备，更需注意钝化剂不易到达的部位。从这个意义上，有人将钝化剂称为危险的缓蚀剂。另一个问题是，有些钝化剂毒性较大，如铬酸盐、亚硝酸盐，可能污染环境，使用也受限制。

钝化剂形成的保护膜一般是氧化物膜，但非氧化型钝化剂如硅酸盐、苯甲酸盐在有溶解氧存在时能使金属钝化，它们除抑制阳极反应外，还能在阴极区形成难溶盐的沉积膜。

（2）阴极型缓蚀剂 阴极型缓蚀剂的作用在于增大腐蚀电池的阴极极化，使阴极反应速度降低，从而减小金属的腐蚀。

有的阴极型缓蚀剂能减小氢离子还原反应的交换电流密度，使析氢反应变得困难（又称为增加了氢过电位）。酸溶液中加入硫化物、硒化物，以及砷、锑、铋的某些化合物，就属于这种类型的缓蚀剂。如 $SbCl_3$ 对盐酸、硫酸溶液中的铁有较好的缓蚀效果，这是由于 Sb^{3+} 在金属表面还原形成锑的覆盖层，而在锑表面析氢反应难以进行。但这类化合物主要抑制氢原子复合过程，因而可能导致金属的氢损伤（氢鼓泡、氢脆等），而且这类化合物大都有毒，所以酸溶液中已很少使用。

在中性水溶液中金属发生吸氧腐蚀，加入除氧剂除去溶解氧可以使吸氧腐蚀速度降低。这是因为氧浓度减小氧的极限扩散电流密度减小，阴极反应阻力增大，阴极极化增强。故除氧剂也属于阴极型缓蚀剂。

有些阴极型缓蚀剂能够在腐蚀电池的阴极区形成沉淀膜，使阴极区面积减小，阴极极化增强。如 Zn^{2+}（常使用 $ZnSO_4$）与阴极反应产物 OH^- 反应生成难溶的 $Zn(OH)_2$ 沉淀；碳酸氢钙与 OH^- 反应生成难溶的 $CaCO_3$ 沉淀膜。聚磷酸盐和水中钙离子形成带正电荷的胶体络离子，在阴极区放电形成沉积膜。

（3）沉淀型缓蚀剂 这是指通过金属表面形成沉淀膜来发挥作用的一类缓蚀剂。如前面介绍的在阴极区形成沉淀膜的锌离子、碳酸氢钙、聚磷酸盐等，其他还有硅酸盐、磷酸盐以及某些有机化合物，如苯并噻唑（BTA）、8-羟基喹啉等。

在沉淀型缓蚀剂中，聚磷酸盐是重要的一类。如循环冷却水处理中目前应用较多的三聚磷酸钠（$Na_5P_3O_{10}$）、六偏磷酸钠（$Na_6P_6O_{18}$）。聚磷酸盐可以和水中的金属离子（主要是二价离子，如 Ca^{2+}、Mg^{2+}）螯合，生成带正电荷的络离子。这些络离子在水中以胶溶状态存在，如 $(Na_5CaP_6O_{18})_n^{n+}$。钢铁腐蚀时，阳极反应生成 Fe^{2+}，向阴极移动。聚磷酸钙络离子进一步与 Fe^{2+} 络合，生成以聚磷酸钙铁为主要成分的络离子，依靠腐蚀电流在阴极区放电形成沉淀膜，阻挡溶解氧扩散到阴极区，从而使腐蚀反应受到抑制。这种缓蚀作用又被称为电沉积机理。

由此可知，加入聚磷酸盐后要能够迅速形成完整的沉积膜，达到好的缓蚀效果，必须水中有足够的 Ca^{2+} 浓度，一般要求 Ca^{2+} 浓度大于 $20\mu L/L$。故软水和 Ca^{2+} 浓度低的水中不推

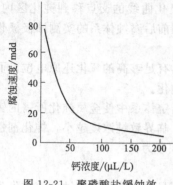

图 12-21 聚磷酸盐缓蚀效
果与钙浓度的关系
[1mdd＝0.004167g/(m²·h)]

荐使用聚磷酸盐（图 12-21）。另外，要求水中溶解氧浓度不能太低，金属表面清洁、活化，才能获得较大的成膜速度。如果将聚磷酸盐和锌盐复合使用，锌离子成膜快速，聚磷酸盐成膜持久，可以得到良好的缓蚀效果。

前已指出，硅酸盐和磷酸盐在有溶解氧存在时能抑制金属阳极反应，它们又能在阴极区形成沉淀膜而使阴极极化增强。

有些有机化合物也能在金属表面形成沉淀膜。如 8-烃基喹啉在碱性介质中与铝腐蚀生成的铝离子反应，在铝表面形成络合物沉淀膜，从而起缓蚀作用。

有些有机化合物在腐蚀产物触发下，在金属表面进一步聚合而形成沉淀膜。如乙炔醇、苯丙醇等。这些聚合物膜缓蚀作用优异，又称为化学修饰型缓蚀剂。

沉淀型缓蚀剂常称为安全缓蚀剂，用量不足不会增加金属的腐蚀。难溶盐沉积膜的厚度一般大于氧化物膜，致密性和附着力也比氧化物膜差，故沉淀型缓蚀剂的保护效果一般不如钝化剂；另外，有可能造成热交换器表面结垢，影响传热。

钨酸盐、钼酸盐及其复配是目前开发应用的环境友好无机缓蚀剂。钨酸盐属钝化型缓蚀剂，常用于中性水系统。由于钨化合物几乎无毒，对环境和人体没有危害，属环境友好的缓蚀剂。钨酸盐单独使用缓蚀效率不高，投加量也比较大，一般要用到 $10^{-3}\sim10^{-2}\,mol/L$。但钨酸盐的氧化能力弱，能与有机缓蚀剂或其他水处理剂复配使用。钼酸盐是一种毒性极低、对环境污染很小、适应性强、有一定发展前途的缓蚀剂。可以替代铬酸盐添加在冷却系统、汽车防冻系统以及金属切削系统。钼酸盐属抑制阳极型反应或氧化型反应的钝化膜缓蚀剂。美国 Drew 公司开发的钼系缓蚀剂有：钼酸盐-正磷酸盐-唑、钼酸盐-HEDP-唑-锌、钼酸盐-HEDP-唑、钼酸盐-有机膦酸盐混合物-唑。其他无机缓蚀剂如稀土元素金属缓蚀剂，稀土元素无毒，对环境无污染，属环境友好的缓蚀剂，是近几年缓蚀剂研究开发的一个热点。稀土金属羧酸化合物（$OH\cdot C_6H_4\cdot COOCe\cdot9H_2O$ 和 $O\text{-}H_2NC_6H_4COOCe\cdot3H_2O$）的缓蚀性能，它们在中性环境、低浓度条件下对碳钢具有很好的缓蚀效果。

（4）有机缓蚀剂 有机缓蚀剂是一大类，品种很多，缓蚀作用与有机化合物种类、分子结构、分子大小都有关系。

有机缓蚀剂大多含氮或硫，或者二者都有。含硫化合物如硫醇、硫醚、环状含硫化合物等，含氮化合物如胺类和有机胺的盐类，含氮和硫的化合物如硫脲及其衍生物。

比较常见的有机型环境友好缓蚀剂有肉桂醛、糠醛和香草醛等。肉桂醛又叫苯基丙烯醛，是一种常用的香料，广泛存在于自然界中的植物中，如秘鲁香膏、吐鲁香膏、苏合香膏、安息香膏等。肉桂醛是近年来开发的一种新型缓蚀剂，具有高效、低毒等优点，已引起许多研究者的关注。肉桂醛及其衍生物是一种含氮、氧的缓蚀剂，它们对环境不构成破坏作用，是无害无毒的环境友好缓蚀剂。肉桂醛作为缓蚀剂对 X60 碳钢的缓蚀作用，将肉桂醛与苯扎溴铵进行复配，缓蚀率有较大的提高。糠醛是一种混合控制型植物缓蚀剂，最初从米糠与稀酸共热制得，其他农副产品如麦秆、玉米芯等都可用来制取糠醛。咪唑啉类缓蚀剂是一种含氮五元杂环化合物，广泛应用于石油、天然气工业生产。由于具有制备简单、原料易得、高效、低毒等特点，因而是一种环境友好缓蚀剂。目前，国外对于咪唑啉系缓蚀剂的研究比较深入，并已实现了大规模工业化生产。

　　聚合物作为缓蚀剂的应用已有很久的历史，早期使用的淀粉、糖浆、鸡蛋清、鸡蛋黄及各种天然胶等钢铁酸洗缓蚀剂。聚合物缓蚀剂在底物表面形成单层或多层致密的保护膜，比低分子缓蚀剂具有高效、持久、环保等优点。

　　一些天然植物含有所需的官能团（有机键中含 N、S、O、P，不饱和键）成分能起缓蚀作用。从天然植物提取缓蚀剂有效成分，通过提取的缓蚀剂有效成分，利用缓蚀剂的协同效用，与其他缓蚀剂进行复配，制备高效、价廉的环境友好缓蚀剂。20 世纪 90 年代末以来，在低毒高效的环境友好缓蚀剂的研究和应用方面取得了丰硕的成果。Srivastava 等研究了罂粟、大蒜、山茶等植物萃取液对碳钢和铝在氯化钠、硫酸溶液中腐蚀的抑制作用。从松香中提出的松香胺衍生物、咪唑及其衍生物作为高稳定性的钢铁用低毒型缓蚀剂代替亚硝酸二环己胺（剧毒）。竹叶中含有黄酮、糖类、蛋白质、氨基酸、蒽醌类等化学成分，由于这些成分含有具有缓蚀作用的基团，可利用竹叶制备缓蚀剂对碳钢在 5% 的盐酸溶液中有优良的缓蚀效果。

　　有机缓蚀剂的缓蚀作用大多是通过在金属表面形成吸附膜来实现，因此吸附键的强度对缓蚀率是决定因素，只有那些具备吸附竞争能力的组分才能发挥有效的缓蚀作用。

　　通过吸附膜起缓蚀作用的有机缓蚀剂都含有极性基团和非极性基团。前者是亲水性的，后者是疏水性的（或亲油性的）。极性基团通过物理吸附或化学吸附作用吸附在金属表面上，改变了金属表面的电荷状态和界面性质，使能量状态稳定化，从而降低了腐蚀反应倾向（能量障碍）。同时，非极性基团形成一层疏水性的保护膜，阻碍腐蚀性物质向金属表面移动（移动障碍）。当缓蚀剂分子的亲水性较强时，表现出较强的吸附力，而分散性较差；反之亦然（图 12-22）。因此，对不同的使用条件，要求不同的亲水亲油平衡关系（简记为 HLB 值）。

　　所谓物理吸附，是指缓蚀剂与金属之间通过静电引力和分子引力产生的吸附，而以静电引力为主。故物理吸附与金属表面带电状态密切相关。判断金属表面带电状态，可以使用零电荷电位标度。所谓零电荷电位（用 $E_{q=0}$ 表示），是指金属表面无剩余

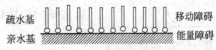

疏水基　　　　　　　　　　　移动障碍
亲水基　　　　　　　　　　　能量障碍

图 12-22　吸附型缓蚀剂在金属
表面形成的吸附膜模型

电荷时的电位。当金属的腐蚀电位大于零电荷电位则金属表面带过剩正电荷；腐蚀电位低于 $E_{q=0}$，则带过剩负电荷。表 12-9 列出了常见电极系统的零电荷电位。

表 12-9　某些电极系统的零电荷电位（室温）

金　属	溶　液	$E_{q=0}/V$
Ag	0.01mol/L Na_2SO_4	−0.70
Cr	0.1mol/L NaOH	−0.45
Cu	0.02mol/L Na_2SO_4	−0.02
Fe	0.1mol/L H_2SO_4 + 0.02mol/L Na_2SO_4	−0.29
Hg	0.01mol/L NaF	−0.192
Ni	0.001mol/L HCl	−0.06
Zn	1mol/L Na_2SO_4	−0.63

　　在酸溶液中许多有机缓蚀剂分子与氢离子形成带正电荷的鎓离子（onium）。所谓鎓离子，指含有未共用电子对元素（如氮、硫、磷、砷等）的化合物，以其未共用电子对与氢离子（或其他阳离子）形成配价键，从而该元素的共价键数值加 1，变成相应的阳离子。例如：

　　伯胺　　　　　　　　　　　$RNH_2 + H^+ \rightleftharpoons RNH_3^+$

　　硫醇　　　　　　　　　　　$RSH + H^+ \rightleftharpoons RSH_2^+$

吡啶

$$\bigcirc\!\!\!-N+H^+ \rule[0.5ex]{1.5em}{0.4pt} \bigcirc\!\!\!-NH^+$$

因此，只有当金属表面带负电荷时，这些缓蚀剂鎓离子才能很好地吸附。比较铁在 $0.5mol/L$ 硫酸溶液中的腐蚀电位和铁的零电荷电位可知，铁在这种酸溶液中表面带正电荷，因此能形成鎓离子的缓蚀剂很难靠物理吸附在金属表面形成吸附膜。

为了促进物理吸附，可采取改变金属表面带电状态的办法。如添加能被金属强烈吸附的负离子（如碘离子、溴离子、氯离子），负离子首先吸附在金属表面，使金属表面带负电荷。又如在加入缓蚀剂的同时对金属进行阴极保护，使金属表面带负电荷。

所谓化学吸附，是指缓蚀剂分子中极性基团中心原子的未共用电子对和金属形成配价键而引起吸附。因此，化学吸附要求缓蚀剂极性基团有供电子能力，可与金属表面原子未占电子的空 d 轨道结合，形成配价键。化学吸附是中性分子吸附，与缓蚀剂分子结构及金属原子结构有关，而不大受金属表面带电状态的影响。

与物理吸附相比，化学吸附活化能较大，吸附速度较慢，可逆性较小，因此缓蚀剂后效性能较好。较新的看法是，物理吸附是化学吸附的初始阶段，对后继的化学吸附起着重要作用。

为了能形成良好的吸附膜，金属暴露表面应当是洁净的（活性的），故这类缓蚀剂在酸性介质中使用较多。

根据现代理论，酸溶液中的吸附型有机缓蚀剂，其缓蚀机理主要有两种类型：几何覆盖效应和负催化效应。所谓几何覆盖效应，是指吸附膜将金属表面与酸溶液隔离开，在覆盖了缓蚀剂吸附膜的金属表面部分，电极反应不能进行；而未覆盖表面部分电极反应按原来的历程进行。负催化效应是指缓蚀剂覆盖了金属表面的活性位置，使电极反应的活化能垒升高，电极反应速度降低。

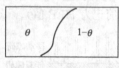

图 12-23　吸附膜覆盖面积分数 θ

用 θ 表示金属表面被缓蚀剂分子覆盖的面积分数（θ 称为覆盖度），则未覆盖面积分数为 $(1-\theta)$。图 12-23 为吸附膜覆盖面积分数 θ 的示意图。

用 i_a 和 i_a' 分别表示未加缓蚀剂时（空白溶液）和加缓蚀剂后金属阳极反应电流密度，$|i_c|$ 和 $|i_c|'$ 分别表示空白溶液和加缓蚀剂溶液中的阴极反应电流密度（注意：这里所谓"密度"都是对整个暴露表面而言），那么：

$$i_a' = \varphi_a(\theta) i_a$$
$$|i_c|' = \varphi_c(\theta) |i_c|$$

$\varphi_a(\theta)$ 和 $\varphi_c(\theta)$ 可称为缓蚀剂对阳极反应和阴极反应的作用系数。一般来说，$\varphi_a(\theta)$ 和 $\varphi_c(\theta)$ 都是覆盖度 θ 的函数。

如果缓蚀作用机理完全是几何覆盖效应，那么显然有：

$$\varphi_a(\theta) = \varphi_c(\theta) = 1-\theta$$

加缓蚀剂后金属的腐蚀电流密度：

$$i_{cor}' = i_a' = (1-\theta) i_{cor}$$

所以，缓蚀率 η 和缓蚀覆盖度 θ 相等。

$$\eta = 1 - \frac{i_{cor}'}{i_{cor}} = 1 - \frac{(1-\theta) i_{cor}}{i_{cor}} = \theta$$

即可以通过测量缓蚀率 η 求得缓蚀剂覆盖度 θ（现在尚无其他直接测量方法）。

如何判断缓蚀作用机理完全是几何覆盖效应。首先，在未覆盖金属表面上，阳极反应和阴极反应历程都不改变，因而金属腐蚀电位也不应发生变化。金属-酸溶液体系属于活化极化控制腐蚀体系，由动力学方程式可以求出加缓蚀剂后腐蚀电位的变化：

$$\Delta E_{cor}=E'_{cor}-E_{cor}=\frac{\beta_a\beta_c}{\beta_a+\beta_c}\ln\left[\frac{\varphi_c(\theta)}{\varphi_a(\theta)}\right]_{E'_{cor}}$$

E_{cor} 和 E'_{cor} 是空白溶液和加缓蚀剂溶液中金属的腐蚀电位。显然，在几何覆盖效应情况下 $\Delta E_{cor}=0$。实际测量时，由于实验误差影响，ΔE_{cor} 在 30mV 以内可以认为腐蚀电位无变化。

其次，缓蚀剂吸附使电极界面双电层电容改变（一般是减小）。设 C_d^0 和 C_d^s 对应于 $\theta=0$ 和 $\theta=1$ 时的双电层电容，则 C_d^0 和 C_d^s 与缓蚀剂浓度无关。相对覆盖度 μ 是覆盖度 θ 的函数：

$$\mu=\frac{C_d^0-C_d}{C_d^0}=1-\frac{C_d}{C_d^0}$$

C_d 为覆盖度为 θ 时的双电层电容。在几何覆盖效应下，应有：

$$\mu=\lambda\theta=\lambda\eta$$

式中，$\lambda=1-C_d^s/C_d^0$ 是与缓蚀剂浓度无关的常数。因此，测量加入缓蚀剂前、后金属的腐蚀电位和界面双层电容，就可以判断缓蚀作用机理是否是几何覆盖效应。

如果缓蚀作用是负催化效应，那么 $\theta\neq\eta$。因此不能由测量缓蚀率 η 求得覆盖度 θ。负催化作用是指缓蚀剂覆盖在金属表面活性位置，使电极反应活化能位垒增大。设阴极反应和阳极反应活化能位垒分别为 ΔG_a^{++} 和 ΔG_c^{++}，位垒增量分别为 $f_a(\theta)$ 和 $f_c(\theta)$，则腐蚀电位变化为：

$$\Delta E_{cor}=E'_{cor}-E_{cor}=\frac{\beta_a\beta_c}{\beta_a+\beta_c}\ln\left[\frac{f_a(\theta)}{f_c(\theta)}\right]_{E'_{cor}}$$

可见，$f_a(\theta)>f_c(\theta)$ 时，腐蚀电位正移；$f_a(\theta)<f_c(\theta)$ 时，腐蚀电位负移；只有当 $f_a(\theta)=f_c(\theta)$ 时，腐蚀电位才不发生变化。

在恒定温度下，缓蚀剂覆盖度 θ 与缓蚀剂浓度 C_i 之间的关系称为吸附等温式。研究吸附等温式可以为分析缓蚀剂作用机理提供有用的信息。文献中提出的吸附等温式很多，最常见的是 Langmuir 吸附等温式和 Frumkin 吸附等温式。

如果金属表面是均匀的，且缓蚀剂分子之间没有相互作用，可得出 Langmuir 吸附等温式：

$$\frac{\theta}{1-\theta}=k_aC_i$$

式中，k_a 称为吸附平衡常数，与缓蚀剂浓度无关，只是温度的函数：

$$k_a=\frac{1}{55.5}\exp\left(-\frac{\Delta G_a^0}{RT}\right)$$

ΔG_a^0 为标准吸附自由焓。

在图 12-24 中 $\lg\frac{\theta}{1-\theta}$ 与 $\lg C_i$ 成直线关系，说明

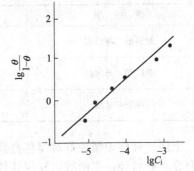

图 12-24　在 20# 碳钢-1mol/L HCl 体系中，那可汀的 $\lg\frac{\theta}{1-\theta}$ 与 $\lg C_i$ 关系曲线

（那可汀：四氢异喹啉类生物碱）

那可汀在 1mol/L HCl 溶液中的碳钢表面上，遵从 Langmuir 吸附等温式。由直线截距可以得出吸附平衡常数 $k_a=2.24\times10^4$，吸附自由焓 $\Delta G_a^0=-35.4$kJ/mol。

考虑到吸附缓蚀剂分子之间的相互作用，θ 与 C_i 之间应满足 Frumkin 吸附等温式：

$$\frac{\theta}{1-\theta}=k_aC_i\exp(2a\theta)$$

191

$a>0$ 对应于缓蚀剂分子相互作用为引力，$a<0$ 对应于相互作用为斥力，$a=0$ 则 Frumkin 吸附等温式转变为 Langmuir 吸附等温式。

如果对加有缓蚀剂的体系进行极化，则覆盖度 θ 一般来说随电位 E 而改变，位垒增量 $f(\theta)$ 也随 E 而改变。因此，即使空白溶液中的极化曲线出现 Tafel 直线段，加有缓蚀剂的溶液的极化曲线也可能不出现 Tafel 直线段；即使出现 Tafel 直线段，其斜率也与空白溶液不相同。只有在缓蚀剂作用机理是几何覆盖效应，且 θ 不随 E 改变时，极化曲线上 Tafel 直线段的斜率才与空白溶液相同。

(5) 气相缓蚀剂（VPI）　气相缓蚀剂主要用于减轻金属设备和部件的大气腐蚀。为了使气相缓蚀剂能有效发挥作用，使用空间应当是封闭的，如包装箱、仓库。气相缓蚀剂应当有比较大的蒸气压，容易挥发充满金属设备所在空间；但蒸气压又不能太大，否则容易流失而很快耗尽。

气相缓蚀剂的作用机理，是缓蚀剂汽化以后，和空气中的湿气一起凝结在金属表面，形成液膜。在液膜中的缓蚀作用与水溶液中是一样的。

气相缓蚀剂可以以固体形式使用，也可以浸渍（或涂覆）在纸上作为包装防锈纸使用。

气相缓蚀剂已有多种化合物，它们对金属的缓蚀作用表现出很强的选择性。对一些金属有效的气相缓蚀剂，可能对另一些金属无效，甚至可能促进其腐蚀。

有机胺的亚硝酸盐和碳酸盐是对钢铁非常有效的气相缓蚀剂，比如亚硝酸二环己胺 $[(C_6H_{11})_2NH \cdot HNO_2]$、碳酸环己胺 $[(C_6H_{11}NH_2)_2CO_2]$、亚硝酸二异丙胺 $[(C_3H_7)_2NH \cdot HNO_2]$。它们的蒸气压列于表 12-10。可见，在室温下碳酸环己胺的蒸气压比亚硝酸二环己胺大一千倍以上。而亚硝酸二异丙胺蒸气压介于二者之间。

由于碳酸环己胺挥发性很大，可很快充满使用空间，为弥补防锈期不足，往往与亚硝酸二环己胺配合使用。

亚硝酸二环己胺在液膜中离解为二环己胺阳离子 $[(C_6H_{11})_2NH_2]^+$ 和亚硝酸根阴离子，分别按吸附型和氧化型缓蚀机理发挥作用。其他可做类似分析。

表 12-10　三种气相缓蚀剂的蒸气压

缓　蚀　剂	温度/℃	蒸气压/Pa
亚硝酸二环己胺	10	0.00399
	32	0.0532
亚硝酸二异丙胺	15.6	0.482
	25	0.826
碳酸环己胺	25	53.2
	28	266

上述三种气相缓蚀剂对黑色金属有优良缓蚀性能。亚硝酸二环己胺对锌、镁、铅和部分铜合金造成腐蚀；亚硝酸二异丙胺能加速铜及其合金、镁、锌、镉、铅、铝等的腐蚀；碳酸环己胺对铜及其合金、镁等有加速腐蚀作用。

对铜和铜合金有效的气相缓蚀剂是苯并三氮唑，其蒸气压比较适中（在 30℃ 为 5.32Pa）。在铜表面液膜中，铜置换苯并三氮唑中的一个氢原子并与其他苯并三氮唑分子上的氮原子以配价键生成共聚物。这种共聚物膜薄而致密，而且不溶于水，对铜腐蚀起抑制作用。

12.2.2.4　缓蚀剂的协同效应

几种物质分别单独加入介质中时效果不大，甚至没有缓蚀作用，而将它们按某种配方复合加入，则可能产生很高的缓蚀效率。这种现象称为缓蚀剂的协同效应（或协同作用）。相反，复合加入时缓蚀效果反而降低，称为负协同效应。协同效应不是简单的加和，而是相互促进。

协同效应的实例很多。在酸性介质中，卤素离子 I^-、Br^-、Cl^- 与多种有机化合物有缓蚀协同效应。如对 35℃、20% H_2SO_4 溶液中的碳钢，单独加入乌洛托品（六亚甲基四胺），缓蚀率只有 70% 左右，同时加入少量 NaCl，缓蚀率可提高到 98%。又如硝酸溶液中的碳钢，单独加入乌洛托品、苯胺、硫氰化钾时，或者没有缓蚀效果，或者效果很差，而按乌洛托品 0.3%、苯胺 0.2%、硫氰化钾 0.1% 组成的兰-5 缓蚀剂对 40℃、7%～10% 硝酸中的碳钢，缓蚀率达 99% 以上。再如工业循环冷却水中使用的缓蚀剂，单独用铬酸盐，剂量需达到 $200～500\mu L/L$，与磷酸盐复合，铬酸盐剂量可降至 $30～70\mu L/L$，与磷酸盐和锌盐复合，可进一步降至 $15～25\mu L/L$。图 12-25 是铬酸盐和锌盐复合使用的一个例子。

关于协同效应的理论尚处于发展之中。对于酸性介质中的吸附型缓蚀剂，一般认为协同效应来自吸附膜的改善。比如在 0.5mol/L H_2SO_4 溶液中加入四丁基胺，测量铁表面上双电层微分电容基本上无变化，说明吸附作用很差。再加入少量 I^-，双电层电容立即大幅度下降，表明形成了良好的吸附膜。吸附膜的改善来自四丁基胺和碘离子不同的带电极性，如前所述，四丁基胺与酸溶液中的 H^+ 组成带正电荷的鎓离子，而 I^- 带负电荷。带正电荷的鎓离子难以吸附在带过剩正电荷的铁表面上。I^- 有很强的吸附特性，吸附在铁表面上；有机胺阳离子吸附在 I^- 覆盖的铁表面上，形成所谓重叠吸附，提高了覆盖度。另外，同种

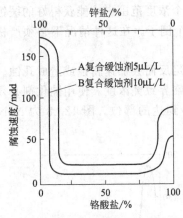

图 12-25　铬酸盐和锌盐复合
缓蚀剂的缓蚀效果

钢在 35℃，pH=6.5 的含氧工业水中的试验
时间 5d [1mdd=0.004167g/(m²·h)]

电荷离子还有相斥作用，而异种离子的吸附可将斥力变为引力，使吸附膜更为致密。

除改善吸附膜以外，协同效应的另一种重要来源是缓蚀剂分子与金属离子以及介质中的阴离子相互反应，反应产物形成一层与金属表面黏附紧密、溶解度很小的表面膜，稳定性好、耐高温，而且后效时间长。如苯丙醇可在腐蚀产物触发下打开三键形成苯乙烯酮，然后聚合在铁表面上。炔醇与含氮化合物的协同效应，是由于二者在金属表面发生缩聚反应，生成的缩合物膜非常致密。

对中性介质中的缓蚀剂，协同效应可能是由于不同种类的缓蚀剂分子或离子可能会产生溶度积更小的新沉积物，使金属表面覆盖更完全，比如单独使用钝化剂时，钝化剂必须超过临界致钝浓度才能使铁钝化。同时加入沉淀型缓蚀剂或吸附型缓蚀剂，减少了金属暴露表面积。因而所需钝化剂浓度也就降低了。

利用缓蚀剂的协同效应已经开发出许多高效的复合缓蚀剂，今后仍然是缓蚀剂发展的方向之一。

12.2.2.5　缓蚀剂应用的几个问题

(1) 要根据腐蚀体系的具体情况选择有效的缓蚀剂，这是因为缓蚀剂的保护效果具有选择性。在某种腐蚀环境中，对一种金属具有高效保护作用的缓蚀剂，对其他金属保护效果不一定好，甚至可能没有保护作用。

对同一种金属来说，某种缓蚀剂的保护效果和金属所处的腐蚀环境也有密切的关系。这就是说没有通用性缓蚀剂。因此，在设备含有几种金属的情况，就需要选用对几种金属均有效的

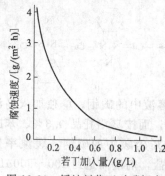

图 12-26　缓蚀剂若丁对碳钢在
20% H_2SO_4 中腐蚀速度的影响

缓蚀剂，或者采用能分别抑制不同金属腐蚀的复合缓蚀剂。

（2）要通过试验确定缓蚀剂的最佳投效剂量和最佳使用条件。因为影响缓蚀率的因素是很多的。包括缓蚀剂浓度、复合缓蚀剂的配方，以及环境条件（温度、pH 值、流速、杂质）两个方面。

① 缓蚀剂加入量。很多缓蚀剂的缓蚀率随缓蚀剂浓度增大而增大。当缓蚀剂浓度超过一定数值后缓蚀效果的提高就变缓了（见图 12-26）。对于这种情况需要综合考虑缓蚀效果和经济因素（缓蚀剂的费用），确定合适的剂量。

有的缓蚀剂只有在某个浓度范围内才能获得好的缓蚀效果，图 12-27 就是其中一个例子。在这种情况下必须严格控制缓蚀剂浓度在最佳范围，特别要注意缓蚀剂不能过量。

钝化剂必须浓度足够才能产生很高的缓蚀率，浓度不足反而会加速腐蚀或造成孔蚀。在一定的腐蚀体系中使金属钝化所需的钝化剂最低浓度称为临界致钝浓度。使用钝化剂必须注意满足这个临界浓度的要求，特别要注意那些缓蚀剂不易到达的部位。图 12-28 为 $NaNO_2$ 浓度对碳钢在 NaCl 溶液中腐蚀速度的影响。

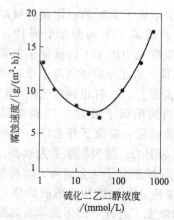

图 12-27　硫化二乙二醇浓度对碳钢
在 5mol/L 盐酸中腐蚀速度的影响

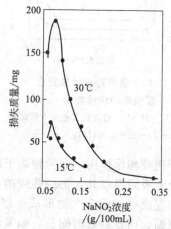

图 12-28　$NaNO_2$ 浓度对碳钢在 NaCl
溶液中腐蚀速度的影响

② 温度。许多缓蚀剂的缓蚀率随温度升高而下降。表 12-11 列举了某体系中温度对缓蚀率的影响。缓蚀率降低的一个原因是有机缓蚀剂的吸附作用随温度升高而降低，另一个原因是温度升高时缓蚀剂可能分解。如冷却水中使用的聚磷酸盐缓蚀剂，当温度升高时水解加剧。有些钝化剂需要有溶解氧参与才能形成钝化膜（如苯甲酸盐），当温度升高时，水溶液中溶解氧浓度减少使钝化膜形成变得困难。有的缓蚀剂的缓蚀率受温度影响较小，但当溶液温度接近沸点时缓蚀效果则显著降低，甚至完全丧失。

表 12-11　温度对缓蚀率的影响

温度/℃	20	40	50
腐蚀速度/[g/(m²·h)]	0.15	2.0	5.0

注：体系为碳钢-20%盐酸；缓蚀剂为 35 沈 D-1，0.05% As_2O_3。

有些缓蚀剂的缓蚀率随温度升高而增大。这可能是由于缓蚀剂的作用是通过在金属表面化学吸附，生成了一层反应产物膜。或者是缓蚀剂分子在腐蚀反应触发下在金属表面聚合成薄膜。这类缓蚀剂具有良好的高温性能。对于沉淀型缓蚀剂如聚磷酸盐，温度升高也有利于加速电沉积作用，因而有的操作工艺推荐高温预膜。温度升高时缓蚀剂分子向金属表面扩散加快，这也有利于缓蚀作用的发挥。

所以，确定缓蚀剂的最佳使用温度范围，是一个很重要的问题。

③ 溶液流速。正如溶液流速对金属腐蚀的影响是复杂的一样，流速对缓蚀效果的影响也是复杂的。流速增大有利于缓蚀剂更容易均匀地到达金属表面，也有利于氧向金属表面的迁移。流速增大能降低浓度极化，促使腐蚀产物更快离开金属表面，使保护膜不容易形成。因此在有些体系中缓蚀率随流速增大而降低，有些体系中缓蚀率随流速增大而提高。有些体系中在缓蚀剂浓度不同范围内出现相反的变化。

如果溶液流速和流动状态对缓蚀剂的缓蚀效果有大的影响，那么缓蚀剂性能评定试验应在动态体系中进行。

④ 溶液 pH 值。溶液 pH 值对缓蚀剂应用是一个重要的环境条件，据此可将缓蚀剂分类为酸性介质缓蚀剂、中性介质缓蚀剂、碱性介质缓蚀剂。有些缓蚀剂的应用对溶液 pH 值有严格要求，在运行中需要经常监测和调整。

(3) 缓蚀剂对生产过程可能产生以下不利影响。

① 起泡，形成乳状液。这是因为许多有机缓蚀剂是表面活性物质，可能形成泡沫，产生乳化作用。

② 使锈皮疏松脱落而导致管线阻塞。

③ 造成新的腐蚀问题。如使某些金属部件腐蚀增加，全面腐蚀减小而引起局部腐蚀破坏。

④ 结垢而影响传热，这主要指沉淀型缓蚀剂。

对以上问题都需要寻找相应的解决办法。

(4) 缓蚀剂对设备材质是否会造成损害。如酸溶液中使用的缓蚀剂不能造成钢材渗氢而影响机械性能。在缓蚀剂评选试验中应当包括这方面的试验内容。

(5) 缓蚀剂的毒性和环境污染是一个重要问题。毒性大和污染环境的缓蚀剂尽管缓蚀效果好，其应用也受到很大限制，如铬酸盐、砷化物。开发无毒和低毒缓蚀剂品种是缓蚀剂发展的方向之一。

(6) 在实际生产系统中，缓蚀剂的流失是造成失效的常见原因。生成沉淀，在悬浮固体上吸附，与某些组分发生反应，溶解度小或溶解太慢都可能使缓蚀剂不能发挥作用。因此缓蚀剂性能评定必须包括生产系统中的试验。

(7) 进行缓蚀剂保护效果的经济评价。为了减小使用缓蚀剂的费用，就需要开发高效而价廉的缓蚀剂品种，如从植物中提取的缓蚀剂组分，利用工厂副产品或废液提取缓蚀剂组分等。

(8) 为了保证缓蚀剂使用有效而经济，应对保护效果进行监测，避免缓蚀剂浓度不足达不到保护效果，或者缓蚀剂加入过多造成浪费。将缓蚀率监测系统和缓蚀剂加入设备联合起来，可实现缓蚀剂应用的自动控制。

12.2.2.6 缓蚀剂应用实例

(1) 酸洗 酸洗除锈和除垢是一种常用的金属表面清净处理，其原理是利用酸溶液对金属表面锈层和垢层的溶解能力，以及析氢所产生的机械剥离作用。常用的酸有盐酸、硫酸和它们的混酸，另外还使用硝酸、氢氟酸、磷酸，以及部分有机酸（如柠檬酸）。酸溶液在除锈（和除垢）的同时也会腐蚀金属基体，酸洗时还产生大量酸雾影响环境。为了使酸洗过程有效进行，并克服可能产生的不利影响，良好的酸洗液应满足以下要求。

- 除锈（或除垢）速度快。为此应根据锈层或垢层的性质选用溶解速度快的酸种，有时还要加入渗透剂、润湿剂促进酸溶液在金属和锈层（或垢层）之间的铺展，或加入络合剂降低游离金属离子的浓度，以提高溶解锈（或垢）层的速度。

- 对基体金属腐蚀小。酸洗液需加入高效缓蚀剂，为了得到高的缓蚀率和良好综合性能，一般是利用协同效应，将两种或两种以上缓蚀剂复配使用。加入高效缓蚀剂不仅大大降低了金属基体损失，还可大大降低酸的消耗。

- 抑制酸雾能力强。高效缓蚀剂减少了析氢，酸雾亦减少。但对于挥发性酸和加热使用的酸，还不能达到要求。为了解决酸雾问题，往往还需加入抑雾剂。

- 不会对金属材料机械性能造成不利影响。主要是缓蚀剂在抑制析氢时不能促进氢对金属的渗透。

① 钢铁酸洗缓蚀剂

- 硫酸。由于硫酸酸洗时机械剥离作用比较强，故常用于除去与基体结合较紧的氧化皮。硫酸酸洗一般在加温（$50 \sim 60 \, ℃$）条件下使用。

可用于硫酸酸洗的缓蚀剂种类很多。无机化合物如 As_2O_3、$SbCl_3$、$SnCl_2$ 等。有机化合物如硫脲及其衍生物、有机胺、硫醇、吗啉、喹啉、炔醇、硫代乙酰苯胺、四氢噻唑硫酮等。在硫酸中卤素离子（I^-、Cl^-、Br^-）与许多有机缓蚀剂有显著的协同效应。国内的商品缓蚀剂牌号有：天津若丁、沈1-D、工读-3、兰-4、7701 等。

- 盐酸。盐酸酸洗的特点是一般不用加温，节省能源；造成渗氢倾向小，除锈除垢速度快。

可用于硫酸的缓蚀剂一般对盐酸也有效。无机物如 $SbCl_3$、Fe^{2+}（常用 $FeSO_4$）都有缓蚀作用，但主要使用的还是有机化合物，包括硫脲类、酰胺类、咪唑啉类、季铵盐类、松香胺类、脂肪胺类、炔醇类、硫醇类。国产盐酸酸洗缓蚀剂牌号有：兰-4A、7701、7801、川天1-2 等。

- 硝酸。硝酸的除锈除垢能力强，而且不会造成渗氢问题。常用浓度为 $7\% \sim 10\%$，在加温条件下使用，对不锈钢不需加缓蚀剂，对碳钢则需加入高效缓蚀剂。

可用于硝酸酸洗的缓蚀剂包括：硫代硫酸盐、硫脲及其衍生物、氯化苯胺、硫氰化钾、重铬酸钾、生物碱等。国内商品牌号有：兰-5、兰-826、BH-2 等。

- 氢氟酸。低浓度的氢氟酸溶解氧化铁锈的能力比盐酸和硫酸强，因为氟离子是很强的络合剂。氢氟酸还能溶解硅垢。

用于氢氟酸酸洗的缓蚀剂包括有机胺类、硫脲衍生物、亚砜等。国内商品牌号有：IMC-3、兰-826、7701 等。

- 柠檬酸。柠檬酸酸洗主要不是利用其溶解能力，而是对金属离子的络合能力。

可用缓蚀剂有：苯基硫脲、甲醛-硝基苯、二苄基亚砜、咪唑啉等。

② 有色金属酸洗缓蚀剂

铝常用盐酸酸洗。缓蚀剂有氯苯胺、苯甲胺、松香胺、吖啶、咪唑啉等。

铜可用硝酸酸洗。缓蚀剂有硫脲、苯肼、苯胺、乌洛托品等。

表 12-12 列出了部分国产酸洗缓蚀剂的主要成分。

表 12-12 部分国产酸洗缓蚀剂

缓蚀剂名称	主要成分	缓蚀剂名称	主要成分
天津若丁(新)	二邻甲苯硫脲、食盐、淀粉、平平加	7801	苯胺、乌洛托品、苯乙酮
沈1-D	苯胺、甲醛缩合物	BH-2	咪唑啉类
工读-3	苯胺、乌洛托品缩合物	IMC-4	季铵盐类

缓蚀剂名称	主要成分	缓蚀剂名称	主要成分
兰-4A	油酸、苯胺、乌洛托品缩合物	川天 1-2	苯胺环己酮、甲醛、炔醇
兰-5	苯胺、乌洛托品、硫氰化钾	8601-G	烷基吡啶苄基季铵盐、平平加
7701	苄基季铵盐、平平加		

（2）石油工业　在油井和天然气井，以硫化氢造成的腐蚀最为严重和普遍。为了提高油、气产量，需要采用酸化工艺。现在钻探深井、超深井日益增多，油井温度随井深增加而升高。国外某些超深井中温度超过 240℃，国内深井温度已达 210℃。在高温井中用 15%～20%盐酸进行酸化压裂施工，缓蚀剂的保护性能是关键。国内高温酸化缓蚀剂品种有：7701、7801、川天 1-2、川天 1-3、8601-G 等。

原油中所含的无机盐、硫化物、环烷酸等杂质，对炼油装置及其附属设备造成严重腐蚀。炼油厂除采用脱盐措施，还采用注氨调节 pH 值和注缓蚀剂的方法（简称一脱四注）。国内生产的炼厂缓蚀剂有兰-4A、4501、4502、尼凡丁-18 等。

（3）循环冷却水　使用循环冷却水，是节约工业用水的有效途径。为了解决水冷器的腐蚀问题，循环冷却水中需要加入缓蚀剂，这方面的详细情况见第 5 章。

（4）汽车冷却系统　汽车冷却系统是一个密封循环系统，使用乙二醇的水溶液作为冷却介质，在寒冷冬季不会结冰而冻裂缸体和水箱。为了减轻乙二醇溶液对冷却系统金属材料的腐蚀，必须加入缓蚀剂，如亚硝酸钠、苯甲酸钠、苯并三氮唑等。

（5）机器、设备、部件防锈　机器、设备、部件和各种金属制品在加工、贮存和运输中需要防止生锈（大气腐蚀）。缓蚀剂保护是一种有效而方便的方法。包括防锈油（脂）中使用的缓蚀剂、包装纸和塑料薄膜中使用的缓蚀剂，以及气相缓蚀剂。这方面的应用情况见 13.1 节。

（6）化学工业中的应用

① 合成氨装置脱碳系统。在合成氨生产中常把脱除合成气中 CO_2 的气体净化工艺简称脱碳。热钾碱法是使用 20%～40% K_2CO_3 水溶液作为吸收剂，在加热状态（沸腾）下脱除 CO_2。吸收了 CO_2 的热钾碱溶液对碳钢设备腐蚀性很强（腐蚀率达 8.9mm/a）。为了解决这个问题，对 H_2S 含量低的合成气（一般大型合成氨厂），加入偏钒酸钠（或 V_2O_5）作缓蚀剂是一种有效的腐蚀控制方法。V^{5+} 的缓蚀作用是促进碳钢钝化。对 H_2S 含量高的中小型合成氨装置，可采用偏硅酸盐作缓蚀剂。

② 尿素合成塔。用作尿素合成塔衬里的铬镍不锈钢，在含氨基甲酸铵的尿素合成液中钝态不稳定，腐蚀比较严重。20 世纪 50 年代荷兰一家公司发明了通氧保护技术。通入氧气作为钝化剂可使不锈钢衬里处于稳定钝态，获得良好保护效果。腐蚀问题的解决推动了尿素工业迅速发展。

③ 熬碱锅。烧碱生产中的熬碱锅是生铁铸造，在高温浓碱作用下腐蚀强烈，而且可发生严重的应力腐蚀破裂（碱脆）。加入硝酸钠作缓蚀剂，可以大大降低腐蚀速度并减轻碱脆的危害，减少碱和铁离子含量，使产品质量得到提高。

12.3　覆盖层保护

12.3.1　概述

12.3.1.1　覆盖层保护的特点

（1）覆盖层保护的原理是用另一种材料（金属材料或非金属材料）制作覆盖层，将作为设备结构材料的金属和腐蚀环境分隔开。这样，基底材料和覆层材料组成复合材料，可以充分发挥基底材料和覆层材料的优点，满足耐蚀性，物理、机械和加工性能，以及经济指标多方面的需要。作为基体的结构材料不与腐蚀环境直接接触，可以选用物理、机械和加工性能良好而价格较低的材料，如碳钢和低合金钢；覆层材料代替基体处于被腐蚀地位，首先应考虑其耐蚀性良好。但由于覆层附着在基体上，且厚度较小，使选材工作范围扩大了。

（2）覆盖层的保护效果和使用寿命取决于以下三个方面的因素。

① 覆层材料在使用环境中的耐蚀性，以及覆层的强度、塑性和耐磨性能。

② 覆层的均匀性、孔隙和缺陷。覆层的缺陷有些是材料固有的，有些是施工过程中形成的，有些是设备运输、安装和使用中覆层损坏造成的。

③ 覆层与基体金属的结合力。结合力的大小与覆盖材料的性质、基体金属的表面状态，以及覆盖层施工技术和施工质量都有密切关系。结合力差将导致覆层的剥离和脱落。

实践表明，覆层材料的耐蚀性不难通过合理选材来解决。使覆盖层保护达不到要求保护效果的主要原因是覆盖层不连续、缺陷多，以及与基体结合差。这是覆盖层保护应用中必须注意解决的问题，特别是要注意施工技术的选择和施工质量的保证。为了满足多方面的要求，有些接触强腐蚀性介质的设备要采用复合覆盖层，即由几种材料组成多层结构的覆盖层，以弥补单层材料性能的不足。

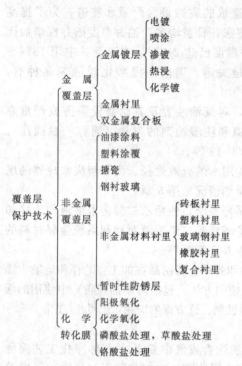

图 12-29 覆盖层保护技术的主要种类

12.3.1.2 覆盖层保护技术的主要种类

图 12-29 列出了覆盖层保护技术的主要种类。下面将分别予以简单介绍。

12.3.1.3 选择覆盖层保护技术时应当考虑的方面

（1）覆层材料选择

① 覆层材料在使用环境中是否有良好耐蚀性，能否保护设备获得需要的使用寿命。

② 覆层材料和基底材料是否相容。如果是采用多层结构，各层材料是否相容。

③ 覆盖层能否使设备的功能不受影响，如传热、导电等方面的需要能否保持。

（2）覆盖层种类的选择

① 覆盖层是否和设备的几何形状相适应。这方面不仅要考虑一次施工，还要考虑以后的维修。

② 覆盖层能否满足设备在尺寸和重量方面的要求。

③ 覆盖层保护方法是否适合分段制造设备的连接。

④ 在设备运行过程中覆盖层能否经受热震、磨损、冲击、局部过热、深冷的影响。

（3）经济上是否合理 当然，采用覆盖层保护技术的设备在结构设计时必须适应施工的要求，在运行中必须防止覆盖层的损坏。

12.3.2 金属覆盖层

12.3.2.1 按电偶关系的分类

（1）阳极性覆层 在使用环境中，覆层材料的电位比基体金属的电位负，比如铁表面上用锌作覆层，在大多数环境条件下就是阳极性覆盖层。在覆层缺陷处形成的腐蚀电池中，覆层是阳极，能够对基体金属起到阴极保护作用。因此，阳极性覆层常用作防护性覆层。

（2）阴极性覆层　在使用环境中，覆层材料的电位比基体金属的电位正，比如铁表面上覆盖铬、镍，在一般情况下就是阴极性覆盖层。如果覆盖层存在缺陷，那么覆层作为腐蚀电池的阴极，而基体金属作为阳极，将加速基体金属的腐蚀。因此阴极性覆层必须足够完整、无孔隙，才能取得好的保护效果。

图 12-30 为两种金属覆盖层示意。应当指出，覆层的极性不是绝对的，当环境条件改变时，覆层和基体金属的电偶关系可能发生反转。如铁上的锌镀层在常温水中是阳极性的，当水温上升到 70~80℃ 则转变为阴极性的。又如铁上的锡镀层在多数水溶液中是阴极性的，而在食品有机酸中则为阳极性覆层。极性的变化取决于覆层材料腐蚀电位的变化。

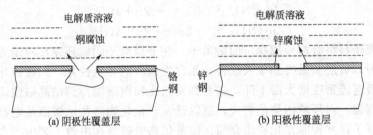

图 12-30　两种金属覆盖层

12.3.2.2　各种金属覆盖层简介

（1）电镀　将待镀工件作为阴极，与外部直流电源的负极相连，镀层金属材料作为阳极（称可溶性阳极，也有采用不溶性阳极），与直流电源的正极相连。镀槽中盛入含镀层离子的盐类水溶液（还含有其他添加剂），这就组成了一个电解池。在通过外加直流电时，溶液中发生电解反应，镀层：金属离子不断地在阴极镀件表面放电并沉积下来，从而得到完整的金属镀层。当镀层达到要求厚度时，将工件从镀槽中取出。

① 可溶性阳极。多数电镀工艺采用可溶性阳极。比如酸性硫酸锌溶液镀锌，用纯 Zn 作阳极。电镀过程中 Zn 阳极上发生 Zn 的氧化反应，锌离子 Zn^{2+} 不断进入溶液；而在工件表面发生 Zn^{2+} 还原反应，形成锌镀层（图 12-31）。阳极金属不断消耗而减小。适当选择阳极与阴极面积比，可使镀液中 Zn^{2+} 浓度保持基本不变。

② 不溶性阳极。现在普遍应用的铬酐溶液镀铬工艺，阳极材料为铅锑合金，属不溶性阳极。电镀液主要成分为 CrO_3（铬酐）。在水溶液中形成各种铬酸，以 H_2CrO_4 为例，在工件表面上 $HCrO_4^-$ 发生还原反应，形成铬镀层：

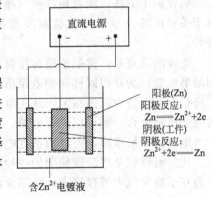

图 12-31　电镀锌原理

$$HCrO_4^- + 3H^+ + 6e === Cr + 4OH^-$$

在阳极表面上发生 OH^- 的氧化反应（析氧），由于镀液消耗，需要间歇地补充铬酐来维持浓度稳定。

电镀质量的好坏，主要看能否在金属工件上沉积出结晶细致、排列紧密、厚度均匀、与基体金属结合牢固的镀层。为了获得质量良好的镀层，需要通过试验选取最佳的镀液配方和工艺条件（阴极电流密度、温度等），并采用措施改善镀液的分散能力和覆盖能力。

镀液可分为两类：单盐电镀液和络盐电镀液。

① 单盐电镀液。被镀金属以简单离子形式存在于电镀液中。如酸性硫酸锌溶液镀锌，电镀液主盐为 $ZnSO_4$，镀液中被镀金属离子为 Zn^{2+}。单盐电镀液的优点是成本低，阴极电流效率高（阴极副反应少）。但简单金属离子还原反应的阴极极化性能一般比较小，因此镀层结晶较粗，镀液分散能力较差，仅适用于形状比较简单的工件。为了改善镀层质量，可选择适当的添加剂。

② 络盐电镀液。被镀金属以络离子形式存在于电镀液中。氰化物是广泛使用的一种络合剂（用 NaCN 或 KCN）。比如氰化物溶液镀锌，以氰化钠为主络合剂，氢氧化钠为辅助络合剂，锌离子以络离子 $[Zn(CN)_4]^{2-}$ 和 $[Zn(OH)_4]^{2-}$ 形式存在，阴极反应为络离子还原反应：

$$[Zn(CN)_4]^{2-}+2e=\!\!=\!\!=Zn+4CN^-$$
$$[Zn(OH)_4]^{2-}+2e=\!\!=\!\!=Zn+4OH^-$$

由于金属离子与络合剂形成稳定的络离子，使金属离子阴极还原反应阻力增大，阴极极化性能增强，所以镀层质量得到很大改善。氰化物镀液的导电性好，阴极极化性能强，而且阴极电流随阴极电流密度增大而下降，这些都使氰化物镀液能得到结晶细致、厚度均匀的镀层。但氰化物剧毒，对环境污染危害大，所以开发非氰化物络盐电镀液是电镀工业发展方向之一，现在已有了许多种非氰化物络合剂，使氰化物电镀液在电镀工艺中所占的比重大大下降了。络盐电镀液的阴极电流效率一般低于单盐电镀液。

为了获得良好的分散能力和覆盖能力，使镀层厚度均匀，除了采用加入导电盐以改善镀液导电性，加入络合剂、添加剂以提高阴极极化性能这些方法之外，在某些情况下还要采用调整几何因素的方法，如适当增加阴极到阳极距离，合理选择阳极形状和布置。对形状复杂工件使用象形阳极、辅助阳极、防护阴极和非金属屏蔽。

电镀施工方法，除常用挂镀（槽镀）和滚镀（用于小零部件）外，还有电刷镀等方法。对于关键设备及零部件的超差及磨损部分用电刷镀进行功能性修复，可以不解体在现场进行。

电镀的优点是：镀层金属纯度高，分布均匀，与基体金属结合牢固，镀层具有较高硬度和耐磨性能。为获得同样保护效果所需要的覆层金属最少。镀层厚度容易控制，一般在常温下进行，电镀适应范围很宽，从正电性金属到负电性金属，从低熔点金属到高熔点金属，从高纯金属到合金，都可以进行电镀。

电镀层一般很薄，所以防护性电镀层和装饰性电镀层主要用于防止金属零部件的大气腐蚀。比如镀锌就是广泛性使用的一种防护性镀层（镀锌钢管、镀锌铁皮、镀锌铁丝）。这是因为在干燥大气中锌很稳定，在不含污染物和有机挥发气氛的潮湿大气中以及淡水中，锌表面形成的腐蚀产物膜有良好的保护作用。锌镀层经钝化处理后能显著提高防护性能。对钢铁来说，锌镀层是典型的阳极性镀层，对基体金属能起到阴极保护作用。

（2）喷涂（亦称喷镀） 喷涂的基本过程是：将覆层材料（金属、合金、陶瓷等）经高温熔化成液体，用压缩空气或惰性气体将熔化的覆层材料吹成雾状，喷射到被镀工件表面上。当熔融的微粒与基体金属表面撞击时，迅速冷却，形状变扁，相互重叠堆砌形成鳞片状覆盖层。

覆层材料的运用形式有三种：液体金属、粉末、细丝（或棒）。液体金属是将金属原料预先在坩埚内熔化而得到，其他两种则是边熔化边喷射。粉末的优点是适应不能拉丝的喷涂材料。细丝的应用较普遍，其优点是容易控制。

喷涂方法主要有两类。一类以气体燃料为热源，包括火焰喷涂和爆炸喷涂，气喷涂工艺流程见图 12-32。另一类以电弧为热源，包括电弧喷涂、等离子弧喷涂，电喷涂工艺流程见图 12-33。

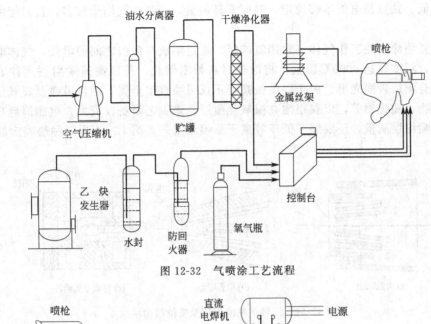

图 12-32　气喷涂工艺流程

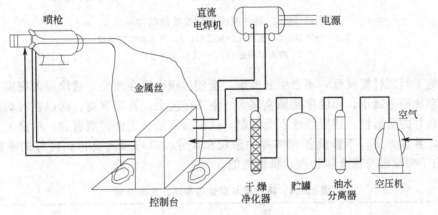

图 12-33　电喷工艺流程

火焰喷涂是用乙炔为燃料（也可用丙烷、丁烷、天然气），和氧一起进入喷枪燃烧。火焰喷涂一般用于熔点较低的金属，如铝、锌、铜、铅、锡等。该工艺设备简单，使用方便。典型金属气喷涂工艺参数见表 12-13。

表 12-13　金属气喷涂工艺参数

金属名称	熔点/℃	喷丝直径/mm	喷丝纯度/%	气体压力/MPa			走丝速度/(m/min)
				乙 炔	氧 气	空 气	
铝	658	$\phi1.9\sim2.0$ $\phi3.0$	>98	0.12~0.14 0.10	0.13~0.15 0.11	0.50~0.55 0.60	2.0~2.4 1.2
锌	419	$\phi1.9\sim2.0$	>98	0.11~0.13 0.05~0.075(丙烷)	0.115~0.14 0.2~0.35	0.45~0.55 0.45~0.55	2.5~3.0

爆炸喷涂是将粉末喷涂材料与氧-乙炔混合物注入喷枪，点火引爆，产生高速冲击波，使粉末熔化，喷向工件表面。该工艺加热温度较高，颗粒飞行速度大，因而涂层致密，与基

体结合牢。

电弧喷涂是利用直流电源使两根金属丝之间产生电弧，从而使不断给进的金属丝被熔化。电弧喷涂的温度高，可喷涂高熔点金属和合金，如碳钢、不锈钢等。该工艺工作效率高，成本较低。缺点是电弧不够稳定，温度不易调整，冷却空气用量较多，且只能用于导电的金属材料。

等离子弧喷涂是使工作气体（常用氮或氩）通过阴极与阳极之间的电弧，气体电离产生等离子体焰，温度高达 6000℃ 以上。将涂覆材料粉末熔化，并以高速喷射到工件表面。涂层与基体结合牢，表面光滑。由于温度极高，不仅可喷难熔金属，而且可喷金属氧化物、碳化物、硅化物、硼化物等，以获得耐高温氧化覆层。该工艺设备投资大，电能消耗高，为了进一步提高喷涂层质量，还发展了低压等离子弧喷涂工艺。图 12-34 为三种热喷涂原理及喷枪结构示意。

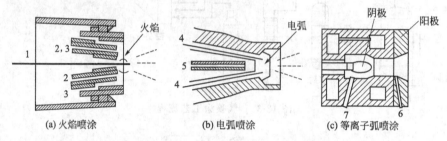

(a) 火焰喷涂　　　　(b) 电弧喷涂　　　　(c) 等离子弧喷涂

图 12-34　三种热喷涂原理及喷枪结构示意

1,4—金属丝；2—燃料气和氧进口；3,5—压缩空气进口；
6—粉末材料进口；7—工作气体进口

喷涂施工时工件温度低，不会引起变形，金相组织也不会改变，喷涂层的密度、抗拉强度和延伸率比原金属小，而硬度比原金属大。由于硬度大，孔隙率高，所以在有润滑剂的情况下具有良好的耐磨性。镀层厚度不受限制，这对修复较长工件特别有利。喷涂工艺和设备比较简单，移动方便，不管设备和部件的形状和尺寸，都可按需要得到良好的喷涂层。表12-14 列出了喷涂层与原金属物理、机械性能。

表 12-14　喷涂层与原金属物理、机械性能

性　　能	锌		铝	
	原金属	喷涂层	原金属	喷涂层
密度/(g/cm³)	7.14	5.5～6.8	2.7	2.2～2.56
硬度(HB)	24	32	21	26～40
抗拉强度/MPa	120～140	32.4	70～100	34.5
延伸率/%	40～50	1.3	30～40	1.1

金属喷涂层的缺点是：涂层结构不强，液态金属质点与基体金属之间的结合，是由于金属质点镶入表面上的孔和不平处而形成的，不能形成合金或焊住。质点的重叠堆砌使喷涂层存在很大孔隙率，这对防护效果不利，需要采取封闭措施。封闭方法包括机械处理、热处理、加厚喷涂层并用涂料封闭。最后一种封闭方法常用而有效，涂料不仅填塞了喷涂层的孔隙，耐蚀涂料本身也使喷涂层防护性能提高。粗糙的喷涂层打底又强化了涂料的附着力。所用涂料应具有良好耐蚀性、流动性，渗透力强，施工方便。

（3）渗镀　在高温下使镀层金属扩散到基体金属中去，形成表面合金层，故渗镀又叫表

面合金化或化学热处理。渗镀层和基体金属之间不像电镀层和喷涂层那样是机械结合，而是通过形成合金结合起来（冶金结合），因此不会因热膨胀、剧烈机械变形等原因而脱落。另外，经过渗镀处理的部件，其尺寸几乎没有改变。常用的渗镀金属有铝、铬，以及非金属元素硅、硼。钢铁经过渗铝、渗硅、渗铬，以及二元或三元共渗，抗高温氧化和高温气体腐蚀的能力大大提高。

渗镀工艺有许多种类。一类是直接渗镀，另一类是与其他覆层施工方法联合。在直接渗镀方法中，按照渗剂状态，可分为固渗、液渗和气渗几种。固渗方法中最常用的是粉末渗镀法。将工件埋在粉末渗剂（由被渗金属粉末、金属氧化物粉末和少量用作促进剂的氯化物或氟化物组成）中，加热一定时间，使工件表面形成渗镀层。如渗铝，常用 50%铝粉、48%氧化铝粉、2%氯化铵混合物作渗剂，在密闭炉内，将工件埋在渗剂中，于 1000℃下加热 3～4h。粉末渗镀法设备简单，操作方便。但工件尺寸受容器空间限制，渗镀时间较长可能影响基体机械性能。

气渗是把工件加热到能够产生显著扩散的温度，使含被渗金属卤化物的气流经过工件表面，由工件金属置换出被渗金属的活性原子，或由氢气还原出被渗金属活性原子，渗入工件表面形成渗镀层。如钢上渗铬，常以 $CrCl_2$ 气体流经工件表面，通过下列反应产生活性铬原子：

$$CrCl_2（气）+Fe \longrightarrow Cr+FeCl_2$$
$$CrCl_2（气）+H_2 \longrightarrow Cr+2HCl$$

将电镀层、喷涂层、热浸层进行加热扩散，得到渗镀层，是渗镀工艺发展方向之一。图 12-35 为喷铝层和扩散渗铝层的剖面。喷铝后的工件再进行扩散退火处理（800～1000℃，3～4h），使工件表面形成铝铁合金（铝铁化合物和固溶体），不仅提高了喷铝层的结合强度，也提高了抗高温氧化性能和耐蚀性能。这是由于渗铝层的铝在高温下与氧反应生成了三氧化二铝保护膜。由于喷铝层多孔，在扩散退火处理时为了保护基体金属不被氧化，避免铝熔化而流失，常在喷铝层表面涂刷保护涂料，比如 40℃的 Be 中性水玻璃。

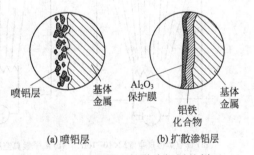

图 12-35　喷铝层和扩散渗铝层的剖面

（4）热浸　将工件浸入熔融的液态镀层金属中，经短时间取出，便形成金属覆层。这种施工方法最古老、简单，但难以控制覆层厚度，操作时金属损耗也大。

使用热浸法的条件是：基体金属与覆层金属之间能生成化合物或固溶体，才能具有足够的结合力且不起皮脱落。镀层金属熔点低，基体金属能经受热浸时的温度而性质不发生劣化。一般用于钢铁管、板、带、丝的镀锌、锡、铝、铅锡合金等，但也有大型蒸发器整体热浸镀锌的应用例子。

（5）化学镀（又称无电解镀）　被镀金属部件浸入覆层金属的盐溶液中，镀液中的强还原剂使覆层金属离子还原，沉积于部件表面形成覆盖层。常用的是化学镀镍。表 12-15 是化学镀镍的一种镀液配方和工艺条件，适用于钢铁工件。镀液中氯化镍是主盐，亚磷酸钠是还原剂，柠檬酸钠是缓冲剂，其作用是保持镀液稳定。以亚磷酸钠作还原剂进行化学镀镍，工件表面除有镍的析出，还有磷的析出，所得镀层为镍磷组成的均匀合金层。在一定的条件下［当磷含量大于 8%（质量分数）左右］，这种合金层是非晶态的。非晶态合金具有优良的机械性能和耐蚀性能。化学镀已成为获得非晶态合金镀层的一种重要的常温工艺技术。

表 12-15　化学镀镍的一种工艺参数

镀液组分	含量/(g/L)	工艺条件
氯化镍（$NiCl_2 \cdot 6H_2O$）	30	pH4～6
亚磷酸钠（$NaH_2PO_2 \cdot H_2O$）	10	温度 90℃
柠檬酸钠	10	

化学镀镍层与电镀硬铬层相比，硬度和耐磨性能相近，但化学镀不需要电源，无电镀硬铬层中出现的脆性和网状裂纹，而且比电镀镍层孔隙率低，化学稳定性高。

近年来又开发了脉冲化学镀，进行化学镀时叠加脉冲电流，可使镀层更致密，更光亮，组织均匀，结合牢固，因而较薄镀层就能达到较厚的普通化学镀层相同的技术指标。

（6）真空镀　又叫物理气相沉积（PVD），在高真空室内进行。较早的方法是真空蒸镀，用电加热使镀层金属挥发，蒸气以原子或分子形式沉积于被镀工件上，形成很薄的（50～100nm）覆膜。

后来又发展了阴极溅射和离子镀。前者是利用高能离子或中性原子来轰击金属，使金属原子飞出，沉积在基体材料表面形成保护膜；后者是在高真空中使蒸发出来的镀层原子离子化，在电场作用下沉积于工件表面形成保护膜。图 12-36 为三种真空镀原理。

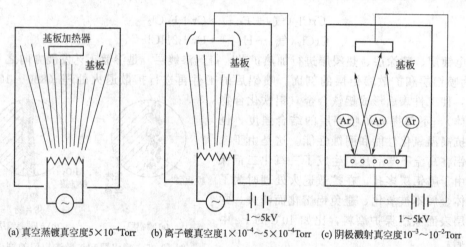

(a) 真空蒸镀真空度5×10⁻⁴Torr　(b) 离子镀真空度1×10⁻⁴～5×10⁻⁴Torr　(c) 阴极溅射真空度10⁻³～10⁻²Torr

图 12-36　三种真空镀原理

（1Torr＝133.322Pa）

还有其他一些镀覆方法，如离子注入、化学气相沉积（CVD）、流态化法、大功率激光扫描等。

（7）金属衬里　在碳钢或低合金钢设备内部衬上耐蚀金属薄板，既可满足设备耐蚀性能方面的要求，又可节省耐蚀金属材料，克服衬层金属强度不足的缺点，常用的衬里金属有不锈钢、铝、铅、钛。

① 不锈钢衬里。外壳用碳钢或低合金钢。衬里不锈钢则根据环境的腐蚀条件选用。不锈钢衬里层和碳钢外壳的连接方法主要有两类：局部固定和整体松衬。

局部固定法包括焊接（塞孔焊、条焊、熔透焊等）和局部爆炸（点爆和线爆）。塞焊法是用填充材料将衬里层上的冲制孔或钻制孔熔焊填满，并与基层熔接在一起。条焊法则是将衬里不锈钢裁成一定尺寸的条带，以连续焊缝将其与基层金属连接起来。衬里条带之间也连接到一起。图 12-37 为衬里层焊接的两种形式。

爆炸衬里法是利用炸药爆炸时产生的巨大能量将不锈钢衬里层致密地压接在碳钢壳体

上。爆炸产生高温、高压和冲击波，不锈钢板高速向碳钢板猛烈冲击，两板内表面产生塑性变形，从而机械地咬合在一起。点爆法产生球面状压痕，结合部呈圆形；线爆法产生圆柱形压痕，结合部呈条线形。

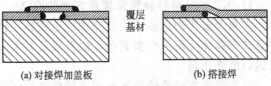

图 12-37　衬里层焊接的两种形式

(a) 对接焊加盖板　　(b) 搭接焊

整体松衬法是将衬里壳体焊接好，经检验合格后放入外壳内。这种方法的缺陷是外壳和衬里层之间存在间隙，影响承压和传热。一种解决办法是机械撑紧：衬里片成型后装入外壳就位，用专用胎具撑紧，焊接衬里层纵缝使成整体。这种方法已成功用于大型尿素合成塔内衬不锈钢。在整体衬里后进行热膨胀或爆炸，可以清除壳体与衬里层的间隙。此外，还有多层包扎法、热套法等。

② 衬铝。由于铝的强度较低，当设备需承受较大压力时，最好采用衬铝而不用铝作单独结构。由于铝和碳钢不能直接焊接，故衬铝层与碳钢外壳之间的连接采取机械固定法、粘接法和爆炸复合法，后一种方法工艺简单，生产效率高，成本低，而且结合牢固。图 12-38 是在贮槽封头上进行爆炸衬铝的装置。卡子将铝板和壳体卡紧，使铝板贴合在壳体上，铝板上面放置橡皮板，再安装炸药进行点爆。衬里层之间（如板块与板块、封头与筒体衬里层）用焊接连成整体。图 12-38 为封头爆炸衬铝。

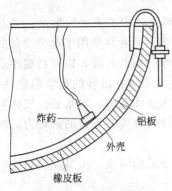

图 12-38　封头爆炸衬铝

③ 衬铅和搪铅。碳钢壳体衬铅和搪铅是传统的硫酸工业设备，衬铅是指在设备的壁上衬附一层铅板；搪铅是将铅焊条用火焰（氧乙炔焰或氢氧焰）熔化，使铅在熔融状态下一点点地贴合在碳钢设备表面上。衬铅操作简单，但结合不牢，只能用于常压；搪铅结合均匀而牢固，传热性也较好，但施工复杂且施工条件恶劣。由于铅的毒性，现在衬铅和搪铅设备有许多已被非金属（塑料、玻璃钢）设备代替。

④ 衬钛。钛有优异的耐蚀性能，但单独作结构材料不经济，故用衬钛设备较为合理，衬钛的方法可以用整体松衬，或者在松衬后再使衬层胀紧在外壳上。也可以用爆炸法，由于钛和碳钢之间不能焊接，故用于不锈钢衬里的熔焊方法对钛不适用。钛衬里只能采用钎焊或电阻焊（亦可用于锆、钽衬里）。

（8）双金属复合板（包覆）　将两种不同金属板材叠合，制成复合板，用于制造设备，比较先用基材制成设备再用覆层材料衬里，工作量大大减小，而且质量容易得到保证；复合板制设备也可用于较高的温度。

碳钢（或低合金钢）-不锈钢复合板（简称不锈复合钢板）主要用热轧法制造。覆层不锈钢板厚度通常为 1.5～3.5mm，是复合板厚度的 15%～20%，能大大节省不锈钢，而且不锈钢复合钢板的导热率是单体不锈钢的 1.5～2 倍，特别适合既要求耐腐蚀性又要求传热性的设备。

焊接是不锈钢复合钢板制造设备过程中的最基本最重要的工序之一，直接影响设备的耐腐蚀性和寿命。焊接时应先焊基层，再焊过渡层（基层与复层交界处），最后焊覆层，基层焊条和基层材质相对应，覆层焊条和覆层材质相同或高于覆层合金性能，考虑到焊接过渡层时合金元素的烧损和基层对覆层的稀释，应选用高铬镍合金焊条（如覆层为 Cr18Ni9 钢，焊条可选用 Cr25Ni13 或 Cr23Ni12Mo2）。

碳钢-钛复合板主要用爆炸复合。覆层厚度通常为 2～3mm。

12.3.2.3　覆层金属和覆盖方法的选择

对覆层金属的选择，主要考虑能否在预定使用的环境中有良好的耐蚀性。其次应考虑覆层金属与基体金属的电偶关系，以及设备对覆层金属提出的物理，机械性能方面的要求。还应进行经济比较。

对于覆盖方法的选择主要考虑需要的覆层厚度，对覆层孔隙率的要求，以及覆层施工能否适应设备的结构和尺寸。

12.3.3　非金属覆盖层

12.3.3.1　涂料（漆）

涂料是一种有机高分子胶体的混合物溶液，在物体表面涂布薄层，经过干燥固化以后，能够形成和物面黏结牢固的固态薄膜，从而将被涂物体与周围环境隔离开。涂料品种繁多，选择范围广，适应性强，使用方便，价格低廉。在各个工业部门、建筑部门广泛地应用于防护和装饰目的。

用于防护目的的涂料（防腐蚀涂料），其使用环境主要有两个：①工业大气腐蚀；②某些化工介质的腐蚀。前者指各种设备、管道的外表面和厂房结构；后者则是用于部分设备的内表面。由于涂层薄，难以形成完整无孔的漆膜，一般不能用于强腐蚀环境，以及高温冲刷和磨损条件。为了取得良好的防护效果，防腐蚀涂料在使用环境中应有足够的化学稳定性，能适应设备所处温度条件，漆膜要有良好的机械强度和韧性，密实无孔隙，对水分、气体和溶液有良好的不渗透性，才能起到有效的隔离作用。漆膜和基体材料要有良好的附着力，黏接牢固。

涂料的品种虽然很多，但其组成一般都包括三个部分：主要成膜物质、次要成膜物质和辅助成膜物质。

主要成膜物质构成涂料的基础。包括油料和树脂（天然树脂和合成树脂），防腐蚀涂料中以合成树脂使用较多，如环氧、酚醛、呋喃、聚酯、聚氨酯、醇酸、过氯乙烯、氯磺化聚乙烯等。次要成膜物质的作用是改进漆膜性能，包括防锈颜料、着色颜料和体质颜料。防锈颜料是底漆中的重要成分，有的通过化学和电化学作用达到防锈目的，如红丹、锌铬黄、锌粉、磷酸锌、有机铬酸盐；有的通过物理作用（提高密实度、降低渗透性）达到防锈目的，如铝粉、云母氧化铁、氧化锌、石墨粉。以环氧树脂做胶黏剂，加入大量锌粉（干膜中锌含量达到 $85\%\sim95\%$）制成的环氧富锌漆是一种十分有效的防锈底漆，因为锌可以对钢铁起到阴极保护作用，而且锌的腐蚀产物沉积下来，减小了漆膜的渗透性。云母氧化铁是一种鳞片状晶体，在涂层中鳞片相互平行排列，使有害物质渗透通过涂层的阻力大大增加，涂层防锈性能大大增加。着色颜料的作用是使涂料具有要求的颜色。体质颜料的作用是增加漆膜的厚度。辅助成膜物质包括溶剂和各种添加剂（增塑剂、固化剂、触变剂、催干剂等），对成膜过程起辅助作用。溶剂既要对主要成膜物质有良好的溶解能力，又要在漆膜干燥中全部挥发干净，并且毒性小，使用安全。

防腐蚀涂层的结构一般包括底层、腻子和面层，底漆的作用是防锈和增加漆膜与基体的粘接强度，因此底漆选用粘接性能好的树脂并加入防锈颜料。腻子用于填补表面缺陷和不平，面漆直接经受腐蚀环境的作用，因此应具有良好的耐蚀性和耐候性。涂料的保护效果随干漆膜的厚度增加而增加，对不同的腐蚀环境漆膜厚度有不同的要求。普通涂料需要涂刷多道（每层都很薄）以保证漆膜质量。

涂料施工包括如下步骤：①被涂物件表面除锈，表面清理质量对涂料保护效果至关重要；②涂布，方法有手工涂刷、机械喷涂、静电喷涂、电泳涂装、高压无空气喷涂等；③干燥，每道漆布后要待漆膜干燥后才能涂下道，常温自然干燥速度慢，烘烤干燥可以大大缩短干燥时间。

涂料的发展方向是：标准化、系列化、省资源、节能源、少污染。新开发的涂料有以下几种。

① 高性能防蚀涂料（又称重防腐蚀涂料）。一道涂覆可得较厚的涂层（干漆膜厚达 $60\sim125\mu m$），与环氧富锌底漆配套可用于苛刻的腐蚀环境。

② 水下涂料。能在水下设备潮湿面上直接施工固化。

③ 带锈涂料。可直接在有锈的设备表面上涂布，包括转化型、稳定型等。

④ 鳞片涂料，以鳞片（玻璃鳞片、不锈钢鳞片）作填料，可大大提高涂层抗渗透性能并减小涂层中的应力。

⑤ 水溶性涂料。以水作分散剂，减少了有机溶剂对环境的污染。

⑥ 导电涂料：用于油罐防止静电积累和大气中金属设备阴极保护。

⑦ 功能阻垢涂料：用于水冷器管束，防止结垢。

12.3.3.2 塑料涂覆

用一定的施工方法在金属部件表面形成一层塑料薄膜，将金属与腐蚀环境隔离开，使金属受到保护。常用塑料品种有聚乙烯、聚酰胺、聚苯硫醚、氟塑料等。

塑料涂覆可以采用与喷涂金属相同的方法。将塑料加热到略高于熔点的温度，使之成为熔融状态，喷射到金属部件表面上，冷却形成薄膜。也可以采用静电喷涂、溶液或悬浮液涂覆等方法，涂覆后进行加热塑化，形成薄膜。比如聚苯硫醚是一种耐蚀性和耐热性都很好的塑料，将聚苯硫醚粉末用乙醇或水（或二者混合）制成悬浮液，用浸或喷的方法在工件表面形成薄层，然后在 $290\sim370℃$ 的温度范围内加热塑化，可得到保护性能良好的覆盖层。

12.3.3.3 搪瓷

将含硅量高的耐酸瓷釉涂于钢胎制品表面，在 $900℃$ 左右的高温搪烧，使瓷釉密着于钢胎表面形成完整致密的覆盖层，就得到搪瓷设备。搪瓷层厚度一般为 $0.8\sim1.5mm$。瓷釉的耐蚀性优良，由于覆层薄，搪瓷设备具有一定的传热性能、耐温性能，可以在一定的温差条件下使用。搪瓷设备也可制作能承受一定压力的高压釜。搪瓷表面光滑洁净，不容易挂料，不污染产品，在有机化工和制药工业中搪瓷设备得到广泛应用。

为了保证搪瓷质量，钢胎制品表面要求平整，焊缝少，转角和弯曲要均匀圆滑。搪瓷属于脆性材料，在搬运、安装和使用中要避免振动、碰撞和冲击，以免瓷釉层损坏。瓷釉层局部损坏后要及时修补。现在已有了使用方便、效果良好的修补材料和技术。

12.3.3.4 钢衬玻璃（玻璃衬里）

钢衬玻璃以碳钢为基体材料，玻璃为覆层材料，为了增强结合力，首先在钢件上涂覆一层搪瓷底釉，烘干焙烧后再将玻璃泡放入进行吹制（人工或压缩空气），使玻璃密着于搪瓷层上，玻璃具有优良的耐蚀性、耐磨性，且表面光滑。由于和钢材结合牢，钢衬玻璃管道和部件能抗振，热稳定性也较高。玻璃除内衬外，还可用喷涂方法施工得到覆盖层。

12.3.3.5 非金属衬里

（1）橡胶衬里 以橡胶片作为金属设备的覆层材料，基底金属一般为碳钢。衬里用的胶片是由橡胶（天然橡胶或合成橡胶）、硫黄和其他配合剂制成，称为生胶板。黏结剂是将胶片溶解在汽油或其他溶剂中制成（称为胶子浆）。用胶子浆把生胶片衬贴在设备内表面，再经过硫化处理，使橡胶片变成结构稳定的覆盖层。

橡胶衬里层整体性强，致密性高，因而抗渗透性良好。另外，橡胶具有弹性和韧性，橡胶衬里能抵抗热冲击和机械冲击。橡胶与钢铁黏结力强，橡胶衬里设备可用于负压条件。但橡胶使用温度较低，耐氧化性介质和溶剂性能差；各种橡胶的耐蚀性能也有差异，因此要根据腐蚀条件选择橡胶衬里层的材料。

橡胶衬里的硫化处理对衬里层质量影响很大。对小型设备可在硫化罐内通蒸气进行硫化（温度 140～150℃）；对较大的设备，一般用热水硫化。近些年发展了本体硫化，使用预硫化胶片，衬贴后能在室温自行硫化，特别适用于大型设备的现场施工。

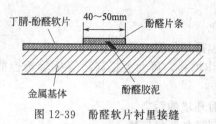

图 12-39　酚醛软片衬里接缝

（2）塑料衬里　用于衬里的塑料主要有聚氯乙烯塑料、耐酸酚醛塑料、氟塑料。衬里可用硬板或软片，而以软片居多。硬板经过下料，热处理成型，衬在设备内部，各块硬板之间焊接在一起。衬里层和金属外壳之间可用螺钉连接，也可以粘接。软片经过下料，粘贴在设备内表面，也可用于搅拌器等部件外包。

耐酸酚醛塑料具有优良的耐酸性能和较高的耐热性能，加入一定量的丁腈橡胶得到的丁腈-酚醛塑料软片还具有一定的弹性和延伸率。这种塑料软片已广泛应用于处理酸性介质的贮槽、容器等设备衬里。其施工方法是：在设备表面和软片上涂刷胶黏剂后，将软片衬贴在设备表面，压实，赶尽气泡；软片之间的接缝可采用图 12-39 所示的结构。衬里后需进行热处理，有条件时最好通蒸汽进行热处理，现场施工也可采用沸腾水进行热处理。

在钢管内部衬上塑料管，经过冷拔等一系列加工生产的钢塑复合管，钢与塑料间结合紧密，克服了普通塑料衬里管道的缺陷。现在已有钢管与聚氯乙烯、聚丙烯、聚四氟乙烯、聚全氟乙丙烯等塑料的复合管道，以及管件可供选择使用。

（3）玻璃钢衬里　玻璃钢是以合成树脂为胶黏剂，玻璃纤维或其制品（玻璃布、玻璃毡）为增强材料组成的复合材料。玻璃钢具有较高的机械强度和整体性；玻璃钢衬里施工灵活，适应性强，因而应用十分广泛。既可用于碳钢基体，也可用于混凝土基体；既可用于小型设备，也可用于大型设备和厂房建筑物。

玻璃钢衬里层的结构包括以下方面。

① 底层为涂料层，要求与基体黏结力高，热膨胀系数与基体尽可能接近，以避免脱层，常用环氧涂料。

② 腻子层，作用是填补基体表面不平和缺陷。

③ 增强层，主要起增强作用。

④ 面层，直接与腐蚀介质接触，要求良好的耐蚀性，致密，抗渗能力高。因此面层的树脂含量应比增强层大，当整个衬里层厚度较小时，就不必区分增强层和面层了。

在衬贴时，必须将玻璃布用树脂浸透（玻璃布使用前需脱蜡和干燥）。布片与布片之间要有一定的搭接宽度。衬贴第一层后，待干燥固化再衬第二层。玻璃钢衬里层的厚度应根据使用环境的腐蚀性确定，而玻璃布的层数则与厚度相适应。

由于玻璃钢中存在大量玻璃-树脂界面，衬贴后溶剂挥发，固化不完全使部分树脂处于可溶状态等原因，玻璃钢衬里层的抗渗能力低于橡胶衬里和塑料衬里，因此材料选择和施工质量十分重要。

（4）砖板衬里　将非金属材料砖板用黏合剂黏合，衬砌在钢铁或混凝土设备表面，构成保护性覆盖层，是一种很早就开始所有的防护技术。砖板衬里结构如图 12-40 所示。由于衬层厚度大，砖板衬里层耐蚀性可靠，使用寿命长，加之砖板和黏合剂品种多，来源广，价格适宜；砖板衬里施工技术简单，适应性强，故砖板衬里广泛应用于腐蚀条件苛刻的设备。

常用砖板材料有铸石板、耐酸瓷板、耐酸耐温陶砖、不透性石墨板等。要根据生产工艺条件、设备的类型和大小、介质的腐蚀性、操作温度及其变化、流体冲击和磨损、是否需要传热等情况，正确选择衬里砖板材料。比如耐酸陶瓷和铸石在酸性介质中都耐蚀，在碱性和酸碱交替介质中铸石比陶瓷耐蚀性好；对于磨损条件，铸石板具有优良性能；对于需传热的设备，则石墨板是最佳选择。

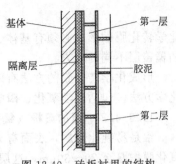

图 12-40　砖板衬里的结构

砖板本身耐蚀性很好，大量的砖板接缝就成为衬里层的薄弱区域，接缝的耐蚀性，耐磨性和渗透性对砖板衬里的保护效果至关重要。所以要正确选择黏合剂，常用黏合剂有水玻璃黏泥、树脂胶泥和硫黄胶泥，各有其适用范围。

水玻璃胶泥是以水玻璃（硅酸钠或硅酸钾溶液）为黏合剂，氟硅酸钠为硬化剂（加入水玻璃用量的 15％左右），加入耐酸粉料（如灰绿岩粉、石英粉等）调制而成。用水玻璃胶泥衬砌砖板后，由于胶泥中水玻璃与氟硅酸钠反应而凝结硬化，使砖板之间，砖板与基体牢固地粘接在一起。水玻璃胶泥具有优良的耐酸性能，特别适用于氧化性酸。为了提高胶泥的耐酸性能，在衬砌完工并经养护一段时间后还要进行硬化处理（一般用硫酸涂刷）。

树脂胶泥所用树脂有环氧、酚醛、呋喃、聚酯等。树脂胶泥与用于玻璃钢的树脂黏合剂相比，前者填料含量较多。

由于衬层厚，增重大，设备必须有足够的刚度和强度。钢制设备最好采用圆筒形而不用矩形，设备尺寸要有足够裕量，保证衬砌砖板后容积满足要求。设备的几何结构要适应砖板衬里的需要。

砖板衬里一般用二层，为了提高可靠性也可以衬砌三层。衬砌时不论同层中或层与层之间，接缝都要错开，不能重合。砖板背面和接缝要用胶泥填充饱满，以保证衬层的抗渗性能。

对于腐蚀条件苛刻的使用环境，一般要采用复合衬里层，即先在设备表面衬贴一层隔离层，然后再衬砖板。常用的隔离层材料有橡胶、玻璃钢、塑料软片。必须注意有机隔离层的适用温度范围。

使用膨胀胶泥进行预应力衬里，可解决砖板衬里设备用于高温高压条件时容易开裂和离壳的问题。

12.3.3.6　灰泥和混凝土覆盖层

灰泥（水泥砂浆）是由水泥和砂混合加水搅拌而成，如果再加入一定比例的石子，便成为混凝土。灰泥或混凝土由于在水泥硬化过程中所产生的碱性，对钢铁防腐蚀很有效，因此常用作大口径钢铁水管的衬里层，也可用于冷、热水贮槽的衬里。

12.3.3.7　暂时性防锈层

为了防止金属制品和部件在加工、贮存和转运中表面生锈，需要采用暂时性的防护覆盖层。所谓"暂时"，是指制品在进一步加工或启用时容易将覆盖层除去。使用最普遍的方法是在金属制品和部件表面涂覆一层防锈油（脂）。

关于暂时性防锈层更多的内容，见 13.1 节。

12.3.4　化学转化膜

12.3.4.1　什么是化学转化膜

将金属部件置于选定的介质条件下，使表层金属和介质中的阴离子反应，生成附着牢固的稳定化合物。这样得到的保护性覆盖层叫做化学转化膜。其反应一般式可写成：

$$m\,M + n\,A^{Z-} =\!=\!= M_m A_n + nz\,e$$

化学转化膜的形成必须有基体金属参与，故可以看作金属的受控腐蚀过程。这是和前面介绍的覆盖层不同的地方。

形成化学转化膜的方法有两类：一类是电化学方法，称为阳极氧化或阳极化；另一类是化学方法，包括化学氧化、磷酸盐处理、铬酸盐处理、草酸盐处理。

12.3.4.2　铝的阳极（氧）化

铝是易钝化金属，表面有天然氧化物膜，但只有 $0.02\sim0.14\mu m$ 厚，经阳极化处理可使氧化膜增厚至 $20\sim30\mu m$，这层氧化膜与基体金属结合十分牢固，具有很好的保护性能。

铝（以及铝合金）的阳极化是将铝（或铝合金）制品浸在电解液（硫酸、铬酸、草酸溶液，以硫酸溶液应用最广）中，作为阳极通电进行电解，使铝表面生成需要厚度的氧化物膜。

硫酸溶液阳极化处理的工艺参数为：硫酸含量 $10\%\sim20\%$，温度 $15\sim25℃$，阳极电流密度 $1\sim2.5A/dm^2$，时间 $20\sim60min$。在这种硫酸溶液中，通阳极电流的条件下，铝处于电位-pH 图上的氧化物介稳状态区。在铝表面同时发生氧化物生成反应（成膜反应）和氧化膜的溶解反应（溶膜反应）：

$$2Al + 3H_2O =\!=\!= Al_2O_3 + 6H^+ + 6e$$
$$Al_2O_3 + 6H^+ =\!=\!= 2Al^{3+} + 3H_2O$$

控制硫酸浓度和工艺条件，可以使成膜反应速度大于溶膜反应速度，这样就能在铝表面得到需要的氧化膜（如果在电解液中 Al_2O_3 不溶解，那么膜就会很薄而无实用价值）。

铝阳极化生成的氧化膜包括密膜层和孔膜层。密膜层（阻挡层）厚度很小，孔膜层存在大量孔隙（每平方厘米上亿个），因此可以着色处理，获得装饰性外观。着色方法主要有染料着色和电解着色。

① 染料着色：阳极化后立即将工件浸入有机或无机染料（以有机染料应用最多）的溶液中，染料微粒吸附在膜孔内而呈现出各种鲜艳的颜色。

② 电解着色：阳极化后在含金属盐（常用镍盐、锡盐、钴盐、锰盐）的酸性溶液中通交流电进行处理，金属离子还原为金属微粒沉积于氧化膜孔内密膜上，照射光在金属微粒上散射使铝表面呈现不同颜色。使用镍盐和锡盐混合溶液（表 12-16）或镍盐和锰盐混合溶液可获得优于单一溶液的着色效果。

表 12-16　镍-锡混合盐着色配方和工艺条件

溶液组成		工艺条件	
硫酸亚锡	$8\sim30g/L$	pH 值	3
硫酸镍	$2\sim8g/L$	温度	$20\sim30℃$
硫酸铵	$20\sim40g/L$	电压	$10\sim15V$
稳定剂	$3g/L$	时间	$3min$

不管是着色或不着色的阳极化膜都需要进行封闭，使孔闭合以提高膜的保护性能和保持着色效果。封闭的方法有：蒸汽封闭、热水封闭（$90\sim100℃$）、镍盐和钴盐溶液封闭、重铬酸盐溶液封闭等。在蒸汽或热水作用下，Al_2O_3 转变为水合氧化铝，体积膨胀而使膜孔封闭。镍盐和钴盐（常用醋酸盐）封闭除上述水合作用外，还有镍盐和钴盐在膜孔内生成氢氧化物的水解反应。对于防护目的的阳极化，广泛采用重铬酸盐封闭，因为重铬酸盐对铝是一种缓蚀剂。采用二步法，即阳极化膜先在 1.5% 醋酸钴溶液中，在 $35\sim70℃$ 温度下浸渍 $3\sim10min$，然后在

5％重铬酸钠溶液中，在 80℃温度下进行 2～4min 的封闭，可以显著提高膜的防护效果。

对于需要良好耐磨、耐热、绝缘性能的铝（及铝合金）部件，如活塞、汽缸、轴承等，广泛使用硬质阳极化处理。硬质阳极化常用浓度较低的硫酸溶液，在较低温度（0℃左右）和较高阳极电流密度（3～5A/dm²）下进行，这样可获得硬度很高的阳极化膜。图 12-41 为铝的阳极化膜结构。

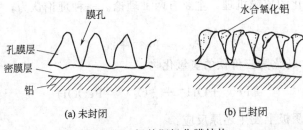

图 12-41　铝的阳极化膜结构

瓷质阳极化处理可以得到具有瓷釉般光泽的乳白色氧化膜，且膜的硬度高，耐磨性、耐蚀性好，因此广泛用于仪表和电子仪器上高精度零件表面的防护以及日用品的装饰处理。瓷质阳极化通常采用铬酸-硼酸混合溶液或铬酸-硼酸-草酸混合溶液。

除铝及铝合金外，镁合金、铜和铜合金、钛等也可以进行阳极化处理。

12.3.4.3　钢铁的化学氧化

将钢铁部件放入选定的溶液中，使铁和介质发生化学反应，生成一层致密的氧化物膜（成分为磁性氧化铁 Fe_3O_4）。这种方法在工厂中叫做"发蓝"或"煮黑"。这是因为钢铁表面生成氧化膜后呈现出一种特殊的氧化色。

钢铁的化学氧化有碱性法和酸性法，工业上广泛采用的是碱性化学氧化法，即将工件浸入含有亚硝酸钠和硝酸钠的氢氧化钠浓溶液中进行处理。碱性氧化法的优点是不会造成钢件氢脆问题。

表 12-17 是碱性法化学氧化的两种溶液配方和工艺条件，碱的浓度和溶液温度对膜厚和膜的质量有决定性影响。钢的化学组成（特别是含碳量）也是一个重要因素，含碳量低的钢和合金钢应在较高温度下进行较长时间的处理。

表 12-17　碱性化学氧化的配方和工艺条件

项　　目	配方 1	配方 2
NaOH/(g/L)	550～650	700～800
NaNO₃/(g/L)		200～250
NaNO₂/(g/L)	150～200	50～70
温度/℃	135～145	138～145
氧化时间/min	40～120	40～120

采用两步法，如表 12-18 所示，即首先在温度和浓度较低的槽液中处理短时间，然后转入温度较高浓度较大的槽液处理，可以得到较厚的氧化膜，而且膜层致密，不产生红色挂灰。表 12-17 是其配方和操作条件。

表 12-18　两步法化学氧化

项　　目	第 1 槽	第 2 槽
NaOH/(g/L)	550～650	700～840
NaNO₂/(g/L)	100～150	150～200
温度/℃	130～135	140～150
时间/min	15	45～60

化学氧化形成的膜很薄（具有蓝黑色或黑色且带光泽的致密膜的合适厚度为 $0.6\sim$ $0.8\mu m$），其耐蚀性很低，为了提高膜的防护性能，在化学氧化后还需进行补充处理。首先在 $3\%\sim5\%$ 的肥皂水中在 $80\sim90℃$ 温度下浸渍 $1\sim2min$，或者在 $3\%\sim5\%$ 的重铬酸钾溶液中在 $90\sim95℃$ 温度下处理 $10\sim15min$；洗涤，干燥以后，在 $105\sim110℃$ 的机油（或锭子油、变压器油）中浸涂 $5\sim10min$。

碱性溶液化学氧化的成膜机理，主要有两种理论。一种理论认为，首先是铁的阳极溶解反应：

$$Fe = Fe^{2+} + 2e$$

氧化剂的存在使 Fe^{2+} 转化为三价铁的氢氧化物：

$$Fe^{2+} + OH^- + \frac{1}{2}O_2 = FeOOH$$

这一氢氧化物又可在阴极上发生还原反应：

$$FeOOH + e = HFeO_2^-$$

$FeOOH$ 和 $HFeO_2^-$ 发生中和反应，并在一定温度下脱水，生成 Fe_3O_4：

$$2FeOOH + HFeO_2^- = Fe_3O_4 + OH^- + H_2O$$

另外，氢氧化亚铁可部分氧化为 Fe_3O_4：

$$3Fe(OH)_2 + \frac{1}{2}O_2 = Fe_3O_4 + 3H_2O$$

另一种理论认为，在有氧化剂的浓碱溶液中，铁与之反应生成亚铁酸钠：

$$Fe + [O] + 2NaOH = Na_2FeO_2 + H_2O$$

并进一步氧化为铁酸钠：

$$8Na_2FeO_2 + NaNO_3 + 6H_2O = 4Na_2Fe_2O_4 + NH_3 + 9NaOH$$

铁酸钠与亚铁酸钠反应生成 Fe_3O_4：

$$Na_2FeO_2 + Na_2Fe_2O_4 + 2H_2O = Fe_3O_4 + 4NaOH$$

Fe_3O_4 溶解度很小，当浓度达到饱和，从溶液中结晶析出，附着在钢铁表面形成氧化膜层。

碱性化学氧化法的缺点有：高温浓碱溶液产生刺激性气味使工作环境恶劣，高温加热消耗能源，近些年已开发了一些常温化学氧化工艺技术。

铜及其合金、铝合金、镁合金也可以进行化学氧化处理。

12.3.4.4　铬酸盐处理

将金属浸入以铬酸、碱金属的铬酸盐（或重铬酸盐）为基本成分的溶液中，使金属表面生成铬酸盐转化膜，叫做铬酸盐处理。铬酸盐处理可以应用于锌、镉、铝、镁、银、铜等金属或镀层。下面介绍广泛应用的锌镀层铬酸盐处理，在电镀文献中这种处理称为钝化。

锌镀层铬酸盐处理溶液的种类很多，但其主要成分都是六价铬化合物（铬酸、碱金属的铬酸盐或重铬酸盐）和活化剂。有的溶液中还加入了其他一些组分，以改善铬酸盐转化膜的某些性质（光亮度、硬度等）。

由铬酐和硫酸（作为活化剂）为主要成分的处理溶液在镀锌生产中得到广泛应用。一般在溶液中还加入硝酸，其作用是整平，使膜层具有光泽。表 12-19 是这种处理溶液的配方和操作条件（用这种溶液进行铬酸盐处理，在电镀文献中称为"三酸钝化"，可获得彩虹色外观）。

表 12-19　锌镀层的一种铬酸盐处理工艺

溶 液 组 成		操 作 条 件	
CrO_3	200	温度	室温
H_2SO_4	10	时间	$5\sim15$
HNO_3	30		

锌在铬酸盐处理中表面形成铬酸盐转化膜，包括以下三种过程。

① 锌发生氧化反应，以离子形式进入溶液，同时有氢析出。

$$Zn + 2H^+ === Zn^{2+} + H_2 \uparrow$$

② 析出的氢使一定量的六价铬还原为三价铬，并由于金属与溶液界面附近液相区 pH 值升高，三价铬便以氢氧化铬胶体形式沉积出来。

$$3H_2 + HCr_2O_7^{2-} === 2Cr(OH)_3 + OH^-$$

$$HCr_2O_7^{2-} + OH^- === CrO_4^{2-} + 2H^+$$

③ 氢氧化铬胶体自溶液中吸附和结合一定数量的六价铬，构成具有某种组成的转化膜。对转化膜组成的分析表明，膜是由三价铬化合物和六价铬化合物组成，包括碱式铬酸铬 $Cr(OH)_3 \cdot Cr(OH) \cdot CrO_4$、铬酸锌、氢氧化铬等。不溶性的三价铬化合物构成膜的骨架，使膜具有一定厚度和良好的机械强度；可溶性的六价铬化合物分散在膜内部，起填充作用。

锌镀层经铬酸盐处理后耐蚀性大大提高，对基底钢材的保护性能亦大大增强。在盐雾试验中锌腐蚀（生成白锈）的时间，钢材腐蚀（生成黄锈）的时间都大大增长。锌镀层铬酸盐处理在电镀文献中称为"钝化"，但这并不是严格意义上的钝化，因为实验表明，经过处理的锌镀层和未经处理的锌镀层在相同温度的硫酸锌溶液中的稳定电位几乎没有差别。

那么铬酸盐转化膜使锌镀层防护性能提高的原因何在。一般认为有两个方面，一是铬酸盐处理使锌镀层表面形成了致密的表面膜，提高了隔离腐蚀介质的能力；二是可溶性的六价铬化合物在膜被局部损伤的部位产生的自愈作用。

图 12-42 是未经铬酸盐处理的锌和处理过的锌在两种溶液中的极化曲线，可见在无氯离子的缓冲溶液中铬酸盐膜主要是增加了阴极反应（析氢）的阻力；而在人造海水中，铬酸盐膜的作用是使阳极反应受到阻滞（膜孔被碱性腐蚀产物堵塞）。所以，铬酸盐的防护机理应当视腐蚀环境的具体条件才能确定。

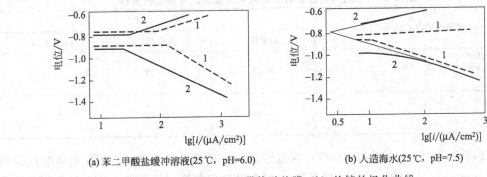

(a) 苯二甲酸盐缓冲溶液(25℃，pH=6.0)　(b) 人造海水(25℃，pH=7.5)

图 12-42　无膜 (a) 和带铬酸盐膜 (b) 的锌的极化曲线

12.3.4.5　钢铁的磷酸盐处理（磷化）

将金属浸入含有磷酸和可溶性磷酸盐的稀溶液中进行处理（或采用喷淋方法），使金属表面上生成一层不溶性的，附着良好的磷酸盐膜，叫做磷酸盐处理，或简称磷化。

磷化处理的目的有以下几方面。

① 磷酸盐膜对涂料有良好的吸附能力，因此可作为涂料的底层，以增强涂料与金属的结合力。由磷酸盐膜与涂料组成的防护系统对钢铁有很好的保护作用（比单独使用涂料高得多）。

② 钢材经过磷化处理后进行冷变形加工（拉管、拉丝、挤压）可以更容易进行，使效率提高。摩擦件进行磷化处理可以降低表面磨耗。如果磷化处理后再浸渍油类或皂类润滑物质，效果更能大大提高。

③ 磷化处理后经过封孔（在铬酸盐溶液中钝化或浸油），可作为金属部件的防护性覆

层。由于磷酸盐膜很薄，不会影响部件的形状和尺寸。

磷化处理可以适用于钢铁、铝、锌等，以钢铁磷化处理最为常用。下面介绍钢铁的磷化。

钢铁磷化处理可分为两类：一类使用碱金属的磷酸二氢盐（如磷酸二氢钠）溶液，并加入适量的加速剂和其他添加剂。钢铁表面上形成由基底金属自身转化生成的磷酸盐和氧化物组成的膜。按本段开始时的定义，这属于真正的化学转化膜，称为转化型磷酸盐膜。另一类使用含游离磷酸和加速剂的重金属（锌、锰、铁）磷酸二氢盐溶液，钢铁表面上得到的是由重金属的磷酸一氢盐或正磷酸盐组成的膜。可称之为假转化膜（或准转化型磷化）。

（1）转化型磷化　表 12-20 是转化型磷化处理所用的两种溶液组成及工艺条件。磷酸盐膜的形成过程包括铁的溶解并与溶液中的 PO_4^{3-} 反应生成磷酸铁，$H_2PO_4^-$ 转变为 HPO_4^{2-}，析出的氢与氧反应生成水，总反应式可写成：

$$4Fe + 4NaH_2PO_4 + 3O_2 \Longrightarrow 2FePO_4 + Fe_2O_3 + 2NaHPO_4 + H_2O$$

表 12-20　转化型磷化溶液组成及工作条件

序　号	1	2	3	4
组成/(g/L)				
草酸	5	5	20	20
磷酸	10 或 15	10		
草酸钠	4	4	4	4
磷酸二氢钠	10		10	10
氯酸钠	5		12	
硝酸钠		5		12
亚硝酸钠		0.6		0.6
工作条件				
温度/℃	20	20 或 50	20	20 或 50
时间/min	5	5	5	5

表 12-21　普通法假转化型磷化的两种溶液配方和工作条件

溶液组成/(g/L)	操作条件		
	总酸度	温度/℃	时间/min
P_2O_2 600～620 Zn 162～168 Cu 0.04	40 点	95～98	45
P_2O_5 394 Mn 90 Cu 0.04	30 点	95～98	40～90

膜由 $FePO_4$ 和 Fe_2O_3 组成，$FePO_4$ 含量达 60%，其结构为无定形，转化型磷酸盐膜很薄，只有 $1\mu m$ 左右（重约 $1g/m^2$，属轻膜）。膜的孔隙率很高（约 2%），因此转化型磷化膜非常适合于作涂料的底层。

（2）假转化型磷化　假转化型磷化处理使用重金属的磷酸二氢盐溶液。常用的有磷酸二氢锰铁混合盐（有的文献中称为"马日夫盐"，其规格为 P_2O_5 46%～52%，Mn＞16%，Fe 0.3%～3%，SO_4^{2-}＜0.004%，水分＜19%，水中不溶物＜5%，CaO＜0.02%，总酸度 25～30 点）、磷酸二氢锌。溶液中还必须有游离磷酸。这类磷化处理工艺的应用最为广泛，表 12-21 列出普通法假转化型磷化的两种溶液配方和工作条件。

形成的磷酸盐膜主要由磷酸二氢盐的水解产物组成，属于晶体型。其基本过程是：溶液中存在如下平衡反应：

$$Zn(H_2PO_4)_2 \Longrightarrow ZnPO_4^- + H_2PO_4^- + 2H^+$$

在微阳极区，$ZnPO_4^-$ 与 Fe 发生反应生成 Fe-Zn 混合磷酸盐，构成极薄的非晶体底层：

$$Fe+2\ ZnPO_4^- \Longrightarrow Fe\ Zn(PO_4)_2+2e$$

在微阴极区，发生还原反应：

$$2H^+ +2e \Longrightarrow H_2$$

或

$$NO_3^- +2H^+ +2e \Longrightarrow NO_2^- +H_2O$$

使阴极区溶液酸度下降，导致生成难溶的磷酸盐晶体：

$$Zn^{2+} +2ZnPO_4^- \Longrightarrow Zn_3(PO_4)_2$$

普通的磷化溶液不含加速剂，可获得最大厚度和防护性能最好的磷酸盐膜。这种厚膜适用于随后浸油的防护系统。由于和漆膜结合力差，不适合于作漆膜的底层。普通法磷化处理的缺点是处理时间长（40～90min），温度高（95～98℃），溶液使用寿命不长。

快速法磷化处理的溶液中含有加速剂，常用加速剂为亚硝酸盐、硝酸盐、氯酸盐等。快速法可获得厚膜（膜重达 20g/m²），也可获得中等膜和薄膜。处理温度可以用中温，也可以用室温。

① 中温磷化。常用磷酸二氢锌溶液，以硝酸盐（如硝酸锌）为加速剂，或硝酸盐与亚硝酸盐组合使用。一种典型配方是：磷酸二氢锌 30～40g/L，硝酸锌 80～100g/L，总酸度 60～80 点，游离酸度 5～7.5 点。操作条件为：温度 60～70℃，时间 15～20min。

② 室温磷化。为了能在室温下形成磷酸盐膜，需使用强效加速剂，为了使游离酸度保持稳定，还加入缓冲剂（如氟化钠）。一种典型配方是：磷酸二氢锌 60～70g/L，硝酸锌 60～80g/L，氧化锌 4～8g/L，氟化钠 3～4.5g/L，总酸度 70～90 点，游离酸度 3～4 点。操作条件：温度 20～30℃，时间 30～45min。

磷化前的表面处理十分重要，最后采用机械法（如喷砂）进行表面清净处理。当使用强酸（盐酸、硫酸）除锈，强碱溶液除油后，最好安排表面活化处理，以增加表面活性中心数目，提高表面能量，这样有利于得到结晶均匀细致的磷酸盐膜。

12.3.5　金属表面清净处理

12.3.5.1　表面清净处理的目的和要求

金属设备在进行覆盖层保护的施工之前，表面必须进行预处理，以保证覆盖层的完整、均匀、与基体结合牢固，预处理的质量对覆盖层的质量和保护效果有重大影响。

预处理的要求是：

(1) 金属表面应除尽氧化皮、锈层、油污及其他附着物。处理后的金属表面应清净、干燥，不能被其他物质污染。

(2) 金属表面应显示出均匀一致的金属本色，具有需要的粗糙程度，不同的覆盖层施工方法对表面粗糙度的要求亦不一样。如涂漆、玻璃衬里、金属喷涂，要求设备表面有适当粗糙度以提高结合力，而电镀则要求工件表面光滑平整。

12.3.5.2　表面清净处理方法

(1) 除油　方法有：有机溶剂除油、碱溶液除油、电化学除油、水基清洗剂除油。

① 有机溶剂除油：利用有机溶剂（汽油、甲苯、三氯乙烯等）溶解油脂的能力除去设备或部件表面油污。有机溶剂除油速度快，但不彻底，故用于油污严重时的初步除油，再用化学除油补充。有机溶剂中汽油、苯等易燃，三氯乙烯、四氯乙烯等剧毒，使用中应注意安全。另外，汽油是重要的能源物质。

② 化学除油：在碱溶液中利用乳化作用和皂化作用除去金属表面油污。表 12-22 是一种配方及工艺条件。NaOH 和动植物油发生皂化反应，生成溶于水的肥皂和甘油，碳酸钠和磷酸钠起稳定除油溶液碱度和改善除油效果的作用。但皂化作用不能除去矿物油（非皂化

油）。配方中的硅酸钠和 OP 乳化剂发挥乳化作用，将金属表面油膜变为细小油珠，成为乳状液，从而达到除油目的。

表 12-22 钢铁工件化学除油的一种配方及工艺条件

配方及工艺条件	指 标	配方及工艺条件	指 标
NaOH/(g/L)	30～40	OP 乳化剂/(g/L)	1～2
Na_2CO_3/(g/L)	30～40	温度/℃	80～90
$Na_3PO_4 \cdot 12H_2O$/(g/L)	30～40	时间	洗净为止
Na_2SiO_3/(g/L)	5		

③ 电化学除油：溶液组成和化学除油大体相同，但碱含量较低，工件作为阴极或阳极，通以极化电流。电化学除油速度快，效果好，不需要加热，但阴极除油可能引起工件渗氢，阳极除油可造成某些金属腐蚀，故生产中常将阴极除油和阳极除油联合使用。

④ 水基清洗剂除油：水基清洗剂以水为溶剂，主要成分是表面活性剂，再配以助洗剂、缓蚀剂、稳定剂等辅助成分。

表面活性剂分子中含有极性基团和非极性基团。极性基团是亲水的，非极性基团是亲油的。亲水基和亲油基的相对强度用亲水亲油平衡值（HLB 值）表示。HLB 值大表示极性基团亲水性强。作为清洗剂的表面活性剂的 HLB 值在 13～15 范围。

根据极性基团在水溶液中的电离情况可将表面活性剂分为阳离子型、阴离子型和非离子型。在水基清洗剂中主要使用阴离子型表面活性剂和非离子型表面活性剂。前者如十二烷基苯磺酸钠（ R ⬡ SO₃Na ，式中 R 表示十二烷基）；后者如高级醇聚氧乙烯醚（俗称平平加）和烷基酚聚氧乙烯醚（俗称 OP），其分子式分别为：$RO(CH_2CH_2O)nH$, R ⬡ O (CH₂CH₂O)nH 。

由于表面活性剂具有双亲结构，亲水端在油中不稳定，而亲油端在水中不稳定，当表面活性剂浓度较低时，表面活性剂分子主要在水-气、水-油和水-金属界面上定向吸附，使水的表面张力和界面张力降低，当表面活性剂浓度超过某个临界浓度，表面层中的表面活性剂分子达到饱和，而水相中的表面活性剂分子则形成胶束。

表面活性剂使水的表面张力和界面张力大大降低，因此通过润湿作用和渗透作用，使金属表面的油膜和污垢卷离，形成细小的油珠和微粒。表面活性剂分子吸附在这些油珠和微粒上，使它们不能重新聚集，这就是表面活性剂的乳化作用和分散作用。一部分油可溶解在表面活性剂胶束中（增溶作用）。这样，就达到了消除金属表面油污的目的。

水基清洗剂种类多，清除油污效果好，节约能源，具有很大的优越性，现已得到很快的发展。

（2）除锈 方法包括：手工和动力工具除锈、喷射或抛射除锈、化学除锈（酸洗）、火焰除锈。

① 手工和动力工具除锈：采用钢丝刷、铲刀、废砂轮、砂布用手工方式除去金属表面锈层和氧化皮，或者用手提式砂轮机除去金属表面锈层和氧化皮。这种方法一般用在工件和设备表面积小，或不能使用其他除锈方法的场合。

② 喷射和抛射除锈：前者如喷砂除锈，后者如抛丸除锈。喷砂除锈是一种广泛使用的除锈方法。用压缩空气带动砂粒，通过专门的喷嘴高速喷射到金属设备表面，借助砂粒棱角对金属表面的冲击和摩擦，以除去表面锈层和污物，并使表面粗化，喷砂除锈效果好，可使基体露出金属本色。

为了克服干法喷砂粉尘大、污染工作环境的缺点，一是发展湿法喷砂，在砂粒中加入一定量的水和缓蚀剂，使之成为砂水混合物，可以减轻粉尘污染，同时也减少了金属的损耗量，使金属表面光滑程度更好。另一种发展是封闭式喷砂，在密闭的喷砂室内进行，使工作环境得到改善。

现在已有小型喷砂设备，可用于设备的现场施工需要。

① 化学除锈：利用酸溶液具有溶解金属氧化物的能力来除去金属表面锈层和氧化皮。反应时放出的氢气对氧化皮还产生机械剥离作用。常用酸洗用酸有盐酸、硫酸、硝酸、氢氟酸以及某些有机酸。酸的选取要根据金属性质和锈层种类和结构，酸洗液中需加入高效缓蚀剂。

② 火焰除锈：用喷灯火焰清除金属表面污物。

12.3.5.3 表面处理的等级

HGJ34—90 化工设备、管道外防腐设计规定对表面处理等级作了如下规定。

（1）喷射和抛射除锈（Sa 级）

Sa1 级：设备、管道和钢结构表面应无可见的油脂和污垢，并且没有附着不平的氧化皮、铁锈和油漆等附着物。

Sa2 级：设备、管道和钢结构表面应无可见的油脂和污垢，并且氧化皮、铁锈和油漆涂层等附着物已基本清除，其残留物应是附着牢固的。

Sa2 $\frac{1}{2}$ 级：设备、管道和钢结构表面应无可见的油脂、污垢、氧化皮、铁锈和油漆涂层等附着物，任何残留的痕迹仅是点状或条纹状的轻微色斑。

Sa3 级：设备、管道和钢结构表面应无可见的油脂、污垢、氧化皮、铁锈和油漆涂层等附着物，表面显露出均匀的金属光泽。

（2）手工和动力工具除锈（St 级）

St2 级：设备、管道和钢结构表面应无可见的油脂和污垢，并且没有附着不牢的氧化皮、铁锈和油漆涂层等附着物。

St3 级：设备、管道和钢结构表面应无可见的油脂和污垢，并且没有附着不牢的氧化皮，铁锈和油漆涂层等附着物。除锈应比 St2 级更彻底，底材显露部分的表面应具有金属光泽。

（3）火焰除锈（F 级）

F1 级：设备、管道和钢结构应无氧化皮，铁锈和油漆涂层等附着物，任何残留的痕迹应仅为表面变色（不同颜色的暗影）。

（4）化学除锈（Be 级）

Be 级：设备、管道和钢结构表面应无可见的油脂和污垢，酸洗未尽的氧化皮，铁锈和油漆涂层的个别残留点，允许用手工或机械方法除去，最终表面应是显露金属原貌，无再度锈蚀。

当设备，管道和钢结构表面使用涂料保护时，对于橡胶类、乙烯类、聚氨酯类、富锌类、环氧类、生漆及漆酚类、有机硅类等涂料，表面处理要求达到 Sa2 $\frac{1}{2}$ 级或 Be 级。对油基防锈类、醇酸酚醛类涂料，表面处理要求达到 Sa1 级或 St2 级。对沥青类涂料，当使用耐酸沥青底漆时，表面处理要达到 Sa2 $\frac{1}{2}$ 级或 Be 级，当使用油基防锈类底漆时表面处理要求为 Sa2 级、F1 级或 St3 级。

思 考 题

1. 为什么钝化剂加入剂量不足可能导致腐蚀加速或者发生孔蚀？这个问题与阳极保护有何相似之处？是否所有钝化剂都存在这个问题？

2. 为什么硫酸锌既属于阴极性缓蚀剂又属于沉淀型缓蚀剂？

3. 实验表明，在合成氨生产的热钾碱脱碳溶液中，V^{5+} 的缓蚀作用是促进碳钢钝化。画出未加缓蚀剂体系和加缓蚀剂体系的阳极极化曲线。

4. 电镀和阴极保护都必须考虑分散能力，二者的分散能力有哪些相同处，哪些不同处？

习　题

1. 已知铁在海水中的腐蚀速度为 $0.11g/m^2 \cdot h$，假定所有的腐蚀都是由氧去极化引起。为了达到完全的阴极保护，至少需要通入多大的阴极极化电流密度？

2. 对海水（pH＝7.5，含氧量 5.2mL/L，温度20℃）中的钢管实施阴极保护，保护面积 $6m^2$。如果取铁的阳极氧化反应的平衡电位为保护电位，那么每小时从钢管表面将析出多少毫升的氢气？所需保护电流为多少安培？

如果阳极反应平衡电位按 Fe^{2+} 活度为 $10^{-6}mol/L$ 计算，那么保护电流需要多少安培？已知扩散层厚度取 $5 \times 10^{-3}cm$。

3. 表面积 $10cm^2$ 的碳钢试样浸泡在 2% 硫酸溶液中，经过 20h，量得放出氢气 8mL（25℃），计算碳钢试样的腐蚀速度 V_p。

如果在溶液中放入一块锌，与碳钢试样连接起来，经过 20h，量得从碳钢试样表面放出氢气 15.5mL（25℃），同时测得锌块失重量为 0.039g。假定锌表面不析氢，求受到阴极保护的碳钢试样的腐蚀速度 V'_p，以及碳钢试样得到的保护度 η。

4. 用镁阳极保护埋地碳钢管道，碳钢管道尺寸为 $\phi254 \times 3(mm)$，长 700m（两端绝缘），表面沥青绝缘层较差，每平方米电阻 $R'_n＝300\Omega \cdot m^2$。镁阳极发生电流量取 96mA，质量 11kg。

（1）将镁阳极埋置于管道中点。为了使管道两端的电位达到保护电位，即 $E_{min}＝0.3V$，需要多少个阳极？对两端绝缘的有限长管道，电位分布公式：$E(x)＝E_{max} \exp(-ax)$，式中，E_{max} 为汇流点的偏移电位；a 为衰减系数。多个阳极并联时，总的发生电流量：$I_总＝kI$。其中 k 为并联阳极调整系数，当阳极间距取 1.5m 时，其 k 值见表1。

表 1　并联阳极调整系数

阳极数量	2	3	4	5	6	7	8	9	10
k	1.839	2.455	3.036	3.589	4.125	4.625	5.152	5.670	6.161

（2）求镁阳极的寿命　阳极寿命用下式计算：

$$T＝(KGg_i\eta)/(8760I)$$

式中，K 为阳极利用率，取 0.75；G 为阳极总质量，单位 kg；g_i 为阳极理论发生电量，单位 A·h/kg；η 为阳极电流效率，对镁阳极，取 45%；I 为总发生电流，单位 A。计算出寿命的单位为年。

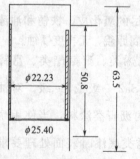

图 1　测喷涂层气
孔率的试样

5. 为了测定热喷涂层的气孔率，常采用图1所示的试样。在开有凹槽的钢圆柱上喷涂，然后将多余的喷涂层除去，使其尺寸精确地和原来的圆柱的直径相同。在喷涂前将试样称重，就可以得出喷涂层密度 ρ，由下式确定气孔率 η：

$$\eta＝(1-\frac{\rho}{\rho_0}) \times 100\%$$

式中，ρ_0 是喷涂层材料的密度。

现用该试样喷铝，喷前试样质量 205.2775g；喷后经过尺寸加工，质量为 219.4344g。计算喷涂层气孔率。

第 13 章 金属在某些环境中的腐蚀与防护

13.1 大气腐蚀与防锈

13.1.1 大气的腐蚀性

13.1.1.1 大气的主要成分

大气主要成分基本不变。氧的含量约 23％（质量分数），是大量的也是主要的腐蚀剂，直接参与金属的腐蚀反应。水以水蒸气形式存在，水蒸气含量常用相对湿度表示，即空气中水蒸气含量与同温度下饱和水蒸气含量的比值的百分数。相对湿度 100％表示水蒸气达到饱和。当相对湿度比较高时，金属表面将形成水膜。实验表明，空气的相对湿度对金属的大气腐蚀有重要的影响。表 13-1 为大气的近似组成。

表 13-1 大气的近似组成（不包括杂质）

（温度 10℃，压力 100kPa）

成　分	密度/(g/m³)	含量/%(质量分数)	成　分	密度/(g/m³)	含量/×10⁻⁶(质量分数)
空气	1172	100	氖(Ne)	14	12
氮(N_2)	879	75	氪(Kr)	4	3
氧(O_2)	269	23	氦(He)	0.8	0.7
氩(Ar)	15	1.26	氙(Xe)	0.5	0.4
水蒸气	8	0.70	氢(H_2)	0.05	0.04
二氧化碳	0.5	0.04			

13.1.1.2 大气的次要成分（杂质）

大气中杂质的种类和含量随地区不同变化很大，因而使大气的腐蚀性也有很大的变化。农村地区大气中污染物质的含量比城市地区大气中污染物质的含量低得多；而工业地区，特别是冶金、化工厂区大气中污染物质的含量很高。

大气中的杂质主要有以下几种。

① 二氧化硫。大部分来自含硫燃料的燃烧，是工业区主要的大气污染物质。二氧化硫能大大促进金属的大气腐蚀。空气中二氧化硫含量较大时，还会出现酸雨。

② 氨。氨对铜和铜合金可造成强烈腐蚀；另一方面，溶液中含氨使金属可湿性增加，氨主要来自雷雨和氮肥工业。

③ 氯化钠。在沿海地区，大气中含有比较多的盐粒，氯化钠不仅能吸湿，氯离子也是强烈的腐蚀促进剂。

④ 烟尘。包括硅质颗粒、煤烟，它们虽然是惰性的，但能促进金属腐蚀，原因是它们落在金属表面上增加了表面不均匀性，而且吸附二氧化硫和水蒸气，促进酸性电解液形成。

13.1.1.3 金属表面上的水膜对大气腐蚀起着关键性作用

(1) 当空气湿度达到 100％，水蒸气就会从空气中凝结出来，沉积在金属表面上形成水膜，其厚度一般在 $20\sim300\mu m$，肉眼可见。在有雨水或水沫溅落在金属表面上时，水膜厚度可达 1mm。

表 13-2　毛细管半径与水汽冷凝所需相对湿度的关系

毛细管半径/nm	相对湿度/%	毛细管半径/nm	相对湿度/%
36	98	3	70
9.4	90	2.1	60
4.7	80	1.5	50

（2）当空气中的相对湿度低于 100%，金属表面也可能形成水膜，其原因有以下三点。

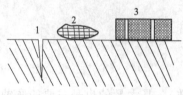

图 13-1　毛细凝聚的可能中心
1—构件中的狭缝或间隙；2—金属表面上的灰尘；3—腐蚀产物中的细孔

① 毛细凝聚：如果金属表面粗糙而不洁净，存在缝隙、涂膜、氧化皮、腐蚀产物、固体烟尘，就在金属表面上形成许许多多的毛细管，促进水蒸气的凝聚作用。毛细管直径越小，发生水蒸气凝聚的相对湿度越低。因此，在这样的金属表面上特别容易保持潮湿状态。表 13-2 为毛细管半径与水汽冷凝所需相对湿度的关系。图 13-1 为毛细凝聚的可能中心。

② 化学凝聚：当金属表面上存在能溶于水的盐类或腐蚀产物时，由于在盐溶液中水的饱和蒸汽压低于在纯水之上水的饱和蒸汽压，所以在空气湿度低于 100%时，水蒸气也能够在金属表面上凝聚。

③ 吸附凝聚：由于水分子与金属表面之间的吸引力，水分子可以吸附在金属表面上。随着空气相对湿度增大，吸附的水分子层数迅速增加。

表 13-3 列出了与饱和盐溶液平衡的空气相对湿度。

表 13-3　与饱和盐溶液平衡的空气相对湿度（20℃）

溶液中的盐	相对湿度/%	溶液中的盐	相对湿度/%
硫酸铜	98	氯化铵	80
碳酸钠	92	氯化钠	76
硫酸亚铁	92	氯化镁	34
硫酸铵	87	氯化钙	32
硫酸钠	93	氯化锌	10

（3）金属表面上形成的水膜并不是纯净的水，其中溶有多种气体，如二氧化碳、二氧化硫、氨、硫化氢等，以及固体物质如氯化钠等，形成电解质溶液，因此，大气腐蚀属于电化学腐蚀范畴。

图 13-2 为洁净的、细磨过的铁表面上吸附水膜厚度与空气相对湿度的关系。

13.1.2　大气腐蚀的特点

13.1.2.1　大气腐蚀速度与金属表面水膜厚度的关系

从图 13-3 中可以看出，当金属表面上水膜极薄（小于 10nm）时，大气腐蚀速度很低（图中区域Ⅰ）。在区域Ⅱ，金属表面形成连续的电解质溶液膜，腐蚀速度随水膜厚度增加而迅速增大。在区域Ⅲ，水膜厚度的增加使氧通过水膜变得困难，腐蚀速度逐渐下降。在区域Ⅳ，水膜厚度远大于金属表面上氧的扩散层厚度，腐蚀速度不再受水膜厚度变化的影响。此时金属的腐蚀与完全浸泡情况就相同。

13.1.2.2　大气腐蚀的三种类型

（1）干的大气腐蚀　当空气十分干燥，金属表面上不存在水膜；或者空气的湿度很小，金属表面上吸附的水膜只有几个分子层（10nm 以下），不能认为是连续的电解液。在这种情况下，金属的腐蚀属于常温氧化。在洁净的大气中，由于表面上生成一层极薄的氧化物膜，金属的腐蚀速度是很低的。在受污染的大气中，铜、银和某些有色金属表面会生成可见的膜，使金属失去光泽，而钢铁表面仍可保持光亮。

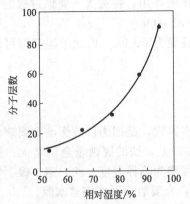

图 13-2　洁净的、细磨过的铁表面上吸附水膜
厚度与空气相对湿度的关系

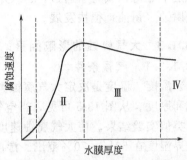

图 13-3　大气腐蚀速度随金属
表面水膜厚度的变化

（2）潮的大气腐蚀　当空气相对湿度较大（但低于 100%），在金属表面上存在肉眼不可见的薄液膜，其厚度在 $10\mu m$ 以下，由于形成连续的电解液膜，开始了电化学腐蚀过程，腐蚀速度比干的大气腐蚀大得多，而且随水膜厚度增加而迅速增大。钢铁在不直接被雨雪淋到的生锈就属于潮的大气腐蚀。潮的大气腐蚀对应图 13-3 中区域Ⅱ。

（3）湿的大气腐蚀　当大气相对湿度接近 100%，或者有雨雪或其他液体直接落在金属表面上，因而金属表面上形成厚度超过几十微米的肉眼可见水膜，就发生这种类型的大气腐蚀，随水膜厚度增加，腐蚀速度逐渐减小。湿的大气腐蚀对应图 13-3 中区域Ⅲ和区域Ⅳ。

13.1.2.3　大气腐蚀的特点

一般所说的大气腐蚀，是指潮的和湿的大气腐蚀。这种在液膜下发生的电化学腐蚀，其本性和完全浸泡条件下的电化学腐蚀是相同的，但大气腐蚀又有自身的特点。

（1）因为液膜很薄，氧通过液膜到达金属表面比通过完全浸泡时的液层到达金属表面要容易得多，这就使氧分子还原反应速度较大，成为主要的阴极过程。即使金属表面的液膜呈酸性，氧分子还原反应仍占阴极过程的主要地位。随着金属表面水膜厚度增加，氧扩散层厚度增大，这就使氧分子还原反应阻力增大，反应速度下降（图 13-4）。

（2）在薄的液膜下阳极反应受到较大阻碍。这是因为氧容易到达金属表面，有利于金属钝化；而阳极反应生成的金属离子水化困难。所以在大气腐蚀条件下，阳极极化在腐蚀过程中占有重要地位。潮的大气腐蚀受阳极极化控制，当金属表面水膜层厚度增加

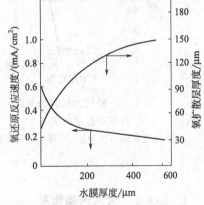

图 13-4　铜表面上水膜（0.1mol/L NaCl）
厚度与氧还原反应速度及
氧扩散层厚度的关系

时，阳极反应的阻力减小，导致金属腐蚀速度增大。湿的大气腐蚀受阴极极化控制，因而腐蚀速度随水膜增厚而降低；但阴极极化的控制程度比全浸条件下吸氧腐蚀的控制程度小。

（3）由于水膜薄，腐蚀过程的产物仍留在水膜中，因此腐蚀产物的性质对大气腐蚀过程有重要影响。可溶性腐蚀产物会促进大气腐蚀，因为它们使水汽更易在金属表面凝聚，而且增加了液膜的导电性。不溶性固体产物如果结构紧密，附着牢固，对金属可起保护作用；如果疏松或易吸水，可能增加大气腐蚀。由于铁的氧化物有几种价态，腐蚀生成的 Fe_2O_3 在

一定条件下（潮湿、氧的通路受阻时）能起阴极去极化剂作用，促进大气腐蚀过程的进行。

$$4Fe_2O_3 + Fe^{2+} + 2e = 3Fe_3O_4$$

而当锈层干燥时，氧易于通过，Fe_3O_4 在氧的作用下转变为 Fe_2O_3。因此干湿交替可使钢铁的大气腐蚀（锈蚀）很快发展。

13.1.3　大气腐蚀的影响因素

13.1.3.1　气候条件

（1）湿度　湿度是决定大气腐蚀类型和速度的基本因素，是因为湿度影响金属表面水膜的形成和厚度。从图 13-5 可见，当空气湿度达到 60% 以上，铁的腐蚀量急剧增大，其他金属也有类似实验结果。使大气腐蚀速度急剧增大的湿度称为临界湿度。铁、铜、镍、锌等金属的临界湿度在 50%～70% 范围。湿度超过临界湿度，金属表面形成完整水膜。

（2）降水量　降水既有促进腐蚀的一面（使金属表面变湿，冲掉保护性的腐蚀产物），又有减轻腐蚀的一面（冲去金属表面盐粒、灰尘和其他腐蚀性物质）。

（3）温度　平均气温高的地区大气腐蚀较严重。气温变化导致的温差（昼夜温差、室内外温差）使金属表面结露，也有加速腐蚀的作用。

（4）日照量　日照量大的地区往往昼夜温差大，容易造成结露，形成干湿交替条件。阳光中的紫外线能使有机涂料变质，降低保护性能。

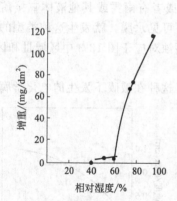

图 13-5　铁的大气腐蚀速度
与相对湿度的关系

（大气中含 0.01% SO_2，暴露 55d 的结果）

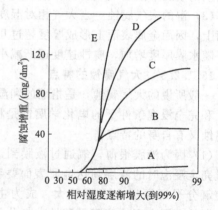

图 13-6　杂质对抛光钢试样
大气腐蚀速度的影响

试验条件：A—纯净空气；B—含硫铵颗粒，无 SO_2；
C—含 0.01% SO_2，无颗粒；D—硫铵颗粒 +
0.01% SO_2；E—烟尘颗粒 + 0.01% SO_2

13.1.3.2　大气污染物质

（1）SO_2　从图 13-6 可见，SO_2 能强烈促进钢铁的大气腐蚀，关于 SO_2 的作用历程，文献中有两种说法。

① 酸的再生循环。

$$Fe + SO_2 + O_2 = FeSO_4$$

$$4FeSO_4 + O_2 + 6H_2O = 4FeOOH + 4H_2SO_4$$

$$4H_2SO_4 + 4Fe + 2O_2 = 4FeSO_4 + 4H_2O$$

这样，一个分子的 SO_2 可导致生成许多分子的铁锈。实验表明，除去 $FeSO_4$ 使循环中止，可使腐蚀速度降低。

② 电化学循环。在钢铁表面生成一层孔隙中渗透有 $FeSO_4$ 溶液的 Fe_3O_4，其外面是一

层颗粒间存在空气的 FeOOH。

Fe 和 Fe_3O_4 的界面 xx' 作为阳极，发生 Fe 的氧化反应：

$$Fe = Fe^{2+} + 2e$$

Fe_3O_4 和 FeOOH 的界面 yy' 作为阴极，发生如下反应：

$$8FeOOH + Fe^{2+} + 2e = 3Fe_3O_4 + 4H_2O$$

$$3Fe_3O_4 + 0.75O_2 + 4.5H_2O = 9FeOOH$$

Fe_3O_4 和 $FeSO_4$ 溶液分别提供电子传导和离子传导，当钢中含少量铜时，由于生成微溶的碱式硫酸铜，电解质通路的阻力大大增加，钢的大气腐蚀速度降低。大气腐蚀的电化学结构见图 13-7。

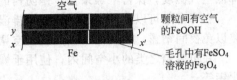

（2）盐粒　溶解于金属表面水膜，增加吸湿性和导电性，氯离子还具有强腐蚀性，离海岸越远，空气中盐粒越少，钢铁大气腐蚀减轻。

图 13-7　大气腐蚀的电化学结构

（3）烟尘　烟尘落在金属表面，能吸附腐蚀性物质（如炭粒），或者在金属表面上形成缝隙，增加水汽凝聚（如硅质颗粒）。

大气腐蚀受多种因素影响。对一种金属材料，通过大气曝晒试验，可以总结出一些经验公式，有的公式包含了 20 多种影响因素。下面是 1 个例子，表达了碳钢的大气腐蚀速度与气候因素和主要大气污染物的关系。

碳钢腐蚀速度 $[g/(m^2 \cdot h)] = 0.002017 \times (气温,℃) + 0.002921 \times (湿度,\%) +$
$\qquad 0.0003125 \times (海盐粒子量,\mu L/L) + 8.202 \times$
$\qquad [SO_2 量,g/(m^2 \cdot h)] - 0.0000916 \times (降水量,mm) - 0.2195$

13.1.4　防锈

13.1.4.1　各种金属耐大气腐蚀性能

普通碳钢在潮湿和污染大气中很容易生锈，必须使用油漆涂料之类的覆盖层进行保护。某些低合金钢有良好的耐大气腐蚀性能，其中有效的合金元素是铜、磷、铬、镍。在工业大气中这类低合金钢耐蚀性突出，其原因是生成了一层有良好保护作用的锈层。在洁净大气中不锈钢腐蚀速度很低，且能保持光亮的外表。在室内，含铬低的马氏体钢（如 Cr13）已可满足要求；在室外，则需使用铬镍奥氏体类不锈钢。当大气污染严重时，不含钼的奥氏体不锈钢也会产生锈点。有色金属铝、铜、铅、锌有良好耐大气腐蚀性能，但当存在污染物质时，腐蚀速度增大，或者可造成局部腐蚀。铝对 SO_2 和氯化物很敏感，当大气中含氨时，铜和铜合金易发生应力腐蚀破裂。铝在工业大气中很稳定，而镍对海洋性大气极为耐蚀。表 13-4 列出部分金属的大气腐蚀速度。

表 13-4　部分金属的大气腐蚀速度（mm/a）

金　属	工业大气	海洋大气	农村大气
铝	0.813	0.711	0.0254
铜	1.19	1.32	0.584
铅	0.432	0.406	0.483
锡	1.19	2.31	0.457
镍	3.25	0.102	0.152
锌(99.9%)	5.13	1.60	0.864
锌(99.0%)	4.90	1.75	1.07
碳钢	9.65	—	—
低合金钢(0.4Cu,1.1Cr,0.016P)	1.02	—	—

13.1.4.2　涂料和金属镀层

（1）对于机器设备和管道的外表面，构件和建筑物，最常用的防锈方法是油漆涂料覆盖层。化工大气防腐蚀涂料包括各色环氧树脂漆，各种过氯乙烯漆、各色乙烯漆、有机硅耐热漆、铝粉漆、各色聚氨酯漆等。近些年，氯磺化聚乙烯漆也得到广泛应用。

（2）金属镀层用得较多的是钢管和部件镀锌、镀镉和镀铬。

13.1.4.3　金属制品在加工、贮存和运输中的防锈

（1）降低空气湿度　在贮存金属部件、设备和制品的有限空间（如包装箱、库房）内，降低空气湿度，保持干燥条件，是防锈的有效措施。

在库房中可以利用自然环境通风排湿，加热空气（如安装暖气）降低湿度，减小昼夜温差以免夜间结露，以及使用去湿机、空调机等设备来保持空气干燥。

在包装箱之类的小空间内，使用干燥剂吸收水分是常用方法，如硅胶、活性氧化铝、氯化钙等。

将金属部件或制品放入密闭容器（金属或非金属容器）内，充入干燥氮气或干燥空气进行封存，可造成一个不生锈的环境条件。这种环境封存是十分经济而可靠的防锈技术。

保持机器设备外表面干燥清洁，有利于减少水分凝聚，也是有效的防锈方法。

（2）暂时性防锈层　所谓"暂时"并不是指时间短，而是指金属制品在连续加工或使用时可以顺利地将防锈材料除去。

① 防锈水。以水为基体，加入一定量的水溶性缓蚀剂组成，主要用于加工工序间短期防锈。

② 防锈切削液。金属部件加工时起冷却、润滑、洗涤和防锈作用，对保证加工质量、提高工作效率十分重要。

③ 防锈油和防锈脂。以矿物油（脂）为基础油，加入油溶性缓蚀剂和其他辅助添加剂组成。这是金属部件和制品在贮存和运输过程中广泛使用的防锈材料。优点是适应性广，防锈可靠，成本低。常用的油溶性缓蚀剂有石油磺酸钡、硬脂酸铝、环烷酸锌、羊毛脂、苯并三氮唑等。油溶性缓蚀剂分子中含有极性基团和非极性基团。防锈油涂覆到金属表面上以后，缓蚀剂极性基团吸附在金属表面，非极性基团溶入油中形成油-金属界面上的定向吸附，构成阻挡层，从而起到抑制金属腐蚀的作用。基础油除了作为油溶性缓蚀剂的载体，还能使吸附膜的保护作用得到加强。辅助添加剂包括抗氧剂、消泡剂、降凝剂、助溶剂等。表13-5列出了几种防锈油的配方及使用。

表 13-5　几种防锈油（脂）的配方及使用

名　称	配　方		使　用
903 （FZ-4） 防锈脂	石油磺酸钡 司盘-80 工业凡士林	10% 4.5% 85.5%	轴承、工具、机械室内封存防锈（热涂型）
特封-24 薄层 防锈油	苯并三氮唑 石油磺酸钡 环烷酸锌 羊毛脂 磷酸三丁酯 22 号透平油	0.3% 5% 1% 2% 2% 余量	钢、铜及其合金，镀锌层，镀镉层，法兰件，硅钢片，铝等组合件制成的仪器、仪表的库存及长期封存
662-B 防锈油	石油磺酸钡 氧化石油脂 苯甲酸丁酯 变压器油	2% 1% 1% 余量	精密仪表、轴承的防锈封存

金属部件经过清洗，用刷、喷、浸等方法进行油封。涂油后用包装纸或塑料薄膜、铝型薄膜包装起来。在使用前须将防锈油洗掉。

为了适应各种用途的要求，防锈油可分为防锈脂、防锈油、防锈润滑两用油、溶剂稀释型防锈油、人汗置换型防锈油、气相防锈油几个大类，每类又有许多牌号，使用时要注意选择。

④ 防锈塑料。以塑料为主体的成膜防锈材料。塑料薄膜将金属制品和腐蚀环境隔离，并从塑料膜层中挥发或渗透防锈剂到金属表面达到完全防锈的目的。

防锈塑料薄膜是把一种气相防锈剂添加或涂布于塑料载体而成的薄膜型防锈材料。用这种塑料薄膜焊成袋子，可以代替"涂防锈油（脂）-包纸-装塑料袋"这种形式，或代替"包气相防锈纸-装塑料袋"这种形式。

热熔性可剥性塑料由主要成膜物质（母体材料）和辅助成膜物质（树脂），以及增塑剂、稳定剂、润滑剂、缓蚀剂组成。使用时先将金属制品表面清洗干净，浸入预先熔融的塑料槽中，取出滴净余料，就得到均匀透明的塑料覆层，厚度约 $1\sim2\text{mm}$。

溶剂型可剥性塑料的组成与热熔型可剥塑料大体相同，只是还有大量溶剂。溶剂的选择需使成膜物质在溶剂中的溶解度和溶剂的挥发速度能很好配合。使用时先将金属制品表面洗净，浸入塑料溶液中，取出悬挂在干燥通风处，待溶剂挥发再进行第二次浸涂。直到达到要求厚度（$0.2\sim1\text{mm}$），溶剂型可剥性塑料也可采用喷涂或刷涂方法涂覆。

可剥性塑料的优点是操作干净，启封方便，防锈期长。塑料剥除后可以回收重新利用。

⑤ 气相缓蚀剂（简记为 VPI 或 VCI）。这类缓蚀剂有较大的蒸气压（表 13-6），挥发的气体充满包装空间，吸附在金属制品表面上，甚至于空隙和狭缝中，达到抑制金属腐蚀的目的。气相缓蚀剂对形状复杂的部件或组合件，也可以有效地发挥保护作用。其使用方便，防锈时间长，干净美观，启封后不需要清洗。

表 13-6　几种气相缓蚀剂的蒸气压

气相缓蚀剂	蒸 气 压	气相缓蚀剂	蒸 气 压
亚硝酸二环己胺	0.0532(32℃)	苯并三氮唑	5.32(30℃)
碳酸环己胺	266(28℃)	乌洛托品	5.32(30℃)

气相缓蚀剂分子中必须有起缓蚀作用的基团，如钢铁气相缓蚀剂亚硝酸二环己胺、碳酸环己胺，挥发到达金属表面后，在金属表面液膜中发生水解，生成起缓蚀作用的产物：有机阳离子和 NO_2^-。铜和铜合金气相缓蚀剂苯并三氮唑挥发到金属表面上，与金属形成一层稳定的化合物，将金属和腐蚀环境隔离开。气相缓蚀剂的保护作用表现出很强的选择性，对一些金属有效的气相缓蚀剂，可能会加速一些金属的腐蚀。比如亚硝酸二环己胺对黑色金属缓蚀作用显著，对锡、镍、铝、铬有一定缓蚀作用，但能加速铜及铜合金、镁和铅的腐蚀。因此对多种金属的组合件，需考虑气相缓蚀剂的配合使用。

气相缓蚀剂必须有适当的蒸气压，过高或过低都不好。过高消耗太快，防锈期不长；过低则充满包装空间缓慢，开始阶段效果差。在应用中蒸气压一般控制在 $10^{-1}\sim10^{-3}\text{Pa}$ 比较适宜。对两种或两种以上金属的组合件，选择对它们分别有效的气相缓蚀剂时，还需要考虑它们的蒸气压相近，才能得到好的效果。

气相缓蚀剂的应用，包括气相防锈粉剂（也可制成片剂、锭剂）、气相防锈防潮剂、气相防锈溶剂和防锈纸，粉剂使用时，散布在被保护金属制品上，或装入纱布袋或纸袋内分置于金属制品四周。气相防锈防潮剂则是将气相缓蚀剂溶于水或有机溶剂（乙醇、汽油等）中制成，使用时涂布在金属制品表面，溶剂挥发后形成一层薄膜。

防锈纸是以纸为载体，将气相防锈溶液浸涂、刷涂或滚涂在纸上，再经过干燥而制成。

在气相防锈材料中应用最广。表 13-7 列出两种防锈纸的配方及使用。

表 13-7　两种防锈纸的配方及使用

名　　称	配　方　组　成		使　　用
01 号气相防锈纸	尿素 苯甲酸钠 亚硝酸钠 蒸馏水	30% 20% 30% 160%	涂布量 7～10g/m²,用于钢铁、发蓝件、铝合金的防锈封存
9 号气相防锈纸	苯并三氮唑 乌洛托品 苯甲酸铵 蒸馏水	50% 50% 33% 300%	涂布量 7～10g/m²,用于钢铁、铜及铜合金、铝合金、镀锌件、镀镉件

用气相防锈纸包装中、小型机械制件时,其外层还需用石蜡纸、防水纸、塑料复合纸、塑料袋等严密包装(两层包装)。对大型机械制件,某些部位还需使用防锈油,进行防锈油和防锈纸联合封存。

13.2　土壤腐蚀与地下金属管道保护

13.2.1　土壤腐蚀的特点

13.2.1.1　土壤的腐蚀性

(1) 土壤是土粒、水和空气的混合物。由于水中溶有各种盐类,故土壤是一种腐蚀性电解质,金属在土壤中的腐蚀属于电化学腐蚀。

(2) 土壤是复杂的多相结构,含有多种无机物质和有机物质,这些物质的种类和含量既影响土壤的酸碱性,又影响土壤的导电性。

土壤的颗粒间形成大量的弯弯曲曲的毛细管微孔,其中充满空气和水,不同结构的土壤其孔隙度差别很大。水分在土壤中可能以多种形式存在,有些与土壤组分结合在一起,有些紧紧地黏附在固体颗粒周围,有些可以在土壤微孔中流动。土壤的孔隙度和含水量对土壤的透气性和导电性有很大的影响。

土壤是不均匀的,因此长距离的地下管道和大尺寸的地下设施,其各个部位接触的土壤的结构和性质可能有较大的变化。

土壤的固相部分对于埋设在土壤中的金属表面来说,可认为是固定不动的,仅气体和液体可作有限的运动。

土壤中还有大量微生物,对金属腐蚀能起加速作用。

(3) 影响土壤腐蚀性的因素很多,包括物理、化学、生物学几个方面。主要因素有含水量、含盐量、pH 值、电阻率。

土壤含水量既影响土壤导电性又影响含氧量。在干燥的砂土中,孔隙多,氧容易通过,含氧量亦多。在潮湿的砂土中,孔隙中充满水,氧通过较难,含氧量就较少。在潮湿的黏土中,由于孔隙很少,氧通过非常困难,氧的含量最少。

氧的含量对金属的土壤腐蚀有很大影响。一方面,氧作为主要的去极化剂,在微电池腐蚀中氧含量增大,使金属腐蚀速度增大;另一方面,氧作为钝化剂,氧含量高有利于金属表面生成有保护性的腐蚀产物膜;再一方面,氧含量的差异又可导致形成氧浓差腐蚀电池。

土壤中含有各种矿物盐,分布最广的是镁、钾、钠、钙的硫酸盐,氯化物,碳酸盐,碳酸氢盐。可溶性盐的含量一般在 2% 以下。可溶性盐的成分和含量决定着土壤电解质溶液的性质。氯离子和硫酸根离子含量高则土壤腐蚀性强,因为它们的铁盐都是可溶性的;但硫酸铅能形成保护性表面膜，硫酸盐还和微生物活动有关。当钙、镁和碳酸根离子含量高，由于金属表面生成难溶的碳酸盐膜使金属受到保护。

大多数土壤是中性的，pH 值在 6～7.5；有的土壤是碱性的，pH 值在 7.5～9.5（如盐碱土）；有的土壤是酸性的，pH 值在 3～6（如腐殖土）。pH 值越低，土壤腐蚀性越强。

土壤越干燥，含盐量越少，土壤电阻率越大；土壤越潮湿，含盐量越多，土壤电阻率就越小，随电阻率减小，土壤腐蚀性增强。

由于土壤腐蚀性受多种物理、化学、生物因素的影响，如何由这些因素估计土壤的腐蚀性，是一个有很大实际意义的问题，也是一个很困难的问题。表 13-8 是按含水量、含盐量、电阻率和 pH 值将土壤腐蚀性分为 5 个等级（原石油工业部标准草案）。从表中可见，含水量对土壤腐蚀性的影响是双重的。

表 13-8　土壤腐蚀性等级划分标准

项　　目	极　强	强	中	弱	极　弱
土壤电阻率/$\Omega \cdot m$	<10	10～25	25～50	50～100	>100
土壤含盐量/%	>0.75	0.75～0.1	0.1～0.05	0.05～0.01	<0.01
土壤含水量/%	12～25	12～10	10～7	7～3	<3
		25～30	30～40	>40	
土壤 pH 值	<4.5	4.5～5.5	5.5～7	7～8.5	>8.5
电解失重/(g/24h)	>6	6～3	3～2	2～1	<1

在实际应用中常以电阻率作为判断土壤腐蚀性的依据，因为土壤电阻率受许多因素影响，是一个重要参数。但要注意土壤电阻率与金属材料的土壤腐蚀速度之间并无确定的关系。表 13-9 是按土壤电阻率判断土壤腐蚀性。

表 13-9　按土壤电阻率（$\Omega \cdot m$）判断土壤腐蚀性

国　　家	低	较　低	中　等	较　高	高	特　高
中国	>50		20～50		<20	
英国	>35		15～30		<15	
美国	>50		20～50	10～20	7～10	<7
前苏联	>100		20～100	10～20	5～10	<5
日本	>60	45～60	20～45		<20	
法国	>100	50～100	20～50		<20	

13.2.1.2　土壤腐蚀的特点

（1）阴极过程　主要是氧分子还原反应。在土壤中氧只能透过土粒之间的孔隙输送，空气中的氧首先要穿过相当厚的土层，然后再扩散通过金属表面上的静止液层，才能到达金属表面，因此，土壤的结构和湿度（透气性）决定了氧的输送速度，从而决定了阴极反应速度。

（2）阳极过程　在中性和碱性土壤中，铁发生氧化反应生成的 Fe^{2+} 和阴极反应产物 OH^- 发生次生反应，结合为 $Fe(OH)_2$，在水和氧的作用下，进一步转变为 $Fe(OH)_3$。由于土壤的固体部分是不动的，所以虽然 $Fe(OH)_3$ 比较疏松，但随着时间增长，它们与土壤黏结在一起，形成一种紧密层，使阳极过程受到阻碍，对金属起到保护作用。

（3）控制特征　对微电池腐蚀，在干燥疏松土壤中，氧容易透过，阴极反应容易进行；而铁可以转变为钝态，阳极反应阻力大，故腐蚀属于阳极极化控制。在大多数土壤中，氧的输送都比较困难，阴极反应阻力大，腐蚀属阴极极化控制，其中又以潮湿黏结土壤为最。

大电池腐蚀情况，如果阴极区与阳极区距离较远，欧姆电阻有重要作用，腐蚀过程属于阴极极化和欧姆电阻混合控制。图 13-8 为土壤腐蚀的三种控制特征。

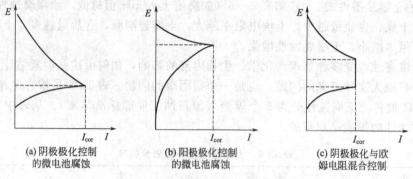

(a) 阴极极化控制　　　(b) 阳极极化控制　　　(c) 阴极极化与欧
　　的微电池腐蚀　　　　　的微电池腐蚀　　　　　姆电阻混合控制

图 13-8　土壤腐蚀的三种控制特征

13.2.2　土壤腐蚀的几种常见形式

13.2.2.1　全面腐蚀

金属材料表面存在的电化学不均一性，构成微电池。全面腐蚀总是存在的，对于小的金属制品，全面腐蚀是主要的腐蚀形态。对于大型设备，长距离管道，微电池造成的全面腐蚀往往退居次要地位，而以大电池造成的局部腐蚀为主。

13.2.2.2　氧浓差电池腐蚀

如前所述，由于土壤结构的差异，以及氧穿过土壤层距离的差异，金属设备、管道接触的土壤中的氧含量常有很大的不同。有些部位氧含量高成为富氧区；有些部位氧含量低成为贫氧区。富氧区氧的极限扩散电流密度大，金属腐蚀电位高；贫氧区氧的极限扩散电流密度小，金属的腐蚀电位低。因而富氧区和贫氧区接触的金属部分组成氧浓差电池，富氧区接触的金属表面为阴极；贫氧区接触的金属表面为阳极。对于钢铁，由于与富氧区接触的表面能钝化，阳极极化性能强，从图 13-9 可见，贫氧区接触的钢铁表面（阳极区）腐蚀加速，且比富氧区接触的钢铁表面（阴极区）腐蚀大。

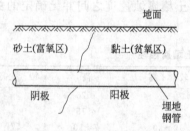

图 13-9　构成氧浓差电池的一种情况

氧浓差电池腐蚀可以发生在长距离的地下管道的不同管段之间，也可能发生在地下管道埋设深度不同的各部分之间，发生在大型埋地贮槽底部中央部分和边缘部分之间，是一种常见的土壤腐蚀形式。

13.2.2.3　杂散电流腐蚀

杂散电流是指直流电源设备（电气机车、有轨电车、直流电焊机、电解槽、阴极保护等）漏电进入土壤产生的电流，对地下管道、贮罐、电缆等金属设施，能造成严重的腐蚀破坏。

如图 13-10 所示，杂散电流在地下钢管的某些部位进入，从另一些部位流出。杂散电流流出的部位成为腐蚀电池的阳极区，金属发生氧化反应转变为离子进入土壤。腐蚀掉的金属量和流过的杂散电流的电量成正比，

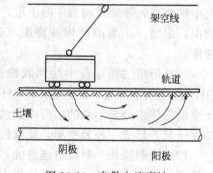

图 13-10　杂散电流腐蚀

可以按法拉第电解定律进行估算。

13.2.2.4　细菌腐蚀

一般地应称为微生物腐蚀（MIC），与腐蚀有关的微生物包括细菌、真菌、霉菌等，而以细菌为主。细菌的活动，将造成土壤中金属的加速腐蚀破坏，这种腐蚀是电化学反应和微生物活动的联合作用，土壤是微生物腐蚀容易发生的一种环境。

（1）细菌在腐蚀过程中的作用

① 有的细菌的生命活动的代谢产物具有很强的腐蚀性，即产生强腐蚀性的物质，如硫氧化菌的活动产生硫酸。

② 有的细菌的生命活动能促进金属腐蚀的阴极反应，影响电极反应动力学过程。如硫酸盐还原菌可促进氢离子还原反应的进行。

③ 有的细菌活动改变了金属周围的环境条件，如氧浓度、盐浓度、pH 值、增加土壤的不均匀性。

④ 有的细菌活动能破坏金属表面保护性覆盖层的稳定性，或使缓蚀剂分解失效。

可见细菌并不是直接腐蚀金属，它们对金属腐蚀的作用是间接的，细菌活动也不会改变金属腐蚀的本性。

（2）土壤腐蚀中常见的细菌

① 硫氧化菌。与腐蚀有关的硫氧化菌主要是硫杆菌属的细菌，包括氧化硫杆菌、排硫杆菌和水泥崩解硫杆菌。它们属于喜氧性细菌，在有氧的条件下才能生存。在土壤中由于污物发酵生成硫代硫酸盐，排硫杆菌大量繁殖，产生元素硫。氧化硫杆菌可将硫、硫代硫酸盐氧化成硫酸：

$$S + \frac{3}{2}O_2 + H_2O \xrightarrow{\text{硫氧化菌}} H_2SO_4$$

$$Na_2S_2O_3 + 2O_2 + H_2O \xrightarrow{\text{硫氧化菌}} Na_2SO_4 + H_2SO_4$$

硫酸的腐蚀性极强，可造成地下金属设施严重腐蚀。

② 硫酸盐还原菌（SRB）。SRB 属厌氧性细菌，在缺氧条件下才能生存。在缺氧的中性土壤中，腐蚀过程是很难进行的。但是，对于含硫酸盐的土壤，当有硫酸盐还原菌存在时，钢铁的腐蚀会剧烈增加。图 13-11 列出了硫酸盐还原菌促进氢离子还原反应进行的图解。

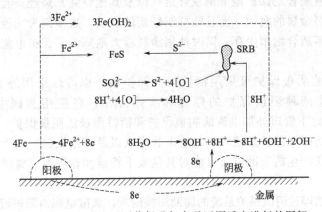

图 13-11　硫酸盐还原菌促进氢离子还原反应进行的图解

对硫酸盐还原菌的作用有两种理论解释。阴极去极化作用理论认为，在缺氧条件下金属腐蚀的阴极过程是氢离子还原反应，但是反应速度低，阴极区表面覆盖着一层原子氢。硫酸盐还原菌的活动使原子氢被消耗：

$$SO_4^{2-} + 8H_{ad} \xrightarrow{SRB} S^{2-} + 4H_2O$$

因此加速了阴极反应的进行。总的腐蚀反应式为：

$$4Fe + SO_4^{2-} + H_2O \xrightarrow{SRB} FeS + 3Fe(OH)_2 + OH^-$$

可见，腐蚀产物中有四分之一是硫化物，实验室试验证明，硫酸盐还原菌的活动使阴极极化曲线变得较平坦；细菌生命活动最活跃时阴极去极化作用最明显。实验还证明，细菌所含有的氢化酶活性越高，去极化作用越强。

硫化物作用理论认为，硫酸盐还原菌的活动提供了活性的硫化物，从而加速了钢铁的腐蚀，其反应式为：

$$Na_2SO_4 + 4H_2 \xrightarrow{SRB} Na_2S + 4H_2O$$

$$Na_2S + H_2CO_3 \longrightarrow 2NaHCO_3 + H_2S$$

$$Fe + H_2S \longrightarrow FeS + H_2$$

13.2.3　埋地钢铁管道的保护

13.2.3.1　减小土壤的腐蚀性

在敷设地下管道时，应选择比较干燥的土壤。加强排水，降低地下水位，使土壤保持干燥。在酸性土壤地段，可以在钢管周围填充石灰石碎块。在埋置管道时用腐蚀性较小的土壤回填，回填土壤要均匀，不带夹杂物。

13.2.3.2　覆盖层保护

石油沥青层应用最普遍。沥青层有良好的防水性和耐蚀性。涂刷时常使用玻纤布等材料对管道缠绕加固，以防止沥青层损坏。环氧煤焦沥青涂层耐蚀性很好，但毒性大，一般用于小面积补口、补伤、固定支墩。

塑料黏结带的防护性能优于石油沥青，且适宜长距离管道的现场机械施工，但费用较高。

有保温要求的管道和容器可使用硬质聚氨酯泡沫塑料作隔离层。

镀锌层只适用于小尺寸管道和构件。

13.2.3.3　阴极保护和涂料联合

阴极保护和涂料联合是保护地下钢铁管道（以及其他设施）最经济有效的方法。阴极保护不仅可以大大减轻金属的腐蚀，而且能抑制细菌的活动，这是因为阴极保护金属表面附近的土壤碱性增强，不适合细菌生存。同时使用涂料极大地降低了保护电流的需要，而且改善了电流分散能力。

(1) 地下管道的阴极保护可采用牺牲阳极保护法，也可以采用外加电流保护法。在12.1节中介绍了这两种阴极保护的原理和实施方法，在应用实例中，12.1.6.7节和12.1.6.8节分别是地下管道外加电流法阴极保护和牺牲阳极法阴极保护。

(2) 外加电流法阴极保护系统对其他地下管道（以及其他设施）的干扰。

阴极保护系统所产生的杂散电流可能对其他地下管道和设施造成腐蚀问题，在这方面应考虑这样几种情况。

① 当未保护管道经过阴极保护系统的辅助阳极附近，杂散电流由阳极流入就近的未保护管道，在与被保护管道交叉处流出，进入被保护管道，电流流出处成为阳极 [图 13-12(a)]。

② 如果一条未保护管道靠近辅助阳极，一条靠近被保护设施 [图 13-12(b) 中是贮罐]，两条管道在某处交叉，杂散电流可以从阳极经过两条未保护管道，再流入被保护设施，两条管道的电流流出部位是阳极区。

③ 被保护管道的末端应安装绝缘法兰，法兰应位于空气中，保持干燥。如果法兰埋在土壤中或浸泡在水中，电流就会流入未保护管道段，而在另一部分流出，造成杂散电流腐蚀［图 13-12(c)］。

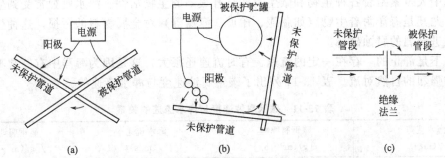

图 13-12　阴极保护系统产生的杂散电流对其他埋地
管道和设施造成的腐蚀（箭头表示杂散电流）

对外加电流阴极保护系统造成的杂散电流问题，防护方法有以下几种。

① 地面上的直流电源要加强绝缘，不使电流流入土壤。

② 改善管道绝缘质量。管道交叉处提高绝缘层等级，或涂覆新的绝缘层，长度一般 10m 左右。

③ 将受干扰的管道与被保护管道连接起来，共同保护。

④ 在多管道地区，最好采用多个阳极站，每个站的保护电流较小，阳极站离被保护管道较近，以缩小保护电流范围。

⑤ 在地下设施密集的城市地区，可采用深井阳极可减小对其他地下设施的杂散电流干扰，而且保护电流分布也较均匀。

⑥ 排流措施：将受干扰的管道上的阳极区用绝缘电缆与排流设备连接起来，使流入的杂散电流通过排流设施回到被保护的管道上去；或者通过人工埋置的接地阳极流出（图 13-13）。

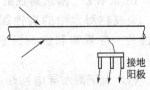

图 13-13　接地式排流

13.3　海水腐蚀与海洋设施防护

13.3.1　海水腐蚀

13.3.1.1　海水的组成和性质

海水中溶有大量盐类，其中以氯化物最多（氯化物又以氯化钠最多），含盐量用盐度或氯度表示。盐度是指 1000g 海水中溶解的固体盐类总克数，氯度指 1000g 海水中的氯离子质量（g）。盐度和氯度常用百分数或千分数表示。正常海水的盐度一般在 32‰ 到 37.5‰ 之间变化。通常取海水盐度为 35‰，故人们常把海水近似看作 3% 或 3.5% 的氯化钠溶液。但海水的组成是很复杂的，几乎含有地壳中所有的自然状态的元素。表 13-10 是海水的主要组成。

表 13-10　海水的主要组成

离　子	含量/‰	离　子	含量/‰
Cl^-	18.98	Na^+	10.56
SO_4^{2-}	2.65	Mg^{2+}	1.27
HCO_3^-	0.14	Ca^{2+}	0.40
Br^-	0.09	K^+	0.88
F^-	0.002	Sr^{2+}	0.01
BO_3^{3-}	0.03		

　　海水的 pH 值在 7.2～8.6，即呈微碱性。在含硫化氢的海水中，pH 值也可以低于 7。海水的温度在 −2～35℃ 之间。海水导电性强，平均电导率约为 4×10^{-2} S/cm，比河水电导率高两个数量级。

　　海水中大量繁殖着各种生物和微生物，具有很高的生物活性。海水腐蚀常受到生物性因素影响，尤其是海洋附着生物（如藤壶、贻贝、海藻等）对金属材料的污损，这种生物玷污往往会促进金属的腐蚀破坏。

　　海水不是静止的，存在一定的流速，有时流速还很大，这是因为海洋中有经常不断的风浪搅动和强烈的自然对流。表 13-11 列出了碳钢腐蚀速度与海水流速的关系。

表 13-11　碳钢腐蚀速度与海水流速的关系

海水流速 /(m/s)	碳钢腐蚀率 /[g/(m² · h)]	海水流速 /(m/s)	碳钢腐蚀率 /[g/(m² · h)]
0	0.125	4.5	0.75
1.5	0.46	6	0.79
3	0.67	7.5	0.81

　　由于海水表面与空气接触，以及风浪和对流的作用，海水中含氧量大，表层海水可以认为被氧饱和。随温度变化，氧的含量在 5～10mg/L 范围。

13.3.1.2　海水腐蚀的特点

　　金属在海水中的腐蚀属于电化学腐蚀，阴极过程主要是氧分子还原反应，关于吸氧腐蚀的一般规律和影响因素的讨论对海水腐蚀都是适用的，但海水腐蚀又有其自身的特点。

　　(1) 由于海水导电性好，腐蚀电池中的欧姆电阻很小，因此异金属接触能造成阳极性金属发生显著的电偶腐蚀破坏。

　　(2) 海水中含有大量氯离子，容易造成金属钝态局部破坏，普通不锈钢的钝态不稳定，容易发生孔蚀、缝隙腐蚀和应力腐蚀，在流速很高的海水中易发生磨损腐蚀，只有加入对氯离子稳定的合金元素（如钼），并提高铬含量，才能得到耐海水孔蚀和缝隙腐蚀的不锈钢。碳钢在海水中则难以建立钝态。

　　(3) 碳钢在海水中发生吸氧腐蚀，受氧扩散控制，而阳极极化性能小，所以凡是使氧极限扩散电流密度增大的因素，如充气良好，流速增大，都会使碳钢腐蚀速度增大。

　　(4) 按照海水与金属接触的情况，可将海洋环境分为几个区域：海洋大气区、飞溅区、潮汐区、全浸区和海泥区。

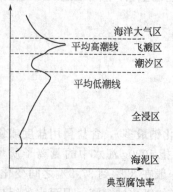

图 13-14　钢桩长试样在海洋
各区中的腐蚀情况

　　图 13-14 表示钢桩长试样在这几个区域中的腐蚀情况。海洋大气区属于大气腐蚀，但是大气中含较多盐粒，使钢铁腐蚀加快。飞溅区属于干湿交替腐蚀环境，氧通过容易，且海浪冲击不断破坏表面腐蚀产物层，因此腐蚀很激烈。潮汐区周期浸没，氧含量高，小试样腐蚀严重；但长钢桩在潮汐区腐蚀较轻，一般认为是由于和全浸区紧邻部分组成了氧浓差电池，因而受到阴极保护作用。全浸区的腐蚀随深度减小。海泥区的腐蚀一般较小，但海泥区常有细菌（如硫酸盐还原菌）活动，而且有可能和相邻的全浸区部位形成氧浓差腐蚀电池。

　　表 13-12 为低合金海水用钢与碳钢的比较。

表 13-12　低合金海水用钢与碳钢的比较

环　　境	腐蚀速度/(mm/a)		环　　境	腐蚀速度/(mm/a)	
	低合金钢	碳钢		低合金钢	碳钢
海洋大气区	0.04～0.05	0.2～0.5	全浸区	0.15～0.2	0.2～0.25
飞溅区	0.1～0.15	0.3～0.5	海泥区	约 0.06	约 0.1
潮汐区	约 0.1	约 0.1			

13.3.2　船舶和海洋设施的保护

（1）材料　船舶、海洋石油平台、海水码头、闸门等海洋设施大量使用的金属材料是碳钢和低合金钢。碳钢在海洋环境中的耐蚀性差，需要采取防护措施。低合金钢中有些品种具有较好的耐海水腐蚀性能，如美国生产的 Mariner 钢，在海水飞溅区有优良的耐蚀性，但在潮汐区和全浸区的耐蚀性与碳钢差不多。国内生产的耐海水腐蚀低合金钢有铜系、磷矾系、磷矾稀土系、铬铝系等。普通不锈钢在海水中对孔蚀和缝隙腐蚀敏感，现在已研制出一些具有较好耐海水孔蚀和缝隙腐蚀性能的不锈钢，包括高铬钼含量的高纯铁素体不锈钢，如高纯 Cr30Mo2 钢（SHOMAC）；含钼的双相不锈钢，如 00Cr25NiSMo 钢（SUS329J₁）；高镍含钼奥氏体钢，如 00Cr18Ni24M05（2RN65）。铜和铜合金具有优良的耐海水腐蚀性能，但海水流速高时因表面膜被破坏腐蚀增大，在污染海水中腐蚀速度比洁净海水中高得多。铝和铝合金在海洋大气和充分搅动的海水中由于表面生成稳定钝化膜，均匀腐蚀速度很小，但容易发生局部腐蚀和电偶腐蚀。镍基合金和钛在海水中耐蚀性优良，由于价格高，主要用于关键性部件。

（2）设计和施工　在选材、设计和施工中要避免造成电偶腐蚀和缝隙腐蚀。与高流速海水接触的设备（泵、推进器、海水冷却器等）要避免湍流腐蚀和空泡腐蚀。

（3）涂料保护　涂料是应用最广泛的防护方法，船用涂料除要求防腐蚀外还要求防微生物玷污。现在海岸码头、水下管线、栈桥等设施普遍采用环氧富锌底漆和厚浆型面漆配套以取得高性能的防护涂层。

（4）阴极保护　阴极保护与涂料联合应用是最有效的防护方法。现在海洋船舶、军舰普遍采用这种防护方法。许多海洋石油平台、码头设施也采用了这种防护方法。在 12.1 节中有船舶和海水输送管道应用阴极保护的实例。

13.4　高温气体腐蚀及防护

13.4.1　高温气体腐蚀

金属设备和部件在高温气体介质中发生的腐蚀叫做高温气体腐蚀。加热炉炉管和锅炉炉管、氨合成塔内件、石油裂解和加氢装置，以及轧钢、工件热处理都会发生高温气体腐蚀。这种腐蚀是在金属表面没有水膜的情况下进行的，故又叫做干腐蚀，以区别在水溶液中发生的湿腐蚀。

13.4.1.1　金属的高温氧化

在第 7 章中已介绍了金属在氧气中发生高温氧化的倾向，高温氧化生成的表面膜的保护作用，高温氧化速度的实验规律以及高温氧化的理论。

金属不仅在氧气和空气中可以发生高温氧化，在氧化性气体 CO_2、水蒸气、SO_2 中也可以发生高温氧化。

13.4.1.2　高温气体腐蚀的其他几种形式

（1）钢铁脱碳　钢铁与高温气体接触，不仅表面层中的铁可能被氧化，表面层中的碳

（以渗碳体 Fe_3C 形式存在）也可能被氧化：

$$Fe_3C+O_2 == 3Fe+CO_2$$
$$Fe_3C+CO_2 == 3Fe+2CO$$
$$Fe_3C+H_2O == 3Fe+CO+H_2$$

与表面氧化层相连的未氧化钢层中发生渗碳体减少的现象，称为脱碳。

脱碳的破坏作用有两方面：一是反应生成气体，使钢铁表面膜的完整性受到破坏，保护性能下降；二是碳钢表面层中渗碳体转变为铁素体，表面硬度和强度降低，这将影响需要高强度的部件的性能。受循环应力的部件的疲劳极限明显降低。

碳钢在高温氢气中也会发生脱碳。其反应式为：

$$Fe_3C+2H_2 == 3Fe+CH_4$$

当环境中氢分压较低（对碳素钢，小于 1.4MPa），介质温度较高（大于 560℃）时，上面的反应只在钢材表面进行，称为表面脱碳。在氢分压较高（对碳素钢，大于 1.4MPa），温度不太高（但要在 220℃ 以上）时，脱碳反应在钢材内部微隙壁上进行，称为内部脱碳。

（2）铸铁肿胀　铸铁在发生气体腐蚀时，如果侵蚀性气体沿着晶粒边界、石墨夹杂物和微细裂纹渗入到铸铁内部，发生氧化反应；由于生成的氧化物体积比消耗的金属体积大，将导致铸件体积增大，这种现象叫铸铁肿胀。当铸件受到交替加热和冷却，而且加热最高温度超过了铸铁的相变温度，肿胀现象大大加强。铸铁肿胀使铸件机械强度大大降低。

（3）氢损伤　金属材料在高温氢气作用下发生机械性能劣化的现象叫做氢损伤。这部分在第 8 章中已有相关叙述。

① 氢氮氨共存时对钢材的腐蚀。在合成氨生产中，氨合成塔属于高温高压氢氮氨体系。氮对钢的侵蚀主要是在钢表面生成一层硬而脆的渗氮层，这层渗氮层容易干裂剥落，导致设备发生过早损坏。干燥的分子氮对钢不产生侵蚀作用。当温度大于 350℃，氨开始分解生成活性氢原子和氮原子。温度越高，分解度越大。新生态氮原子极为活泼，一部分渗入钢表面层形成间隙式固溶体和氮化物。原子态氢对钢的氢腐蚀比纯氢更为强烈，而且氮化对氢腐蚀还有促进作用，这是因为抗氢钢中加入的碳化物形成元素如 Ti、Ni、V、Cr、Mo 等对氮的亲和力比对碳更强，因而在氮化过程中这些元素的碳化物转变为氮化物，从而失去固碳作用。

② 氢-硫化氢体系。在气体脱硫、石油催化重整、加氢裂化等过程中，氢-硫化氢介质对钢材造成严重腐蚀，以 250~550℃ 温度范围最为突出。这是高温下氢与硫化氢联合作用的结果，比单一的氢或硫化氢腐蚀更强烈。腐蚀形态包括全面腐蚀（生成鳞片状硫化物）、氢脆和氢腐蚀。腐蚀反应生成原子态氢，渗入铁表面生成的 FeS 膜中，使膜层疏松多孔，容易剥落失去保护作用。膜层反复生成，反复剥落，钢材发生严重腐蚀。在高温纯硫化氢中，含铬量不太高的钢的耐蚀性已显著优于碳钢，而在高温氢气-硫化氢系统中，含铬达到 9% 的钢的耐蚀性仍和碳钢差不多。

（4）硫酸露点腐蚀　含硫燃料燃烧时生成二氧化硫，其中一部分进一步氧化为三氧化硫。在温度较低的设备表面部分，三氧化硫凝聚生成硫酸，对金属造成强烈腐蚀。

在设计和操作中，保持与燃气接触的设备表面温度不低于酸的露点，以避免生成硫酸，是防止硫酸露点腐蚀的有效方法。

13.4.2　高温气体腐蚀的防护

13.4.2.1　合金化

在碳钢中加入某些合金元素可以提高抗高温氧化性能，最有效的合金元素是铬、铝和硅。因为这些元素更容易和氧反应生成氧化物，故可以把铁从氧化物中还原出来。它们的氧化物沉积在铁的氧化物底部，这样，合金元素便在钢与其氧化物的界面富集。由于这些元素的氧化物具有优良的保护性能，能抑制铁原子向外扩散，从而提高了钢材抗氧化性能。合金元素总含量低于 5％的低合金耐热钢，使用温度一般不超过 650℃。

还有以 Cr13 型不锈钢为基础发展的马氏体型耐热钢，以 18-8 型不锈钢为基础发展的奥氏体型耐热钢，镍基高温合金、钴基高温合金，各有不同的耐热温度范围和应用领域。如 Cr25Ni20 炉用耐热钢，使用温度在 1000℃以上。

碳钢中加入钼和钨，可以减少脱碳倾向。铸铁中加入 5％～10％硅可以使肿胀不发生。

降低钢中含碳量是防止氢腐蚀的有效方法，比如微碳纯铁（含碳量低于 0.015％）在氨合成塔中有良好耐蚀性。钢中加入容易形成稳定碳化物的元素，如铬、钛、钼等，可降低游离碳含量，它们的碳化物不易与氢反应，即达到固定碳的作用。这种钢称为抗氢钢。抗氢钢在高温高压氢气中使用，除良好的抗氢腐蚀性能，还要有良好的高温机械性能。我国生产的抗氢钢如 10MoWVNb、12MoAlV 等。18-8 型奥氏体不锈钢有优良抗氢腐蚀性能，故大、中型氨合成塔内件都采用 18-8 型奥氏体不锈钢制造。

13.4.2.2　Nelson 曲线的应用

前已指出，钢材的氢腐蚀与氢气的压力和温度密切相关，存在着氢腐蚀起始温度和起始压力。因此应根据环境温度和氢分压合理选择碳钢和低合金钢品种。Nelson 根据暴露试验和实际使用经验，总结了碳钢和低合金钢在高温高压氢气中使用的限度，可供选材时参考。从图 13-15 可见，对一种钢材，当氢气压力升高，能够使用的温度降低。随着低合金钢含铬量增加，钢材使用范围扩大。当铬量超过 3％，只发生表面脱碳，不发生氢腐蚀。

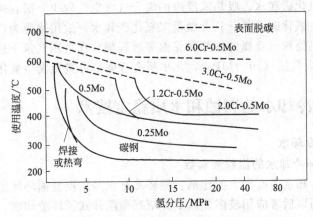

图 13-15　钢在氢气介质中使用界限的 Nelson 曲线

要注意的是，Nelson 曲线是由退火钢所得经验曲线，如果钢材在调质或正火-回火状态下使用，则不能完全照搬。另外，未考虑焊缝、热影响区、钢中夹杂物、制造工艺影响，也未考虑氢气介质中其他气体的影响，故使用时需要谨慎。

13.4.2.3　覆盖层

（1）渗镀　常用工艺有渗铝、渗铬、渗硅，以及铬铝硅三元共渗。渗硅层可达到与高硅铁相同的含硅量，因而具有优良的耐高温气体腐蚀性能，而且避免了高硅铁那种不良的机械性能。

（2）非金属覆盖层　非金属覆盖层也是有效的防护方法。在温度较低时，可使用硅涂料或含铝粉的硅涂料。使用温度较高时，用等离子喷涂方法将耐热的氧化物、碳化物、硼化物等熔化，喷涂在金属部件表面，形成耐高温的陶瓷覆盖层，可达到抗高温氧化的目的。表 13-13 列出了常用抗高温氧化保护层。

表 13-13 常用抗高温氧化保护层

覆盖层	最高使用温度/℃	覆盖层	最高使用温度/℃
硅涂料	300	SiO_2	1710
含铝粉硅涂料	500	Cr_2O_3	1900
Al-Al_2O_3	900	Al_2O_3	2000
Ni-Al_2O_3	1800	ZrO_2	2700
Ni-MgO	1800		

13.4.2.4 控制气体组成

（1）降低烟道气中的过剩氧含量 当过剩氧含量高时，烟气中含有较多二氧化碳、水和二氧化硫，有利于碳钢炉管的氧化和脱碳，这种气氛称为氧化性气氛。如果过剩氧含量偏低，烟气中一氧化碳、氢气和硫化氢含量较高，这种气氛称为还原性气氛，有利于炉管发生渗碳，且供氧不足则燃料燃烧不完全。所以应控制适当的过剩氧含量，使 CO_2/CO、H_2O/H_2、SO_2/H_2S 保持一定比例，烟气呈近中性。

（2）钢材热处理，采用保护性气氛（称为可控气氛热处理） 常用保护气体有氩、氮、氢、一氧化碳、甲烷等。氩是惰性气体，作保护气体十分理想，但大量使用则较贵。故氮和氢更为常用。在工厂中用氨分解产生氮气和氢气来提供保护气，是一种简便有效的方法，可以广泛用于各种金属部件的光亮退火，特别适用于含铬较高的合金钢和不锈钢。

另外两种常用可控气氛是放热式气氛和吸热式气氛，都是利用煤气、石油液化气、天然气等与空气混合进行燃烧反应而制成。放热式反应的混合气含较多空气，生成气体中除氮、氢和一氧化碳外还含有较多二氧化碳和水蒸气，故主要用于防止氧化。如需扩大应用，要进行净化处理除去二氧化碳和水。吸热式反应的混合气含空气较少，需在供热条件下反应，生成气体主要是氮、一氧化碳、氢，只含微量二氧化碳和水，故用途更为广泛。

（3）金属真空热处理 金属的加热和保温等过程都放在负压气氛下进行。实际上，只要氧的分压达到 10^{-4} 大气压（10^{-5} MPa），几乎所有金属都可避免发生氧化。

13.5 循环冷却水的腐蚀和水质稳定技术

13.5.1 循环冷却水

13.5.1.1 循环冷却水的流程和参数

在工业用水中冷却水占有很大的比例。循环冷却水是指反复循环使用的冷却水。有密封式和敞开式两种，而以后者应用较多。以下介绍都指敞开式循环冷却水。

图 13-16 说明循环冷却水的流程。换热后温度升高的冷却水经过冷却塔流下（并用风扇使空气强制对流）。由于水和空气密切接触，靠一部分水蒸发使水温降低，再循环使用。

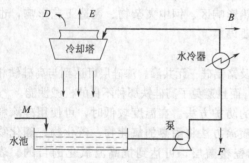

图 13-16 循环冷却水的流程

循环冷却水的水平衡为：

$$M = E + D + B + F$$

式中，M 为补充新鲜水量；E 为蒸发水量；D 为风吹损失水量；B 为排污水量；F 为渗漏水量。单位一般用 m^3/h。

如果将 D 和 F 归入 B，则水平衡简化为：

$$M = E + B$$

循环冷却水的盐度平衡为：

$$MC_M = BC_B$$

式中，C_M 和 C_B 为补充水和排污水的盐度，单位用 $\mu L/L$。显然，循环水 R 的盐度 C_R 等于 C_B。C_R 与 C_M 之比称为循环水的浓缩倍数，是循环冷却水系统的一个重要指标。

13.5.1.2　循环冷却水的优点

主要优点是可以大幅度减少冷却水用量，与直流冷却水（或称一次冷却水）比较，有明显的节水效果（可达 96％以上）。

由于大大减少了排污水量，也就防止了对环境水源的热污染。

循环冷却水便于控制和处理，从而保证水冷器的传热效率和生产效率，延长使用寿命。

13.5.1.3　循环冷却水的特点

（1）在流经冷却塔时受到剧烈搅动，使水中溶解的空气大量增加，循环冷却水实际上为氧所饱和。空气中的灰尘、细菌、可溶性气体如二氧化硫、硫化氢、氨气等也被洗涤到水中，这些都增加了循环冷却水的腐蚀性。水中溶解的二氧化碳在流经冷却塔时大量随蒸气散失，使水中的 $CaCO_3$ 容易沉淀出来形成垢层。

（2）由于多次重复使用，一部分水以蒸汽形式离去，而盐分仍留在水中，水中含盐量增高，导电性增大；加上氯离子、硫酸根离子浓度增大。这些都增加了循环冷却水的腐蚀性。难溶盐类如碳酸钙、硫酸钙、磷酸钙、硅酸镁等的浓度增大，容易在传热面上结垢。

（3）循环冷却水的温度在 30～40℃，加上日光和水中高浓度的营养成分（氮、磷、钾），有利于微生物的滋生繁殖，所以藻类、细菌、真菌都可能大量生长，结果产生污泥。

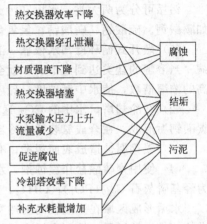

图 13-17　循环冷却水腐蚀、结垢和污泥的后果

腐蚀、结垢和微生物危害是循环冷却水的三大问题。（图 13-17）三个方面相互促进相互影响。针对这三个方面的问题对循环冷却水进行综合处理，称为水处理技术，习惯上叫做水质稳定技术。

13.5.2　循环冷却水的腐蚀

13.5.2.1　腐蚀反应

循环冷却水的 pH 值为 7 左右，其中溶有一些无机盐类，故是一种中性电解质溶液，并且为氧所饱和。所以金属材料在循环冷却水中主要发生吸氧腐蚀，阴极反应为氧分子还原反应。

13.5.2.2　腐蚀形态

循环冷却水系统中主要结构材料是碳钢和奥氏体不锈钢，其中关键设备是冷却器。水冷器的腐蚀形态具体有以下几种。

（1）缝隙腐蚀　腐蚀生成的锈皮，结垢形成的垢层，悬浮固体的沉积，以及和微生物尸体一起形成的污泥，在管壁上构成缝隙。管壳式热交换器的管子和管板连接处存在结构上的缝隙。缝隙成为闭塞区域，造成腐蚀条件强化，导致快速的腐蚀破坏。

（2）电偶腐蚀　管束和管板、隔板、壳体采用不同金属材料，铜部件溶解形成的铜离子在铁表面上的沉积，都是造成电偶腐蚀的原因。

（3）应力腐蚀　如果水冷器的结构设计不合理，使氯离子容易在死角和缝隙部位浓缩，加上加工制造过程中形成的残余应力的共同作用，可能导致奥氏体不锈钢水冷器发生应力腐蚀破裂。

（4）细菌腐蚀　循环冷却水中的某些细菌对金属腐蚀有加速作用，如铁细菌和硫酸盐还原菌。铁细菌也是喜氧性细菌，通过生物化学作用，把 Fe^{2+} 氧化为 Fe^{3+}，形成 $Fe(OH)_3$。Fe^{2+} 溶解于菌体内，$Fe(OH)_3$ 沉淀在菌体外，与细菌分泌出来的黏液形成污泥，连同菌体一起沉积在金属表面上，逐渐形成铁瘤。通过闭塞电池作用，使铁瘤下的金属表面受到严重腐蚀。铁瘤下的缺氧区又是厌氧菌的繁殖场所，硫酸盐还原菌的生物化学作用产生硫化氢，使金属腐蚀加剧。

13.5.3　循环冷却水的结垢

13.5.3.1　水垢

污垢可分为两大类：水垢和污泥。水垢是指水中无机盐在金属表面沉积所形成的垢层，如碳酸钙、硫酸钙、磷酸钙、氢氧化镁、硅垢等。水垢形成的原因有以下几种。

（1）敞开式循环冷却水依靠一部分水蒸发达到冷却目的，因而水中溶解的固体盐类被浓缩。当溶解的盐类达到过饱和，就会以水垢形式结晶析出。为了提高节水效果，需要采用较高的浓缩倍数，使水中钙硬度、碱度、总溶固量都增大，有利于水垢的形成。

（2）在冷却塔，水中的 CO_2 逸出，使水的 pH 值升高，碳酸氢根离子发生分解，导致碳酸钙垢形成。在合成氨装置水冷器，漏氨部位也造成过量碳酸钙沉积。

（3）碳钢腐蚀造成表面粗糙，有利于碳酸钙垢成核和成长，即腐蚀对结垢有促进作用。

（4）使用聚磷酸盐作缓蚀剂，水解作用产生磷酸根，极易生成磷酸钙垢，如进一步转变为烃基磷灰石 $Ca_{10}(PO_4)_6(OH)_2$，就更难溶了。

水垢形成区域在温度较高的热交换器传热面。水垢的形成取决了盐类是否过饱和以及盐类的结晶生长过程。控制水垢也要从这两个方面入手。

13.5.3.2　污泥

污泥是水中悬浮物质发生沉积所形成的垢层。污泥的来源：

① 循环水流经冷却塔洗落下来的各种灰尘、泥沙、细菌；

② 补充水中含有的悬浮物质；

③ 微生物分泌物、尸体；

④ 脱落的腐蚀产物。

污泥是表面很滑的黏胶状物体，不含污泥的水垢一般比较硬、厚且致密，但污泥中总会含有各种无机盐沉淀和微生物。

污泥生长可以遍布与水接触的所有表面，特别是滞留区和死角。污泥总是连接成片，并与金属表面（不管粗糙还是光滑）牢固黏结在一起，表现出很强的内聚性和黏着性。

有时将微生物产生的污泥单独列为一类，称为微生物黏泥。

13.5.3.3　污垢对传热的影响

热交换器传热面上结垢将影响传热效率。从图 13-18 可以看出，厚 2.5mm 的碳酸钙垢使传热效率降低 40%，0.25mm 厚的二氧化硅垢使传热效率降低 90%。

污垢对传热的影响用污垢热阻 R 表示：

$$R = \delta/\lambda$$

式中，δ 为污垢厚度；λ 为污垢的热导率。因为 δ

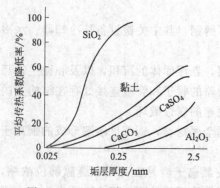

图 13-18　污垢对传热系数的影响

和 λ 的影响因素很多，不可能用上式计算冷却水的污垢热阻。目前通常是在试验性热交换器上用实验方法进行测定。国内对应用水处理剂的循环冷却水，要求污垢热阻 R 小于 $4 \times 10^{-4} \sim 6 \times 10^{-4} m^2 \cdot h \cdot ℃/kcal$。

13.5.4　水质稳定技术

13.5.4.1　腐蚀和结垢的控制

对冷却水的腐蚀和结垢倾向，一般用饱和指数来判断和控制。

(1) 朗格利（Langlier）指数　对碳酸钙结垢，常用朗格利指数（可记为 LSI）。碳酸钙在水冷器管壁上沉积，一方面有抑制金属腐蚀的作用，另一方面又会影响传热。水中碳酸钙是否沉积，取决于下面的反应：

$$CaCO_3 + CO_2 + H_2O \Longrightarrow Ca(HCO_3)_2$$

反应达到平衡时，水中溶解的 $CaCO_3$、CO_2、$Ca(HCO_3)_2$ 数量上保持不变。这种水既无结垢倾向，也无腐蚀倾向，称为稳定水。当水中的 HCO_3^- 浓度增大时，反应向生成 $CaCO_3$ 沉淀方向进行，这种水称为结垢型水。当水中 CO_2 含量增加时，反应向生成 $Ca(HCO_3)_2$ 方向进行，$CaCO_3$ 溶解，这种水称为腐蚀型水。

用 $(pH)_s$ 表示在水的使用温度下，当 $CaCO_3$ 和 $Ca(HCO_3)_2$ 之间反应达到平衡、$CaCO_3$ 达到饱和状态时水的 pH 值，$(pH)_a$ 表示该温度下水的实际 pH 值，则朗格利饱和指数的定义是：

$$LSI = (pH)_a - (pH)_s$$

当 LSI＝0，为稳定型水；LSI＞0，为结垢型水；LSI＜0，为腐蚀型水。

已知水的 pH 值、温度、总溶固含量、M 碱度、钙硬度，就可以借助于图表计算出 $(pH)_s$ 的值。

但循环冷却水的腐蚀和结垢受多种因素影响，因此单纯根据水中碳酸钙平衡得出的朗格利饱和指数不可能用来区分水质。现在一般是用朗格利指数来指示水的结垢倾向。对循环冷却水，根据使用经验，要求将 LSI 控制在 0.5～2.5（最好在 1 左右）。

(2) 瑞芝纳指数（Ryznar）指数　瑞芝纳指数（可记为 RSI）的计算式：

$$RSI = 2(pH)_s - (pH)_a$$

同样，$(pH)_a$ 为水的实际 pH 值，$(pH)_s$ 为 $CaCO_3$ 达到平衡时的 pH 值，可由水的温度、总固溶物、钙硬度及总碱度的数值，查表后再计算得出。瑞芝纳指数与冷却水的腐蚀和结垢倾向的关系是：

RSI＝4.0～5.0　　严重结垢；RSI＝5.0～6.0　　轻度结垢；
RSI＝6.0～7.0　　基本稳定；RSI＝7.0～7.5　　轻度腐蚀；
RSI＝7.5～9.0　　严重腐蚀；RSI＞0　　　　　极严重腐蚀。

瑞芝纳指数是在总结大量冷却水数据后提出的，一般认为用 RSI 比 LSI 判断更符合实际。

实验发现，碳钢在水中的腐蚀速度与水的 RSI 之间也有良好相关性。从图 13-19 看出，如果将冷却水的 RSI 降到 5.5 以下，碳钢的腐蚀速度可以达到规定要求（0.125mm/a）。此时冷却水的结垢问题可以加入高效的碳酸钙阻垢剂来解决。

(3) 除了碳酸钙垢，还有磷酸钙垢，也有相应的饱和指数和控制指标。

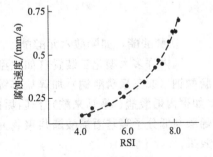

图 13-19　碳钢腐蚀速度与 RSI 的关系

13.5.4.2　水质稳定剂

为了解决循环冷却水的腐蚀、结垢和微生物危害三个方面的问题，需要加入具有缓蚀、阻垢和杀菌几种功能的化学药剂。所用药剂称为水处理剂或水质稳定剂。

（1）缓蚀剂　在近中性的循环冷却水中，缓蚀剂的作用在于组成或稳定金属表面的保护膜。使用的缓蚀剂有以下几种。

① 铬酸盐。属钝化剂，缓蚀效果极好，特别与锌盐联合使用效果更佳。但毒性大，对排放水的处理要求高，使用受到限制。

② 聚磷酸盐。属沉淀缓蚀剂，常用三聚磷酸钠（$Na_5P_3O_{10}$）和六偏磷钠（$Na_6P_6O_{18}$），一般用量为 $15\sim20\mu L/L$。使用聚磷酸盐时，循环冷却水需要有一定浓度的溶解氧和钙离子，以利于形成保护膜。聚磷酸盐在水中会水解生成正磷酸盐，造成磷酸钙结垢。聚磷酸盐成膜速度较慢，使用时需首先在较高剂量下进行预膜处理，再转入低剂量正常进行。与锌盐和有机膦酸盐联合使用可促进成膜过程。聚磷酸盐是微生物营养剂，所以使用聚磷酸盐缓蚀剂时应采用有效的阻垢和杀菌措施。

③ 锌盐。常用硫酸锌，属阴极型缓蚀剂。一般与铬酸盐或聚磷酸盐联合使用。

④ 硅酸盐、钼酸盐、钨酸盐。近些年研究较多，它们无毒或低毒，不造成环境污染问题。但或者效果不够好，或者成本较高，一般不单独使用。

⑤ 有机膦酸盐。既是缓蚀剂，又是阻垢剂（主要用作阻垢剂）。

⑥ 巯基苯并噻唑（MTB）和苯并三氮唑（BTA）。是铜和铜合金的有效缓蚀剂。

在循环冷却水处理中，一般是将两种或两种以上的缓蚀剂组成复合配方，利用缓蚀剂的协同效应，以取得更好的效果。

（2）阻垢剂　阻垢剂起分散作用，以阻止传热面上结垢。常用的有以下几种。

① 天然聚合物，如磺化木质素、丹宁。

② 合成聚合物，如聚丙烯酸（最佳平均分子量 $1000\sim2000$）、聚马来酸（最佳平均分子量 $500\sim1200$）。前者对碳酸钙和硫酸钙垢有良好的阻垢效果，后者的阻垢性能在某些方面还超过了聚丙烯酸。

③ 有机膦酸盐。指分子中有两个或两个以上的膦酸基团直接和碳原子相连的有机化合物，这是一类既有缓蚀作用又有极好阻垢作用的化学药剂。它们的阻垢作用一方面来自能与水中钙、镁等多种金属离子形成稳定的络合物，从而降低了这些金属离子的浓度；另一方面来自它们能对碳酸钙等垢层的晶格生长起干扰作用，造成晶格歪曲，硬垢变为软垢，易被水流冲刷和分散。常用的有机膦酸盐是：氨基三亚甲基磷酸（ATMP）、乙二胺四亚甲基膦酸（EDTMP）、羟基亚乙基二磷酸（HEDP），其分子为：

$$\begin{array}{ccc} CH_3 & & PO_3H_2 \\ & \diagdown\ |\ \diagup & \\ & C & \\ & \diagup\ |\ \diagdown & \\ HO & & PO_3H_2 \end{array}$$

④ 膦酸酯，如膦酸六元醇酯。

国内许多大型化工装置（如大型合成氨和尿素装置）的循环冷却水采用的方案是：六偏膦酸钠（或三聚磷酸钠）加锌盐作缓蚀剂，有机膦酸盐（HEDP，EDTMP）和聚羧酸（盐）（如聚丙烯酸盐、聚马来酸）作阻垢剂。为了控制磷酸钙垢，还应加入相应的阻垢剂（如丙烯酸与低分子羟基丙烯酸酯共聚物），这样，水中磷酸根离子可以达到 $12\mu L/L$，改善缓蚀效果。

（3）杀菌（或称杀生）剂　氯气应用广泛，杀菌效果好，价格低。水中通氯气后发生反应：

$$Cl_2 + H_2O \Longrightarrow HOCl + HCl$$

产生强氧化剂 HOCl，通过氧化作用杀死微生物和藻类。在 pH＝5～6，效果最好。用氯气杀菌会增加水中氯离子的含量，当 pH 升高到碱性范围（大于 7.5），杀菌能力降低。实际应用中一般是每天冲击加氯 2～3h，使循环水中余氯量达到 0.5～1μL/L。

其他杀菌剂还有：次氯酸钠、漂白粉、氯酚类、季铵盐（如二甲基十二烷基氯化铵）、有机锡化合物等。在高 pH 值和含氨等污染物的水中，二氧化氯的杀菌效果也很好。

13.5.4.3　水质稳定工艺

（1）清洗　目的是除去设备表面油污、锈皮，使表面清洁，为预膜作好准备。清洗不好，预膜效果差。新设备必须清洗，系统停工后，开工前也要清洗。清洗可以单台设备进行，也可以进行系统清洗。

（2）预膜　按预膜配方投入缓蚀剂，循环一定时间，作用是迅速形成一层均匀而致密的保护性薄膜。成膜后即可采用常规计量操作，以修补系统轻微变化而引起的保护膜损失。如果系统发生较大波动而使保护膜破坏，就需要重新预膜。

预膜可以单台设备进行，也可以系统进行。关键设备最好单台进行，以保证质量。

（3）常规处理　按常规剂量加入缓蚀剂、阻垢剂和杀菌剂。在日常操作中应对水质进行经常的分析，包括腐蚀指标、结垢指标、微生物指标。使用挂片法或其他监测技术检查设备的腐蚀、结垢和传热情况。

13.6　工业建筑物和构筑物的腐蚀与保护

13.6.1　建筑材料的腐蚀

工业建筑和构筑包括厂房、设备基础、楼地面、地坪等。其建造材料有：黏土砖、钢材（本节不讨论）、混凝土、钢筋混凝土、木材等。

13.6.1.1　建筑材料腐蚀的形式

对建筑材料造成腐蚀作用的介质有气相、液相、固相几类。腐蚀的程度和破坏后果既与介质的性质、作用量（称为作用强度）、温度、气体的湿度有关，又与材料的性质和密实性有关。固体介质主要指各种盐，材料表面上盐粒的吸湿性和溶解度是影响其腐蚀性的主要因素。

建筑材料的腐蚀形式可以分为化学溶蚀和膨胀腐蚀两类。

（1）化学溶蚀　材料与腐蚀介质相互作用，生成可溶性化合物或无胶结性能的产物，叫做化学溶蚀。其典型代表是酸对水泥类材料的腐蚀。水泥中的氢氧化钙，以及铝酸钙、硅酸钙中的氧化钙与酸反应生成水溶性的盐。硫酸、盐酸、硝酸等强酸能溶解全部胶结水泥的成分，因此酸对混凝土腐蚀严重。

（2）膨胀腐蚀　在材料内部生成体积膨胀的物质，造成内应力而导致材料结构的破坏，称为膨胀腐蚀。其原因有以下两点。

① 介质渗入材料内部，与材料的组分发生化学反应。

② 材料表面盐溶液渗入材料孔隙中，积累，脱水结晶。盐的渗透性越强，材料的密实性越差（孔隙多），生成的结晶水化物体积膨胀越大，造成的膨胀腐蚀越严重。

13.6.1.2　几种材料的腐蚀

（1）黏土砖　普通黏土砖的主要成分是氧化铝和氧化硅。由于酸与砖中的氧化铝作用，生成易溶的盐，砖发生化学溶蚀，故黏土砖不耐酸腐蚀。但酸性气体对烧结良好的砖腐蚀性并不大。普通黏土砖也不耐苛性碱和碳酸盐腐蚀，与氢氧化钠和碳酸钠接触时，砖不仅发生化学溶蚀，而且发生膨胀腐蚀。硫酸盐对黏土砖的腐蚀也很严重。

（2）水泥砂浆和混凝土　水泥砂浆和混凝土是由水泥、水和不同粒度的粗、细骨料所组成。水泥水化凝固后生成坚硬的水泥石，将骨料表面和内部孔隙全部填充起来。普通硅酸盐水泥的主要成分为硅酸三钙、硅酸二钙、铝酸三钙和铁铝酸四钙，固化后的水泥石的主要成分是水化硅酸钙（$2CaO \cdot SiO_2 \cdot nH_2O$）、氢氧化钙、含水铝酸三钙（$3CaO \cdot Al_2O_3 \cdot 6H_2O$）和铁铝酸钙等反应产物。

酸与水泥石中的氢氧化钙反应生成可溶性盐，通过扩散或渗透而流失，可以将水泥石完全破坏。酸的反应能力越强，更新越快，生成的盐溶解度越大，则破坏越快。各种酸中以硫酸破坏性最大，因为不仅有化学溶蚀，生成的硫酸钙还造成膨胀腐蚀。

常温稀碱溶液对水泥砂浆和混凝土的腐蚀性并不大，这是因为它的主要成分对碱稳定。但高温、高浓度碱会对混凝土造成强烈腐蚀。对混凝土造成腐蚀破坏的盐中以硫酸盐（特别是硫酸钠、硫酸铵）最有代表性。硫酸钠与氢氧化钙生成的产物体积可膨胀两倍以上，从而造成严重的膨胀腐蚀。

（3）钢筋混凝土　混凝土中加入钢筋可以大大的提高混凝土构件的强度和承载能力。混凝土覆层则对钢筋起保护作用。如果混凝土发生腐蚀，就会使钢筋失去保护。关于混凝土腐蚀问题已在上段叙述。

在混凝土未腐蚀的情况下，钢筋也可能发生腐蚀。由于腐蚀生成的产物体积膨胀，导致混凝土产生顺钢筋方向的裂缝，介质渗入使钢筋腐蚀加剧，如此循环直到结构破坏。

①"先蚀后裂"。前已说明，水泥石中含有大量的氢氧化钙。氢氧化钙部分溶于混凝土毛细孔的水中，以过饱和的形式出现。因此混凝土的 pH 值在 12 左右。钢筋处于这样的强碱性环境，表面完全钝化。但是在腐蚀性介质作用下，混凝土中的氢氧化钙会减少，pH 值会降低，即发生"中性化"。中性化过程由表面向内部深入，最后到达钢筋表面。当 pH<10，钢筋表面钝化膜被破坏，发生活性溶解腐蚀。锈蚀产物膨胀导致混凝土发生裂缝。

②"先裂后蚀"。构件受载荷后产生裂缝，以及混凝土存在缺陷，使腐蚀介质能深入内部，裂缝和缺陷处的混凝土迅速中性化，导致钢筋锈蚀。

当环境中存在氯离子时，由于氯离子穿透力强，容易吸附在钢筋钝化膜上，即使钢筋周围的 pH 值仍在较高碱性条件，也能使钝化膜局部破坏。因此必须控制混凝土中氯化物的含量（比如不能使用含氯化物的添加剂），而且要避免混凝土表面受氯化物污染。

混凝土的密实性，对钢筋腐蚀有重要影响。密实性差，孔隙多，介质、氧和水分容易渗入。而密实性主要取决于混凝土拌和过程中的水灰比。表 13-14 表明混凝土孔隙率和水灰比的关系。可见水灰比越高，孔隙率越大。这是由于在水泥硬化过程中水分蒸发形成孔隙和毛细管。加入减水剂，可以采用较低的水灰比，提高混凝土密实性。水泥品种对孔隙率也有影响。

表 13-14　混凝土的孔隙率（%）

混凝土品种	水　灰　比				
	0.45	0.50	0.55	0.60	0.70
普通水泥混凝土	8	9	9.3	10.3	11.2
火山灰水泥混凝土	11.2	12	12.8	13.6	14.5

13.6.2　建筑和构筑物的防护

13.6.2.1　建筑布置及防护的一些基本原则

（1）选址

① 排放腐蚀性气体的工厂，要避免建在窝风和背风地带。

② 在工厂区的总体布置中，要把散发腐蚀性气体的街区布置在常年低频风向的上风向，同时要尽量减少对邻近工厂和生活区的污染。

（2）降低厂房内腐蚀性气体的浓度

① 在生产合理条件下，尽量将设备露天设置。

② 淋洒式冷却排管应布置在室外，离建筑物外墙不小于 4m。

③ 有腐蚀性气体散布的厂房，平面和空间的体型应力求简单，有利于自然通风。有条件时，可将厂房设计成开敞或半开敞式。

④ 在同一建筑中，有腐蚀和无腐蚀的部分宜隔开。对腐蚀性气体可用隔墙，对腐蚀性液体的隔离一般采用挡水。

（3）设备布置

① 车间内的控制室、配电室等仪表集中场所，不应安排在有液相腐蚀介质的楼层下，也应远离气相腐蚀部位。

② 不能将有腐蚀介质的设备布置在地下室，因为不便排放。也不宜布置在屋面，这样会给屋面排水系统增加困难。

③ 输送腐蚀介质的管道不得穿越无腐蚀的生产厂房和住房。

④ 楼面开孔应集中布置以减少开孔数量，便于采取防护措施。

⑤ 建筑物的墙体、基础、楼板和屋面等承重构件，不得用作通风道、贮槽、排污沟的侧壁或底板。

（4）减少介质对建筑和构筑物的腐蚀作用。

① 加强生产管理，杜绝跑、冒、滴、漏，不允许随意排放废水废气，尽可能减少造成建筑和构筑物腐蚀的介质和降低其作用强度。

② 当腐蚀性介质溅出或漏出，要及时稀释和清理，防止在建筑物表面积累和潴留。

③ 对泄漏介质应进行回收或有组织排放。如在设备上设置承接盘、套管，敞开液槽上设排气罩等。

④ 合理设置排污系统，有腐蚀性液体排放的下水系统应当用耐腐蚀材料制作，防止渗漏，以免对建筑物基础造成腐蚀。

（5）采取防护措施和制定防护标准时应区别不同具体情况，突出防护重点。

图 13-20 则显示了基础的防护。

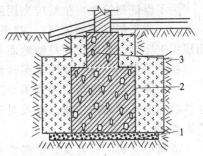

13.6.2.2　基础的防护

（1）一般基础

基础腐蚀与介质性质、浓度、作用量和地下水有关。处于地下水位以下的基础腐蚀较严重，因为地下水会扩大侵蚀范围，溶解腐蚀产物，使腐蚀介质容易向基础内部渗透。防护方法分三种情况区别对待。

① 腐蚀介质作用量较少，地下水位低于基础底面。可在基础和混凝土垫层表面刷两道冷底子，两道沥青

图 13-20　基础的防护
（介质作用量较大，地下水位高于基础底面）
1—沥青混凝土垫层；2—基础表面刷两道
冷底子，两道沥青胶泥；
3—周围填充黏土层

胶泥。

② 腐蚀性介质作用量较少，地下水位高于基础底面。基础表面刷两道冷底子，两道沥青胶泥，垫层采用沥青混凝土或碎石灌沥青。

③ 腐蚀介质作用量较多，地下水位高于基础底面。基础用混凝土或钢筋混凝土，表面刷两道冷底子，两道沥青胶泥。垫层用沥青混凝土或碎石灌沥青，基础周围填充黏土层不小于 250mm。

（2）钢筋混凝土预制桩

① 采用高密度混凝土制作（水泥不低于 400 号，水灰比小于 0.5）。

② 普通硅酸盐水泥标号不低于 425 号，如存在硫酸盐腐蚀，可采用抗硫酸盐水泥。

③ 在计算需要之外，桩每边增加适当厚度混凝土保护层，作为腐蚀裕量。

④ 在严重腐蚀条件下，或桩有缺陷时，表面刷沥青胶泥。

13.6.2.3　地面保护

地面是接触腐蚀介质最频繁、腐蚀最严重的部位，而且楼层地面的破坏或渗漏直接影响楼板下部的承重结构，底层地面的破坏会导致基础或厂房地基的腐蚀。

因此，地面要采取防护措施，防护范围宜尽量缩小，局部设置，并针对不同情况制定防护标准。

（1）防腐蚀地面的选材既要考虑介质的腐蚀性、可能的作用量、温度、室内外不同条件；又要结合其他功能要求，如机械冲击、磨损、冲洗和卫生要求、防滑和防静电等。防腐蚀地面的构造包括：（自下而上）基层、垫层、找平层或找坡层、隔离层、面层（包括结合层）。

（2）基层　基层是地面的持力层。底层地面的基层一般为地基土，楼层地面的基层大部分是钢筋混凝土楼板（也有钢楼板）。

当大量强酸（硫酸、硝酸、盐酸等）和硫酸盐、氯化物通过各种途径破坏了面层和隔离层，就会渗入基层的混凝土或地基土。在混凝土楼板情况，透入混凝土内部的腐蚀介质使钢筋锈蚀。在地基土情况，渗入地基土的硫酸盐膨胀，NaOH 结晶，能使地坪鼓起。

钢筋混凝土楼板应该整体性好而且不变形，如果是预制板，上面应加厚 40mm 的整浇层。地基土应不含腐殖土，并分层夯实。

（3）垫层　垫层起均匀传递地面载荷的作用，为防止面层变形破坏，一般宜采用刚性垫层。垫层通常用混凝土。当强酸或酸性盐渗入会造成垫层破坏，经长期浸蚀呈现出粥样黏糊状，强度完全丧失。

为了保证耐蚀性，垫层应当用强度不小于 100 号的混凝土制作。

（4）找平层（或找坡层）　找平层的功能是使基层或垫层表面平整度达到符合隔离层或面层施工要求。找坡层则是使地面有一定坡度，便于排除积水。

找平层或找坡层一般用水泥砂浆或细石混凝土。

（5）隔离层　隔离层的作用是防止腐蚀性液体下渗。是否需要设置隔离层，主要根据腐蚀性液体的性质和作用量，以及对基层的危害程度，还要考虑面层的抗渗性能和所处部位的重要性。

隔离层材料应具有良好抗渗性和耐蚀性。常用材料有：沥青卷材（沥青油毡、沥青玻璃布油毡、再生橡胶沥青油毡）、树脂玻璃钢、塑料软片等。沥青卷材经济实用，有良好防水性能，其中沥青玻璃布油毡、再生橡胶沥青油毡耐蚀性较好。氯丁乳胶沥青是较新的沥青类防水材料，耐蚀性能优于沥青。当有强酸或有机溶剂穿过面层到达隔离层时，沥青隔离层会发生腐蚀破坏。塑料软片（如聚氯乙烯）耐蚀性和抗渗性良好，但价格较高。

（6）面层　面层直接承受腐蚀介质、机械磨损等外界作用，是防腐蚀地面最重要的构造层。面层分块材面层和整体面层两大类。

① 块材面层。常用材料为耐酸砖、花岗石。耐酸砖和花岗石能耐各种强腐蚀介质，并有良好的耐磨损性能，花岗石地面还可承受较大冲击。缺点是整体性差，灰缝不容易保证全部严密，渗漏不易发现。

② 整体面层。包括沥青砂浆地面、树脂（环氧、不饱和聚酯）砂浆地面、聚合物改性砂浆地面、水玻璃混凝土地面、密实混凝土地面和水泥砂浆地面（用于中性盐和碱性环境）、聚合物浸渍混凝土地面、聚氯乙烯塑料地面等。

整体面层的整体性和防渗性好，质轻，施工容易。但有机材料耐温性差，不耐溶剂，容易机械损坏。

13.6.2.4　其他

（1）排水明沟、地漏和挡水

① 排水明沟。设置在经常滴漏和溅出液体的部位以收集地面积水。明沟不能靠近承重梁、柱。明沟的防护面层一般与地面层相同，并要防止渗漏。

② 地漏。应远离承重梁、柱。注意地漏和楼板接缝的渗漏问题。

③ 挡水。防止腐蚀性液体向楼面的孔洞下漏，或向非防护地带漫游。挡水高度不宜小于 100mm。

（2）设备基础　一般用混凝土或钢筋混凝土制作，外加防护层，对小型酸泵基础也可采用整体水玻璃混凝土或花岗石。

与地面连成整体的设备基础，如有可能应尽量不破坏地面隔离层的整体性。设备基础的螺栓孔一般采用细石混凝土灌浆，螺栓孔上部可用耐蚀材料（如硫黄胶泥、树脂胶泥）封闭。图 13-21 为设备基础的防护。

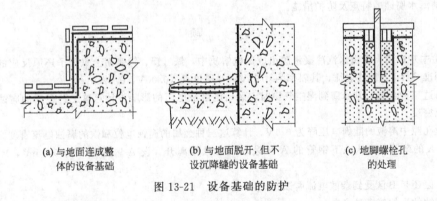

(a) 与地面连成整　　　　(b) 与地面脱开，但不　　　(c) 地脚螺栓孔
体的设备基础　　　　　设沉降缝的设备基础　　　的处理

图 13-21　设备基础的防护

（3）砖墙和钢筋混凝土构件　砖墙重点在墙根踢脚板，高度宜为 300mm。在地面经常有水滴溅落或冲洗，或墙面可能受介质腐蚀时，可在墙面用水泥砂浆、耐蚀涂料、玻璃钢、瓷板等制作墙裙（不低于 1m）。

13.6.2.5　排气烟囱

烟囱和排气筒是用来向高空排放废气的。在筒壁温度较低时，容易结露，腐蚀性气体和可溶性盐溶于液膜中，对筒壁造成腐蚀。最常见的腐蚀气体是二氧化硫，二氧化硫遇水生成亚硫酸，再氧化为硫酸，使混凝土和黏土砖腐蚀破坏。

（1）建造材料　对排放腐蚀性气体的烟囱和排气筒，应当用耐蚀材料制作，或在筒内衬耐蚀材料（如硬聚氯乙烯、耐酸石材、耐酸砖、玻璃钢、不锈钢等）。腐蚀较轻的烟囱可使用耐火砖、耐火混凝土、黏土砖衬里。腐蚀严重的烟囱，不宜用砖砌外筒；采用钢筋混凝土

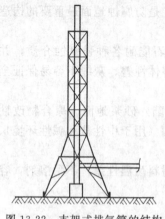

图 13-22 支架式排气筒的结构

时，混凝土标号不低于 250，水灰比小于 0.5。

（2）烟囱结构

① 支架式。化工厂常用排气筒形式：钢或钢筋混凝土支架承重（图 13-22）。筒体用耐蚀材料（硬聚氯乙烯、玻璃钢、不锈钢等），或钢筒内衬耐蚀材料。选材应注意排气温度。

② 套筒式。以钢筋混凝土或砖砌体为外筒，内部支承一个或数个耐蚀材料制作的排气筒。

③ 衬里式。钢筋混凝土或砖砌外筒内衬耐蚀材料。主要缺点是不易检查，故适用于腐蚀性不强的烟囱。

④ 独立式。完全用耐蚀材料砌筑，如花岗石排气筒。

13.6.2.6 大型钢筋混凝土构筑物的防护

处于氯化物环境中的大型钢筋混凝土构筑物，如海洋中的钻井平台、码头，冬季表面撒防冻盐的桥梁等，氯离子渗入造成钢筋锈蚀，腐蚀产物膨胀导致混凝土开裂、剥离。

除前面已讲到的防护措施（增加混凝土密实度、表面覆盖层保护）外，还可以采取以下方法。

（1）阴极保护 国内外都已有应用实例。由于混凝土电阻率大，需要敷设一层导电层，将阴极埋在导电层中，以改善电流分布。

（2）钢筋表面覆层保护 包括钢筋镀锌和环氧涂层，以环氧涂层效果较好。

思 考 题

1. 土壤腐蚀的特点、常见形式是什么？叙述氧浓差电池腐蚀的原理。

2. 总结海水腐蚀的特点及防护措施。

习 题

1. 实验中观察到，在由水汽冷凝液膜组成的电解质中，铁、镍、锌表面上氧分子还原反应的阴极极化曲线可以用准 Tafel 方程式表征，其斜率为 0.33V；并通过点（0.00V，0.1A/m²）。

（1）当这三种金属分别暴露到湿空气中时，忽略电解液电阻的影响，计算这三种金属的腐蚀电位和铁的腐蚀电流密度。

（2）设孔隙中溶液的欧姆电压降为 0.1V，计算这三种金属的腐蚀电位和铁的腐蚀电流密度。

2. 0.7A 的杂散电流从地下钢管的 A 区进入，从 B 区离开。设 A 区面积为 $0.15m^2$，B 区的面积为 $0.1m^2$。

（1）A 区还是 B 区受到杂散电流腐蚀？

（2）腐蚀的平均速度是多少？

3. （1）循环冷却水系统总贮水量为 V，循环水量为 R，排污水量为 B。一次性加入水质稳定药剂，在时间 t_0 达到浓度 C_0。如果不考虑药剂挥发、反应、分解、沉淀等造成的损失，只考虑排污水造成的药剂损失，推导药剂浓度 C 随时间 t 变化的关系式。

（2）某厂循环冷却水系统的循环水量 $R=22000m^3/h$，贮水量 $V=R/5$，蒸发水量 E 为 R 的 1.6%，浓缩倍数 $k=2.5$。在时间 t_0 药剂浓度达到 $50\mu L/L$。规定药剂浓度下降到 $20\mu L/L$ 就必须补充。问经过多长时间需要补充药剂？

第14章 腐蚀控制的经济问题

14.1 腐蚀损失调查

14.1.1 直接损失和间接损失

1951 年在美国 Rome 举行的联合国自然资源保护会议上，美国腐蚀学家尤利格（Uhlig）教授提出的报告中估计了美国 1949 年的腐蚀损失。尤利格将腐蚀造成的经济损失（cost）分为两个部分：直接损失和间接损失。

14.1.1.1 直接损失

直接损失包括两个方面。一方面是由于腐蚀损坏而更换设备的费用，以及更换工作中的劳务费用；另一方面是腐蚀控制的费用。如使用耐蚀合金代替普通碳钢多支出的费用，采用电化学保护、缓蚀剂、覆盖层保护（如涂料、电镀）等保护技术的费用，腐蚀试验和研究的经费，都属于直接损失。

14.1.1.2 间接损失

间接损失的面更宽。一般认为包括以下几点。

① 腐蚀损坏造成设备停车减少生产。

② 腐蚀损坏使物料泄漏，或腐蚀产物进入产品，都可能造成产品污染、降级或报废。

③ 物料通过被腐蚀设备流失掉。

④ 设备腐蚀造成效率降低（如泵），增加能量消耗。

⑤ 设计保守增加的材料费用（即取腐蚀裕量过大）。有人认为这一项应归入直接损失，因为它可以看作一项腐蚀控制措施。

间接损失很难统计，但肯定比直接损失更大。比如原油输送管道因腐蚀而破裂，清理溢出原油和赔偿金等项间接费用可比直接费用（更换管子或维修）高 5～10 倍。又如大型电厂的锅炉管因发生腐蚀破裂而爆炸，更换费用并不大，但停电引起附近大片工厂停产，其损失就惊人了。

14.1.2 尤利格法和贺尔法

表 14-1 是尤利格提出的 1949 年美国的腐蚀损失调查数字，是按生产防腐蚀产品的部门进行的统计。这种方法一般称为尤利格法。

表 14-1 1949 年美国的腐蚀损失

序号	部门	金额/百万美元	序号	部门	金额/百万美元
1	油漆涂料	2045	9	锅炉及其他水处理	66
2	磷酸盐覆层	20	10	地下管道	600
3	镀锌板、管、丝	136.5	11	炼油厂	50
4	锡及锡镀层	316	12	民用水加热器	225
5	电镀镉	20.1	13	内燃机	1030
6	镍和镍合金	182	14	消声器	66
7	铜和铜合金	50	合计		5427
8	不锈钢	620.4			

1969 年英国政府组织了一个调查委员会，以著名腐蚀字家贺尔（Hoar）博士为首，对英国的金属腐蚀情况进行了十五个月的调查。1971 年发表了《贺尔报告》。贺尔的调查方法是按工业部门进行统计，一般称为贺尔法。表 14-2 是贺尔报告提供的数字。

表 14-2　1969 年英国的腐蚀损失

部　门	年腐蚀损失/百万英镑	百分比/%	部　门	年腐蚀损失/百万英镑	百分比/%
运输工业	350	25.64	政府部门	55	4.02
海洋工业	280	20.51	食品工业	40	2.94
建筑物和建筑业	250	18.31	水	25	1.83
石油和化学工业	180	13.19	金属精炼和一次加工	15	1.10
一般工程	110	8.06	合计	1365	
动力工业	60	4.40			

1976 年由日本防锈技术协会和防腐蚀协会共同组织了日本腐蚀损失调查委员会，对日本的防腐蚀费用进行调查研究，于 1977 年写出调查报告。按尤利格法，分为表面涂漆、金属表面处理、耐蚀材料、防锈油、缓蚀剂、电化学保护、腐蚀研究共七个项目，累计防腐蚀费用为 25509.3 亿日元，其中表面涂漆占 62.55%。按贺尔法，分为能源、运输、建筑、化工、冶金、机械共六个部门，累计防腐蚀费用 10433.7 亿日元，其中机械部门占 41.5%。按贺尔法调查结果比按尤利格法的结果少 15000 亿日元，这是因为按使用领域的调查有遗漏。

14.1.3　腐蚀调查事例

14.1.3.1　美国国家标准局（NBS）的调查报告

1976 年美国国家标准局根据国会的决定，与著名的 Battelle Columbus 研究所签订合同，在许多腐蚀学家和经济学家参与下，从事调查研究工作。1977 年提出报告，题为"美国金属腐蚀的经济影响——国家标准局对国会的报告"。

在调查之前，腐蚀学家、经济学家首先对一些有关的基本概念统一认识。

（1）腐蚀的对象限于金属。

（2）腐蚀的定义是：金属在促使其变质的环境（水溶液和气体）中发生的变质。

（3）腐蚀损失的定义是：由于腐蚀存在引起的总成本的提高。腐蚀影响生产成本增高的项目分为十个方面：设备及建筑物的更新、产品流失、维修、额外生产能力（由于腐蚀而要定期检修，设备必须有额外生产能力以补偿检修期的生产）、闲置（备用）设备、腐蚀控制（缓蚀剂、有机覆层、金属覆层与镀层，阴极保护等）、技术力量、设计（采用高级耐蚀材料以防止腐蚀或保证产品纯度，留出腐蚀裕量，特殊加工处理如抛丸、消除应力等）、保险、仓库备件管理储存费（不包括备件本身的价值）。

（4）将腐蚀损失分为可避免损失和不可避免损失。前者指经济有效地采用现有的腐蚀控制技术可以避免的损失，后者指用现有技术不可能减免的损失。要减少不可避免的损失，需要改进现有技术。

调查采用 Battelle 研究所的投入-产出模型，将工业分为 130 块，如石油精炼、发动机及涡轮机、电力等。每一块既看作用户，又看作产品或服务的生产者。将调查所得数据输入模型，进行统计分析。根据 1975 年的统计，推算了三种情况：1975 年的实际情况，无腐蚀的理想情况，用最好的防护措施可以达到的情况。第一项减第二项为腐蚀总损失；第一项减第三项为可避免损失；第三项减第二项为不可避免的损失。最后得出 1975 年的腐蚀总损失为 700 亿美元，误差大约 30%；可避免损失为 100 亿美元，误差更大，因为包含许多难以确定的因素。

14.1.3.2　其他工业发达国家的腐蚀损失调查

调查结果列于表 14-3。可见腐蚀损失占国民生产总值（GDP，现称国内生产总值）的比例在 1.5%～4.2%。随着生产的发展，腐蚀损失的金额还在继续增大。比如英国 1985 年腐蚀损失为 170 亿美元，美国 1986 年为 1700 亿美元。

表 14-3　国外腐蚀损失调查结果

国　　别	年损失/亿美元	占国内生产总值/%	调查年份/年
美国	700	4.2	1975
前苏联	196～211	2	1975
德国	60	3	1969
英国	27.3	3.5	1969～1970
日本	92	1.8	1976～1977
澳大利亚	5.5	1.5	1973

14.1.3.3　国内的调查

国内尚未进行全国性的腐蚀损失调查，但部分地区和部分行业已进行过调查统计。1980 年，国家科委腐蚀学科组对四个主要工业部门统计的腐蚀损失数字列于表 14-4。大型联合企业腐蚀损失是很大的。鞍山钢铁公司 1980 年腐蚀损失为一亿多元，相当于公司当年利润的 7%，上海石化总厂维纶厂 1979 年腐蚀损失为 474 万元，占总产值的 2.72%。

表 14-4　国内四个工业部门的腐蚀损失

行　　业	年损失金额/万元	占总产值/%	有代表性的统计企业数
化纤	3300	1.5	17
化工	7972.9	3.97	10
炼油	750	0.08	13
冶金	678	2.4	30（不含鞍钢）

总之，腐蚀首先是一个经济问题，正因为腐蚀造成的巨大经济损失，使各个国家对腐蚀科学技术的发展给予了极大的关注。

14.2　腐蚀控制措施的经济评价

对腐蚀控制措施进行经济评价，有助于对防腐蚀方案进行选择，做到有效而经济。常用的一些评价方法如下。

14.2.1　年经济效益对比

这种方法简单易行。它是用算术平均的方法计算某项防护措施一年的经济效益，然后进行对比。计算公式为：

$$Q = -q_1 - q_2 + q_3 + q_4 + q_5 + q_6 + q_7 + q_8$$

式中，Q 为平均年经济效益；q_1 为每年平均投资费用，每年平均投资费用 $= \dfrac{一次投资费用（设备购置、安装）}{使用寿命（年）}$；$q_2$ 为每年维修费用；q_3 为每年原材料消耗降低费用；q_4 为每年产品增产价值；q_5 为每年产品质量提高价值；q_6 为新工艺一年的经济价值；q_7 为每年节约环保措施费用；q_8 为设备报废转做他用收回的费用。以上各项中，q_1、q_2 是主要的，其他各项根据实际情况估算，并非每一项都要计入。

【例 14-1】　一台卧式贮槽，设备购置费 10000 元，安装费 800 元，平时维修费 600 元。

报废后回收费 500 元。不采用任何保护措施可用 2 年；内部涂漆，可使用 4 年，但支出增加 2000 元；用玻璃钢衬里，增加支出 6000 元，使用寿命增加到 10 年。可计算得：

不采用保护措施时：$Q_1 = (-10000-800-600+500)/2 = -5450$（元）

采用涂漆保护：$Q_2 = (-10000-800-600-2000+500)/4 = -3225$（元）

采用玻璃钢衬里：$Q_3 = (-10000-800-600-6000+500)/10 = -1690$（元）

显然，用玻璃钢衬里防腐蚀，在经济上最合理。

14.2.2　尤利格公式

（1）用下式计算某项防腐蚀方案在经济上是否可行，需满足：

$$100\left[\frac{\Delta T}{T}\left(1+\frac{L}{C}\right)-\frac{\Delta C}{C}\right]>0$$

式中，ΔT 为采用此方案能增加的使用寿命，年；T 为不采用此方案时设备的使用寿命，年；ΔC 为采用此方案所需费用，元；C 为设备的购置费，元；L 为未采用此方案时更换设备的安装费，元。

各个防腐蚀方案的比较可用年节约价值 A：

$$A = \frac{C}{T+\Delta T}\left[\frac{\Delta T}{T}\left(1+\frac{L}{C}\right)-\Delta\frac{C}{C}\right]$$

年节约价值 A 越大，则方案在经济上越好。

（2）考虑维修费 m 和报废后的回收费 d，可将尤利格公式修正为：

$$100\times\left[\frac{\Delta T}{T}\left(1+\frac{L+m}{C}\right)-\frac{\Delta C}{C}-\frac{(T+\Delta T)d}{TC}\right]>0$$

$$A = \frac{C}{T+\Delta T}\left[\frac{\Delta T}{T}\left(1+\frac{L+m}{C}\right)-\frac{\Delta C}{C}-\frac{(T+\Delta T)d}{TC}\right]$$

【例 14-2】　用上段的例子，按修正后的尤利格公式计算。

采用涂漆保护：

$$100\left[\frac{\Delta T}{T}\left(1+\frac{L+m}{C}\right)-\frac{\Delta C}{C}-\frac{(T+\Delta T)d}{TC}\right]$$
$$=100\left[\frac{2}{2}\left(1+\frac{600+800}{10000}\right)-\frac{2000}{10000}-\frac{(2+2)\times500}{2\times10000}\right]=84>0$$

每年节约价值为：

$$A = \frac{10000}{2+2}\times0.84 = 2100（元）$$

采用玻璃钢衬里：

$$100\left[\frac{\Delta T}{T}\left(1+\frac{L+m}{C}\right)-\frac{\Delta C}{C}-\frac{(T+\Delta T)d}{TC}\right]=371>0$$

$$A = \frac{10000}{2+8}\times3.71 = 3710（元）$$

可见，两种防腐蚀方案在经济上都是可行的，而以玻璃钢衬里较佳。

14.2.3　等效年度费用法

上面的计算方法没有考虑资金利息，只能进行粗略估算。在进行比较精确的计算时必须考虑资金随时间的变化。

（1）现值和终值　考虑资金利息，则资金的现值 PW（present worth）和 n 年后的终值 FW（future worth）之间关系为：

$$FW = PW(1+i)^n$$

式中，i 为年利率，％。

（2）每年投资总费用　在几年中总的投资费用 $P_总$ 等于各年投资费用之和：

$$P_总 = \sum_{j=1}^{n} P_j$$

如果每年费用相同，即 $P_1 = P_2 = \cdots = P_n$，则有：

$$P_总 = nP_1$$

如果考虑利率 i，则第一年的费用在第 k 年的价值为 $P_1(1+i)^k$，因此 n 年的总费用为：

$$P_总 = P_1(1+i)^n + P_2(1+i)^{n-1} + \cdots + P_n(1+i) = \sum_{j=1}^{n} P_j(1+i)^{n+1-j}$$

再作简化处理，令每年费用都等于 P_0，可求出上式之和：

$$P_总 = P_0\left(\frac{1+i}{i}\right)[(1+i)^n - 1]$$

（3）等效年度费用　按照上面的考虑，在比较腐蚀控制方案时提出了一个基准，称为年度费用（annual cost），用 A 表示。不论是开始一次性投资（如购置耐蚀材料设备），还是逐年均匀投资（如使用缓蚀剂），都将它折算为一个在每年末的平均支出。这样，即使设备寿命不同，初始投资也不同，都可以用这个年度费用进行比较。A 的计算方法如下。

年初的投资 P_0 在年末时的价值为：

$$A = P_0(1+i)$$

P_0 在 n 年末的终值为：

$$\text{FW} = P_0(1+i)^n$$

利用 $\text{FW} = P_总$，$\text{PW} = P_0$，有：

$$\text{PW} = \frac{\text{FW}}{(1+i)^n} = \frac{P_0}{(1+i)^n}\left(\frac{1+i}{i}\right)[(1+i)^n - 1]$$
$$= \frac{1}{(1+i)^n}\left(\frac{A}{1+i}\right)\left(\frac{1+i}{i}\right)[(1+i)^n - 1]$$

化简得：

$$A = \text{PW}i\frac{(1+i)^n}{(1+i)^n - 1} = \text{PW}iF_n$$

$F_n = \dfrac{(1+i)^n}{(1+i)^n - 1}$ 只与利率 i 和年限 n 有关，可列表供计算时查找。

【例 14-3】　一台换热器，碳钢制造需要 10000 元，可用 5 年，用不锈钢制造需 20000 元，可用 12 年，如果利率为 10％。比较两方案的经济合理性。

用前两种方法计算，都认为采用不锈钢在经济上合理。用年度费用法计算，结果是：

$$A(碳钢) = \text{PW} \times i \times F_5 = 10000 \times 0.1 \times 2.638 = 2638(元)$$
$$A(不锈钢) = \text{PW} \times i \times F_{12} = 20000 \times 0.1 \times 1.468 = 2936(元)$$

即利率为 10％ 时，用不锈钢在经济上不合理。如果利率降低为 5％，则采用不锈钢是合理的。

【例 14-4】　对上述换热器，如果采用碳钢加阴极保护，附加装置费 1000 元，每年电费和维修费 100 元，可用 10 年。另一方案采用不锈钢。设利率为 5％。

$$A(阴极保护) = 10000 \times i \times F_{10} + 1000 \times i \times F_{10} + 100 \times i \times F_1$$
$$= (10000 + 1000) \times 0.05 \times 2.59 + 100 \times 0.05 \times 21 = 1529.5(元)$$
$$A(不锈钢) = 20000 \times i \times F_{12} = 20000 \times 0.05 \times 2.256 = 2256(元)$$

可见用碳钢加阴极保护在经济上更合理。

等效年度费用法未考虑税收和设备折旧等因素，尚不完善，但已可满足一般的评价需要。

参 考 文 献

[1] 曹楚南. 腐蚀电化学原理 [M]. 北京：化学工业出版社，1985.

[2] 魏宝明. 金属腐蚀理论及应用 [M]. 北京：化学工业出版社，1984.

[3] 肖纪美，曹楚南. 材料腐蚀学原理 [M]. 北京：化学工业出版社，2002.

[4] 孙秋霞. 材料腐蚀与防护 [M]. 北京：冶金工业出版社，2002.

[5] 柯伟，杨武. 腐蚀科学技术的应用和失效案例 [M]. 北京：化学工业出版社，2006.

[6] 孙跃，胡津. 金属腐蚀与控制 [M]. 哈尔滨：哈尔滨工业大学出版社，2003.

[7] 褚武扬. 氢损伤和滞后断裂 [M]. 北京：冶金工业出版社，1988.

[8] Bancckman W V，Schacak W. 阴极保护手册 [M]. 胡士信等译. 北京：人民邮电出版社，1990.

[9] 白新德. 材料腐蚀与控制 [M]. 北京：清华大学出版社，2005.

[10] 李国英. 表面工程手册 [M]. 北京：机械工业出版社，1998.

[11] 吴纯素. 化学转化膜 [M]. 北京：化学工业出版社，1988.

[12] 胡茂圃. 腐蚀电化学 [M]. 北京：冶金工业出版社，1991.

[13] 张宝宏，丛文博，杨萍. 金属电化学腐蚀与防护 [M]. 北京：化学工业出版社，2005.

[14] 杨德钧. 金属腐蚀学 [M]. 北京：冶金工业出版社，1999.

[15] 杨武，顾睿祥. 金属的局部腐蚀 [M]. 北京：化学工业出版社，1995.

[16] 吴荫顺，李久清. 腐蚀工程手册 [M]. 北京：中国石化出版社，2003.

[17] 王光雍，王江海等. 自然环境的腐蚀与防护 [M]. 北京：化学工业出版社，1997.

[18] 夏兰廷. 金属材料的海洋腐蚀与防护 [M]. 北京：冶金工业出版社，2003.

[19] 张远声. 腐蚀破坏事故 100 例 [M]. 北京：化学工业出版社，2000.

[20] 吴荫顺，曹备编著. 阴极保护和阳极保护-原理、技术及工程应用 [M]. 北京：中国石化出版社，2007.

[21] 火时中. 电化学保护 [M]. 北京：化学工业出版社，1988.

[22] 陈其忠. 电化学保护在化肥生产中的应用 [M]. 北京：石油化学工业出版社，1975.

[23] 兰化化机所，兰化化肥厂. 三氧化硫发生器阳极保护 [J]. 化工机械，1975，(2)：47.

[24] 肖世猛，李挺芳，孙克勤等. 不锈钢浓硫酸冷却器阳极保护研究 [J]. 化工机械，1987，14 (5)：405.

[25] 马樟源，侯伟娟，张彩玲等. 不锈钢在热浓硫酸中的阳极保护 [J]. 中国腐蚀与防护学报，1989，9 (4)：315.

[26] 李挺芳，袁美琴. 氨水罐群循环极化法阳极保护 [J]. 化工机械，1983，(1)：49.

[27] 周弘仁，王在忠，王明新. 长征轮外加电流阴极保护 [J]. 腐蚀与防护.1980，1 (3)：31.

[28] 中国科学院金属研究所腐蚀与防护课题协作组. φ1.8 米海水输送管内壁恒电位阴极保护 [J]. 腐蚀与防护，1982，(2)：41.

[29] 张承典，徐乃欣，丁翠红等. 黄浦江上游引水过江钢管的外加电流阴极保护 [J]. 腐蚀与防护，1990，11 (3)：152.

[30] 陈锐周，李挺芳. 阴极保护在我厂输油管道上的应用 [J]. 化工腐蚀与防护，1986，14 (4)：22.

[31] 葛斗福，张宗旺，张承典等. 用固体电解质涂料对贮油罐外底实施外加电流阴极保护 [J]. 中国腐蚀与防护学报，1992，12 (2)：149.

[32] 胡士信. 钢质储罐底板外壁的阴极保护 [J]. 腐蚀科学与防护技术，1992，4 (4)：312.

[33] 葛斗福，张宗旺，张承典等. 用固体电解质涂料在气相环境中实施外加电流阴极保护 [J]. 中国腐蚀与防护学报，1989，9 (2)：130.

[34] 天津市染化五厂防腐组. 阴极保护防止碱液蒸发锅的应力腐蚀破裂 [J]. 化工机械，1975，(4)：61.

[35] 洪海定，范卫国，罗德宽等. 海工钢筋混凝土上部结构外加电流阴极保护技术的初步研究（Ⅰ）[J]. 腐蚀与防护，1990，11 (4)：197.

[36] 王大中. 循环冷却水的钼系缓蚀剂 [J]. 工业水处理，1991，(3)：8.

[37] Wilson K，Forsyth M，Deacon G B. Proceedings of the 9th European Symposium on Corrosion Inhibitors. 2000，1125.

[38] Srivastava K，Srivastava P. Studies on plant materials as corrosion inhibitors [J]. Br Corrrs J, 1981，16 (4)：221.

[39] Stephem J J. Recent advances in high-temperature nilbium alloys [J]. JOM, 1990 (8)：22.

[40] 周欣，何晓英等. 肉桂醛对 X6 碳钢的缓蚀行为的电化学研究 [J]. 西华师范大学学报，2003, 24 (4)：434.

[41] 龚敏，曾宪光，蒋伟等. 从竹叶中提取酸洗缓蚀剂的研究 [J]. 腐蚀科学与防护技术，2007，(5)：361.

[42] ［前苏联］托马晓夫 (ТomaшOB HД). 金属腐蚀理论. 北京：科学出版社，1957.

[43] 全国腐蚀和防护科学技术会议报告集编辑委员会. 1962 年全国腐蚀和防护科学技术会议报告集. 上海：上海科学技术出版社，1964.

[44] ［前苏联］托马晓夫 (ТomaшOB HД). 契尔诺娃 (ЧepHOBa ГД) 著. 腐蚀与耐腐蚀合金. 曹铁梁等译. 北京：化学工业出版社，1982.

[45] 曹楚南著. 腐蚀电化学原理. 北京：化学工业出版社，2004.

[46] 左景伊编. 腐蚀数据手册. 北京：化学工业出版社，1993.